"十四五"高等院校新工科建设·电子信息与通信类系列教材

现代微波与天线测量技术

（第 2 版）

晋　军　曹文权　钟兴建　朱卫刚　邵　尉　王　萌　董建涛　**编著**

U0379899

东南大学出版社

5e SOUTHEAST UNIVERSITY PRESS

·南京·

内容提要

本书从微波信号的产生、微波信号的特性分析、微波网络和阻抗参数的测量,以及天线辐射特性参数的测量四个方面,系统地介绍了微波测量的主要内容。全书共分 11 章,内容涉及微波测量的意义和特点、数字调制信号源、矢量信号分析仪、微波信号特性测试、微波信号源、微波信号频率测量、微波信号的功率测量、微波信号频谱分析、微波噪声测量、微波网络散射参数测量、微波电路测量、微波阻抗与网络参数、天线测量、微波电缆及连接器等。

本书取材新颖,内容广泛,反映了当前微波测试技术的新成就。本书既可以作为高等工科院校通信工程、电子工程等专业的教学用书,也可作为从事电子工程的技术人员的参考书。

图书在版编目(CIP)数据

现代微波与天线测量技术 / 晋军等编著 . — 2 版.
— 南京 : 东南大学出版社,2024.2
  ISBN 978 - 7 - 5766 - 0575 - 4

  Ⅰ.①现… Ⅱ.①晋… Ⅲ.①微波技术-高等学校-教材 ②微波天线-测量-高等学校-教材 Ⅳ.①TN015 ②TN822

中国版本图书馆 CIP 数据核字(2022)第 254466 号

责任编辑:姜晓乐　　责任校对:韩小亮　　封面设计:王　玥　　责任印制:周荣虎

现代微波与天线测量技术(第 2 版)
Xiandai Weibo yu Tianxian Celiang Jishu(Di 2 Ban)

编　　著	晋　军　曹文权　钟兴建　朱卫刚　邵　尉　王　萌　董建涛
出版发行	东南大学出版社
社　　址	南京市四牌楼 2 号(邮编:210096)
出 版 人	白云飞
印　　刷	江阴金马印刷有限公司
开　　本	787 mm×1092 mm　1/16
印　　张	24
字　　数	599 千字
版　　次	2024 年 2 月第 2 版
印　　次	2024 年 2 月第 1 次印刷
书　　号	ISBN 978 - 7 - 5766 - 0575 - 4
定　　价	79.00 元

本社图书若有印装质量问题,请直接与营销部联系,电话:025 - 83791830。

前　　言

《现代微波与天线测量技术》一书自2018年出版以来,被多所院校电类各专业选作本科和研究生用书。也被一些公司选作电子工程师、微波测量人员和相关从业人员的培训用书。广大师生和读者对本书提出了许多宝贵意见。第二版在第一版的基础上做了较大修改,体系结构更加合理。随着科技的发展,新的仪器仪表和测量技术不断涌现,再版时对相关内容进行了更新。

微波工程测量技术是现代无线通信的关键技术之一,在现代无线电子系统中占据举足轻重的地位。各类无线通信设备从研究、设计、制造到调试、维修的各个阶段,都需要测量众多的电参数。因此,众多院校电类专业将"微波测量"作为本科和研究生必修的技术实践基础课内容。

本书的任务是使学生掌握微波工程测量的原理和方法,以及常用微波仪器的工作原理和测量方法,为今后从事科学研究和工程实践打下坚实的基础。本书有机综合了微波测量和天线测量技术,着力培养学生综合运用所学知识解决微波工程测量问题的能力,提高学生发现、分析、解决问题的能力和实践动手能力,突出利用现代信息技术,为读者向其他学科领域扩展打下基础。本书体系结构合理,内容全面,1～6章为微波测量的基本概念、常用微波仪器的工作原理、设备组成以及典型应用;7～9章为电路参数的测量方法;第10章为天线远场、近场测量相关的知识和方法;第11章补充了测量中用到的电缆和连接器的相关知识。内容不仅注重实用性,而且紧跟微波测量与仪器技术的最新发展,具有一定的先进性。

本书具有较强的理论性和实践性,通过对本书的学习可使学生掌握现代微波测量的基础理论和微波测量仪器的原理与应用,在科学实验或生产实践中能制定先进的测试方案,合理选用测量仪器,正确处理测量数据,能培养学生实验和工程应用的技能。且本教材较全面地介绍了微波信号参数测量和天线参数测量的基本原理和方法,主要内容有:

第1章为微波测量概论,介绍了微波测量的意义,微波测量的特点,微波与天线测量的基本任务,微波测量仪器分类,微波仪器的发展现状和新趋势。

第2章为微波信号源,介绍了模拟式微波扫频信号源,合成信号源的基本原理,频率捷变信号发生器的基本工作原理,微波信号源的性能指标,任意函数/波形发生器的工作原理,以及微波信号发生器典型产品。

第3章为微波信号频谱分析仪,介绍了频谱分析的基本概念,超外差频谱分析仪的原理及组成,频谱分析仪的基本特性,微波频谱仪的典型应用,相位噪声测量,频谱分析仪毫米波扩频测量原理,实时频谱分析仪的工作原理和应用,最后介绍了毫米波信号分析仪新技术与发展趋势。

第4章为矢量信号分析仪,介绍了矢量信号源的基本工作原理,矢量信号分析仪的整机基本工作原理和技术性能指标,观测数字调制信号的几种方法,矢量信号误差分析,硬件总体方案及主要工作原理,以及矢量信号分析仪的应用及操作。

第5章为矢量网络分析仪,介绍了矢量网络分析仪的基本原理和基本结构,主要技术性能和指标,矢量网络仪的测量设置操作使用,典型产品介绍,微波矢量网络仪的典型应用,包括滤波器的测试、放大器的测试、微波混频器的测试等。

第6章为微波功率计,主要介绍了微波功率测量的基本方法,几种微波功率计的工作原理,二极管检波器工作原理,微波功率分析仪整机工作原理和特点,各类功率计的技术性能指标,并对功率测量中出现的各种不确定度作了分析。

第7章为接收机噪声系数测试,首先介绍了噪声和噪声系数的基本概念,继而讲述噪声系数的测量原理和微波噪声系数分析仪整机工作原理,之后介绍了噪声系数分析仪的主要技术指标,最后给出噪声系数分析仪的应用及注意事项。

第8章为微波电路参数测试,介绍了射频微波元器件测量技术方案,低噪声放大器的测量,功率放大器的测量,射频功率的测量,变频器和混频器测试技术方案,频综及振荡器测试,电子系统半实物仿真技术,微波仿真及测试系统应用,微波测量发展方向。

第9章为微波综合测量实验,介绍了集成锁相环实验,下变频器及中频放大滤波组件实验,射频接收链路实验,脉冲调制器实验,混频器实验,功率放大滤波组件实验。

第10章为微波天线特性测试,介绍了天线测试场,天线方向图测量,天线增益测量,天线极化测量,天线远场自动测试系统,采用网络分析仪的天线幅-相测量系统,常规毫米波远场测试系统,天线近场测试系统的工作原理及系统组成。

第11章为射频同轴电缆和连接器,介绍了射频同轴电缆的构造、类型和特性,射频同轴连接器的构造、类型和特性,以及非同轴传输线。

本书对测量原理的讲解力求深入浅出,突出基本概念;对测量方法的讨论侧重于比较、总结,突出实用性;对误差分析力求避免烦琐的数学推导,突出对公式的理解和具体应用。

本书内容丰富,叙述精炼,注重基础理论与实际应用的结合,经典内容与最新前沿动态的结合,适应当前教学的需要,适应人才培养的需要。为适应教学的需要,每章后附有习题。本书可指导和帮助测量与维修人员进行正确的操作,同时也可供院校教学、科研、实验技术人员学习参考。书中所收录的仪器均为最新常用微波测量仪器,具有一定的先进性和代表性。

本教材的教学参考学时数为30~50学时,在实际授课时,可根据具体情况对内容进行选取。使用本教材时应加强实践环节,需要开设相应的实验课程,有条件的学校,可由学生自拟实验方案,开出若干实验选题或开放性实验,以进一步提高学生解决生产和科研实践中微波测量问题的能力。

首先,感谢第一版作者王培章老师对本书的辛勤付出。其次,在本书的编写过程中,参考、引用了同类教材的相关内容,以及同行们的部分科研成果,参考了是德公司、电科思仪的有关技术资料和其他相关技术资料,除在参考文献列出外,在此向这些书刊资料的作者和科研成果的同行们致以深深的感谢!

编　者

2023 年 9 月

扫一扫,可获得
本书电子课件

目　　录

第1章

微波测量概论

射频微波电路是构成通信系统、雷达系统和其他微波应用系统中发射机和接收机的关键部件。从 20 世纪 40 年代至今,经过长期发展,各种电路的原理日趋成熟,结构形式日渐多样。现代微电子技术和电子材料的不断进步,使得各类接收机和发射机的体积越来越小,功能越来越强。最典型的是个人无线通信,也就是手机。可以说,手机代表了当今世界科学领域的多种成就。在这个小小的手机壳内,集中反映了电源及电源使用效率、数字电路、模拟电路、半导体技术、信号处理、材料科学、结构工艺等领域的人类智慧,这些内容的核心是射频微波模拟电路。

1.1 微波测量的意义

各类无线通信设备从研究、设计、制造到调试、维修的各个阶段,都需要测量许多电参数,微波工程测量技术是现代无线通信的关键技术之一,在现代无线通信中占据举足轻重的地位。本书有机综合了微波测量和天线测量技术,在一定程度上拓展了通信类各专业的测量知识,有利于学生实践技能的提高。通过学习本书,可使学生掌握微波工程测量的基本原理,以及常用微波仪器的工作原理和测量方法,提升工程意识,开阔视野和思路,提高发现、分析、解决问题的能力和实践动手能力。本书还突出了利用现代信息技术,为学员向其他学科领域学习扩展打下基础。

微波与天线测量技术是电磁场与微波技术学科的重要组成部分,它与微波理论和天线理论相辅相成,并与其他工程技术一样,随着科学技术的发展而日趋重要;在微波理论和天线理论已趋于成熟的今天,在进行理论研究、设计和研制过程中,往往都要根据实际测量结果来解决有关技术问题,所以微波与天线测量技术依然是解决微波技术和天线问题的重要途径,特别是微波与天线技术中某些理论上难以进行定量分析的新课题,更要依赖于实验数据和曲线进行分析研究。

1.2 微波测量的特点

在频率低于微波的频段,电路的几何尺寸通常远小于波长,属于集中参数电路,便于测量的电压、电流及频率是研究低频和高频电路的基本测试量。

但是天馈系统和微波元器件的几何尺寸通常和工作波长相比拟,从电路观点看它们均属于分布参数电路,其电压、电流概念已失去原来的物理意义。馈线和微波元器件必须用场的概念逐点、连续地描述它们所在空间的场分布规律,所以便于计量的场分布(驻波)、功率和频率就成了最基本的三个测试量,并通过这三个基本量的测试可以导出其他有用参量。当然,测量空间每一点场强的绝对值仍然是困难的,但测量其相对值较方便而且也是实际所需要的,因此表征场分布规律的反射系数或驻波比,以及方向图和增益就成了微波和天线测量中非常重要的参数。

由于微波波段本身的特点使得它们无论在测量任务和测量方法,还是所用的测量仪器都有一些与低频和高频测量不同的地方。例如:信号的产生是使用专用的真空管器件,如磁控管及微波固态器件等;测试所用的辅助元器件多是分布参数的元器件,如隔离器、衰减器、移相器、定向耦合器、阻抗变换器及谐振腔等;而电磁波的检测一般是用晶体检波器。因此,在测量中对微波仪器及辅助元器件特性的了解和正确使用对测量的准确度有很大影响。

1.3 微波与天线测量的基本任务

射频微波电路可分为以下三大类。

(1)微波无源电路:如金属谐振腔滤波器、介质腔体滤波器、微带滤波器、功率分配器、耦合器、程控衰减器等。

(2)微波有源电路:如微波放大器、微波振荡、微波调制解调器、开关、移相器、混频器、倍频器、频率合成器、功率放大器等。

(3)TR组件:由上述多种元器件构成的微波发射接收功能模块。

随着半导体技术的发展,MMIC已大量地进入工程使用阶段。仅需设计 MMIC 的偏置电路,并在射频微波引线段考虑匹配。在元器件体积足够小的情况下,射频微波概念可以适当淡化,像普通低频电路一样进行电路设计,但要使用微波印制板。新型微波材料主要是环境适应性强的高介电常数、低损耗介质。高介电常数介质的使用,可以缩小微带电路的结构尺寸。为了实现上述各个电路的功能,需要解决的核心问题是以下三大方面:频率、阻抗和功率。

由于频率、阻抗和功率是贯穿射频微波工程的三大核心指标,故将其称为"射频铁三角",这也形象地反映了射频微波工程的基本内容。这三个方面既有独立特性,又相互影响。这就是射频微波工程的核心问题。三者的关系可以用图 1-1 表示。

这三个方面涵盖了射频微波工程中全部内容,下面给出对它们的解释。

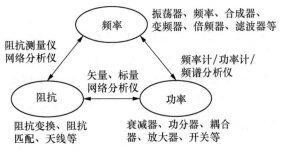

图 1-1 射频铁三角

1.3.1 频率

频率是射频微波工程中最基本的一个参数,对应于无线系统所工作的频谱范围,也规定了所研究的微波电路的基本前提,进而决定了微波电路的结构形式和器件材料。直接影响频率的射频微波电路有:

（1）信号产生器，用来产生特定频率的信号，如点频振荡器、机械调谐振荡器、压控振荡器、频率合成器等。

（2）频率变换器，将一个或两个频率的信号变为另一个所希望的频率信号，如分频器、变频器、倍频器、混频器等。

（3）频率选择电路，在复杂的频谱环境中，选择所关心的频谱范围。经典的频率选择电路是滤波器，如低通滤波器、带通滤波器、高通滤波器和带阻滤波器等。近年发展起来的高速电子开关由于体积小，在许多方面取代了滤波器实现频率选择。

在射频微波工程中，这些电路可以独立工作，也可以相互组合，还可以与其他电路组合，构成射频微波电路子系统。这些电路的测量仪器有频谱分析仪、频率计数器、功率计、网络分析仪等。

1.3.2　功率

功率用来描述射频微波信号的能量大小，所有电路或系统的设计目标都是实现射频微波能量的最佳传递。影响射频微波信号功率的主要电路有：

（1）衰减器，控制射频微波信号功率的大小。通常是由有耗材料（电阻性材料）构成。它有固定衰减量和可调衰减量之分。

（2）功分器，将一路射频微波信号分成若干路的组件，可以是等分的，也可以是按比例分配的，希望分配后信号的损失尽可能地小。功分器也可用作功率合成器，在各个支路口接同频同相等幅信号，在主路叠加输出。

（3）耦合器，定向耦合器是一种特殊的分配器。通常是耦合一小部分功率到支路，用以检测主路信号工作状态是否正常。分支线耦合器和环形桥耦合器实现不同相位的功率分配合成，配合微波二极管，完成多种功能微波电路，如混频、变频、移相等。

（4）放大器，提高射频微波信号功率的电路。它在射频微波工程中地位极为重要。用于接收机中的小信号放大器，低噪声高增益贯串设计任务的始终；用于发射机中的功率放大器，为了满足要求的输出功率，不惜器件和电源成本；用于测试仪器中的放大器，完善和丰富了仪器的功能。

1.3.3　阻抗

阻抗是在特定频率下，描述各种射频微波电路对微波信号能量传输影响的一个参数。构成电路的材料和结构对工作频率的响应决定了电路阻抗参数大小。工程实际中应设法改进阻抗特性，实现能量的最大传输。所涉及射频微波电路有：

（1）阻抗变换器，增加合适的元件或结构，实现一个阻抗向另一个阻抗的过渡。

（2）阻抗匹配器，是一种特定的阻抗变换器，实现两个阻抗之间的匹配。

（3）天线是一种特定的阻抗匹配器，实现射频微波信号在封闭传输线和开放空间之间的匹配传送。

射频铁三角渗透到射频微波工程的各个角落。利用网络的概念，保证加工工艺，借助性能优越的测量仪器，设计调试电路单元，是解决射频微波工程问题的唯一途径。射频微波工程的核心问题就是建立稳定可靠的铁三角。无论电磁场理论的方法还是等效网络的方法都可归结为折中处理频率、阻抗和功率的关系。

微波与天线的测量任务是很广泛的，但按照待测参数的内容可分为以下三个方面。

（1）信号特性参数的测量：包括信号的频率和波长、场强和功率、波形与频谱、振荡器的振荡特性和接收机的噪声系数等。

（2）网络特性参数的测量：主要有反射特性参数和传输特性参数。前者包括网络散射参数反射系数、阻抗以及与反射系数模有关的插入损耗和驻波比等；后者包括网络散射参数以及衰减和相移等。

（3）天线特性参数的测量：天线主要有两方面特性，即电路特性和辐射特性。前者与馈电电路特性有关，包括输入阻抗、频率特性、效率和匹配等；后者与辐射特性有关，包括方向图、主瓣宽度、副瓣电平、增益、方向性系数、极化、相位特性，以及有效面积、有效高度等。

1.4 微波测量仪器分类

微波测量包括稳态信号测量和瞬态信号测量。稳态信号测量包括功率、频率和频谱相关测量。瞬态信号测量包括复杂电磁环境、调制样式、跳变模式、信息含量等参量测量。

微波测量仪器分类如图 1-2 所示。

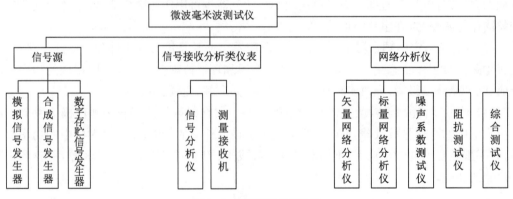

图 1-2 微波测量仪器分类

1）信号源

信号源也称信号发生器。模拟信号发生器（经济型扫频发生器）逐渐退出历史舞台，取而代之的是合成信号发生器。合成信号发生器的关键技术是频率合成技术。关键部件是频率合成器，具有专用集成块，且具有高分辨率的锁相式频率合成器、DDS 频率合成器方案，以及高频率的钇铁石榴石（YIG）振荡器＋倍频方案、双 YIG 振荡器＋倍频方案。倍频方案的相位噪声有恶化趋势，在 3 mm 或更高频段也可直接用基波振荡器（宽带速调管、窄带固态振荡器），可提高功率输出，抑制杂波。近年来又出现了数字存贮信号发生器，它把需要重现的波形经过 AD 采样保存在存储器中，输出时把存储器中的波形数据按顺序读出，经过 DAC 转换后滤波输出。由于这种信号发生器可以输出任意波形，也称为任意波发生器。

2）信号接收分析类仪表

信号接收分析类仪表主要包括信号分析仪和测量接收机两大类,详细分类如图 1-3 所示。

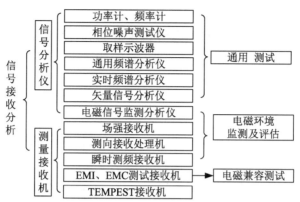

图 1-3　信号接收分析类仪表

（1）信号分析仪

信号分析仪主要对射频信号特征、质量进行分析,信号分析仪主要包括:功率计、频率计、相位噪声测试仪、取样示波器等,通用频谱分析仪一般也可以实现上述仪表的测试功能,但是测量精度一般不如专用仪表高。后来又出现了矢量信号分析仪(一般包括时域、频域、调制域甚至码域的测量与分析)和实时信号分析仪等通用多域、多参数信号测量分析仪。

① 相位噪声测试仪:微波毫米波相位噪声一般有两种测试方法:直接频谱分析法和解调分析法。直接频谱分析法可以采用频谱分析仪进行测量。先解调后分析的解调分析法需要采用专用的相位噪声测试仪测量。相位噪声测试仪的关键技术包括频率变换技术、相位解调技术和相位噪声特性曲线的拟合技术。

② 频谱分析仪:频谱分析仪主要对信号的频域进行分析。频谱分析仪的本振是高性能频率合成源,频率合成技术是其关键技术之一,一般 26.5 GHz 以下采用单 YIG 振荡器,26.5 GHz 及以上采用双 YIG 振荡器。其他关键技术主要还有预选频混频技术。当前毫米波波段频谱仪一般采用外加混频器模块。

（2）测量接收机

测量接收机一般是在频谱仪的基础上附加一些功能模块构成特殊需要的测量接收机。如场强接收机、测向接收处理机、瞬时测频接收机等。

还有针对特殊测量,如针对电磁兼容测量的 EMI 测试接收机、EMC 测试接收机和针对信息设备电磁信息泄漏检测的 TEMPEST 接收机等。

3）网络分析仪

网络分析仪主要是针对电路的网络特性进行分析的仪器。主要有矢量网络分析仪、标量网络分析仪、噪声系数测试仪、阻抗测试仪等。

1.5　微波毫米波信号分析仪发展现状

随着微波毫米波技术的快速发展,现代雷达系统和各种军民用通信网络等为了防止干扰、改善系统容量和性能而变得日益复杂。其中生成和分析信号的复杂性正以指数形式增长,频段越来越高,带宽越来越宽,调制方案越来越复杂。面对射频微波毫米波技术的不断发展,对应的测试测量设备也必须与之保持同步,才能满足不同用户的多种测试需求。

作为测试信息源头的微波毫米波信号分析仪器是射频微波领域应用最广泛的仪器之一。典型的微波信号分析仪器有频谱分析仪、矢量信号分析仪、调制域和时频分析仪等。传统的频谱分析仪可以观察到功率与频率之间的相关信息,有的还能对 AM、FM 和 PM 之类的模拟格式进行解调,对于大多数一般性应用来讲已经足够。矢量信号分析仪可分析宽带波形并从感兴趣的信号中捕获有关时间、频率和功率方面的数据。调制域和时频分析仪可以分析信号频率随时间的变化与分布等。虽然现在大多数新的分析仪在仪器中同时内置了频谱分析和矢量调制分析等多种功能,但是面对越来越复杂的测试需求,已经开始显得力不从心。例如瞬变信号测试、微弱信号测试、复杂调制信号测试和混叠信号测试等,这给现代的信号分析仪器和设备提出了新的挑战。

在数字电路中万用表和示波器能满足大多数工程测试要求,但在射频与微波频段,对于阻抗匹配、信号的串扰等问题,这两种常用仪表却无用武之地,取而代之的是信号源、频谱分析仪、网络分析仪、噪声系数测试仪、功率计和频率计等六大类测试仪器。其中,频谱分析仪、信号源和网络分析仪复杂程度最高,技术难度最大。从测试原理上讲,六大类测试仪器中各类仪器之间是互相独立、不可替代的。随着测量仪器综合化的发展,各类测试仪器都在不断地扩展功能、提高性能指标,应用范围已开始出现交叉,各类仪器之间的界线也开始变得模糊。

矢量网络分析仪将激励源、S 参数测试装置和幅相接收机有机地结合在一起,对微波传输、反射测量中的误差进行修正,实时数据处理,实现了同轴频率范围 40 MHz～60 GHz、频率分辨率 1 Hz、幅度准确度 0.1 dB、相位准确度 0.5°。具有 USB 控制的电校准(ECal),带有为 TRM/LRM 校准提供的高稳定度接收器,以及提供扩展动态范围的标准接收机接入。波导测量系统频率上限达到 178 GHz,在波导测试系统中也实现了双向 S 参数测量。

在突破扫频测量与误差修正等关键技术后,矢量网络分析仪(VNA)在高效、快速和多参数测量方面取得了显著进步。分体式 VNA 20 世纪 90 年代趋于成熟并一直作为工业标准使用,虽然分体式 VNA 构成比较繁杂,但频段覆盖很宽,达到 0.045～110 GHz,测量精度也很高。一体化结构的 VNA 集成了激励信号源、S 参数测试装置和多通道高灵敏度幅相接收机,实现了高性能和超宽带分析。全新的硬件设计方案使测量速度和性能有了极大的提高,具有奔腾芯片的嵌入式计算机和 Windows 操作系统的引入,使互连性和自动化程度有了质的飞跃。在测量速度、测试精度、动态范围、人机界面、智能化程度、稳定性、可靠性和重复性等方面具有明显的优势。二端口 VNA 的指标达到:频率范围 10 MHz～20/40/67/110 GHz(可扩到 325 GHz)、频率分辨率 1 Hz、动态范围 61～122 dB、迹线噪声 0.006～0.1 dB,具有频域和时域测试能力。67～110 GHz 还是分体式,但已大大简化了系统结构。图 1-4 为 AV3629 型射频一体化矢网分析仪,图 1-5 为是德 N5290A 矢量网络分析仪,频率范围 0～100 GHz。

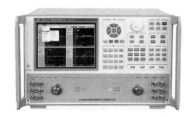

图 1-4 AV3629 型射频一体化矢网分析仪

图 1-5 是德 N5290A 矢量网络分析仪

频率合成信号发生器的同轴频率覆盖范围可从 10 MHz 到 50 GHz,配合倍频器模块,波导上限频率可达 110 GHz。综合采用了频率合成、小数分频 API 补偿、Σ-Δ 调制、YIG 调谐倍频、软件平坦度补偿等先进技术,并在"锁滚"式合成扫频的基础上采用了终止频率校准。分辨率为 0.01 Hz,开关时间为 5 ms,单边带相噪为 -98 dBc/Hz(载波 10 GHz、1 kHz 频偏),最大输出功率为 $+20$ dBm(20 GHz)和 $+14$ dBm(40 GHz)。在追求高功率、大范围、低谐波的同时,综合优化了频率转换时间、调制功能和功率平坦度等技术指标。频谱分析仪解决了宽带预选器、变频组件、程控步进衰减器、采样器、YIG 振荡器和 YIG 滤波器等宽带微波器件的设计制造技术。已经实现频率范围 3 Hz~60 GHz,灵敏度 -153~-166 dBm,幅度准确度 0.62 dB,平坦度 ±0.38 dB,对数线性误差 $+0.07$ dB 和 1 ms 的扫描时间。运用了数字中频、内置校准信号源、自动校准程序(含温度变化)、分挡 PAD 校准补偿等先进技术。可以测量移动通信中使用的调制信号的平均功率及总功率,还可以进行相邻信道泄漏功率测试。图 1-6 为 AV4036 频谱分析仪,图 1-7 为是德 N9041B 信号分析仪,频率范围0~110 GHz。

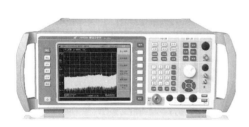

图 1-6 AV4036 频谱分析仪

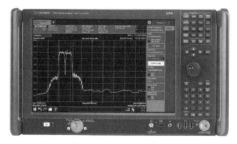

图 1-7 是德 N9041B 信号分析仪

实现毫米波、亚毫米波频段的扩展通常采用倍频方案或基波方案。目前,同轴频率覆盖达到250 kHz~67 GHz,配合倍频器模块,上限频率可扩展到 110 GHz(波导口输出)。以返波管(BWO)作为主振单元实现基波输出具有明显的大功率特色。国外的 BWO 信号源系列已经从 30 GHz 覆盖到 1 000 GHz。我国在理论设计、高频结构仿真和精密机械加工技术等方面都有显著的进展,已经突破 2 mm 器件设计制造技术、2 mm 基波锁相与电平自适应技术、锁相跟踪扫频技术等关键技术。实现了 110~170 GHz 的 2 mm 波段基波频率覆盖、6 dBm大输出功率、1 Hz 频率分辨率和 -75 dBc/Hz(频偏10 kHz)单边带相噪。图 1-8 为是德 N5191A 信号源。

图 1-8 是德 N5191A 信号源

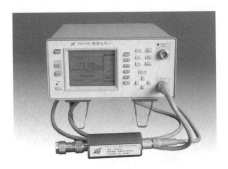

图 1-9 AV2434 微波脉冲频率与峰值功率计

微波功率计的种类繁多,形式多样,功率探头多采用热电偶和二极管检波技术,在解决了二极管大功率非平方律检波特性的修正、宽频带内的频响补偿、检波特性随温度的稳定性修正技术难点后,测量动态范围达到 90 dB,在探头和功率计补偿数据校准后,实现连续波平均功率和峰值功率的精确测量。峰值功率计可以快速分析 CDMA、TDMA 和 GSM 信号的功率,工作频率为 100 kHz～40 GHz,能提供 20 MHz 的视频带宽,可用于 3G 系统的测试。具有 60 dB 的峰值功率测量动态范围,基于 DSP 处理技术和 14 种脉冲功率参数的自动测量。主要对雷达系统的峰值脉冲功率、脉宽和脉冲延迟,扩频设备中的猝发分析、带宽功率响应和动态范围,数字矢量调制中的基带滤波器的铃响分析和宽带功率分析,TDMA 系统中的猝发功率、猝发时间分配和猝发平坦度等进行分析。由此可见,微波通信测量仪器产品的测试频率覆盖了 L、S、C、Ku 和 Ka 频段,完全适应卫星通信和数字微波通信等骨干通信网络的测试需求,实现 1 Hz～50 GHz 频域参数的测量与分析。以往的合成信号源作为基础测试仪器仅具有基本的调制功能,如调频、调幅和调相等功能。为跟上测试对象的发展,功能在不断地增加,要求具有复杂的数字调制形式,所以要求信号发生器必须能提供灵活的调制信号,满足第三代移动通信的测试需要。要求具有宽带 I/Q 调制器,能提供 QPSK、FSK 各种调制格式的信号,能提供 TDMA、CDMA、WCDMA、CDMA2000 和 TD-SCDMA 制式的测试信号。图 1-9 为 AV2434 微波脉冲频率与峰值功率计。

为构成一个完整的设计方案,除了数字调制信号源以外,各大仪器公司均推出了相应的矢量信号分析仪。它用于对各种复杂数字调制信号进行矢量分析,能提供既数字化又直观的调制参数测量结果,对 TDMA 及 CDMA 系统中连续载波或猝发载波的测量、限带或时变功率测量、长 CDMA 瞬变现象的时间捕获,评估带范围达 5～20 MHz,相邻信道泄漏功率比达 70 dBc 等。与传统的频谱分析仪相比,矢量信号分析仪可进行选时、选频功率测量,并且可以直接分析信号的相位特性,具有频域、相位域、时域和调制域的测量能力。设计和开发矢量信号分析仪需要突破一些关键技术,主要包括宽带矢量信号接收技术、频偏估计技术、幅度和相位均衡技术、宽带正交解调技术和数字信号处理技术。

具有代表性的是 Agilent 公司、R/S 公司和中电科思仪科技股份有限公司(简称电科思仪)开发的矢量信号分析仪。Agilent89400VSA 系列,频率范围 DC-26.5 GHz、相噪-116 dBc/Hz、信息带宽8 MHz,为设计、开发提供灵活的解调,并以极低的相噪提供精确的测量。Agilent89600 是基于 PC 的 VSA 系列,适用于宽带系统和设备分析,频率范围 DC-6 GHz、相噪-99 dBc/Hz、信息带宽 36 MHz。电科思仪的 AV5261/AV5262 矢量信号分析仪系列,可以实现频率范围 DC−26.5 GHz、分析带宽 10 MHz,包括 WCDMA 等 18 种移动无线标准在内的通道功率、邻道泄漏功率比、已占带宽等各种常规测试,对 GMSK、QPSK 等多种数字调制信号进行矢量信号分析,码速可达 6.4 MChip/s,可以对所有移动无线电系统的时间特性进行精确测量。显示结果包括 I/Q 图、星座图、I/Q 信道眼图、矢量误差及解调比特流列表等。目前,一种直接基于示波器高速时域测试技术的矢量信号分析技术已经形成产品,可以实现高达 1 GHz 的实时分析带宽。

(1) 现代电子测试仪器与现代计算机紧密结合,其更新换代速度与计算机发展保持同步。

(2) 仪器成为庞大计算机网络的一个终端设备,实现从终端测量向网络测量转变。

通过测量网络的协议,对通信网络和计算机网络的运行状况进行实时监测与状态分析。利用嵌入式测试技术、计算机网络和通信网络构建分布式网络化的测试系统,实现远程测试与故障诊断。

(3) 数字化速率提高、位置处理前移,实现从模拟体制到数字体制的转变。

(4) 利用现代高速数字信号处理技术,实现从稳态测量到瞬态测量的转变。

1.6　现代微波测量技术发展的新趋势

在通信、雷达、导航、电子对抗、空间技术、测控和航空航天等领域中,微波毫米波测试仪器是必不可少的测量手段。它复杂程度高,技术难度大,工艺要求严格,一直备受关注并取得了突飞猛进的发展。利用数字通信调制与解调技术,实现从信号测量到信息测量的转变。利用微波毫米波 MMIC 集成电路,使混合集成成为微波毫米波信号处理的必然选择。微波测量技术是电磁场与微波技术学科的重要组成部分,它与电磁场理论、微波网络理论一起,是解决电磁场与微波技术问题的三个法宝。测量仪器所采用的先进技术又推动仪器向数字化、智能化、自动化、模块化、标准化以及一体化和多仪器协同测量发展;另一方面,随着测量仪器“软件化”的趋势,“软件就是仪器”“网络就是仪器”等概念的提出,必然改变传统的测试与测量仪器设计方法。总的来说,现代微波测量技术主要呈现以下几个方面的新的发展趋势。

1) 工作频带更宽,可测参数更多

微波系统等现代无线电系统都有较宽的频带,而且随着器件水平和功能需求的发展,这种趋势会更加突出。随着微波资源的开发,频谱的扩展,微波测量的频带将会进一步拓宽,理想的测试仪器频带覆盖范围将是从直流到光波段。目前,Agilent 推出的网络分析仪已可对 10 Hz～300 GHz 的各种信号进行测量,且动态范围超过 150 dB。宽频带微波系统的另一个特点是提供被测系统的多种信息特征,在其平台上调用不同的测试软件就可完成多种测试任务,提供多种参数信息。随着毫米波技术的逐渐成熟,亚毫米波频段的开发与利用被提上了日程,这对测量仪器、数据采集与处理、计算机等又提出新的要求,多学科技术的交叉融合、综合运用,促进了微波测量理论、技术和仪器的进一步发展。

2) 数字化、智能化和自动化

测量仪器是微波测量的重要方面,现代微波测试已实现测量与计算机的紧密结合,自动

(智能)测试、微机处理分析的仪器已经普及,测量与计算机结合的程度,标志着测试系统水平的高低。数字化是所有测试仪器发展的趋势,目前 8 位分辨率的 DAC 取样速度已经达到 10 GHz 量级,随着 A/D、D/A 器件的进一步发展,高速度的 DAC 直接对微波信号进行取样的数字化时代已经到来,测量结果、预设值都可以以数字化的形式显示和存储,测量数据可由仪器内部计算机送到外部计算机进行处理,通过标准接口或总线控制调节组成自动测试系统。

实现测试系统的智能化,建立具有智能化功能的自动测试系统,是克服测试系统本身不足,获得高稳定性、高可靠性、高准确度和高分辨力与适应性的必然趋势,微处理器和通用接口总线的出现,使数字化、自动化、智能化的微波测量成为可能,微波自动网络分析仪作为当今较好的网络特性分析工具,已经推出三代产品,代表性的有 Agilent PNA 系列。

3)标准化和模块化

仪器软件的丰富、强大和灵活又要求硬件变得规范、标准和统一,模块化的硬件、丰富强大的软件和具有通信功能是现代测量仪器的最大技术特征。模块化是仪器发展的必然趋势,但又离不开系统的标准化。许多仪器生产厂家就认识到插卡式和 IAC(在插卡上的仪器)系统的优点,各公司使用着完全不同的方法,直到一种用于商业和国际领域的 IAC 标准被主要的几家仪器生产商接受并发布为最早的 VXI 总线系统规范草案,才有了 VXI 今天的发展。1997 年美国国家仪器(NI)公司又推出基于 PC 的 PXI 模块仪器系统。由于 PXI 模块仪器系统卓越的性能和相比 VXI 更低的价格,普及迅速。作为一个开放的工业标准,绝大部分公司已加入 PXI 系统联盟。

4)实现软件化的同时,向虚拟仪器过渡

随着大规模集成电路技术、计算机技术、信号处理技术、软件技术的飞速发展,微波测量系统中许多原来由硬件才能完成的功能,今天都能依靠软件来完成,NI 公司所提出的"软件就是仪器"的口号,彻底打破了传统测试仪器只能由生产厂家定义、用户无法改变的局面,使人们认识到软件框架才是数据采集和仪器控制系统实现自动化的关键所在。

虚拟仪器(VI)是指通过应用程序将计算机与测试仪器的功能模块结合,用户通过计算机强大的图形环境和在线帮助,建立"虚拟"的仪器面板,完成对仪器的测量控制、数据分析、存储与输出显示,从而大幅度降低仪器的价格,改变传统的使用方式,提高仪器的功能和使用效率。使用虚拟仪器技术,用户可以根据自己的需要定义仪器的功能,完成各种测试。微波测量技术"虚拟化"是测试设备软件化的必然趋势。

5)微波测量网络化

微波毫米波信号分析仪的发展都是为了满足射频微波测试领域提出的更灵敏、更准确、更快速、更方便的要求。

随着数据库联网能力的扩展,微波测试仪器要跟上发展,只有采用扩大进入网络和数据库的能力,当前的 PC 标准,包括数据总线和通信接口都比以前的产品具有更快的数据率和联网能力。"网络就是仪器"等概念的提出,必然会改变传统测试和仪器的设计方法,其中也包括仪器的应用软件,而在有些测试过程中,由于现场测试条件或测试仪器笨重不宜携带的限制,现场测试往往不方便或有危险时,通过网络进行远程测试是一种有效而可靠的办法。不久的将来,微波测量用户将通过网络连接到专营测量的企业或专用测试室,完成对分布在不同地方及远程的各种微波测量设备的测量、测试、监控与诊断。目前,许多仪器生产商都

在开发仪器联网和数据采集的硬件接口。

6）实时频谱分析技术

大多数现代雷达和通信系统是基于脉冲式和间歇性突发信号来传送分组化信息。测试这类系统中的异步事件的传统测量方法通常是使用示波器检测突发的时域特点，使用频谱分析仪检测信号频域特点。在多数情况下，这些瞬变信号发生的速度对于传统扫频分析仪来说太快了，并且瞬变信号的快速上升下降时间会产生频谱成分，从而大大增加了捕获分析这些信号的难度。实时频谱分析技术的核心思想是快速发现问题、实时触发、无缝捕获、多域关联分析。一旦发现问题，测试仪器会根据信号时域或频域特征对特定的信号进行触发采集，触发导致信号被无缝捕获到存储器中，捕获完成后，就可以分析信号的时域、频域和调制域特点。

7）多域同步分析技术和现代时频分析技术

为了提高对信号数据的理解和利用，发现调制过程中存在的问题，必须对复杂调制信号的细微特征进行分析。要求信号分析仪能够观测到输入信号的幅度、频率和相位的任何细小变化，进而分析其变化规律。由于复杂调制信号的频率和相位随着时间按某种形式在改变，因此必须了解被测信号频率、幅度和调制参数在短时间或长时间内的行为方式。这就需要传统的测试分析仪必须增加另一个维度——时间。一旦信号已经采集并存储下来，就需要对信号进行分析了。分析信号可从多个域进行分析，包括时域分析、频域分析、调制域分析、码域分析、三维时频域（谱图）分析等。

由于所有这些分析都是基于同一套底层时域样点的数据，那么在频域、时域和调制域中，通过一次采集就可以进行全方位的信号分析。通过时间相关的多域分析视图，包括频域、时域、调制域、时频域、相位 VS 时间、数字域、三维码谱，关联方式可通过视图关联、光标关联、码表关联等，让测试者了解频域、时域、码域、调制域中的特定事件怎样在公共时间参考上相关，可以全面了解信号的时间行为特征，这对分析复杂调制信号将体现出极大的优势。

8）多维立体显示技术

多维立体显示技术将相关联的多个参数显示在一幅多维立体图中，能直观地反映出瞬变电磁信号的变化情况。通过多维立体图的旋转、缩放、投影、镜像等操作，可以从各个角度对信号进行查看和分析。为信号在时间轴、频率轴、幅度轴上的三维立体图，该图全面地展现了信号各频率分量随时间变化的情况。多维立体显示技术将多个域中的分析数据精确地关联起来并以立体图像的形式显示出来，更为形象、直观。

时频分析主要是描述信号的频谱含量在时间上的变化，其目的是建立一种分布，以便能在时间和频率上同时表示信号的能量或强度。时频分析技术提供了从时域到时频域的变换，能够作出时频分布图形（二维或三维），从而能够在时频平面上表示出信号中各个分量的时间关联谱特性，在每个时间指示出信号在瞬时频率附近的能量聚集情况。

9）基于FPGA技术和软件技术的自定义测试将开始流行

FPGA 的高性能和可重复配置特性一直是硬件设计工程师们的最爱，这为信号分析仪设计提供了契机。未来的微波毫米波信号分析仪器将是一种可以重新配置的测试平台，它通过标准化接口把一系列硬件和软件构成组件链接起来，使用数字处理技术生成信号或进行测量。关键是可以重新配置,可以通过软件命令排列和重新排列构成组件,信号通过交换进行重新路由实现一种或多种传统信号分析功能。相比于传统仪器固定的功能限制和只是"测试结果"的呈现,这种自定义测试技术可以满足用户更加复杂的测试需求。

1.7 分贝表示法

在射频电路设计中,经常引入分贝(dB)作为一个通用的参考单位。分贝是一个对数函数,可以方便地表述数量级相差很大的数值。分贝通常是一个无量纲的比值,用来表示物理量相对值,如电压放大倍数和功率放大倍数等。在射频电路的工程应用中,可以将分贝和某些物理单位一起使用,用来表示物理量的绝对数值,如用 dBm 来表示功率,用 dBμV 来表示电压。它们的典型值参见表 1-1 及表 1-2。

表 1-1 使用 dBm 表示的一些典型功率值

P	0.01 mW	0.1 mW	1 mW	10 mW	100 mW	1 W
P/dBm	-20	-10	0	10	20	30

表 1-2 使用 dBμV 表示的一些典型电压值

P	0.01 μV	0.1 μV	1 μV	10 μV	100 μV	1 mV
$P/\text{dBμV}$	-40	-20	0	20	40	60

绝对电压、绝对电流和绝对功率值都是有量纲的物理量,如果与相应的物理量相比,就能使用分贝表示这个无量纲的比值。例如,放大电路的输入功率为 P_{in},输出功率为 P_{out},则放大电路的功率增益 G_P 为:

$$G_P(\text{dB}) = 10\lg\left(\frac{P_{out}}{P_{in}}\right) \tag{1-1}$$

在射频系统中,单元电路的输入阻抗和输出阻抗都要求设计匹配为 Z_0。如果放大电路的输入电压为 V_{in},输出电压为 V_{out},选择合适的系数可以使电压增益 G_V 与功率增益 G_P 具有相同的分贝值。因此,定义电压增益 G_V 的分贝值为:

$$G_V(\text{dB}) = G_P(\text{dB}) = 10\lg\left(\frac{V_{out}^2/Z_0}{V_{in}^2/Z_0}\right) = 20\lg\left(\frac{V_{out}}{V_{in}}\right) \tag{1-2}$$

注意在计算功率增益 G_P 和电压增益 G_V 时,分别使用了不同的系数 10 和 20。如果放大电路的电压放大倍数为 10,则功率放大倍数为 100,但是电压增益 G_V 和功率增益 G_P 均为20 dB。

分贝表示方法还可以通过选取固定的参考值来表述物理量的绝对值。例如,选取 1 mW 作为功率的参考值,并且定义为 $P_0 = 0$ dBm,把其他功率 P 与该参考功率 P_0 比较就可以将功率 P 用分贝表示为:

$$P(\text{dBm}) = 10\lg\left(\frac{P}{1\text{ mW}}\right) \tag{1-3}$$

选用 1 μV 作为电压的固定参考值 0 dBμV,可以将电压 V 用分贝表示为:

$$V(\mathrm{dB}\mu\mathrm{V}) = 20\lg\left(\frac{V}{1\ \mu\mathrm{V}}\right) \tag{1-4}$$

在阻抗 $Z_0 = 50\ \Omega$ 的系统中,如果测量电压为 0 dBμV,则可以计算出相应功率 P 为

$$P(\mathrm{dBm}) = 10\lg\left(\frac{P}{1\ \mathrm{mW}}\right) \tag{1-5}$$

也就是说在阻抗为 50 Ω 的射频系统中,0 dBμV 的信号和 −107 dBm 的信号具有相同的功率。需要注意,如果系统阻抗 Z_0 发生了变化,电压 dBμV 和功率 dBm 之间的转换关系也要发生相应的变化,两者的具体关系为:

$$V(\mathrm{dB}\mu\mathrm{V}) = 90 + 10\lg Z_0 + P(\mathrm{dBm}) \tag{1-6}$$

例 1.1　(1) 在 $Z_0 = 50\ \Omega$ 的射频系统中,13 dBm 的信号对应的电压是多少?

(2) 在 $Z_0 = 600\ \Omega$ 的射频系统中,2 dBm 的信号对应的电压是多少?

解:根据式(1-6)可以计算得到电压分别为:

$$V = 90 + 10\lg 50 + 13 = 120\,(\mathrm{dB}\mu\mathrm{V})$$

$$V = 90 + 10\lg 600 + 2 = 120\,(\mathrm{dB}\mu\mathrm{V})$$

或者可以换算得到实际的电压均为:

$$V = 10^{\frac{120}{20}} = 10^6\,(\mu\mathrm{V})$$

显然,在不同阻抗的射频系统中,1 V 的电压会对应于不同的射频功率。

使用类似的方法还可以定义电流、电场强度和磁场强度等物理量的分贝表示法,例如,电流的分贝表示法定义为:

$$I(\mathrm{dB}\mu\mathrm{A}) = 20\lg\left(\frac{I}{1\ \mu\mathrm{A}}\right) \tag{1-7}$$

其他物理量的分贝表示法与电压和功率的分贝表示法相似。

电压的单位有伏(V)、毫伏(mV)、微伏(μV),电压的分贝单位(dBV、dBmV、dBμV)表示为:

$$U_{\mathrm{dBV}} = 20\lg\frac{U_{\mathrm{V}}}{1\ \mathrm{V}} = 20\lg U_{\mathrm{V}}$$

$$U_{\mathrm{dBmV}} = 20\lg\frac{U_{\mathrm{V}}}{1\ \mathrm{mV}} = 20\lg U_{\mathrm{mV}}$$

$$U_{\mathrm{dB}\mu\mathrm{V}} = 20\lg\frac{U_{\mathrm{V}}}{1\ \mu\mathrm{V}} = 20\lg U_{\mu\mathrm{V}} \tag{1-8}$$

电压以 V、mV、μV 为单位和以 dBV、dBmV、dBμV 为单位的换算关系为:

$$U_{\mathrm{dBV}} = 20\lg\frac{U_{\mathrm{V}}}{1\ \mathrm{V}} = 20\lg U_{\mathrm{V}} \tag{1-9}$$

$$U_{\text{dBmV}} = 20\lg \frac{U_{\text{V}}}{10^{-3}\ \text{V}} = 20\lg U_{\text{V}} + 60 \qquad (1-10)$$

$$U_{\text{dB}\mu\text{V}} = 20\lg \frac{U_{\text{V}}}{10^{-6}\ \text{V}} = 20\lg U_{\text{V}} + 120 = 20\lg U_{\text{mV}} + 60 = 20\lg U_{\mu\text{V}} \qquad (1-11)$$

电场强度的单位有伏每米(V/m)、毫伏每米(mV/m)、微伏每米(μV/m),电场强度的分贝单位(dBV/m、dBmV/m、dBμV/m)表示为:

$$E_{\text{dB(V/m)}} = 20\lg \left[\frac{E(\text{V/m})}{1\ \text{V/m}} \right] \text{dBV/m}$$

$$E_{\text{dB}(\mu\text{V/m})} = 20\lg \left[\frac{E(\mu\text{V/m})}{1\ \mu\text{V/m}} \right] \text{dB}\mu\text{V/m} \qquad (1-12)$$

$$1\ \text{V/m} = 10^3\ \text{mV/m} = 10^6\ \mu\text{V/m}$$

$$1\ \text{V/m} = 0\ \text{dBV/m} = 60\ \text{dBmV/m} = 120\ \text{dB}\mu\text{V/m}$$

$$-80\ \text{dBV/m} = -80\ \text{dB}\mu\text{V/m} + 120\ \text{dB} = 40\ \text{dB}\mu\text{V/m}$$

磁场强度的单位有(A/m)、(mA/m)、(μA/m),磁场强度的分贝单位(dBA/m、dBmA/m、dBμA/m)表示为:

$$H = 20\lg \left[\frac{H(\text{A/m})}{1\ \text{A/m}} \right] \text{dBA/m}$$

$$H = 20\lg \left[\frac{H(\mu\text{A/m})}{1\ \mu\text{A/m}} \right] \text{dB}\mu\text{A/m} \qquad (1-13)$$

从 dBA/m 转化为 dBμA/m 的公式是:

$$H/\text{dB}\mu\text{A/m} = H/\text{dBA/m} + 120\ \text{dB} \qquad (1-14)$$

功率密度的单位有 W/m², 常用单位为 mW/cm² 或 μW/cm², 它们之间的关系为:

$$S = 10\lg \left(\frac{S}{1\ \text{W/m}^2} \right) \text{dBW/m}^2 \qquad (1-15)$$

$$S = 10\lg \left(\frac{S}{1\ \text{mW/m}^2} \right) \text{dBm/m}^2 \qquad (1-16)$$

$$S_{\text{W/m}^2} = 0.1 S_{\text{mW/cm}^2} = 100 S_{\mu\text{W/cm}^2} \qquad (1-17)$$

采用分贝表示时有:

$$S_{\text{dB(W/m}^2)} = S_{\text{dB(mW/cm}^2)} - 10\ \text{dB} = S_{\text{dB}(\mu\text{W/cm}^2)} + 20\ \text{dB} \qquad (1-18)$$

例 1.2 将 40 W 转换为 dBW; 将 8 mV 转换为 dBμV。

解:

$$(40\ \text{W})_{\text{dBW}} = 10\lg \frac{40\ \text{W}}{1\ \text{W}} = 10\lg 40 = 16\ \text{dBW}$$

$$1\ \text{W} = 10^3\ \text{mW}, 0\ \text{dBW} = 30\ \text{dBmW}$$

$$(8 \text{ mV})_{\text{dB}\mu\text{V}} = (8 \times 10^3 \ \mu\text{V})_{\text{dB}\mu\text{V}} = 20\lg \frac{8 \times 10^3 \ \mu\text{V}}{1 \ \mu\text{V}} = 20\lg 8 + 20\lg(10^3) = 78 \text{ dB}\mu\text{V}$$

例 1.3　三个分别为 0 dBm、3 dBm、−6 dBm 的信号的总功率是多少?

$$P_1 = 10^{0/10} = 1 \text{ mW}$$

$$P_2 = 10^{3/10} = 2 \text{ mW}$$

$$P_3 = 10^{-6/10} = 0.25 \text{ mW}$$

$$P = P_1 + P_2 + P_3 = 3.25 \text{ mW}$$

$$P = 10\lg\left(\frac{3.25 \text{ mW}}{1 \text{ mW}}\right)\text{dBm} = 5.12 \text{ dBm}$$

表 1-3 为电平单位转换关系表,由原单位换算到新单位只要原单位的值加上表中数值即得新单位的数值,斜杠之前对应 75 Ω 系统,斜杠之后对应 50 Ω 系统。

表 1-3　电平单位转换(电阻为 75/50 Ω)

转换关系	dBW(新单位)	dBm(新单位)	dBmV(新单位)	dBμV(新单位)
dBW(原单位)	0	+30	+78.75/+77	+138.75/+137
dBm(原单位)	−30	0	+48.75/+47	+108.75/+107
dBmV(原单位)	−78.75/−77	−48.75/−47	0	+60
dBμV(原单位)	−138.75/−137	−108.75/−107	−60	0

◈**本章小结**

本章介绍了微波测量的意义,微波测量的特点,微波与天线测量的基本任务,微波测量仪器分类,微波仪器的发展现状和新趋势,概要介绍了常用微波单位的换算。

◈**习题作业**

1. 微波测量的意义是什么?

2. 微波测量有哪些特点?

3. 微波与天线测量的基本任务是什么?

4. 微波测量仪器如何分类?

5. 在 75 Ω 和 50 Ω 系统中将下列电压用 dBμV 和 dBm 为单位表示。

(1) 1.23 mV(dBμV,dBm)

(2) 2.67 μV(dBμV,dBm)

(3) 8.0 V(dBμV,dBm)

第 2 章

微波信号源

2.1 微波信号源的分类

微波信号源就是产生微波信号的装置,又称为微波信号发生器,是构成现代微波系统和微波测量系统的最基本设备,它能够产生不同频率、不同幅度的微波正弦信号,其输出信号的频率、幅度和调制特性均可以在规定限度内进行调节。

微波信号源是射频信号源向更高频率的扩展,微波的频率覆盖范围为 300 MHz ～ 300 GHz,它们的基本原理是一样的。但是,由于微波信号本身体现出来的新特性,在这个频率范围内,集总参数电路已不适用。在微波信号源设计中必须采用相应的器件和处理方法,从而使微波信号源的设计构造具有新的特征。以前微波信号源的设计是以真空管和回波振荡器为主,这类信号源体积庞大,电压和电流难以控制,而且随环境变化频率漂移比较大。近年来使用场效应管或二极管,以及用电场或磁场调谐的可变电抗器等的固态振荡器得到广泛应用,固态振荡器体积小,结构坚固,性能可靠又稳定。现在使用频率合成技术的信号源,具有极高的频率稳定性和较低的相位噪声。

按照用途的不同,微波信号源一般可分为三个层次:

1) 简易微波信号发生器

用于测试各种无源微波器件,信号源对测量电路提供激励信号,其频率能在一定范围内调谐或选择,最大输出功率至少达到毫瓦级,并能连续衰减,至少能用一种低频方波进行开关式调幅(即脉冲调制)。其中功率能达到 1 W 以上者,称为功率信号发生器,主要用于天线特性测量,也可以用普通信号发生器外加功率放大器构成。

2) 标准微波信号发生器

用于测试放大器等有源装置,特别是测量微波接收机的各项性能指标,要求信号的频率和功率能被更精细地调节并准确地读数;能将有用信号的大小准确衰减到微瓦甚至皮瓦级;能视用途不同而采取不同的调制方式,并能在一定范围内对调制进行调节。

3) 微波扫频信号发生器

输出频率能从所需频率范围的一端连续地"扫变"到另一端,适用于连续频谱的测量或实时调试。一般来说,扫频源也可以设置为连续波工作状态,作为点频源使用。目前,市场上出售的通用微波信号源主要分为三种类型:微波扫频信号源、微波合成信号源及微波合成扫频信号源。这是从实现方式和输出信号的频率特征方面归类的。微波扫频信号源既可输出快速连续的扫频信号,又可输出点频信号,其输出信号的指标较差,但价格便宜,可应用于一般的通用测试。微波合成信号源可输出频率精确、频谱优良的信号,一般还可进行步进和列表扫频,价格较高。

按频段分类:射频信号发生器(0～3 GHz)、微波信号发生器(3～30 GHz)。

按频率产生和综合方法分类:直接频率合成法 DS、间接频率合成法(锁相环频率合成法)、直接数字频率合成法 DDS。

按输出频率调节方式分类:连续波信号发生器、扫频信号发生器、调制信号发生器。

2.2　模拟式微波扫频信号源

2.2.1　扫频信号源的基本概念

扫频信号发生器是一种输出信号频率随时间在一定范围内、按一定规律重复连续变化的正弦信号源,它是频率特性测试仪的核心,常与频谱仪或功率计等结合使用,主要用于测量各种网络的频率响应特性,是频域分析中必不可少的一种仪器。

微波测量的测试对象是微波元器件或整机的高频端。它们都工作在或宽或窄的一定频率范围之内,用扫频测量系统测试比较方便。扫频测量系统与点频测量系统,在组成原则上是相同的,所不同的是扫频测量系统要求信号源输出频率能以直接方式进行线性扫动,而测量装置要有足够的宽带。与点频法相比,扫频法具有以下优点:

① 可实现网络的频率特性的自动或半自动测量;

② 所得到的被测网络的频率特性曲线是连续的。

点频法人工逐点改变输入信号的频率,速度慢,得到的是被测电路稳态情况下的频率特性曲线。扫频测量法是在一定扫描速度下获得被测电路的动态频率特性,更符合被测电路的实际应用。微波扫频信号源的基本原理如图 2-1 所示。

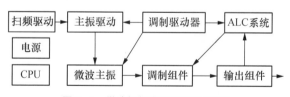

图 2-1　微波扫频信号源的基本构成

主振电路是扫频源的核心,用以产生必要的微波频率覆盖。可选用连续调谐的宽带微波振荡器,如微波压控振荡器(VCO)、YIG 调谐振荡器(YTO)、返波管振荡器(BWO)等;主振驱动电路针对微波振荡器的特性进行驱动,使其工作于理想状态。在主振驱动电路部分,还往往需要实现振荡器调谐特性的线性补偿、扫描起始频率和扫频宽度预置,等等;扫描发生器产生标准的扫描电压斜坡信号,通过主振驱动器推动主振实现频率扫描。扫频速度,或者说扫描时间,是由扫描发生器来控制的。调制组件实现微波电平控制,主要部件是线性调制器和脉冲调制器;输出组件则实现输出微波信号的滤波放大、电平检测等;自动电平控制(ALC)系统利用输出组件检测仪器输出电平,自动调节调制组件动作,实现输出电平稳幅(或调幅);调制驱动器将调制信号变换成相应的驱动信号并分别施加到对应的执行器件中,较高级的信号源自己能够产生调制信号。

2.2.2　微波扫频信号的产生

微波扫频信号源是实现微波扫频测量的核心部件。实现扫频的方法很多,常用的微波扫频振荡器有:变容二极管电调振荡器,YIG(钇铁石榴石铁氧体)电调振荡器,返波管电调振荡器等。

1) 变容二极管电调振荡器

当变容二极管加上反偏压 V 时,PN 结电容 C_D 与电压 V 的关系,可用下式表示:

$$C_D = \frac{C_0}{\left(1+\dfrac{V}{V_D}\right)^n} \qquad (2-1)$$

式中,C_0 是变容管零偏时的电容;V_D 是 PN 结的接触电位差,硅管的 V_D 约为 0.7 V,锗管的 V_D 约为 0.2~0.3 V;n 是 PN 结的系数,称为电容变化指数,它取决于 PN 结的结构变化和杂质分布情况,一般分为三种:① 扩散型二极管的杂质分布是缓慢的,称为"缓变结",$n = 1/3$;② 合金型二极管的杂质分布和空间电荷分布是突变的,称为"突变结",其 $n = 1/2$;③ 由特殊工艺制作的称为"超突变结"的变容二极管,其 n 在 1~5 之间。由于对扫频宽度有较高要求,所以用超突变结变容管较好。

将变容二极管接入振荡器的振荡回路,再将周期扫描电压加到变容二极管上,则振荡频谱就随扫描电压作周期性调频变化。但从式(2-1)看出,C_D 与反偏 V 是非线性关系,C_D 与频率 f 的关系是:

$$f = \frac{\omega}{2\pi} = \frac{1}{2\pi\sqrt{LC_D}} \qquad (2-2)$$

所以,f-V 是非线性关系。为得到线性调频,必须在电路设计上采取适当措施。

2) YIG 电调谐振荡器

YIG 是一种铁氧体材料,具有铁磁谐振的特性,通常做成小球形状,将小球按一定取向装在高频结构之中,在外置直流磁场 H_0 的作用下,便会发生铁磁谐振,其谐振频率为:

$$f_0(\text{MHz}) = 0.0112\pi H_0(\text{A/m}) \qquad (2-3)$$

f_0 值与小球尺寸无关,仅是线性地随 H_0 变化,所以改变磁铁的励磁电流,便可改变 f_0。其谐振 Q 值高达数千,即损耗低,稳定性好。

一个典型的微波 YIG 电调谐振荡器如图 2-2 所示,YIG 小球接入晶体管回路中,YIG 小球通常封装在一个直径和轴线大约为几厘米的圆柱形磁铁中,微波信号通过一个回路耦合到球上。它的晶体管等效电路是一个分流谐振器,能在微波范围内好几个频段上线性调谐。

由于 YIG 调谐振荡器(YTO)在频率覆盖、调谐线性、频谱纯度以及体积、重量和可靠性等方面的优势,现代的宽带微波合成信号源几乎无一例外地采用 YTO 作为核心微波振荡器。YTO 是以 YIG(钇铁石榴石)小球为谐振子、微波晶体管为有源器件的固态微波信号源,其输出频率与内部调谐磁场有较好的线性关系。内部调谐的磁场由主线圈和副(调频)

线圈两部分生成,前者感抗大、调谐慢,但调谐灵敏度高、调谐范围宽、高频干扰抑制好;后者感抗小从而调谐范围窄但调谐速度快,并因为调谐灵敏度低而具有良好的干扰抑制特性。二者结合使用,特别有利于既需要大范围调谐又需要快速修正的宽带微波信号发生器,并易于实现调频(FM)。以 YTO 为核心振荡器的微波信号源主振及其驱动电路基本结构如图 2-2 所示。

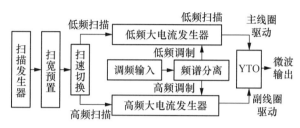

图 2-2　YTO 主振及驱动电路基本结构

频率预置调谐信号激励低频电流发生器驱动 YTO 主线圈,把输出频率调谐到预置频率。为了实现预置信号对输出频率的线性控制特性,电流发生器部分往往针对 YTO 的调谐非线性特征进行适当的线性补偿,这一点对于扫频控制尤其重要。根据 YTO 的驱动特点,调频信号则经过高、低频分离后,分别叠加到高、低频电流发生器的激励信号中,实现对输出电流的成比例调制,从而实现对 YTO 输出频率的调制。

YTO 的扫频是由扫描发生器控制的,扫频也可以看作是一种频率调制过程,同调频一样,扫描信号要根据扫描速度和扫描宽度的不同,分别控制高、低频电流发生器来驱动YTO。需要注意的是,扫描发生器的输出一般来说总是 0～10 V 的标准斜坡电压,只是根据扫描速度不同而斜率不同。因此,扫描宽度是通过一个扫描宽度预置电路的比例变换来单独处理的。扫描的起始频率或中心频率则是利用频率预置电路实现的。

2.2.3　微波扫频信号源的控制

扫频信号源给信号源增加了频率扫描和(或)功率扫描的功能。频率扫描有两种方式:斜率(Ramp)扫描和步进(Step)扫描。在斜率扫描方式下,输出的正弦波频率从所设置的起始频率增加到终止频率,在时间轴上就会产生一个线性的频率。而在步进扫描方式下,输出频率则是从一个频率快速地跳到另一个频率,在每个频率点上,信号源输出会停留一定的时间段。

对于斜率扫描而言,信号源要对精度、扫描时间和频率分辨率做出规定。对步进扫描,则要对精度、点数和切换时间予以规定。点数少则 2 点,多则数百点。切换时间是指信号源从一个频率变换到另一个频率所需要的时间。

扫频信号源还有功率扫描功能。窄范围的功率扫描是通过调节自动电平控制电路(ALC)来实现的,而宽范围的功率扫描则是通过改变输出衰减器来实现的。

频率扫描的应用领域主要是测量器件的频响特性;而功率扫描主要用于测量放大器的饱和电平(1 dB 压缩点)。

1) 扫频控制

扫描信号是扫描时间的基准信号。在扫频过程中,根据调谐振荡器的调谐特性,用频率预置信号把振荡器调谐到扫频起始频率,然后,根据调谐灵敏度由扫描发生器产生一个与扫频宽度相对应的零起始的斜坡扫描信号叠加到振荡器的驱动电路中,就可以实现所需的微波模拟扫频输出。另外,扫描信号又作为显示器的水平偏转信号,使显示器给出的测量结果和扫频信号一一对应,实现了扫频和显示的同步。常用的扫描信号波形有正弦波、三角波、锯齿波和对数型波等。图2-3为扫频信号源扫频特性。

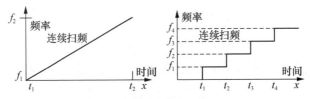

图2-3　扫频信号源扫频特性

为了进行更精确的频率读数,通常在扫频信号中夹带着输出一个或多个可移动并可读数的频率标记脉冲,以便标识扫描区段中任意点上的信号频率值,称此频率标记脉冲为频标(Marker)。有时可将扫描区域改为在两个选定的频标点之间进行,称为"标记扫频"方式。有时,也可将锯齿波关掉,而由手控直流分量进行"手动扫频"。将直流分量停在某一点上就可输出点频的连续波信号。因此,所有的微波扫频源均可当作普通微波信号源使用。

2)电平和幅度控制

对于宽带微波振荡器及其相应功率控制器件而言,不管是点频上的幅度稳定性,还是频带内的幅度一致性,一般都不易做得很好,所以现代微波信号发生器都采用带有智能软件补偿的自动电平控制(ALC)系统,以实现更高的频率准确度和平坦度。稳幅的方法大都采用负反馈自动控制环路。

典型的ALC系统如图2-4所示,由线性调制器、定向耦合器、检波器和差分放大器四部分构成。振荡源输出的信号通过线性调制器和定向耦合器到达输出端口,后者按一定比例耦合提取输出功率电平,经检波器转化成对应的直流电压信号,通过差分放大器与预计的参考电压相比较,误差输出信号驱动线性调制器改变衰减量,从而调整输出功率直至检

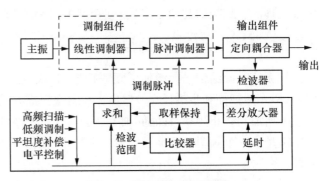

图2-4　前馈式ALC原理框图

波电压与参考电压相当,则输出功率稳定于预计电平。线性调制器是一种电调衰减器,一般用以PIN二极管为可变电阻的衰减电阻网络构成。定向耦合器前必要时可以增加放大器和滤波器以提高输出功率和频谱纯度。可以看出,只要预先测出定向耦合器的耦合度、频响和检波器的检波灵敏度、频响以及温度特性,理论上就可以计算出所有频率、功率输出状态下所需的参考电压,而相比之下,高精度电压参考信号的产生要容易得多。

调幅也是在ALC系统中实现的。最简单的调幅只需把调制信号按比例叠加到参考电压当中去,在ALC系统的响应速度之内,参考电平的起伏自然导致输出电平的调制。考虑

到系统的稳定性,应对 ALC 系统的响应速度适当加以控制。更高频的调幅可以通过前馈式 ALC 系统实现:其基本方法是把参考电压分成两路,一路按比例直接合并到线性调制器驱动信号中,超前实现电平的调制,而检波器上输出其解调信号,与延时后的另一路参考电平同时到达差分放大器,比较的结果可消除超前调制的误差。这样,即使 ALC 响应速度跟不上,也能在线性调制器的控制准确度意义下实现高频调制,因此希望调制器在足够的动态范围内能有良好的线性调制特性。

2.3　微波合成扫频信号源

随着通信、雷达、电子侦察、宇宙航行、遥测遥控,以及测量仪表等技术的发展,对信号频率的稳定度和准确度提出了越来越高的要求。同样,在测量领域,如果信号源频率的稳定度和准确度不够高,就很难对电子设备进行准确的频率测量。微波扫频信号源为宽带微波测试带来了巨大的便利,但是,其频率准确度和稳定度都很难满足现代微波测量对频率准确度和稳定度的要求。这是由于主振及其驱动控制电路的不理想和不稳定造成的,虽然适当的补偿和巧妙的设计可以最大限度地减少它们的影响,但本质上是不可能完全消除的。对频率准确度和频谱纯度的追求,促进了频率合成器的产生和发展,利用频率合成器来提高微波主振性能的信号源就是微波合成信号源。

微波合成信号源的基本构成如图 2-5 所示,合成信号源与扫频信号源最大的区别是用频率合成器替代了扫描发生器作为主振驱动的控制电路。主振电路及其驱动电路仍是信号发生器的核心,频率合成器的作用是通过补偿修正主振驱动控制信号,实时修正微波振荡器的输出相位误差,使其具备时基的相对准确度和长期稳定度。调制组件、输出组件以及 ALC 系统和调制驱动器的工作原理同扫频信号源是一样的。

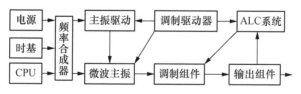

图 2-5　微波合成信号源的基本构成

微波合成扫频信号源是指具有模拟扫频功能的微波合成信号源,是合成信号源与扫频信号源的有机结合。与步进扫频相比,模拟扫频消除了调频间隔,真正实现了频率的连续变化。因此合成扫频信号源必须选用连续调谐的宽带微波振荡器做主振,如微波压控振荡器(VCO)、YIG 调谐振荡器(YTO)、返波管振荡器(BWO)等。在整机电气原理结构上,合成扫频信号源同合成信号源相比最大的变化是增加了与主机协调动作的扫描发生器,这不仅是扫频信号源中扫描发生器的简单移植,它同时还是一个时序发生器,不但实现主振的模拟扫频驱动,而且完成锁相与扫频功能的有机联系。合成信号源是将一个(或几个)基准频率通过合成产生一系列频率的信号源,其基准频率信号通常由石英晶体振荡器产生。

2.3.1　现代科学技术对信号源的要求

随着电子科学技术的发展,对信号频率的稳定度和准确度提出了愈来愈高的要求。例如在无线电通信系统中,蜂窝通信频段在 912 MHz 并以 30 kHz 步进。为此,信号频率稳定度的要求必须优于 10^{-6}。同样,在电子测量技术中,如果信号源频率的稳定度和准确度不够高,就很难胜任对电子设备进行准确的频率测量。

在以 RC、LC 为主振的信号源中,频率准确度达 10^{-2} 量级,频率稳定度达 $10^{-3} \sim 10^{-4}$ 量级,远远不能满足现代电子测量和无线电通信等方面的要求。另一方面,以石英晶体组成的振荡器日稳定度优于 10^{-8} 量级,但是它只能产生某些特定的频率。为此需要采用频率合成技术,该技术是对一个或几个高稳定度频率进行加、减、乘、除算术运算,得到一系列所要求的频率。采用频率合成技术做成的频率源称为频率合成器,用于各种专用设备或系统中,例如通信系统中的激励源和本振;或做成通用的电子仪器,称为合成信号发生器(或称合成信号源)。频率的加、减通过混频获得,乘、除通过倍频、分频获得,采用锁相环也可实现加、减、乘、除运算。合成信号源可工作于调制状态,可对输出电平进行调节,也可输出各种波形。它是当前使用得最广泛的性能较高的信号源。

2.3.2 信号源发展趋势

(1) 宽带——更宽的频率覆盖、更大的调制带宽

频段将进一步扩展到 THz 波段;高精度调制由 100 MHz 向几百兆发展,宽带调制由 2 GHz 向 4 GHz、8 GHz 发展。

(2) 高纯——极低相位噪声、低杂散

综合利用高性能频率合成专用 ASIC、超低噪声多环频率合成等,不断改善单边带相位噪声和杂散,典型单边带相位噪声 10 GHz@10 kHz 频偏由 -110 dBc/Hz 逐步接近 -130 dBc/Hz。(已接近目前工艺、技术方法的工程极限)

(3) 复杂——单一信号模拟向多目标及复杂电磁环境模拟

信号的模拟功能越来越强大,基于矢量调制、多参数捷变技术实现多目标、多辐射源以及复杂电磁环境信号模拟,基于高性能信号模拟平台支持用户进行专用信号模拟开发。

2.3.3 合成信号源的主要技术指标

合成信号源的工作特性应该包括:频率特性、功率特性(输出特性)、扫描特性、频谱特性(频谱纯度)、调制特性及其他特性。下面对频率特性、扫描特性和频谱特性作进一步叙述。

1) 频率特性

(1) 频率范围(Frequency Range)

指信号发生器所产生的载波频率范围,该范围既可连续亦可由若干频段或一系列离散频率来覆盖。例如 250 MHz~1 GHz,1 Hz~100 kHz 等。

(2) 频率准确度(Frequency Accuracy)

信号发生器频率指示值和相应的真值的接近程度,分为绝对准确度和相对准确度。绝对准确度是输出频率误差的实际大小,一般以 kHz、MHz 等表示;相对准确度是输出频率误差与理想输出频率的比值,一般以 10 的幂次方表示,如 1×10^{-6},1×10^{-8} 等。

频率准确度由信号源的稳定度来保证。频率稳定度与老化、环境温度等因素有关。频率稳定度取决于内部基准源,分为长期稳定度和短期稳定度,长期稳定度一般用天和年的老

化率来衡量。一般能达到 $10^{-8}/d$ 或更好的水平。信号发生器的频率准确度与长期稳定度的换算关系为：

$$准确度＝载波频率×老化率×校准时间$$

当载波频率为 1 GHz，老化率为 $±0.152$ ppm/a，校准时间为 1 年时，准确度为 $±152$ Hz。

（3）频率分辨力（频率分辨率）(Frequency Resolution)

指信号发生器在有效频率范围内可得到并可重复产生的频率最小增量。例如 1 MHz，1 kHz，1 Hz，1 mHz 等。由于合成信号源的频率稳定度较高，所以分辨率也较好，可达 $0.001～10$ Hz。

（4）相位噪声(Phase Noise)

信号相位的随机变化称为相位噪声，相位噪声将引起频率稳定度下降。在合成信号源中，由于其频率稳定度较高，所以对相位噪声有严格限制，通常宽带相位噪声应低于 -60 dBc/Hz，远端相位噪声（功率谱密度）应低于 -120 dBc/Hz。

（5）杂散 (Spurious)

在频率合成的过程中常常会产生各种寄生频率分量，称为杂散。杂散一般限制在 -70 dB 以下。

需要说明的是：在频域里，杂散是在信号谱两旁呈对称分布的离散谱线；而相位噪声则在两旁呈连续分布。

（6）频率转换时间(Frequency Switching Time)

频率转换时间或频率转换速度是指信号源的输出从一个频率变换到另一个频率所需要的时间。直接合成信号源的转换时间为微秒量级，而间接合成则为毫秒量级。

（7）输出阻抗(Output Impedance)

在信号发生器输出端往里看所呈现的阻抗。低频信号发生器的输出阻抗通常为 600 Ω，射频微波信号发生器通常只有 50 Ω，电视信号发生器通常为 75 Ω。信号发生器的输出幅度读数定义为输出阻抗匹配条件下的读数，所以必须注意输出阻抗匹配的问题。

（8）源电压驻波比(Source VSWR)

微波信号发生器由于外接负载特性变化而引起的射频输出端口驻波电压最大值和最小值之比，它反映了信号发生器在输出失配时维持额定功率的能力。

2）扫描特性

（1）斜坡扫描/模拟扫描(Ramp Sweep/Analog Sweep)：指信号发生器的输出频率和功率在给定的频率和功率范围内呈线性的连续变化。

（2）步进扫描(Step Sweep)：信号发生器在给定的频率和功率范围内呈线性的步进变化。

（3）列表扫描(List Sweep)：信号发生器按照事先给定的信号序列进行扫描。一般情况下，各个点的频率、功率及驻留时间均可单独设置。

（4）扫描范围(Sweep Range)：扫描的载波频率范围。

（5）扫频宽度(Sweep Width)：扫频所覆盖的最高频率和最低频率之差。

（6）扫频时间（Sweep Time）：扫频时，信号发生器输出频率从一个规定值扫描到另一个规定值所需要的时间间隔。

（7）最大扫频速度（Maximum Sweep Rate）：在给定的单位时间内所能实现的最大扫宽。

（8）扫频准确度（Frequency Sweep Accuracy）：信号发生器工作在模拟扫频状态时，实际输出频率与理想输出频率的误差。

（9）驻留时间（Dwell Time）：信号发生器在步进或列表扫描模式下在给定的扫描点上停留的时间。

（10）触发模式（Triggering Modes）：信号发生器转换工作状态的触发条件，一般有内部自动、外部、总线、单次等。

3）频谱特性（频谱纯度）

（1）谐波（Harmonic）：频率为基波频率整数倍的正弦波。

（2）分谐波（Sub-harmonic）：频率为基波频率整约数的正弦波。

（3）非谐波（Non-harmonic）：频率不等于基波频率整约数或整数倍的正弦波。

（4）单边带相位噪声（Single-sideband Phase Noise）：它是随机噪声对载波信号的调相产生的连续谱边带，用距离载波某一偏离处单个边带中单位带宽内的噪声功率对载波功率的比表示。

（5）剩余调频（Residual）：FM 信号发生器输出的无调制连续波信号在规定带宽内的等效调频频偏。

4）实际信号源参数举例

当前，国产信号源的指标也达到了相当高的水平。以 Ceyear 1466 信号源为例，其频率范围为 6 kHz～110 GHz；频率分辨力为 1 mHz；功率输出范围 $-150 \sim +25$ dBm（3 GHz 时）或 $-150 \sim +3$ dBm（110 GHz 时）；频率转换时间 <15 ms；输出阻抗 50 Ω；源驻波比 <1.6（20 GHz 处）；内部时基频率为 10 MHz；老化率（典型值）为 $\pm 5 \times 10^{-10}$/d（连续通电 30 天后）；扫描模式为步进扫描、列表扫描、模拟扫描、功率扫描；最大扫频速度为 400 MHz/ms；扫频准确度为 $\pm 0.05\%$ 扫宽（扫描时间 100 ms，在规定的 100 ms 内最大扫宽）；单边带相位噪声为 -141（载波频率 100 MHz，距离载波 1 kHz 处）或 -88（载波频率 110 GHz，距离载波 1 kHz 处）。

2.4　合成信号源的基本原理

本节只叙述合成信号源的主振级。通常实现频率合成的方法有间接合成法和直接合成法两种。间接合成法是基于锁相环原理实现的；直接合成法又分为模拟直接合成法和数字直接合成法两种。实际上，在一个信号源中可能同时采用多种合成方法。下面讨论各种合成方法。

2.4.1　间接合成法微波频率合成

如前所述，间接合成法是基于锁相环（Phase Locked Loop，简写为 PLL）的原理。锁相环可以看作中心频率能自动跟踪输入基准频率的窄带滤波器。如果在锁相环内加入有关电路就可以对基准频率进行算术运算，产生人们需要的各种频率。由于它不同于模拟直接合成法，不是用电子线路直接对基准频率进行运算，故称为间接合成法。

常用的微波频率合成器实际上就是一个混频锁相环,如图 2-6 所示。微波扫频信号源合成器的输出频率由 YIG 振荡器产生,用磁场调谐。用于稳定频率的反馈电路是锁相环,采用谐波混频器或微波取样器,把微波主振的频率输出下变频到射频频段鉴相并构成环路,最终实现对微波主振的锁定。图中带通滤波器与隔离器互相配合阻止本振及其在取样器中产生的谐波干扰主振造成不希望的泄漏或调制寄生输出。

参考部分为源提供参考振荡器,它决定了源的短期稳定度(相位噪声),而它的长期稳定度(老化率)决定了输出频率的精度。参考振荡器一般是晶体振荡器。晶体的基频受若干参数影响:老化、温度和电源电压。时间长了,晶体上的张力会影响振荡频率。温度变化会引起晶体结构的变化,从而影响频率精度。另外晶体的压电特性也会受电场的影响。为了改进晶体的性能,常采用温度补偿电路来限制输出频率随环境温度变化而变化。具有这种能力的晶振,称为温补晶振(TCXO)。还有一种晶振称为炉控晶振(OCXO),它把晶体放在恒温炉中,并对电源电压提供屏蔽。许多信号源都可以由外输入源来提供更高的频率稳定度。

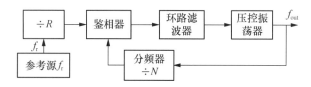

图 2-6　微波频率合成器简图

从图 2-6 可见,由于在锁相环的反馈支路中加入频率运算电路,所以锁相环的输出信号频率只是基准频率经有关的数学表达式的运算结果。表达式中的运算符号正好与运算电路的相反,例如前者为乘(即倍频环),则后者是除(即反馈支路中为分频器)。在合成信号源中,倍频式数字环和混频环获得更多应用。数字环的 N 值可以由计算机程控设定。

2.4.2　直接合成法之一——模拟直接合成法

如前所述,模拟直接合成法是借助电子线路直接对基准频率进行算术运算,输出各种需要的频率。鉴于采用模拟电子技术,所以又称为直接模拟合成法(Direct Analog Frequency Synthesis,简写为 DAFS),常见的电路形式有以下两种。

1) 固定频率合成法

图 2-7 为固定频率合成的原理图。图中石英晶体振荡器提供基准频率 f_r,D 为分频器的分频系数,N 为倍频器的倍频系数。因此,输出频率 f_0 为:

$$f_0 = \frac{N}{D} f_r \tag{2-4}$$

在式中,D 和 N 均为给定的正整数。输出频率 f_0 为定值,所以称为固定频率合成法。

图 2-7　固定频率合成的原理图

2）可变频率合成法

这种合成法可以根据需要选择各种输出频率,常见的电路形式是连续混频分频电路,见图 2-8。在该合成电路中,首先使用基准频率 f_r（5 MHz）,在辅助基准频率发生器中产生各种辅助基准频率:2 MHz,16 MHz,2.0 MHz,2.1 MHz,…,2.9 MHz,然后借助混频器和分频器进行频率运算,实现频率合成。图中的频率选择开关根据所需输出频率（f_0）的值从 2.0 MHz,2.1 MHz,…,2.9 MHz 中选择相应数值分别作为 $f_1 \sim f_4$。图中纵向的混频分频电路组成一个基本运算单元,这里有 4 个相同的单元,它们所产生的输出频率依次从左向右传递,并参与后一单元的运算。例如从左边开始的第一单元,首先 f_{i1}（2 MHz）和 F（16 MHz）进行混频,其结果再与辅助基准 f_1 进行混频,两次混频得:

$$f_{i1}+F+f_1=2+16+(2.0\sim2.9)\text{MHz}=(20.0\sim20.9)\text{ MHz}$$

经 10 分频得（2.00～2.09）MHz。再以该频率作为第二单元的输入频率 f_{i2} 继续进行运算。从左至右经过 4 次运算,最后得输出信号的频率 f_0 为:

$$f_0=(2\sim2.099\ 99)\text{ MHz}$$

根据频率选择开关的状态,可以输出 10 000 个频率,频率间隔 $\Delta F=10$ Hz,即为图 2-8 合成器的频率分辨率。如果串接更多的合成单元,就可以获得更小的频率间隔,以进一步提高频率分辨率。

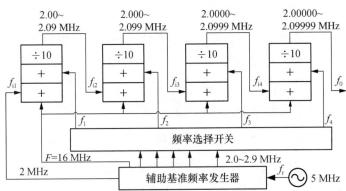

图 2-8　10 进连续混频分频电路

直接模拟合成技术在 20 世纪 60 年代就已经成熟并付诸实用。它有如下一些特点:其一,从原理来说,频率分辨率几乎是无限的。从图 2-8 可知,增加一级基本运算单元就可以使频率分辨率提高一个量级。其二,合成单元由混频器、分频器及滤波器组成（有时也用倍频器、放大器等电路）,其频率转换时间主要由滤波器的响应时间、频率转换开关的响应时间以及信号的传输延迟时间等决定。一般来说,转换开关时间在微秒量级,传输延迟时间亦在微秒量级,所以只要输出电路中滤波器的通带不是太窄,就能得到很快的转换速度,通常其转换时间为微秒量级。这比采用锁相环的间接合成法要快得多,间接合成的转换时间为毫秒量级。其三,由于采用混频等电路会引入很多寄生频率分量,带来频率杂散,因此必须采用大量滤波器以改善输出信号的频谱纯度。这些将导致电路庞大、复杂、不易集成,这是直接模拟合成法的一大弱点。相比之下,在间接合成中由于采用锁相环,它本身就相当于一个中心频率能自动跟踪输入基准频率的窄带滤波器,因此具有良好的抑制寄生信号能力。而且锁相环电路便于数字化、集成化,且便于工作在微机控制之下。

2.4.3　直接合成法之二——数字直接合成法

前面两种信号合成方法都是基于频率合成的原理,通过对基准频率进行加、减、乘、除算术运算得到所需的输出频率。自 20 世纪 70 年代以来,由于大规模集成电路的发展,开创了另一种信号合成方法——直接数字合成法(Direct Digtal Frequency Synthesis,简写为 DDFS 或 DDS)。它突破了前两种频率合成法的原理,从“相位”的概念出发进行频率合成。这种合成方法不仅可以给出不同频率的正弦波,而且还可以给出不同初始相位的正弦波及其他各种各样形状的波形。在前述两种合成方法中,后两个性能是无法实现的。由于 DDS 具有频带宽、频率转换速度快且相位连续、分辨率高、容易实现各种调制及扫频,以及工作稳定等优点,因而近十多年来得到了飞速发展。这里仅讨论正弦波的合成问题,关于任意波形将在后面进行讨论。

1) 直接数字合成基本原理

由图 2-9 可见,直接数字合成的过程是在参考时钟 CLK 的作用下,相位累加器输出按一定间隔递增的地址码寻址 ROM(或 RAM),地址递增的间隔取决于频率控制字。在 ROM 内存放波形数据,因而称为正弦查阅表。被寻址的 ROM 单元中的数据被读出,再进行数模转换(D/A),就可以得到一定频率的输出波形。由于输出信号(在 D/A 的输出端)为阶梯状,为了使之成为理想正弦波还必须进行滤波,滤除

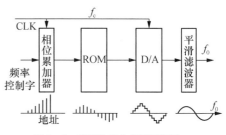

图 2-9　直接数字合成原理框图

其中的高频分量,所以在 D/A 之后接一平滑滤波器,最后输出频率为 f_0 的正弦信号波形。

现以正弦波为例进一步叙述如下。在正弦波一周期(360°)内,按相位划分为若干等分($\Delta\Phi$),将各相位所对应的幅值(A)按二进制编码并存入 ROM。设相位间隔 $\Delta\Phi=6°$,则一周期内共有 60 等分。由于正弦波对 180°(为奇对称,对 90°和 270°为偶对称),因此 ROM 中只需存 0°~90°范围的幅值码。若以 $\Delta\Phi=6°$计算,在 0°~90°之间共有 15 等分,其幅值在 ROM 中占 16 个地址单元。因为 $2^4=16$,所以可以按 4 位地址码对数据 ROM 进行寻址。现设幅度码为 5 位,则在 0°~90°范围内编码关系如表 2-1 所示。

2) 信号的频率关系

在图 2-9 中,时钟 CLK 的速率为固定值 f_c。在 CLK 的作用下,如果按照 0000→0001 →0010→…→1111 的地址顺序读出 ROM 中

表 2-1　正弦波信号相位-幅度关系

地址码	相位	幅度	幅值编码
0000	0°	0.000	00000
0001	6°	0.105	00011
0010	12°	0.207	00111
0011	18°	0.309	01010
0100	24°	0.406	01101
0101	30°	0.500	10000
0110	36°	0.588	10011
0111	42°	0.699	10101
1000	48°	0.743	11000
1001	54°	0.809	11010
1010	60°	0.866	11100
1011	66°	0.914	11101
1100	72°	0.951	11110
1101	78°	0.978	11111
1110	84°	0.994	11111
1111	90°	1.000	11111

的数据,即表2-1中的幅值编码,其输出正弦信号频率为 f_{01};如果每隔一个地址读一次数据(即按 0000→0010→0100→⋯→1110 次序),其输出信号频率为 f_{02};f_{02} 将比 f_{01} 提高 1 倍,即 $f_{02}=2f_{01}$,依此类推。这样,就可以实现直接数字频率合成器的输出频率的调节。

上述过程是由图 2-10 中的相位累加器实现的,由相位累加器的输出决定选择数据 ROM 的地址(即正弦波的相位)。输出信号波形的产生是相位逐渐累加的结果,因而称为相位累加器。图中 4 位寄存器的 $Q_4\sim Q_1$ 输出作为 ROM 的当前地址码,同时送到 4 位加法器的 $B_4\sim B_1$ 端与 K 值(送至 $A_4\sim A_1$ 端)相加得 $\Sigma4\sim\Sigma1$。后者送至寄存器的 $D_4\sim D_1$ 端,在下一个 CLK 作用下打入寄存器,作为下一地址码。K 为累加值,即相位步进码,又称频率控制字。如果 $K=1$,每次累加结果的增量为 1,则依次从每个数据 ROM 的单元中读取数据。如果 $K=2$,则每隔一个 ROM 地址读一次数据,依此类推。因此 K 值越大,相位步进越快,输出信号的频率越高。

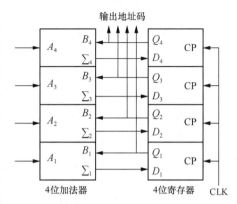

图 2-10 相位累加器原理

在时钟(CLK)频率一定的情况下,输出的最高信号频率为多少?或者说在相应于 n 位地址的 ROM 范围内,最大的 K 值应为多少?对于 n 位地址来说,共有 2^n 个 ROM 地址,在一个正弦波中有 2^n 个样点(数据)。如果取 $K=2^n$,就意味着相位步进为 2^n,一个信号周期中只取一个样点,它不能表示一个正弦波,因此不能取 $K=2^n$;如果取 $K=2^{n-1}$,$2^n/2^{n-1}=2$,则一个正弦波形中只有两个样点,这在理论上满足了取样定理,但实际上是难以实现的。一般限制 K 的最大值为

$$K_{max}=2^{n-2} \tag{2-5}$$

这样,一个波形中至少有 4 个样点($2^n/2^{n-2}=4$),经过 D/A 变换,相当于 4 级阶梯波,即图 2-9 中的 D/A 输出波形由 4 个不同的阶跃电平组成,在后继平滑滤波器的作用下,可以得到较好的正弦波输出。相应地,K 为最小值($K_{min}=1$)时,一共有 2^n 个数据组成一个正弦波。

根据以上讨论可以得到如下一些频率关系。假设时钟频率为 f_c,ROM 地址码的位数为 n。当 $K=K_{min}=1$ 时,输出频率 f_0 为:

$$f_0=K_{min}\frac{f_c}{2^n} \tag{2-6}$$

故最低输出频率 f_{0min} 为:

$$f_{0min}=\frac{f_c}{2^n} \tag{2-7}$$

故最高输出频率 f_{0max} 为:

$$f_{0max}=f_c/4 \tag{2-8}$$

在 DDS 中输出频率点是离散的,当 f_{0max} 和 f_{0min} 已经设定时,其间可输出的频率个数 M 为

$$M = \frac{f_{0\max}}{f_{0\min}} = \frac{f_c/4}{f_c/2^n} = 2^{n-2} \qquad (2-9)$$

现在讨论 DDS 的频率分辨率。如前所述,频率分辨率是两个相邻频率之间的间隔,现在定义 f_1 和 f_2 为两个相邻的频率,若:

$$f_1 = K \times \frac{f_c}{2^n} \qquad (2-10)$$

则:

$$f_2 = (K+1) \times \frac{f_c}{2^n} \qquad (2-11)$$

因此,频率分辨率 Δf 为:

$$\Delta f = f_2 - f_1 = f_c/2^n \qquad (2-12)$$

故得:

$$\Delta f = f_c/2^n \qquad (2-13)$$

为了改变输出信号频率,除了调节累加器的 K 值以外还有一种方法,就是调节控制时钟的频率 f_c。由于 f_c 不同读取一轮数据所花时间不同,因此信号频率也不同。用这种方法调节频率,输出信号的阶梯仍取决于 ROM 单元的多少,只要有足够的 ROM 空间都能输出逼近正弦的波形,但调节 f_c 比较麻烦。

3) 杂散分量和噪声分析

在 DDS 输出波形中所含的杂散分量和噪声主要有下列几种:镜像频率分量;模拟信号幅度的量化噪声;时间轴量化不均匀导致的相位噪声;D/A 转换器性能误差导致的信号失真。下面分别讨论。

(1) 采样信号的镜像频率分量

由图 2-9 可见,DDS 合成的是正弦波的离散采样值的数字量经 D/A 转换成阶梯状的模拟波形,它与我们期望的单频正弦波是有差别的。实际上,DDS 输出的是一个被取样的正弦信号。根据取样理论,未经滤波的 DDS 输出信号的频谱如图 2-11 所示。由图可见,DDS 输出信号中除了要求的 f_0 基频信号外,还有一系列镜像频率信号,其频率为 $(nf_c \pm f_0)$,$n=1,2,3$。整个频谱的幅度沿 $\sin(\pi f_0/f_c)/(\pi f_0/f_c)$ 包络滚降。最大的电压杂散信号出现在第一镜像频率 $(f_c - f_0)$ 处。随着 f_0 的增加,杂散信号将逐渐靠近输出频率。当 $f_0 = f_c/2$ 时 f_0 将与第一镜像频率 $(f_c - f_0)$ 重合在一起,因而无法用低通滤波器将 $(f_c - f_0)$ 滤掉。为此,虽然在理论上 DDS 最高输出频率可达 $f_c/2$,实际上通常选择 $f_0 < f_c/3$;这样能较好地滤除镜像频率,而低通滤波器的设计也不太困难。

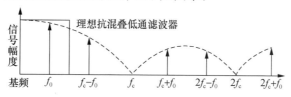

图 2-11　未滤波的 DDS 输出典型频谱

由图 2-11 可见，输出信号(f_0)与最大杂散(f_c-f_0)的功率比(即信噪比)为：

$$SNR_1 = 20\lg \frac{\sin \dfrac{\pi f_0}{f_c}}{\sin \dfrac{\pi(f_c-f_0)}{f_c}} \times \frac{(f_c-f_0)}{f_0} \qquad (2-14)$$

$$SNR_1 = 20\lg \frac{(f_c-f_0)}{f_0} \qquad (2-15)$$

(2) 幅度量化噪声

正弦查阅表内存储的波形码是一个模拟信号被均匀量化后的值。如果选用的 DAC 有 D 位，则模拟量在 2^D 个离散区间内进行量化，由此造成的误差均匀地分布在 $-\Delta/2 \sim \Delta/2$ 之间。$\Delta = V_{FS}/2^D$，V_{FS} 是 DAC 转换电压的满度值。

(3) 相位噪声

为了得到高的频率分辨率，相位累加器的位数 L 一般取的比较大，例如 $L=32$，这样，它能访问 4 G(2^{32})个存储器单元。但实际上 ROM 容量有限，不宜做这样大。因而就要从工位相位累加字中，截取高 n 位来寻址 ROM，这就导致相位噪声。因为这时 L 分成两个部分 $L=n+B$，高 n 位寻址 ROM，低 B 位是被截掉的。当相位累加器在累加过程中，低 B 位的值 R_B 小于 2^B($R_B < 2^B$)时，则低 B 位向高 n 位无进位；当 $R_B \geqslant 2^B$ 时，就要向高 n 位进 1。若进 1 后的余数不为 0，则下一次进位就会提前到来。经分析表明，这一误差序列是周期序列，其信噪比可用下式近似计算：

$$SNR_3 = 6n \text{(dB)} \qquad (2-16)$$

式中 n 为截取的位数，亦即 ROM 的地址码位数。

(4) D/A 转换器非线性引起的杂散分量

D/A 转换器的非线性转换特性会使它的输出电压 V_0 产生失真，从而使 DDS 的输出信号频谱中增加杂散分量，这主要是 f_0 的各次谐波分量。此外，由于分布电容等的影响，时钟 f_c 亦会泄漏到 D/A 输出，造成杂散。时钟的相位噪声也会影响输出。

综合上述各种原因，表示了实际的 DDS 输出信号的频谱，其中除 f_0 外，还包括由幅度及相位量化产生的噪声、镜像频率 f_c-nf_0、f_0 的各次谐波泄漏及其他未知的杂散分量。

为了减小 DDS 输出电压中的杂散及噪声，应采取下列措施：

① 设计良好的低通滤波器，以滤除各种杂散及带外噪声。

② 选用性能优良的 D/A 转换器。

③ 减小 f_0/f_c 比例，可改善信号质量，一般选用 $f_0/f_c \leqslant 33\%$。

④ 适当提高 D/A 位数及正弦查询表的长度。D/A 位数 D 与查询表 ROM 的地址线数 n 对信噪比的影响是基本相同的，而总的噪声是它们的合成，因此单独增加 D 或 n 没有实际意义，应使 $n=D$ 或 $n=D+2$，这就是所谓的对称性设计原则。

⑤ 谨慎排版、布线，以减小各种泄漏和干扰。

2.4.4 数字直接合成器芯片

近二十年来，国外厂商推出了多款性能优良的 DDS 芯片，尤其是美国 Analog Devices

公司(简称 AD 公司)推出的 DDS 芯片,品种多,应用广泛。其 DDS 系列芯片主要包括:
AD983X 系列低功耗低频率型芯片、AD985X 系列高性能型芯片、针对 AD985X 高功耗特性
改良的 AD995X 系列低功耗高性能型芯片以及近年来最新推出的具有更高时钟频率和更好
性能的 AD991X 系列芯片。当前性能指标最高的是 AD9914 芯片,其内部时钟频率高达
3.5 GHz,具有 32 位频率控制字、16 位相位调谐控制字以及 12 位幅度控制字,能合成输出
1.4 GHz 频率捷变正弦波,芯片本身具有多种工作模式可选。本节主要介绍 AD9951 芯片
的功能及应用。

1) AD9951 芯片的内部组成

AD9951 是美国 AD 公司于 2002 年推出的一款高性能低功耗的 DDS 芯片,它内部包含
可编程 DDS 内核和 DAC,能实现全数字程控的频率合成器和时钟发生器。

该芯片具有 400 MHz 的内部时钟,集成了 14 位的 DAC,具有 32 位的频率控制字,可以
产生最高频率为 200 MHz 的正弦波信号。芯片采用 1.8 V 单电源供电,在 400 MHz 工作
时钟下,功耗为 162 mW。其芯片内部组成如图 2-12 所示。

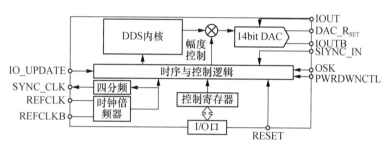

图 2-12　AD9951 的内部组成

时钟倍频器可对外部输入的差分时钟信号进行 4 倍到 20 倍的倍频。倍频器输出的时
钟信号为整个芯片提供工作时钟,同时也经过四分频后输出 SYNC_CLK 信号,
SYNC_CLK 信号可提供给其他芯片同步用。外部控制器通过 I/O 口与芯片相连,将相关的
控制字写入控制寄存器,控制寄存器是一个暂存寄存器,在 IO_UPDATE 的上升沿期间,将
其寄存的内容写入 I/O 寄存器中。在时序与控制逻辑单元的作用下,控制 DDS 内核输出相
应频率、幅度的正弦信号。通过 14 位的 DAC,输出差分的 IOUT 和 IOUTB 信号。DDS 内
核中包括相位累加器和正弦查找表 ROM。对输入的 32 位频率控制字,截取其高 19 位送入
正弦查找表中寻址。每次从 ROM 中读出的 14 位数据与幅度信息进行整合后,送入 14 位
的 DAC 中,经外接低通滤波器,就可以得到频谱纯净的正弦波信号。

2) AD9951 的程序控制

AD9951 内部有 6 组寄存器,寄存器的地址为 0x00—0x05,分别对应控制功能寄存器 1、
控制功能寄存器 2、幅度比例因子寄存器、幅度斜率寄存器、频率控制字寄存器以及相位偏移
寄存器。每个寄存器由 32 位、24 位、16 位或 8 位组成不等。通过对寄存器中的相关位进行
设置,可实现相应的功能。受篇幅所限,这里仅介绍与输出频率相关的寄存器,包括控制功
能寄存器 2 中的 bit7～bit3 以及 32 位的频率控制字寄存器。控制功能寄存器 2 中的 bit7～
bit3 决定芯片内部时钟倍频器的倍数:若 bit7～bit3 这五位的值在 0x00～0x03 之间,则旁路
倍频器,即工作时钟(采样时钟)与输入时钟频率相等;若这五位值介于 0x04～0x14 之间,则

对输入时钟信号进行 4 倍~20 倍的倍频。假设采用有源晶振作为系统的输入时钟,有源晶振的频率为 20 MHz,若设置该五位为 0x14(20 倍的倍频),则芯片工作在 20 MHz×20＝400 MHz 的频率。频率控制字寄存器决定 DDS 芯片输出信号的频率,频率控制字格式如表 2-2 所示。

表 2-2　频率控制字格式

寄存器名串行地址	位范围	b7	b6	b5	b4	b3	b2	b1	b0	默认值
频率控制字(0x05)	(7:0)	频率控制字(7:0)								0x00
	(15:8)	频率控制字(15:8)								0x00
	(23:16)	频率控制字(23:16)								0x00
	(31:24)	频率控制字(31:24)								0x00

频率控制字 K 可由输出目标频率 f_0、采样频率 f_c 以及正弦查阅表的地址位数 n 计算出,$K = f_0 \times 2^n / f_c$。如果计算时出现小数,应进行相应的舍入,并将十进制值转换为二进制,即可得到要设置的 32 位频率控制字。

AD9951 通过 SPI 串行接口对内部寄存器进行操作。在操作寄存器时,依照 SPI 时序,首先拉低片选信号 CS,选通芯片,然后,在时钟(SCLK)的下降沿写入相应的每一位,先依次写入八位串行地址,再依次写入相应的数据,数据的长度由相应寄存器的位宽决定。完成操作后,将 CS 拉高,结束操作,相应寄存器内的信息即被设置。待每次需要修改的寄存器内容写入完毕后,按照时序要求拉高 I/O_UPDATE 引脚的信号,即可完成相应寄存器内容的更新。

3) AD9951 的应用

AD9951 应用广泛,下面给出两个典型应用实例。

图 2-13 中,使用 AD9951 产生同步的本振信号对输入的射频或中频信号进行上混频或下混频,得到相应的调制/解调信号。

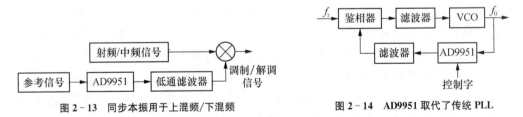

图 2-13　同步本振用于上混频/下混频　　　　图 2-14　AD9951 取代了传统 PLL

由于 DDS 有较高的频率分辨率,并且不受分频系数 N 必须为整数的限制,因此,可以在不降低 f_r 的情况下获得较高的分辨率。图 2-14 为 AD9951 取代了传统 PLL。

4) 其他 DDS 芯片

目前市场上使用的 DDS 芯片种类众多,不同型号的 DDS 芯片在采样率、控制字位数、输出信号最高频率、寄存器设置、控制接口与控制时序以及附带的一些功能上有所差异。

不同型号的 DDS 芯片集成了一些不同的功能,供用户选择与使用。如 AD9852、AD9854 内部集成了正交调制器,芯片本身可以输出两路正交信号,同时具有调制输出模式,可以输出 FSK、BPSK、PSK、CHIRP、AM 等调制信号。AD9956 中有相位调制功能。

AD9910 中集成有 1024 字 32 位的可编程波形 RAM 以及数字斜坡发生器(DRG)。在很多 DDS 芯片中,还集成有高速比较器,将整形后的正弦波进行比较放大,输出边沿抖动很小的脉冲信号,可用于其他数字系统的时钟信号。部分 DDS 芯片提供了与扫频控制相关的寄存器,可设置 DDS 工作在扫频输出模式,并可控制扫频的间隔与步进频率等。此外,Xilinx、Ahera 等 FPGA 厂商也提供了可在其 FPGA 中直接调用的 IP(知识产权)核,实现 DDS 功能。

除了专用的 DDS 芯片以外,还有一些芯片中也集成了 DDS 发生器,用于完成特定的功能。如 AD5933、AD5934 复阻抗测量芯片内部集成了 DDS 发生器作为激励信号,经过片上 DSP 进行 DFT 运算后,将每个频率值对应的实部与虚部数据存入寄存器中,用户通过 I²C 接口访问数据,实现对复阻抗的测量。

2.5 间接频率合成技术的进展

如前所述,三种合成方法基于不同原理,有不同的特点。模拟直接合成法虽然转换速度快(微秒量级),但是由于电路复杂,难以集成化,因此其发展受到一定限制。数字直接合成法基于大规模集成电路和计算机技术,有许多优点,将进一步得到发展。锁相环频率合成虽然转换速度慢(毫秒量级),但其输出信号频率可达超高频频段甚至微波,输出信号频谱纯度高,输出信号的频率分辨率取决于分频系数 N,尤其在采用小数分频技术以后,频率分辨率大为提高,因而仍在发展。本节讨论锁相环频率合成的进展。

2.5.1 在间接频率合成中提高频率分辨率的方法

从倍频式锁相环公式可知,输出信号的频率分辨率取决于基准频率 f_r。为了提高频率分辨率势必减小 f_r,但是在锁相环中如果降低 f_r,将减慢频率转换速度,这是我们不希望的。为此,需要寻求提高频率分辨率的其他途径。通常有三种提高频率分辨率的方法。

1) 微差混频法

该方法将两个频率相差甚微的信号源进行差频混频,如图 2-15 所示。混频器的输出频率 f_0 为当 N_1 和 N_2 同步同值调节时,即 $N_1=N_2$,则:

$$f_0 = N_2 \Delta f \tag{2-17}$$

由式(2-17)可见,输出频率的分辨率就是 Δf。在微差混频法中,由于参与混频的两个信号频率十分接近,所以分辨率得到提高。但是当这两个频率很近时,在混频器工作中频率牵引现象也很严重,且很难解决。

2) 微波多环合成扫频信号源

在混频式锁相环中,如果混频器的输入信号频率 f_{r2} 可变,且变化的增量小于 f_{r1}(即 $\Delta f_{r2} < f_{r1}$),则可以提高频率分辨率。可变的 f_{r2} 是由另一个锁相环产生的,如图 2-15 所示。该图由锁相环 I 和 II 组成,属于双环频率合成器。由该图可得锁相环 I 的输出信号频率 f_0 为:

$$f_0 = N_1 f_{r1} + f_{r2} \tag{2-18}$$

$$f_{r2} = \frac{N_2}{D} f'_{r2}$$

$$f_0 = N_1 f_{r1} + \frac{N_2}{D} f'_{r2} \qquad (2-19)$$

式中 D 为固定分频系数；N_1 和 N_2 为可调量。因此，输出频率 f_0 的变化增量为 f'_{r2}/D，这就是双环混频时能达到的频率分辨率。选择 N_2、D 之值，使 $f_{r2} = N_2 f'_{r2}/D$ 的覆盖范围等于 f_{r1}。为了进一步提高频率分辨率，还可以用三环等多环合成方法。

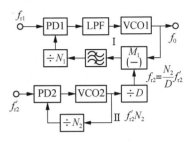

图 2-15 双环频率合成器

当相位噪声要求并不苛刻或者明确只要求远端噪声，并且频率切换时间和频率步进之间没有矛盾，使用单环合成器就能很好地满足要求。当单环合成器不能满足要求时，可采用双环或多环方案实现。

如图 2-16 所示的合成器工作在 VHF 频段，频率步进为 1 kHz，频率切换时间为 5 ms，并且有极好的近端相位噪声性能。采用双环时，只要环路满足稳定度条件，对其中的 220～300 MHz 锁相环，可以通过选择合适的环路带宽衰减 VCO 噪声到要求的任意值，这样做并不会降低合成器的近端噪声。同时，设计具有较好远端噪声特性的 VCO，可以使该合成器也能够满足远端严格的相位噪声要求。

在进一步修改合成器要求之前，有必要对如图 2-16 所示的合成器给出一些新的建议。由于混频器的两个输入信号会落入输出频带内，所以需要在混频器后加入多极点电调带通滤波器。如果将辅助锁相环产生的注入信号频率从 10.0～19.99 MHz 增加到 40.0～49.999 MHz，就可以在混频器的输出端使用固定频率带通滤波器（这种器件更便宜且稳定），整个花费可能低一些。上述方法只有当低阶交调信号落在混频器的输出带宽外才适用。有兴趣的读者可以给出对图进行修改后的框图，并给出去掉电调滤波器后有什么结果。

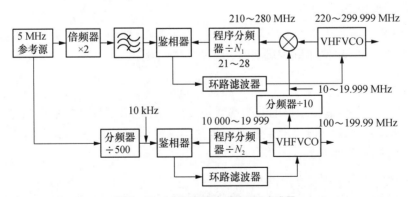

图 2-16 1 kHz 频率步进的双环合成器

如果把 1 kHz 的频率步进改变为 100 Hz，那么 100.0～199.99 MHz 锁相环的比较频率从 10 kHz 降到 1 kHz（如图 2-17 所示）。如果频率切换时间为 5 ms，则这种方法就不可取。一种可能满足上述所有要求的方案如图 2-18 所示，它采用两个锁相环；和分频器提供 100 Hz 频率步进，替代图 2-17 中相位比较频率为 1 kHz 的锁相环，这样做可以满足相位噪声和频率切换时间要求。尽管可以用两个电调带通滤波器来抑制两个混频器的杂散输出，但笔者认为，通过选择合适的混频器输入频率，可以采用固定频率滤波器来取代两个电调带通滤波器。

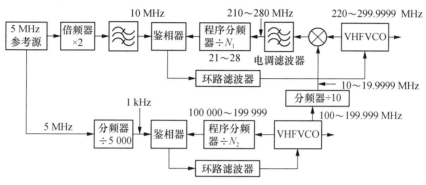

图 2－17　100 Hz 频率步进的双环合成器

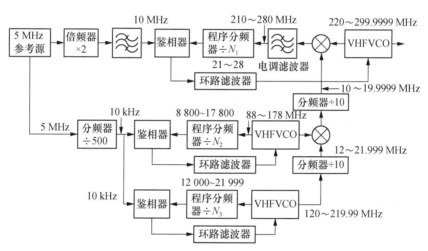

图 2－18　100 Hz 频率步进的多环合成器

可以用两个电调带通滤波器来抑制两个混频器的杂散输出，通过选择合适的混频器输入频率，可以采用固定频率滤波器来取代两个电调带通滤波器。随着通信等技术的发展，对频率合成器输出频率范围已经从高频移到更高的微波频段，但是合成器的其他技术指标要求，如输出杂散、相位噪声，仍然保持不变，甚至更加严格。这些变化及要求给频率合成器设计带来了新的挑战。

只要输出频率范围、杂散信号和相位噪声能满足要求，实现微波频率合成器就可以利用 VHF 频率合成器输出再倍频到微波频段。数字频率合成器由于能产生任何需要的频率步进，非常容易完成这个目标。例如，假如频率合成器输出频率步进为 10 kHz，频率范围是 4～5 GHz，那么用一个工作于 250～312.5 MHz 以 625 Hz 为频率步进的 VHF 合成器经 16 倍频，就能以相当低的成本满足上述要求。如果只关心合成器输出频率远端相位噪声，可以采用如下方法：通常设计低噪声压控振荡器和窄带锁相环，从而使所关心的偏离信号较远处的区域相位噪声主要取决于压控振荡器的相位噪声。本书中其他地方已经介绍了这种技术，此处不再赘述。

3) 小数合成法

小数合成法是用 N 具有小数部分的倍频锁相环实现的,例如 $N=3.2,N=25.4$ 等。通常用符号 F‑NPLL 表示(即 Fractional‑N Phase Locked Loop),或者表示为 N.FPLL。

虽然早在二十多年前人们就在吞脉冲技术基础上研究 F‑NPLL,但是只有在大规模集成电路(尤其是混合信号专用集成电路)以及计算机技术发展到今天,才进一步促进 F‑NPLL 技术的发展和应用。现在,这种 F‑NPLL 技术受到国内外普遍关注。F‑NPLL 的最大特点是在不降低基准频率 f_r 的情况下提高频率分辨率,从而解决了转换速率和频率分辨率之间的矛盾(这在单环(NPLL)频率合成时是难以解决的),而且可以获得比 NPLL 更好的频谱纯度。采用 100 kHz 以上的 f_r,小数合成器可达到微赫兹量级的分辨率,转换速度也达到毫秒量级或更高。

2.5.2 频率合成器小数分频技术

1) F‑NPLL 原理

实现小数分频的 F‑NPLL 结构基本与 NPLL 相同,其组成如图 2‑19 所示。图的右半部是具有 $\div N$ 的锁相环,只是在 VCO 至 $\div N$ 之间插入了一个脉冲删除电路。脉冲删除电路的功能是在适当的时候删掉一个从 VCO 至 $\div N$ 分频器的脉冲,脉冲何时被删除则受左边电路的控制。

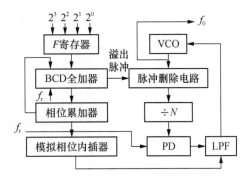

图 2‑19 F‑NPLL 的组成

在图 2‑19 的左半部,小数值 F 以 BCD(二—十进制数)码写入 F 寄存器,在输入基准频率 f_r 的作用下,F 寄存器的存数与相位累加器的存数在 BCD 全加器中相加。当 BCD 全加器达到满度值时就产生溢出。溢出脉冲加到脉冲删除电路删除一个采自 VCO 的脉冲,使 $\div N$ 电路少计一个脉冲,相当于分频系数为 $(N+1)$。在溢出的同时,全加器将本次运算的余数存入相位累加器。如果在 f_r 作用下全加器相加的结果达不到满度值,则不会产生溢出,右边锁相环仍按照 $\div N$ 进行分频,并且本次相加的结果存入累加器,作为全加器的基数,等待下次相加,如此重复进行。在图 2‑19 中,模拟相位内插器根据相位累加器存数情况向锁相环的低通滤波器(LPF)提供相应的直流偏移量,使得锁相环在 $\div N$ 或 $\div(N+1)$ 时都能平衡地工作。通常模拟内插器由 D/A 转换器实现。现在假设 $F=0.1$,那么在第一个 T_r 周期($T_r=1/f_r$)中就有 0.1 在全加器中与相位累加器的内容累加。假如累加器的起始值为 0,则经过 10 次累加之后,全加器溢出,产生一次 $(N+1)$ 分频,其他 9 次均为 N 分频,因此得 VCO 的输出频率(即锁相环输出频率)为:

$$f_0=\frac{9N+(N+1)}{10}f_r=(N+0.1)f_r \qquad (2-20)$$

$$f_0=N.1f_r$$

再举一个例子。设 $F=0.32$,相位累加器的初值为 0。因此,在每一个 T_r 周期全加器

将以 0.32 与相位累加器的基数相加。直至第 4 个周期时，全加器溢出使脉冲删除电路消去一个脉冲，而余数为 $0.32 \times 4 - 1 = 0.28$。再经过 3 个 T_r 周期，将会有 $0.28 + 0.32 \times 3 = 1 + 0.24$ 产生一次溢出，一共经过 25 个 T_r 周期，全加器 8 次溢出，并且累加器存数为 0。因此，图 2-19 的输出频率 f_0 为：

$$f_0 = (N + 0.32)f_r = N.32 f_r \tag{2-21}$$

从上述讨论可知，小数分频时小数部分位数取决于 F 寄存器的位数。从原理上来说，小数部分的位数可以任意扩展，位数越多合成器的频率分辨率就越高。例如 HP3325 信号发生器频率分辨率高达 $1\,\mu\text{Hz}$，该仪器就是采用小数分频锁相环实现的。

再以 $F = 0.1$ 进一步讨论问题。假设 $f_r = 1\,\text{MHz}$，$N = 10$。现在 $N.F = 10.1$，那么输出频率 $f_0 = N.F f_r = 10.1\,\text{MHz}$。这就是说，在 $F\text{-NPLL}$ 里，当 f_r 变化一周时，VCO 的输出比 $\text{NPLL}(N = 10)$ 的输出频率多变化 $1/10$ 周，从相位来说多变化 $36°$。经过 $10 T_r$ 之后，VCO 的输出相位变化累积为 $360°$，多出一个信号周期。为了实现小数分频，每逢相位累计超过 $360°$ 时，就在 VCO 的输出删除一个信号周期，这时相当于分频系数为 $(N+1)$。另外，在 $F = 0.1$ 时，图 2-19 中 F 寄存器置数为 0.1，在 f_r 作用下全加器每一次增量为 0.1，经过 10 次相加将有一个进位信号到脉冲删除电路，控制删除 VCO 输出信号的一个周期，实现 $(N+1)$ 分频。然后全加器再从 0.1 开始累加……这就是小数分频的全过程。当 $F = 0.32$ 时，只要 4 次累加就有一个进位信号，并且余数为 0.28，因此脉冲删除次数比 $F = 0.1$ 时的多，分频系数小数部分的数值也就大 $(0.32 > 0.1)$。因此，可以认为 F 寄存器中的置数值就是 $N.F$ 中的 F 部分。

2）$F\text{-NPLL}$ 和 NPLL 比较

例 2.1　要求一频率合成器，输出频率 $f_0 = (50 \sim 82)\,\text{MHz}$，频率分辨率 $\Delta f = 1\,\text{Hz}$。若用 NPLL，根据频率要求，并且希望有较好的相位噪声特性，一般需要 3 个 NPLL 和 2 个相加环共 5 个环路，如图 2-20 所示。

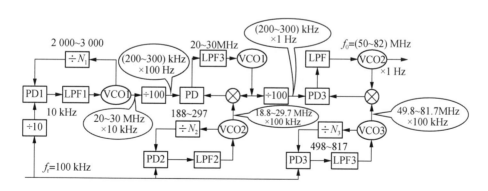

图 2-20　NPLL(50～82)MHz 频率合成器框图

若采用 $F\text{-NPLL}$，对于同样要求，只需要 3 个环路：1 个 $F\text{-NPLL}$、1 个 NPLL 和 1 个相加环，如图 2-21 所示。图中下方 API(Analog Phase Interpolator)为模拟相位内插器。$F\text{-NPLL}$ 环的倍频系数为 $200.0001 \sim 400$。

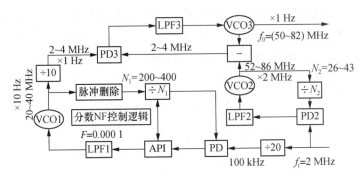

图 2-21   F-NPLL(50～82) MHz 频率合成器框图

对比以上两种频率合成方案可以看出：在达到同样要求的情况下，用 F-NPLL 要比只用 NPLL 简洁得多，而且 F-NPLL 在频率分辨率、频率范围、噪声性能方面都比较优越。由于 F-NPLL 小数分频部分是由数字电路实现的，可以将小数部分做得很小，以致频率分辨率很高。从理论上讲，可以做到任意分辨率的要求，这取决于小数部分的位数长度，现在使用的位数长度已达 12～15 位。采用 F-NPLL 的缺点是环路比较复杂。

3) F-NPLL 技术的发展

如前所述，F-NPLL 能在提高合成信号源频率分辨率的同时有较快的转换速度，信号源的频谱纯度也得到改善。图 2-21 中的模拟相位内插器 API 就是用于改善在小数分频时 VCO 的工作情况，降低输出信号噪声，提高频谱纯度。

这种模拟内插称为模拟补偿法，其缺点是模拟信号由于温度影响及器件老化等原因，在某种程度上又引入了新的寄生分量。因此，人们又提出采用数字信号处理中的"噪声形成"(Noise-Shaping)方法来改善 F-NPLL 的相位噪声性能。"噪声形成"是将寄生信号的全部能量转换为频率的高端频谱，进而被 F-NPLL 环路滤除，借以提高频谱纯度。现今的仪器设备几乎都倾向于采用这种先进的 F-NPLL 技术。

2.5.3   扩展微波信号频率上限的方法

由式 $f_0 = N f_r$ 可知，单环倍频式锁相环在基准频率 f_r 一定的情况下，可以用增加分频系数 N 的方法提高输出频率上限。但是，在信号源中 N 是由程序设定的(该分频器有时称程序分频器或程控分频器)，目前程序分频器的最高工作频率达 1 GHz。为了进一步提高信号源输出频率上限，就必须在锁相环中加入有关电路，通常有如下三种方法。

1) 前置分频法

前置分频法是在程序分频器之前设置一个固定分频器，如图 2-22 所示。图中 D 为固定分频器，其分频系数为 D。因此，其输出频率 f_0 为：

$$f_0 = NDf_r \tag{2-22}$$

目前固定分频器的工作频率可以高达(6～8)GHz 以上。因此，采用前置分频法可以提高信号源的输出频率上限，而且电路结构亦很简单；但是这种锁相环的频率分辨率将降低，因为这时 $\Delta f = D f_r$ 为 f_r 的 D 倍。

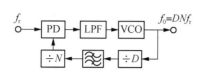

图 2－22　采用固定前置分频器的锁相环

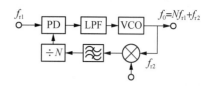

图 2－23　倍频—混频环

2）倍频混频法

如图 2－23 所示，压控振荡 VCO 的输出 f_0 在和 f_{r2} 进行差频混频得到较低的频率后，再进行 N 分频，以降低对程序分频器的要求。这时输出频率 f_0 为

$$f_0 = Nf_{r1} + f_{r2} \tag{2-23}$$

由式（2－23）可见，由于 f_{r2} 的加入提高了输出频率的上限，其提高的多少取决于 f_{r2} 的大小，而且其频率分辨率仍和单环倍频式锁相环一样 $\Delta f = f_{r1}$。但是由于混频器引入寄生信号将要影响频谱纯度；虽然其后接带通滤波器（BPF）对寄生信号有抑制作用，但是滤波器的延迟又将对环路带来不利的影响。

3）吞脉冲分频法

吞脉冲分频法是在锁相环的反馈支路中加入吞脉冲分频器，这时锁相环的组成如图 2－24 所示。吞脉冲分频器主要由双模分频器和吞食计数器组成。双模分频器作为前置分频器，其分频系数有 P 和 $(P+1)$ 两种模式。例如 $P=10$，则 $P+1=11$，因此分频系数的控制十分简单。在该图中当"模式控制"信号为"0"时 $P=10$，当其为"1"时，$P+1=11$，比一般程序分频器要简单得多，因而双模分频器的工作频率可做得很高。

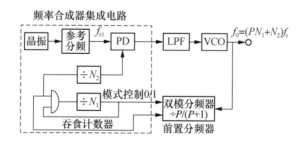

图 2－24　采用吞脉冲分频器的频率合成器框图

图 2－24 的 N 分频器由 N_1 和 N_2 组成。N_2 为低位计数单元，N_1 为高位计数单元，都是程序分频器。N_2 还用于发出"模式控制"信号，例如当 N_2 进行计数时控制信号为"1"，当计数溢出时则控制信号为"0"。因此，吞脉冲分频器的工作过程为：在一次计数循环开始时，计数器开始计数，"模式控制"信号为"1"，双模分频器分频系数为 11；当 N_2 计数溢出后"模式控制"信号就扩"0"，双模分频数为 100。例如设 $N_2=4$，则双模分频器分频系数有 4 次为 11，而后为 10，直至 N_1 计数结束，控制信号再恢复为"1"。由于在 N_2 计数期间双模分频器要多计一个脉冲，就认为由于 N_2 而吞食了一个被计数的脉冲，因此称 N_2 为吞食计数器。

在一次计数循环中,双模分频器的输入信号的周期数 N(即吞脉冲分频器的分频系数)的表示式为:

$$N=(P+1)N_2+(N_1-N_2)=PN_1+N_2 \tag{2-24}$$

在前述讨论中,$P=10$,因此得:

$$N=10N_1+N_2$$

通过上述分析,对吞脉冲分频器小结如下:

(1) 双模分频器的分频系数为 $P/(P+1)$,对于 N_1 和 N_2 两个分频器,分频系数的设置必须 $N_1>N_2$,例如,$N_2=0\sim9$,那么 N_1 至少为 10;

(2) 由 N_1 和 N_2 可以求得 N_{min} 和 N_{max} 的范围。

2.6 微波频率捷变信号发生器

早期的军事通信系统和雷达系统多工作于定频状态,为避免敌方的侦察和干扰,需要在规定的时间间隔内更换工作频率。随着电子对抗技术的发展,这种定期更换工作频率的做法已经无济于事,敌方侦察系统可在瞬间探测到更换频率,迫使通信系统和雷达系统从人工定期更换频率向机器自动更换频率的方向发展,而且速度越来越快,不是按分秒计,而是按毫秒甚至微秒计,这就产生了频率捷变信号发生器。跳频通信和捷变频雷达实质是把信息调制到一个以一定速率及一定规律变化的载频集上,而不是一个固定的载频上。

目前各种不同性能的通信对抗和雷达对抗系统陆续使用,具有跳频技术特点的战术无线通信系统,空-空、地-空通信系统,无线接力通信系统及其侦察设备的性能测试,和具有频率捷变技术特点的雷达探测系统及其侦察设备的性能测试等,都离不开频率捷变信号发生器。

2.6.1 微波频率捷变信号发生器基本概念

随着电子技术的发展和现代化战争的需要,对信号源的要求不断增加。频率捷变信号生器不但要求在静止或慢速变化的条件下,信号源的频率特性、输出特性和调制特性满足给定的技术指标,同时对频率转换时间和快速变化条件下的技术指标也作出了同样的规定。

信号源从某一输出频率转换到另一输出频率的时间称为频率转换时间,频率捷变信号发生器可以进行快速频率切换和快速切换测试,主要应用于捷变频雷达、跳频通信等电子对抗领域。一般的宽带微波合成信号源的频率转换时间为几十毫秒或更慢,射频合成信号源为秒级或更快,直接模拟频率合成和直接数字频率合成能做到微秒级以下。

频率捷变信号发生器的频率转换时间目前并无严格规定,一般认为频率转换时间小于 1 ms。随着电子对抗技术的发展,对频率转换速度要求越来越高,对频率捷变信号发生器定义也越来越严格,频率转换时间一般为几十微秒,最快达到几十纳秒。

2.6.2 频率捷变信号发生器主要实现方法

现代电子对抗技术对信号源的要求:频率覆盖范围宽、频率分辨率高、频率稳定度高、频率切换速度快、频谱纯度高、体积小。只有频率合成器才能满足这些综合要求，而实现频率捷变合成信号发生器的方法主要有 3 种：直接模拟频率合成法（DAS）、间接频率合成法（锁相环路法（PLL）或锁频环路法（FLL））、直接数字频率合成法（DDS）。

早期的捷变频合成信号源多采用直接模拟频率合成法，如图 2-25 所示，这种技术使用了大量的高稳晶体振荡器，通过混频、倍频、分频、带通滤波等方法，完成对频率加、减、乘、除的四则运算和滤波，获得所需的最终频率。其显著特点是频率切换速度快、相位噪声低、输出频率高、工作可靠，是比较理想的模拟捷变频合成信号源，在解决了相位相关性后，估计在电磁环境模拟器中会得到更加广泛的应用。但需要大量的晶体振荡器、混频器、倍频器、分频器和窄带滤波器，造成设备体积庞大、造价高、难以集成，而且杂散信号难以滤除。现在的捷变频合成信号源中已很少采用。

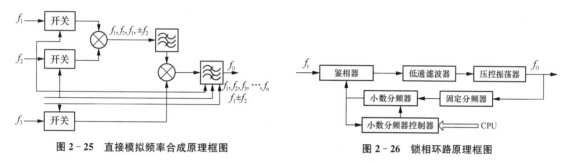

图 2-25　直接模拟频率合成原理框图　　　　图 2-26　锁相环路原理框图

间接频率合成法之一是锁相环路法，如图 2-26 所示，受控振荡器产生的频率经过分频后送到鉴相器中与参考频率鉴相，产生的误差电压经过环路滤波器滤除高频分量，控制受控振荡器产生与参考频率具有同样准确度和稳定度的频率。锁定时，受控振荡器输出频率的 $1/N$ 分频率与参考频率的频差为零，相差保持一个常量，即输出频率的相位被锁定到输入参考频率的相位上，输出频率和输入参考频率有如下具体关系：

$$f_0 = N f_r$$

式中，f_0 为输出频率，N 为可变分频器的分频比，f_r 为输入参考频率。

在采用数字分频器后，特别是采用小数分频及相位抖动消除技术后，制造技术产生了质的飞跃，数字锁相环路具有以下主要优点：

① 输出频率的长期稳定度达到与参考频率相同的水平，而参考振荡器可采用稳定度高的晶体振荡器或更高的频率标准；

② 采用数字分频器后，容易实现程控分频；

③ 只需很少的滤波器，易于集成，体积小，功耗低，因此得到了广泛的应用。

在单环整数分频锁相环路中，输出频率 f_0 步进等于输入参考频率 f_r，降低输入参考频率会引起频转换时间变长和环路稳定性变差等问题，因此频率分辨率不能太高。单环锁相环路由于受参考频率和环路带宽的限制，在频率分辨率、频率转换时间和频谱纯度等指标之间不能兼顾。

随着现代电子、微电子技术的发展，直接数字频率合成法采用全数字技术，在相位点进行频率合成，如图 2-27 所示，波形存储矩阵预存一个周期的波形参数，相位累加器在频率控制寄存器及精确时钟的控制下,顺序产生存储器访问地址,使存储器按指定的步进和顺序输出波形数据,经高速 D/A 转换后,获得所需的波形信号。低通滤波器使输出波形得以平滑,减少了量化噪声。

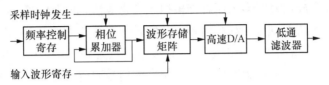

图 2-27　直接数字频率合成原理框图

直接数字频率合成器具有以下主要优点:

① 频率分辨率高,从原理上分析,只要相位累加器的位数足够长,理论上频率合成器的频率间隔可以做到任意小,一般可以做到毫赫兹,即零点零零几赫兹。

② 频率转换速度快,主要取决于时钟频率、信号取样周期和 D/A 转换速率,频率转换不存在捕捉稳定过程,只需几个取样时钟周期即可输出稳定频率信号,最快频率转换时间可做到 20 ns。

③ 相位连续而且可控,频率转换时,新的相位增量是在前面取样时刻相位的基础上进行累加,故不会发生相位突变,且通过改变相位预置可以进行调相,相位噪声低。

④ 采用直接数字频率合成便于和计算机接口,利于应用微机软件系统实现数字信号处理,从而实现各种高性能的数字调制。

其主要缺点是:杂散输出较大,分布较广,不利于滤波;最高输出频率较低,受时钟频率的限制,约为时钟频率的 40%。

随着电子对抗技术的不断发展,跳频电台及技侦设备要求合成信号源的转换速度快,跳频范围宽,频率步进间隔小,频谱纯度好,而且要求提高输出频率。综合间接频率合成(即锁相环路)和直接数字频率合成的优势,采用 DDS 与 PLL 相结合的方法,PLL 用于实现频率合成,提高输出频率,DDS 用于实现高速频率转换和一定的跳频带宽。或采用 PLL 与 FLL 相结合的方法,利用 FLL 的宽带特性和低噪声特性,提高跳频速率,改善频谱纯度。二者在一定程度上都可满足设备对捷变频合成信号发生器的要求。

2.7　频率捷变信号发生器基本工作原理

2.7.1　单环宽带锁相环路技术

前面已经提到在频率分辨率、频率转换时间和频谱纯度等指标之间是不能兼顾的,需要采用多环结构或小数分频频率合成技术,而小数分频技术带来了很大的寄生调频和相位噪声,需要减小环路带宽和进行相位误差补偿,而这些和快速频率转换都是相冲突的。所以,快速频率转换和微小频率间隔在单环路频率合成器中是很难实现的。近年来,随着异质结双极晶体管(HBTs)、宽带移相器、宽带压控振荡器(VCO)技术的发展,设计制造具有微小频率间隔的宽带快速跳频射频/微波频率合成器成为可能。

近年来,通过采用 GaAs HBT(砷化镓异质结双极晶体管)先进工艺制作技术,分频器工作到了微波频段。例如,惠普公司能够提供高达 12 GHz 甚至 18 GHz 的固定分频器,并可采用廉价的 SSOP - 8 表面封装。Rockwell Collins 公司制作的程控分频器最高输入频率可达 5 GHz,且输出的剩余噪声在 10 kHz 频偏时可达－150 dBc/Hz 以下。微波宽带 VCO 和宽带的固定、程控分频器使单环路微波频率合成器的制作成为可能。而快速跳频能力或快速频率转换主要取决于环路带宽,这里采用高频率参考,拓宽了环路带宽,保证了快速频率转换。通过在锁相环路中插入 90°移相器,可使频率间隔达到参考频率的 1/4。

如图 2 - 28 所示,输出频率依赖于固定分频数 M、程控分频数 N 和一个参考周期内的 90°相移数 R,由式(2 - 25)决定:

$$f_{OUT} = (f_{ref} \times M \times N) + 1/4(f_{ref} \times R) \qquad (2 - 25)$$

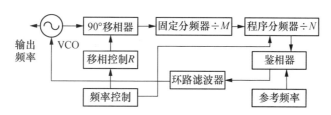

图 2 - 28 宽带锁相环路捷变信号发生器原理框图

如果采用 4 MHz 的频率参考,锁相环路带宽设计为 400 kHz,则信道间隔可达 1 MHz,频率转换时间可达 15 μs 以内。通过预先校准处理获得每一个频率的 M、N 和 R 值,并存储在不同的存储器地址单元,通过对不同地址单元的访问,达到快速跳频和跳频控制的目的。

2.7.2 宽带锁频环路技术

这里介绍一种高性能的捷变频信号发生器,利用锁相环路和锁频环路相结合的特点,实现快速而精确的跳频输出。单环路小数分频锁相环路实现高分辨率的频率合成,延迟线鉴频器锁频环路利用调频误差信号稳定 VCO 输出频率,降低调频噪声。锁频环路固有的几兆赫兹的环路带宽,减少了频率转换时间,被用作快速频率切换或跳频信号输出。

延迟线鉴频器由 RF 功率放大器、功分器、加热延迟线、可控移相器和混频式鉴相器组成,延迟线通路相对于移相器通路产生一个固定的相位移,可用式(2 - 26)表示:

$$\Delta\phi(f_m) = 2\pi\tau\Delta f(f_m) \qquad (2 - 26)$$

式中,$\Delta\phi(f_m)$ 为瞬时相位起伏,$\Delta f(f_m)$ 为瞬时频率起伏,τ 为延迟线延迟时间。

大多数鉴相器都是混频器,其输出电压正比于输入信号相位差的余弦函数,为保证在工作频带内能正常工作,移相器必须保证输入信号正交,即相位相差 90°,即鉴相器相位差的余弦函数接近于零。实际应用中,鉴相器工作频率限制在载波频率周围一个小的频率范围内,以保证其响应是比较线性的。

延迟线鉴频器的传输函数,即从输入端的 RF 调频到输出端的音频解调传输函数 $G(f_m)$,经过严格的推导可用式(2 - 27)表示:

$$G(f_m) = \Delta V(f_m)/\Delta f(f_m) = 2\pi K_\phi \tau \sin(\pi\tau f_m)/(\pi\tau f_m) \qquad (2-27)$$

式中,K_ϕ 为鉴相器的鉴相灵敏度,f_m 为调制频率。

当环路带宽定义为环路增益为 1 的频率时,环路带宽为:

$$B_L = 2\pi K_\phi K_V \tau G \qquad f_m > f_p \qquad (2-28)$$

根据上式分析,延迟线鉴频器锁频环路具有很宽的环路带宽,频率转换时间很短,可以产生频率捷变输出信号。

我们知道,压控振荡器谐振回路的相频特性决定了振荡信号的边带噪声,Q 值越高,相频特性越陡峭,偏离谐振频率以外频率的相移越大,越不能满足振荡的相位条件,从而出现在边带上的噪声越小。压控振荡器的相频特性是固定的,Q 值的提高非常有限。延迟线鉴频器锁频环路可以看作是压控振荡器的一个附加相移网络,使偏离载波的频率产生附加的相移,破坏其振荡的相位条件,从而大大降低了振荡器的调频噪声,使输出信号的相位噪声得到明显改善。这是延迟线鉴频器锁频环路的另一显著作用,可以提高捷变频合成信号发生器的频谱纯度。

如图 2-29 所示,锁相环路输出合成射频信号,为锁频环路的校准提供了稳定的输出频率,锁频环路最终锁定在锁相环路输出频率上。此时,锁频环路的调谐电压被测量,并经过 A/D 转换后,将转换数据存储于快跳速跳频 RAM 中,称为跳频的学习校准。

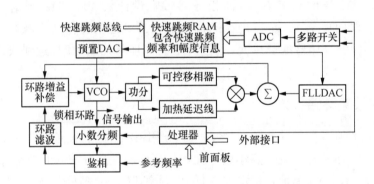

图 2-29 宽带锁频环路捷变信号发生器原理框图

在学习校准过程中,跳频序列中的每一个频率设置电压都被测量并存储于不同的存储器地址单元中。这些设置参数包括 VCO 预调电压、锁相环路增益补偿、锁频环路增益补偿。通过环路增益补偿,消除各种因素引起的频率灵敏度的变化,使环路在整个频率范围内达到充分一致的环路增益。跳频时通过调用快速跳频 RAM 中的存储数据,并经 D/A 转换后,调谐锁频环路,使 VCO 输出频率与原始的合成信号频率的误差处于微小的可接受范围内,跳频参数的校准和预置大大缩短了频率转换时间。

可通过下列过程产生跳频输出,首先通过前面板或后面板输入接口,设置所需的跳频信道和跳频序列,锁频环路通过学习校准,存储每个频率点的设置参数。当接到跳频触发命令时,关断锁相环路,只接入锁频环路。这些设置参数重新输入到锁频环路,调谐锁频环路产生期望的跳频输出。所以,跳频输出信号不是相关的合成信号,但是频率稳定的输出信号。

在频率转换时间和频谱纯度指标处于同等数量级的频率合成器中,利用延迟线鉴频器锁频环路可以大大降低成本和复杂度。

2.7.3　跳频输出时的幅度控制技术

频率转换时间主要由锁相环路或锁频环路带宽决定。实际输出信号不但要具有稳定的频率,还必须具备一定的幅度,所以信号的切换时间还受调幅带宽的影响。由于锁频环路带宽远宽于调幅带宽,所以信号的切换实际上直接受幅度开关时间的控制,一般定义为在新频率点上输出幅度上升到设置值的90%。幅度开关时间不能直接控制,但通过稳幅环路带宽的控制能影响幅度开关时间。跳频时,稳幅环路可以处于开环或闭环工作状态。闭环工作时,幅度开关时间较长,但具有较好的频谱特性、较高的输出幅度精度、较好的调幅线性。开环工作时,输出幅度特性刚好相反。跳频时,输出幅度范围由快变衰减器的工作范围决定,通常幅度开关时间是输出幅度范围的函数,输出幅度范围变化越大,开关时间越长,随着幅度衰减量的增加,输出幅度精度将降低。

在跳频间隔,输出幅度关闭,如同脉冲调制。由于输出幅度的瞬变,载波的能量按 $\sin x/x$ 波形包络分布。当跳频时,由于扩散的频谱会落入邻信道,从而引起邻信道通信的中断。为了避免上述问题,跳频时输出幅度关闭,同时严格控制幅度瞬变的形状,自动减小幅度突变。

当输出幅度关闭时,内置定时装置控制稳幅环路,使输出以一定速率步进衰减,经过几微秒后,输出幅度衰减了几十分贝,这时脉冲调制器开始工作,输出幅度继续衰减几十分贝。当输出幅度打开时,定时控制正好相反,脉冲调制器首先打开,然后控制稳幅环路逐渐返回原值,这种渐变大大减小了频谱扩散。如果稳幅环路开环工作,这时只有脉冲调制器起作用,频谱扩散将增加,而跳频速率也稍许增快。

2.7.4　利用全数字合成技术的捷变频信号发生器

随着现代电子、微电子技术的发展,利用高速直接数字频率合成技术结合直接模拟上变频技术,将捷变频信号发生器的频率范围扩展到射频直至微波频段。直接数字频率合成可独立控制载波频率和它的调制成分(包括调幅、调频、调相和脉冲调制),具备信号捷变、信号模拟的能力,可灵活地再现复杂信号(包括威胁信号模拟、动态雷达目标信号模拟、保密通信信号模拟等),具有通常信号源和模拟器所无法比拟的性能,广泛应用于电子战、通信和雷达等领域。

如图2-30所示,整个系统由智能接口、捷变信号合成、捷变射频信号发生和捷变微波信号发生等模块组成。通过数字加法器和数字乘法器,可对载波频率进行调幅、调频、调相和脉冲调制,通过高速 D/A 转换产生捷变的模拟中频信号。在此基础上,通过捷变本振上变频至射频频段,还可继续扩展至微波频段。产生的输出信号可用式(2-29)表示:

$$S_0(t) = FLC(t)P(t)A(t)\sin[2\pi f_c(t) + 2\pi f_m(t) + \phi(t)] \qquad (2-29)$$

式中:$S_0(t)$ 为输出信号;$FLC(t)$ 为快速幅度控制;$P(t)$ 为脉冲调制;$A(t)$ 为幅度调制;$f_c(t)$ 为上变频后的载波频率;$f_m(t)$ 为频率调制;$\phi(t)$ 为相位调制。

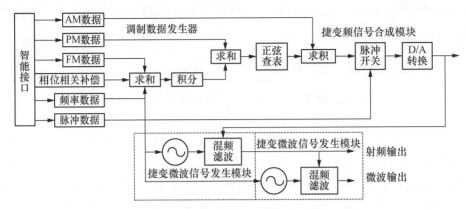

图 2‑30　全数字频率合成捷变频信号发生器原理框图

1）智能接口

智能接口充当内部控制器的作用,统一控制其他所有的分系统,可能由一台微机、固定或可移动硬盘、语言处理卡和数学加速卡等组成,完成输入输出数据处理、执行 ID 软件程序、加速波形数据计算和管理存储数据文件等。系统的所有操作都通过智能接口完成,包括键盘、鼠标、软菜单和 GP‑IB 接口等。

2）调制数据发生模块

调制数据发生模块由调制存储器、序列发生器、调频相加器、时钟分配管理、直接存储器存取(DMA)、GP‑IB 和微处理器等组成。接收来自智能接口的信号数据,并以二进制码的形式存储在调制存储器中,序列发生器产生访问调制存储器的地址,被访问的数据被送到捷变信号合成模块中产生模拟中频信号。

如图 2‑31 所示,调制存储器保存载波信号的频率、调幅、调相和调频波形数据,每个调制数据,例如频率范围、调幅深度、相偏和频偏都有一定的范围。频率数据存储器中不但包括中频频率数据,还包括上变频频率控制数据、上变频幅度控制数据和脉冲调制数据。实际上,每个波形数据在存储器中都有唯一的文件名或指明精确的存放地址。调频数据与载波频率数据在调频相加器中求和,获得代表瞬时中频频率的数据。调频相加器中还包括相位相关校准电路,使系统输出频率可以下面两种方式转换:相位连续方式和相位相关方式。

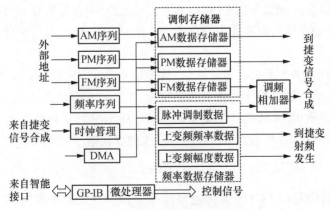

图 2‑31　调制数据发生模块原理框图

序列发生器产生访问调制存储器的地址,序列发生存储器中主要存放有关访问调制数据顺序的信息。序列发生器产生访问地址的速率由系统时钟控制,通过分频器可调节地址产生速率。访问地址可由内部的序列发生器或外部的序列发生器产生。下面的一些术语有助于理解序列发生器的工作原理。

(1) 波形段:存放波形数据的一段连续地址。

(2) 扫描:顺序访问一次波形段。

(3) 信息包:一次或多次扫描波形段,对于每一个信息包,必须定义以下参数:文件名或RAM 地址以及扫描波形段的长度、扫描次数、信息包前进方法(触发方式:自动和总线)。

(4) 序列:一个或多个信息包的组合。

3) 捷变射频信号和捷变微波信号发生模块

如图 2-32 所示,捷变射频信号发生模块和捷变微波信号发生模块的作用是将一定调制带宽的捷变中频信号经过频谱搬移、滤波,分别生成捷变射频信号和捷变微波信号。由于信号的混频滤波在模拟通路产生了延迟,所以从调制数据发生模块接收的数字信号也要产生同样的延迟,以便同步控制射频模块开关、微波模块开关和快速衰减器,确保所有的频率和幅度同步进行。此延迟需要几十纳秒的时间,所以捷变射频信号和捷变微波信号的频率转换时间一般在 100 ns 以内。

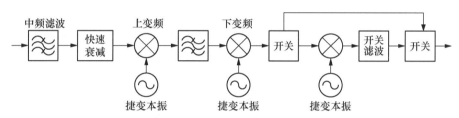

图 2-32　频率捷变上变频原理框图

4) 系统设计考虑

我们可以从频率分辨率、相位分辨率、幅度分辨率、系统带宽、相位连续的频率转换和相位相关的频率转换几个方面阐述系统性能参数。

(1) 频率分辨率:系统输出信号的频率分辨率取决于系统所用的时钟频率和相位累加器的位长。当时钟频率为 134 MHz(2^{27} Hz),累加器位数为 30 时,频率分辨率为0.125 Hz。

(2) 相位分辨率:系统输出信号的相位分辨率取决于调相数据的位长。例如:调相数据为 12 bit 时,相位分辨率为:

$$360°/2^{12} = 360°/4\ 096 = 0.088\ 0° = 0.001\ 5\ \text{rad}$$

(3) 幅度分辨率:系统输出信号的幅度分辨率不但与调幅数据的位数有关,而且与信号幅度的大小有关。

2.8　微波信号源的性能指标

微波信号源作为测量系统的激励源,被测器件各项性能参数的测量准确度,将直接依赖于微波信号源的性能指标。要准确地评价信号源的性能特性,必须掌握其输出信号的表征方法。微波信号源的性能指标主要包括频率特性、输出特性和调制特性三个方面。

1) 频率特性

(1) 频率范围

频率范围也称频率覆盖,即信号源能提供合格信号的频率范围,通常用其上、下限频率说明,频带较宽的微波信号源一般采用多波段拼接的方式实现。跳频性能的好坏取决于频率点变化的多少,信号频带越宽,频率点越多,侦察和干扰越困难。随着电子对抗技术的发展,特别是技侦设备的频率覆盖范围越来越宽,频率跳变范围将决定捷变合成信号源的通用性。目前,微波信号源已实现从 10 MHz 到 110 GHz 的同轴连续覆盖;再往上则分别覆盖每个波导波段,最高有 178 GHz 的产品出现。

(2) 频率准确度和稳定度

频率准确度是信号源实际输出频率与理想输出频率的差别,分为绝对准确度和相对准确度。绝对准确度是输出频率的误差的实际大小,一般以 kHz、MHz 等表示;相对准确度是输出频率的误差$(f-f_0)$与理想输出频率 f_0 的比值,即

$$\alpha = \frac{f-f_0}{f_0} = \frac{\Delta f}{f_0} \tag{2-30}$$

稳定度则是准确度随时间变化的量度。它表征微波信号源维持工作与恒定频率的能力。合成信号发生器在正常工作时,频率准确度只取决于所采用的频率基准的准确度和稳定度,稳定度还与具体设计有关。合成器通常采用晶体振荡器作为内部频率基准,影响长期稳定性的主要因素是环境温度、湿度和电源等的缓慢变化,尤其是温度影响。因此根据需要不同,可分别采用普通、温补甚至恒温晶振,必要时可让晶振处在不断电工作状态,目前通用恒温晶振的日稳定度可以达到 5×10^{-10}。若采用外部频率基准则表现为输出频率与时基同步。非合成类信号发生器的频率准确度取决于频率预置信号的精度及振荡器的特性,一般情况下在 0.1% 左右。

(3) 频率分辨率

信号源能够精确控制的输出频率间隔为频率分辨率,它体现了窄带测量的能力,决定于信号源的设计和控制方式,目前一般可做到 1 Hz 或 0.1 Hz,理论上可以更精细。但在一定的频率稳定性前提下,太细的频率分辨率并没有实用意义。

(4) 频率转换时间

信号源从某一稳态输出频率过渡到另一稳态输出频率的时间称为频率转换时间,描述了频率的瞬态响应特性。高速频率转换主要应用于捷变频雷达、跳频通信等电子对抗领域。对间接频率合成主要是锁相环路的建立时间,对直接数字频率合成主要是数据传输、处理和 D/A 转换时间。直接式合成频率转换时间可以达到微秒级以下,射频锁相合成能达到毫秒级或者更快,宽带微波锁相合成则需要数十毫秒。只有达到特定输出幅度的信号才具有实际意义,而达到某一输出幅度所需时间往往大于频率合成器的频率转换时间,所以频率转换时间往往由幅度控制时间所决定。频率转换时间越少,跳频速率越高,驻留时间越短,抗多径衰落、抗截获、抗干扰能力越强。

（5）频谱纯度

理想的信号发生器输出的连续波信号应是纯净的单线谱,但实际上不可避免地伴有其他不希望的杂波和调制输出而影响频谱纯度。首先是信号的谐波,其次是设计不周而引入的寄生调制、交调、泄漏等非谐波输出,其中倍频器的基波泄漏也称为分谐波;另外一个重要的指标是相位噪声,是随机噪声对载波信号的调相产生的连续谱边带,一般来说越靠近载频越大,因此用距载频某一频率偏离处单个边带中单位带宽内的噪声功率与载波功率的比表示。需要特别指出的是,非合成信号源用剩余调频(即一段时间内的最大载波频率变化)来定义短期频率稳定度;但在合成源中消除了有源器件及振荡回路元件不稳定等因素所引起的频率随机漂移,现在倾向于采用载频两侧一定带宽内总调频能量的等效频偏定义剩余调频。事实上,短期稳定度、剩余调频和相位噪声表征的是同一个物理现象,只是观察角度不同,因而描述的侧重点不一样。

2）输出特性

（1）输出电平

微波信号源一般以功率电平来表示,规定了特性阻抗后,可以折合为电压。作为通用微波测量信号源,其最大输出电平应大于 0 dBm,一般达到 10 dBm,大功率应用时要求更高。作为标准信号源,其最小输出电平应当能够连续衰减到 -100 dBm 以下。跳频幅度输出范围指频率跳变时输出幅度的最大快速控制范围,一般为信号源自动电平控制（ALC）稳幅环路和快变衰减器控制的输出电平范围。

（2）电磁兼容性

微波信号发生器必须有严密的屏蔽措施,防止高频电磁场的泄漏,既保证最低电平读数有意义,又防止它干扰其他电子仪器的正常工作。同时,这也是抵抗外界电磁干扰,保障仪器自身正常工作的需要。为此各国都有明确的电磁兼容性标准。

（3）输出电平的稳定度、平坦度和准确度

输出电平的稳定度是指输出电平随时间的变化;输出电平的平坦度是指在有效频率范围内调节频率时,输出电平的变化。具体指标取决于内部稳幅装置,或自动电平控制（ALC）系统的性能,软件智能补偿已经越来越成为提高综合性能的手段。另外,实际输出功率还与源阻抗是否匹配有关,一般来说微波信号源电压驻波比不应大于 1.5。输出电平准确度一般在 $\pm(3\sim10)\%$ 的范围内。跳频幅度准确度是指在频率快速跳变状态下输出电平达到稳态时的精度,是电平平坦度、检波器精度、衰减器精度和温度影响等诸多因素造成的电平误差的总和。跳频幅度准确度还受 ALC 稳幅环路的开关和输出电平动态范围的影响。

3）调制特性

调制的含义是让微波信号的某个参数随外加的控制信号而改变。调制特性主要包括调制种类、调制信号特性、调制指数、调制失真、寄生调制等,调制种类有调幅、调频及调相,调制波形则可以是正弦、方波、脉冲、三角波和锯齿波甚至噪声。天线测量中会用到对数调幅;雷达测量中还会用到脉冲调制,这是一种特殊的幅度调制。一般微波信号源除简单的脉冲信号外本身不提供调制信号,而只提供接收各种调制信号的接口,并设置实现微波信号调制的必要驱动电路,从外部注入适当的调制信号才能实现微波信号的调制,称为外调制。功能更丰富的微波信号源不但接收外部调制信号,还能自己根据需要产生必要的调制信号,用户只需简单地设定调制方式和调制度即可获得所需的微波调制信号,称为内调制。其实后者只是内置一个函数波形发生器,属于低频信号源范畴。

4)快速跳频控制特性

(1)最大信道数

存储在唯一地址单元中的某个跳频频率和幅度参数设置,称为一个"信道",所有信道的集合称为"信道表",最大信道数是信道表中能容纳的最大数目,信道数越大,跳频点越多。

(2)最大序列数

最大序列数是序列表中能容纳的最大数目,序列表反映了信道输出的顺序,序列数越大,组成的跳频图案越多,图案本身的随机性越强,抗干扰性能越好。

2.9 任意函数/波形发生器

包括正弦波、方波、三角波、半正弦波、脉冲波、锯齿波、扫描信号、调制信号等在内的这类常用测试信号,通常可以用数学函数来表示,且选择的波形种类较为丰富,能提供这类信号或其某个子集输出的信号发生器就称为任意函数发生器(Arbitrary Function Generator,简写为 AFG)。而自然界中还有许多无规律的现象,如雷电、地震、心脏跳动等信号,它们难以用一个数学函数来表示,而这些无规律的信号又并非随时可以捕获到(如地震波),因此,需要使用一种信号发生设备对这类无规律的信号进行模拟或回放。能够产生"无规律"任意波形的信号发生设备称为任意波形发生器(Arbitrary Waveform Generator,简写为 AWG)。由于任意函数发生器和任意波形发生器的结构类似,很多仪器厂商将其合并在一台仪器中,即为任意函数/波形发生器(AFG/AWG)。

2.9.1 任意函数/波形发生器的工作原理

任意函数/波形发生器的工作原理有三种,一是基于逐点法,二是基于 DDS 技术,三是基于 Trueform 技术。

基于逐点法的 AFG/AWG 原理框图如图 2-33 所示,它由取样时钟发生器、地址发生器、波形存储器 RAM、高速 D/A、低通滤波器、放大器、编辑器和程控接口等部分组成。其工作原理是通过编辑器或外部计算机将要产生的信号波形数字化后存入波形存储器,然后逐个读取这些点(通过地址发生器改变波形存储器的地址,顺序扫过波形存储器的各地址单元直到波形段的末段),并将它们送到高速 D/A,高速 D/A 的输出波形通过低通滤波器后送到放大器输出。根据 AFG 和 AWG 生成波形的不同,波形存储器一般划分成两部分,其中一部分用于存储如正弦波、方波等波形,实现 AFG 功能。这部分的波形数据通常是不可以被改变的,因此,在有的 AFG 中,采用 ROM 固化存储这一部分波形。而另一部分存储器则用于存储 AWG 的相关波形,这一部分允许通过波形编辑器对其进行编辑,同时已保存的波形数据掉电后也不消失,因此,一般采用非易失性 RAM 进行波形存储。对于 AWG,波形存储器可以分段工作,便于产生复杂的波形。在实际应用中,遇到的任意波形往往具有重复出现的部分。多数 AWG 还提供了排序功能,对重复的波形仅需编程一次,需要时对其进行调用即可。这样极大地增加了存储器的等效容量,在存储容量不变的情况下,增加了波形的长度。

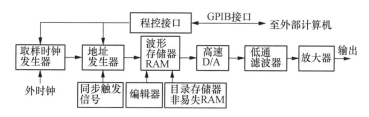

图 2-33　逐点法 AFG/AWG 原理框图

从理论上讲,逐点法最简单直观,但是,它有两大缺点。首先,要改变输出信号的频率,必须改变采样时钟频率,而设计良好的低噪声变频时钟会大幅增加仪器的成本和复杂性。其次,由于 D/A 输出的波形是阶梯状的,无法直接输出使用,因此需要进行复杂的模拟滤波,以使阶梯状的波形输出变得平缓。由于复杂性和成本都较高,因此,这种技术主要在高端 AWG 中使用。

基于 DDS 技术的 AFG/AWG 使用固定频率时钟和更简单的滤波机制,可以较低的成本,实现较高的频率分辨率,并可生成定制波形,因此,在过去的 20 年中,DDS 一直是 AFG 和经济型 AWG 的理想波形生成技术。

基于 DDS 技术的 AFG/AWG 原理框图如图 2-34 所示,其结构组成与 DDS 电路类似。与逐点法相比,其工作原理的主要区别在于以下两点:

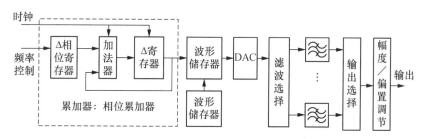

图 2-34　基于 DDS 技术的 AFG/AWG 原理框图

(1) 控制输出频率改变的方法

基于 DDS 技术的 AFG/AWG,其读取波形点的时钟是固定不变的,改变输出信号的频率是通过改变读取波形存储器的地址间隔(即波形点的相位增量)来实现的,相位增量越大,生成一个周期的波形点数就越少,在固定不变的时钟频率下,输出信号的一个周期就越小(即频率就越高),因此,输出信号的频率与相位增量成正比。具体由相位累加器来完成相位的累加,由累加器当前相位决定输出波形点的读取地址。

(2) DAC 输出波形的滤波方法

基于 DDS 技术的 AFG/AWG 会根据不同的输出信号类型,设计不同的低通滤波器,对信号进行滤波。对于正弦波,其频谱成分单一,高次谐波及杂散噪声较小,对信号质量影响不大,而 D/A 转换引起的杂散镜像信号及较高理想频率引起的谐波对信号质量影响较大,因此,所设计的滤波器应能滤除各种镜像杂散以及带外噪声。而对于三角波、方波、任意波等,其输出最高频率一般比正弦波低,但其频谱结构丰富,具有较高的谐波分量。尤其是任意波,由于波形不可预估,其谐波分量通常难以估计,且谐波成分往往对应于信号中的关键部分。滤波器的带宽过小会滤除波形中有用的高次谐波分量,滤波器带宽过大则不能滤除波形中周期延拓镜像杂散,通常选用等波纹误差线性相位滤波器加以滤波。一般在 AWG/AFG 中,会根据需求,设计多个滤波器组,对不同的波形进行滤波。通过继电器或高速数据选择器将不同的输出信号送入相应的滤波器中进行滤波。在一些高性能的信号发生器中,用户还可以自行选择相应的滤波方式。滤波后,再经过相应的幅度和直流偏置的调节,输出所需的信号波形。

对于传统的逐点产生波形的方式,若要改变输出信号的频率,必须改变时钟频率,而设计良好的低噪声变频时钟会大幅增加仪器成本和复杂性;其次,由于 DAC 输出的波形是阶梯状的,因此需要设计良好的滤波器。在 DDS 中,需要应用比时钟频率高很多的采样率生成波形。另外,DDS 技术采用固定的采样时钟,通过改变相位累加器的增量来改变输出频率,因此无法保证波形中的每个点都能够显示在最终的输出波形中。换句话说,DDS 并没有使用波形存储器中的全部点。DDS 可能会以不可预知的方式,跳过和/或重复波形的某些相位点。在最佳情况下,这可能会增加抖动;在最坏情况下,可能会产生严重的失真。而采用 Trueform 技术,不会跳过任何的波形点,能够提供可预测的低噪声波形。

Trueform 技术是 Keysight 公司于 2014 年推出的一种最新的波形发生技术。Trueform 技术采用虚拟可变时钟技术以及可跟踪波形采样率的滤波技术,比 DDS 技术拥有更小的抖动(比 DDS 脉冲波形抖动改善 10 倍以上)与更低的谐波失真,且可以提供抗混叠滤波输出。

Trueform 技术结合 DDS 的低成本与逐点法的高性能体系结构的优点,产生频率分辨率更高、谐波失真更低、抖动更小的信号。

2.9.2 任意函数/波形发生器的主要技术指标

(1) 存储深度(记录长度):对应于波形存储器的容量,决定可以存储的最大样点数量。存储深度在信号保真度中发挥着重要作用,它决定着可以存储多少个数据点来定义一个波形。提高存储深度可以存储更多周期的波形,存储更多的波形细节,还原复杂的信号。目前,绝大多数 AFG/AWG 的存储深度在 8 Mpts 以上,泰克公司 AWG70000 系列任意波形发生器的存储深度高达 16 Gpts。

(2) 最高采样速率:是指 AFG/AWG 输出波形样点的速率,它决定输出波形的最高频率分量。按照采样定理,采样速率应至少比最高频率分量高一倍。如果要求信号频率为 10 MHz,采样率至少为 20 MS/s。实际上在 20 MS/s 的采样速率下,信号频率不可能达到 10 MHz,要比 10 MHz 低。至于低到什么程度,则取决于信号失真可接受的程度。目前多数 AFG/AWG 的最高采样率在 100 MS/s 以上,泰克公司 AWGT0000 系列任意波形发生器的最高采样率高达 50 GS/s。

需要指出的是,与数字示波器的狭义采样有所区别的是,AFG/AWG 内部并不一定有 A/D 转换器,AFG/AWG 是一个广义的数字采样系统,使用相关波形编辑功能时,也应遵循采样定理。

输出信号频率与采样速率、存储深度的关系可表述为：

$$输出信号频率＝采样速率/存储深度$$

若信号波形在存储器中按周期存储，即对周期重复的信号仅进行一次存储，那么

$$输出信号频率＝（采样速率/存储深度）×（存储器中波形的周期数量）$$

（3）带宽：是指 AFG/AWG 输出电路的模拟带宽，一般以正弦波的-3 dB 点定义其带宽，与输出滤波器的性能相关，但必须满足其最高采样率支持的最大输出频率。由于方波、三角波等信号的高次谐波成分丰富，因此，针对正弦波、方波、三角波、脉冲波等不同信号，一般 AFG/AWG 允许输出信号的最高频率不相同。目前多数 AFG/AWG 的带宽能达到 20 MHz，泰克公司 AWG70000 系列任意波形发生器的带宽高达 14 GHz。

（4）幅度分辨率与输出幅度：幅度分辨率是指输出信号电压幅度的分辨率，决定输出信号波形的幅度精度和失真。幅度分辨率在很大程度上取决于 D/A 转换器的性能。目前，多数 AFG/AWG 采用 12 位或 14 位分辨率的 DAC。输出幅度是指波形在不失真时的输出峰-峰值，可通过后置的放大器或衰减器对 DAC 输出信号的幅度进行调节。根据信号输出幅度的差异，有的信号发生器还提供了对输出阻抗 50 Ω 或 1 MΩ 的选择功能。

（5）输出通道数量与输出信号种类：AFG/AWG 可单通道输出，也可双通道或多通道输出。在多通道输出时，具有通道间的同步功能，可以控制各通道之间输出波形的相位差，以产生特定需求的信号，如 I/Q 信号。一些信号发生器还提供了调制输出的功能，可以产生 AM、FM、PM 等模拟调制信号，以及 ASK、FSK、PSK、PWM 等数字调制信号。有些信号发生器还集成有多个数字输出通道，用于数字系统的测试。

（6）直流偏移：是指在输出幅度不变的情况下，信号基线可移动的情况。通常与仪器输出精度指标相关，一般为$(0\sim\pm5)$V。

（7）波形纯度：是指在输出正弦波情况下的谐波和杂散信号的情况，应比基波小很多，至少为$-(20\sim40)$ dB。

2.9.3　AWG 的波形编辑功能

AWG 为用户提供了波形编辑功能，主要方法有：

（1）图形编辑法：可直接提供点或一段波形来描述输出波形，信号发生器厂商多数提供了此类工具软件。

（2）方程式编辑法：可直接利用输入的数学公式计算 D/A 转换器的输出数据，还可以借助 Matlab 等数学工具软件，产生相对较为复杂的波形的组合。这种波形编辑方法十分灵活，特别适合于时域描述以及能够用数学公式表达的波形。

（3）FFT 编辑法：FFT 编辑器可编辑每个信号的频谱，如频谱的频率值、幅度值和相位值，适用于频域内对波形进行描述。

（4）示波器数据传送法：将示波器采集到的数据存储起来，然后把数据传送到 AWG 中，使 AWG 能够模拟外界的现场环境。在一些集成了 AWG 功能的示波器中，可以将示波器采集到的数据直接写入 AWG 的 RAM 中。

（5）直接内存编辑法：该方法可结合图形编辑法、方程式编辑法以及 FFT 编辑法的优

点,并且可对所有的内存进行操作。这是一种更利于产生复杂的多路信号的方法。它利用外部程序对波形数据进行计算,并通过相应的接口写入内部的波形 RAM 中。随着嵌入式技术的发展,有些信号发生器在内部也集成了此功能。

2.10 微波信号发生器典型产品

微波信号源的典型产品见表 2-3 所示。

表 2-3 目前微波信号源典型产品

信号发生器型号	频率范围
R&S®SMW200A 矢量信号发生器	100 kHz 至 3/6/12.75/20/31.8/40 GHz
R&S®SMBV100A 矢量信号发生器	9 kHz 至 3.2 GHz/6 GHz
Ceyear 1443/A 矢量信号发生器	250 kHz~44 GHz/20 GHz
Ceyear 1450A/B/C 捷变频信号发生器	(10 MHz~3 GHz/8 GHz/20 GHz)
Ceyear 1441A/B 信号发生器	9 kHz~3 GHz/6 GHz
Ceyear 1464 系列合成扫频信号发生器	250 kHz~67 GHz
Ceyear 1450A/B/C 捷变频信号发生器	(10 MHz~3 GHz/8 GHz/20 GHz)
Ceyear 82406 毫米波倍频源模块系列	50 GHz~325 GHz
N9310A 模拟信号发生器	9 kHz~3 GHz
N5181B 模拟信号发生器	9 kHz~6 GHz
N5183B 模拟信号发生器	9 kHz~40 GHz
E5257D 模拟信号发生器	9 kHz~67 GHz
VDI 毫米波信号源	50 GHz~1 100 GHz

1) Ceyear 1442 射频信号发生器

如图 2-35 所示,Ceyear 1442 射频信号发生器由频率合成、射频信号发生及调理、射频驱动及调制、基带信号发生及调理、计算机及接口、电源、显示等几部分组成。

CPU 板负责实现信号发生器的所有控制功能。

图 2-35 Ceyear 1442 射频信号发生器

CPU 板接收前面板键盘和后面板网络口、GP-IB口及 RS-232 串口输入的命令,然后通过内部总线把它转换为对仪器状态的设置。CPU 板同时还检测仪器内部电路状态并在前面板显示器上显示出来,如失锁、不稳幅等。前面板显示器采用大屏幕彩色液晶显示器,负责显示仪器的设置和状态信息。图 2-36 为 Ceyear 1442 射频信号发生器整机工作原理图。

由 YIG 振荡器产生 3.2 GHz~8 GHz 的微波信号,频率合成部分实现 3.2 GHz~8 GHz 的低噪声频率合成信号发生。该信号进入分频滤波器利用射频分频器分别进行 2、4、8、16 分频,得到 250 MHz~3 GHz 的信号输出,同时 3.2 GHz~6 GHz 频段信号直接进入射频扩展输出组件。250 kHz~250 MHz 的信号采用混频的方法实现,由 8 分频后的

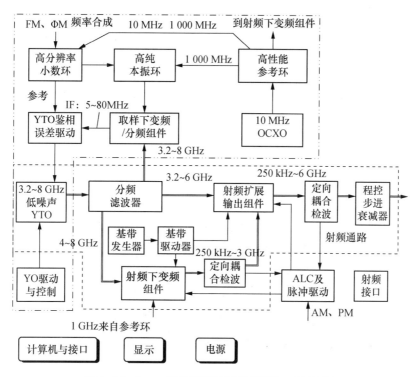

图 2-36　Ceyear 1442 射频信号发生器整机工作原理图

750 MHz～1 GHz 与参考环来的 1 GHz 本振信号相混频得到。250 kHz～3.2 GHz 的信号再进入射频扩展输出组件和 3.2 GHz～6 GHz 频段信号利用开关合并成一路输出信号。

频率稳定度和准确度指标由频率合成部分完成。它包括高性能参考环、高分辨率小数环、高纯本振环、取样变频、YTO 鉴相和误差驱动。CPU 首先通过 YTO 驱动上的预置 DAC 将 YIG 振荡器的输出频率进行粗略设置。高纯本振环将 YIG 振荡器输出的千兆赫兹级的微波信号无失真地取样变频到十兆赫兹级的中频信号。中频信号与小数环输出的高分辨率信号进行频率/相位比较,得到的误差电压来精确调节 YIG 振荡器的输出并使之锁定在指定频率上。整机的功率控制和幅度调制由 ALC 环构成。由耦合检波器将射频输出信号耦合出一小部分并将它转换为对应的直流电压,此电压与 ALC 环板中的参考电压相比较,得到的误差电压去驱动下变频器中的线性调制器,来调节射频功率直到检波电压和参考电压相等,从而实现功率控制。整机的幅度调制和脉冲调制由射频部分和 ALC 环实现。频率调制和相位调制在频率合成部分实现。矢量调制功能分别在射频组件和射频扩展输出组件中实现。主要技术指标如下:

(1) 频率范围:Ceyear 1442　250 kHz～6 GHz;Ceyear 1442A　250 kHz～3 GHz

(2) 频率分辨率:0.01 Hz(可设置 0.001 Hz)

(3) 频率准确度:设置频率×10^{-9}(共时基)

(4) 输出电平范围(23 ℃±5 ℃)−120 dBm～+7 dBm(可设置−135 dBm),超出温度范围时最大输出电平降级小于 2 dB。

2) Ceyear 1466 系列合成扫频信号发生器

Ceyear 1466 为电科思仪最新推出的高性能系列合成扫频信号发生器(图 2-37),它是一款面向微波毫米波尖端测试的通用测试仪器,在 6 kHz～110 GHz 的宽频率范围内具备业界顶级性能的边带相位噪声。其出色的频谱纯度、超宽频率覆盖、高精度模拟扫频、大动态范围高精度功率输出,可满足各种测试中对信号发生器的苛刻需求。内部标配双通道内调制发生器和复杂脉冲发生器,可提供性能优异的 AM、FM、ΦM 调制功能以及脉冲调制能力。搭配双射频通道设计,可满足用户多种测试要求。该信号发生器采用系列化设计,按照频率覆盖范围,有 8 种型号可供选择,以满足不同需求。全新升级人机交互,具有大屏触控图形引导交互、移动端浏览器访问控制、多厂家功率计连接识别、多客户端部署、SCPI 命令录制、操控界面自定义等一系列新功能。主要用于电子系统性能综合评估、高性能接收机测试和元器件参数测试等方面,适用于航空、航天、雷达、通信以及导航设备等众多领域。

图 2 - 37 Ceyear 1466 系列信号发生器

主要特点:
- 超宽的频率覆盖;
- 出色的频谱纯度,卓越的宽带底部噪声;
- 110 GHz 带宽内的大动态范围、高准确度功率输出;
- AM、FM、ΦM 和脉冲调制,脉冲调制最小脉宽为 20 ns;
- 步进、列表、功率、模拟扫描,高精度扫描输出;
- 单机双通道,每个通道可独立设置;
- 全新升级人机交互界面。

（1）超宽的频率覆盖

Ceyear 1466 系列信号发生器无需外接变频器,同轴输出频率覆盖 6 kHz～110 GHz,保证了高精度的大动态范围幅度控制,具有外扩频方案无法达到的功率准确度和稳定度。同时支持外接 Ceyear 8240X 系列变频器,可将频率进一步扩展至 750 GHz。是高效进行毫米波 5G 通信射频一致性测试、毫米波雷达测试的利器。

（2）出色的频谱纯度,卓越的宽带底部噪声

Ceyear 1466 系列信号发生器支持高纯频谱信号输出,1 GHz 载波单边带(SSB)相位噪声典型值－145 dBc/Hz@10 kHz 频偏,10 GHz 载波典型值－132 dBc/Hz@10kHz 频偏;20 GHz宽带底部噪声典型值－161 dBc/Hz@30 MHz 频偏;10 GHz 载波杂散＜－80 dBc,谐波＜－55 dBc。更纯净的信号让您在对微波毫米波器部件、系统及 OTA 进行测试时不再受干扰信号的困扰。

（3）大动态范围、高准确度功率输出

Ceyear 1466 系列信号发生器最大输出功率典型值：5 GHz 为 ＋27 dBm，20 GHz 为 ＋24 dBm，30 GHz 为＋25 dBm，60 GHz 为＋22 dBm，110 GHz 为＋3 dBm。最小输出功率 为－150 dBm（可设置），动态范围超过 170 dB。具有优异的功率准确度指标，20 GHz 以下典 型值＜0.5 dB。

（4）齐全的模拟调制，多样式扫描功能

支持幅度调制、频率调制、相位调制及脉冲调制。具备双脉冲、脉冲串、重频参差、重频 抖动、重频滑变等复杂脉冲调制功能。

支持步进扫描、列表扫描、模拟扫描（斜坡扫描）、功率扫描功能。

（5）全新升级人机交互

可触控图形引导交互。采用 11.6 英寸高分辨率触摸屏，清晰展现主要参数及仪表状态 信息，配合信号流图引导界面，让显示更直观，交互更友好。

用户操控界面灵活编辑。支持用户自定义菜单，根据测试习惯，量身定制个性化用户操 控界面，实现一个窗口内的多功能操作，避免菜单过深、反复查找的困扰。

支持跨平台客户端及浏览器访问操控。支持多个客户端同时连结，仪器工作状态同步 刷新。支持移动设备的 Web 浏览器访问控制。

SCPI 指令同步录制，脚本一键生成。不仅可以一键导出录制的 SCPI 指令，还能自动生 成 VS（C＋＋、C♯）、Qt、Matlab、LabView 程控示例工程，让程控更简单。

2.11　典型产品 Ceyear 1450C 系列微波信号发生器

图 2-38 为 Ceyear 1450C 系列微波信号 发生器，Ceyear 1450C 系列捷变频信号发生 器是中国电子科技集团公司第四十一研究所 全新开发的台式信号发生器，采用直接数字 合成（DDS）技术和直接模拟合成技术（ADS） 相结合的设计方案，实现覆盖 10 MHz～ 20 GHz 全频段的任意频率间的频率捷变，捷 变时间小于 200 ns，功率捷变动态范围大于

图 2-38　Ceyear 1450C 系列捷变频信号发生器

60 dB。该款仪器拥有高频率分辨率、低相位噪声和优异的频谱纯度，还具备调频、调相、 调幅、脉冲调制以及矢量调制功能，通过灵活的序列编辑界面，可实现多参数复杂调制捷 变和灵活多变的多序列点捷变输出。该捷变频信号发生器通过并行接口控制，可实现外 部直接频率控制和外部序列控制；提供外部中频输入接口，可作为捷变上变频器使用。该 产品提供 GPIB、LAN、USB、VGA 等标准接口，可外接 PS2/USB 键盘、鼠标进行操作，采 用中/英文操作界面，TFT 大屏幕宽视角液晶显示，基于 Windows 系统的窗口和菜单图形 化显示界面，可多窗口操作，信息显示直观、丰富，操作灵活、方便。主要应用于捷变频雷 达、电子战、跳频通信等领域对捷变频信号激励与信号模拟的测试需求，为以上系统的研 制、生产及维护提供保障。

1）主要特点

AV1450C 系列捷变频信号发生器的主要特点有：10 MHz～20 GHz 任意频率间超高速频率捷变,捷变时间<200 ns;大动态功率捷变范围>60 dB;超高速功率捷变<200 ns;低相位噪声:-115 dBc/Hz@10 kHz,10 GHz(典型值);优异的频谱纯度;高性能调制:FM、ΦM、AM、Pulse、I/Q;多参数复杂调制捷变;支持内部捷变序列、连续波、上变频、外部直接控制等多种模式选择;上变频支持 83 MHz/3 GHz 中频(100 MHz 带宽)输入;外部直接控制包括外部直接频率控制与外部序列控制两种方式;中英文菜单,易于使用。

2）典型应用

Ceyear 1450C 系列捷变频信号发生器能提供 10 MHz～20 GHz 频段范围内任意频率捷变,可满足捷变频雷达、电子战、捷变频制导系统等对超宽带频率捷变信号的激励需求,也可提供相应模拟信号(图 2-39)。

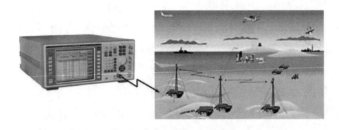

图 2-39　Ceyear 1450C 系列捷变频信号发生器典型应用

（1）捷变体制雷达

可模拟雷达发射信号以及目标回波信号,作为雷达训练用信号模拟器、雷达目标模拟器以及雷达测试激励源使用;也可作为雷达系统的一个主要子系统使用。

（2）电子战系统

可模拟产生具备脉内调制、重频参差、重频抖动、频率捷变、多普勒频移等特征的特殊复杂威胁信号,可用于电子战系统捷变本振替代,ECM、ESM 系统测试等领域。

（3）保密通信及卫星通信

可模拟产生高精度复杂调制格式的跳频通信信号,满足保密通信、卫星通信等领域的测试需求。

（4）其他应用

在频率切换时间对系统测试速度影响大的领域如天线以及 RCS 测量、自动测试系统、元器件测试等也有着明确的应用。

毫米波系统具有体积小、波束窄、容量大、分辨率高、抗干扰能力强及保密性好等优点,广泛应用于电子设备和电子信息系统中。毫米波倍频信号源系列模块是在已有的微波合成扫频信号源的基础上进行毫米波扩频,将 10 GHz～20 GHz 微波信号扩展为 26.5 GHz～110 GHz 毫米波信号。图 2-40 为毫米波倍频源模块。

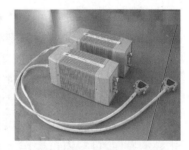

图 2-40　毫米波倍频源模块

毫米波倍频源模块主要特点：毫米波倍频信号源系列模块体积小巧、重量轻、功耗低、发热量小，采用标准波导输出方式；与连接的信号源共建稳幅环路，输出功率、频率等参数由信号源面板直接设置，操作简单直接；状态显示直观，倍频信号源工作时，信号源显示状态即倍频源端口输出状态；由于内置高增益微波放大器，降低了信号源输出功率要求；内部采用多路监测，并由信号源面板显示，提高了产品的可靠性和安全性。典型应用：毫米波系列倍频源模块无论组成系统还是测试平台，都需要由信号源提供激励。

◆ 本章小结

本章介绍了模拟式微波扫频信号源，合成信号源的基本原理，频率捷变信号发生器基本工作原理，微波信号源的性能指标，任意函数/波形发生器的工作原理，微波信号发生器典型产品。

频率捷变信号发生器以其快速的频率转换和信号模拟能力广泛应用于电子对抗领域，可降低测试成本，节约测试时间。其高纯特性还可用作相位噪声测试参考源和通信系统、雷达系统的本振源。除了可以产生快速跳频信号外，有些信号发生器还具有很高的性能指标、复杂的信号调制，甚至具有信号模拟的能力，从而全方位地满足电子对抗对信号发生的需求。射频捷变频信号发生器是性能优越的复杂信号激励源之一，可以满足接收机几乎所有的测试要求，测试指标包括选择性、灵敏度、交调和失真等。

◆ 习题作业

1. 什么叫信号源？在微波测量中信号源有哪些作用？

2. 微波信号源的主要性能指标有哪些？各有什么含义？

3. 简述扫频信号发生器的工作原理。

4. 频率合成方式有哪几种？简述直接频率合成的原理。

5. 锁相环有哪几个基本组成部分？各起什么作用？

6. 利用锁相环可以实现对基本频率 f_1 分频（f_1/N）、倍频（Nf_1）以及和 f_2 的混频（$f_1 \pm f_2$），试画出实现这些功能的原理方框图。由此可得出什么结论？

7. 要求锁相环频率合成器输出频率范围为 0.1～13 000 999.9 Hz，步进频率为 0.1 Hz，基准频率 $f_r = 100$ kHz。试设计该频率合成器的原理框图。

8. 结合合成扫频信号源工作框图，说明微波合成扫频信号源的组成部分及各自的功能。

9. 频率捷变信号发生器有哪些应用场合？

10. 频率捷变信号发生器的主要实现方法有哪些？各有什么优缺点？

11. 利用延迟线鉴频器锁频环路实现的频率捷变信号发生器具有哪些优势？

12. 跳频时为什么需要对输出信号幅度进行相应的控制？

13. 在合成信号源中采用几种合成方法？试比较它们的优缺点。

14. 锁相环的输出为什么能跟踪输入信号频率的变化？锁相频率合成法中是如何提高频谱纯度的？

15. 能否用示波器判断锁相环处于锁定状态？若能，请说明操作过程。

16. 计算如图 2-41 所示锁相环的输出频率范围及步进频率。

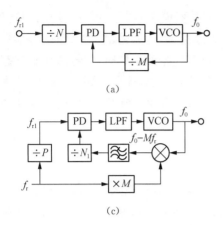

(a)

(c)

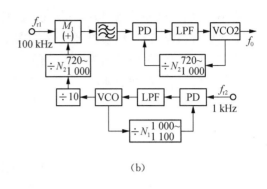

(b)

图 2-41

17. 已知 $f_{r1} = 100$ kHz，$f_{r2} = 40$ MHz 用于组成混频倍频环，其输出频率 $f_0 = (73 \sim 101.1)$ MHz，步进频率 $\Delta f = 100$ kHz，环路形式如图 2-42 所示，求：

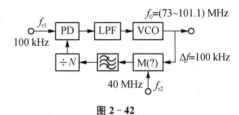

图 2-42

（1）M 宜取＋还是－；

（2）$N = ?$

18. 在直接数字合成信号源中，如果数据 ROM 的寻址范围为 1 k 字节，时钟频率 $f_c = 1$ MHz，试求：

（1）该信号发生器输出的上限频率 f_{omax} 和下限频率 f_{omin}；

（2）可以输出的频率点数及最高频率分辨率。

19. 请用多环合成法设计一个锁相环频率合成器，要求输出的频率范围为 0.01～13 000 999.99 Hz，步进频率 Δf 为 0.01 Hz，基准频率 f_r 为 100 kHz。

20. 以 2 片 D/A 转换器和 1 片 RAM 为主要部件，试设计一个任意波形发生器，输出信号幅度范围－5 V～＋5 V，直流偏移范围±2.5 V，波形点数 512 点（D/A$_1$：10 位；D/A$_2$：8 位；RAM：2 KB）。

（1）画出电原理图（包括其他必要的硬件电路）及其与微机总线的连接方法；

（2）在现有 RAM 容量下，可以产生几种任意波形？

第3章

微波信号频谱分析仪

3.1 概述

在卫星通信、数字广播、雷达、军用无线电台等领域内，需要对发射信号做全面的解调分析，其中首先需要对频域特性进行分析，完成频域特性分析的仪器是频谱分析仪。频谱分析仪是现代微波测量的重要工具，是通用的多功能测量仪器。它不仅用于测量各种信号的频谱，而且还可测量功率、失真、增益和噪声特性。它广泛应用于微波通信、雷达、导航、电子对抗、空间技术、卫星地面站、频率管理、信号监测、EMI 诊断、EMC 测量等方面，做各种信号监测、频谱分析使用。

频谱分析仪是分析信号的基本技术手段之一，其测试对象是各种复杂信号。信号的概念广泛出现于各领域中。这里所说的信号均指电信号，一般可表示为一个或多个变量的函数。根据信号包含信息的不同，信号可分为正弦波信号（CW 信号）、调制信号（包括模拟调制信号和数字调制信号）和噪声信号；根据信号随时间变化形式的不同，信号可分为连续稳定信号（信号随时间不变化）、周期性变化信号和瞬变的单次信号。针对以上各种信号，主要有三种分析技术：

（1）时域分析，主要分析信号随时间变化的关系，如电压或电流随时间变化的关系。时域分析可直观反映信号的幅度、频率、相位的变化。可使用示波器测量信号的时域波形。

（2）频域分析，对任意电信号的频谱所进行的研究。通过频域的频谱分析，可分析任何信号所包含的频率成分，即各种频率成分的频率和功率关系。

（3）调制域分析，对被测信号进行解调分析，通过解调，主要完成各种调制信号调制精度的测试。

一个信号的时域描述和频域描述的关系可用图 3-1 表示。时域分析和频域分析是从不同角度来观察同一信号的。如果用示波器测量，显示的是信号的幅度随时间连续变化的一条曲线，通过这条曲线可以得到信号的波形、幅度和重复周期；如果用频谱仪测量，显示的是不同频率点上功率幅度的分布。时域分析与频域分析虽然可以用来反映同一信号的特性，但是它们分析的角度不同，各有适用场合。选择在时域或频域上来观察信号取决于测量的类型。例如，数字数据传输抖动的测量，脉冲参数的测量，就需要一个示波器；为了确定谐波，在频域内测量信号会更加有效。如图 3-2 所示的信号看起来是一个 20 MHz 的纯正弦信号，然而，借助于频谱分析仪在频域上检验信号，很明显地观察到，基波上叠加了许多高次谐波，它不是一个纯正的正弦信号。信号的频谱分析是非常重要的，它能获得时域测量中所得不到的独特信息,例如谐波分量、寄生、交调、噪声边带等。频谱分析仪是信号频域分析的重要工具,被誉为频域示波器。

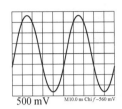

图 3-1 示波器上观察的正弦信号

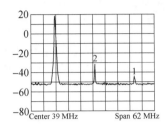

图 3-2 正弦信号在频谱仪上的检验结果

3.2 信号的频谱

3.2.1 频谱分析的基本概念

广义上,信号频谱是指组成信号的全部频率分量的总集,频谱测量就是在频域内测量信号的各频率分量,以获得信号的多种参数。狭义上,在一般的频谱测量中常将随频率变化的幅度谱称为频谱。

频谱测量的基础是傅里叶变换,傅里叶级数及傅里叶积分通称为傅里叶变换,是频谱分析的理论依据,同时也是时域技术和频域技术联系的纽带。它以复指数函数 $e^{j\omega t}$ 为基本信号来构造其他各种信号,其实部和虚部分别是正弦函数和余弦函数。任意一个时域信号都可以被分解为一系列不同频率、不同相位、不同幅度的正弦波的组合。在已知信号幅度谱的条件下,可以通过计算获得频域内的其他参量。对信号进行频域分析就是通过研究频谱来研究信号本身的特性。从图形来看,信号的频谱有两种基本类型:① 离散频谱。又称线状谱线;② 连续频谱。实际的信号频谱往往是上述两种频谱的混合。

3.2.2 周期信号的频谱

1) 周期信号的傅里叶变换

根据傅里叶理论,任何时域中周期信号都可以表达为不同频率、不同振幅的正弦信号与余弦信号之和。一个周期信号 $x(t)$ 满足狄利赫里条件,则 $x(t)$ 可用傅里叶级数表示为

$$x(t) = \frac{a_0}{2} + \sum_{n=1}^{\infty} (a_n \cos n\omega_0 t + b_n \sin n\omega_0 t) \tag{3-1}$$

$$a_0 = \frac{2}{T_0} \int_{-T_0/2}^{T_0/2} x(t) \, \mathrm{d}t \tag{3-2}$$

$$a_n = \frac{2}{T_0} \int_{-T_0/2}^{T_0/2} x(t) \cos n\omega_0 t \, \mathrm{d}t \tag{3-3}$$

$$b_n = \frac{2}{T_0} \int_{-T_0/2}^{T_0/2} x(t) \sin n\omega_0 t \, \mathrm{d}t \tag{3-4}$$

式中，T 为周期信号 $x(t)$ 的周期，$\omega_0 = 2\pi f_0$。

图 3-3 表示的是两个用傅里叶级数近似表示的矩形信号，其单个频率成分用图 3-3(a)表示，这些频率分量的数量越多，叠加后就越接近理想矩形脉冲，如图 3-3(b)所示。

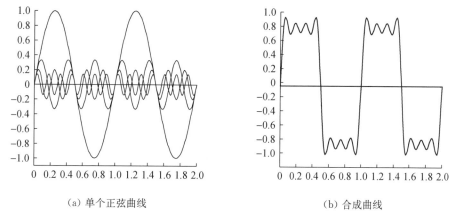

(a) 单个正弦曲线　　　　　　　　　　　　(b) 合成曲线

图 3-3　用变化的正弦振荡来近似一个矩形信号

也可以用适当的幅值和相位将正弦项和余弦项组合成一个单独的正弦曲线。

$$x(t) = \frac{A_0}{2} + \sum_{n=1}^{\infty} A_n \sin(n\omega_0 t + \varphi_n) \tag{3-5}$$

$$A_n = \sqrt{a_n^2 + b_n^2}$$

$$\varphi_n = \arctan \frac{b_n}{a_n} \tag{3-6}$$

用复指数代替正弦项和余弦项可得：

$$x(t) = \sum_{n=-\infty}^{\infty} X(n\omega_0) e^{jn\omega_0 t} \tag{3-7}$$

$$c_n = \frac{1}{T_0} \int_{-T_0/2}^{T_0/2} x(t) e^{-jn\omega_0 t} dt \tag{3-8}$$

当所计算的时域特性为式(3-1)表达的周期信号的频谱时，级数的每个成分都要经过变换，成为频域中的一个单独部分，就是冲击脉冲。周期信号因此一般表示为离散频谱，也被认为是线谱。

2) 周期信号的频谱特性

从图 3-4 和式(3-5)中可以看到周期性函数的频谱的一些重要特征：

(1) 频谱分布是离散的，每根谱线对应一个频谱分量，每个频率分量的频率是 $2\pi n f_0$，对应的幅值是 c_n，这种频谱也称为线状频谱（离散性）。

(2) 谱线只在基波频率的整数倍上出现，即谱线代表的是基波及其高次谐波分量的幅度或相位信息（谐波性）。

(3) 在频谱图中随着频率递增，幅度呈衰减趋势（收敛性）。

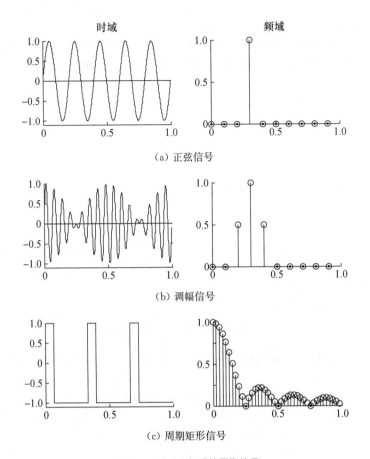

（a）正弦信号

（b）调幅信号

（c）周期矩形信号

图 3-4　时域和频域的周期信号

3）脉冲宽度和频带宽度

脉冲宽度是时域中的概念，指的是在一个周期内脉冲波形的两个零点之间的时间间隔；频带宽度或带宽是频域概念，通常规定在周期信号频谱中，从零频率到需要考虑的最高次谐波频率之间的频段即为该信号的有效占有带宽，也称为频带宽度。实际应用中常把从零频到频谱包络线第一个零点间的频段作为频带宽度。有效频带宽度与脉冲宽度成反比。随着脉冲宽度的减小，谱线从集中分布在纵轴附近渐渐变得向两边"拉开"，而且幅度逐渐变低、频带宽度逐渐增大。

4）重复周期变化对频谱的影响

时域内的重复周期与频域内谱线的间隔成反比，周期越大，谱线越密集。当时域内的波形向非周期信号渐变时，频域内的离散谱线会逐渐演变成连续频谱。

5）信号的能量谱

能量谱表述信号的能量随着频率而变化的情况。信号 $f(t)$ 的能量定义为：

$$E(\omega) = \int_{-\infty}^{\infty} |f(t)|^2 dt \qquad (3-9)$$

当 $E(\omega)$ 有限时，$E(\omega)$ 被称为能量有限信号，简称能量信号。

$$\int_{-\infty}^{\infty} \mid f(t) \mid^2 \mathrm{d}t = \frac{1}{2\pi} \int_{-\infty}^{\infty} \mid F(\mathrm{j}\omega) \mid^2 \mathrm{d}\omega \qquad (3-10)$$

可知,信号经过傅里叶变换之后能量保持不变。即令

$$S(\omega) = \frac{1}{\pi} \mid F(\mathrm{j}\omega) \mid^2 \qquad (3-11)$$

式中,$S(\omega)$ 称为信号的能量密度谱,简称能量谱或能谱,表示单位频带内所含能量,描述信号的能量随着频率而变化的情况。一旦给出了信号的能量谱,任何带宽内的信号能量均与能量谱曲线下相应的面积成正比,因此,通过能量谱可以十分方便地对信号在各频段范围内占有能量进行分析。

6) 信号的功率谱

信号 $f(t)$ 的功率定义为:

$$P(\omega) = \lim_{T \to \infty} \frac{1}{T} \int_{-T/2}^{T/2} \mid f(t) \mid^2 \mathrm{d}t \qquad (3-12)$$

当 $P(\omega)$ 有限时,$f(t)$ 为功率有限信号,简称功率信号。由于信号的平均功率的时间定义为 $T \to \infty$,显然一切能量有限信号的平均功率都为零。因此,一般的功率有限信号必定不是能量信号。由帕斯瓦尔公式得:

$$P(\omega) = \int_0^{\infty} S_{\mathrm{p}}(\omega) \mathrm{d}\omega \qquad (3-13)$$

式中,$S_{\mathrm{p}}(\omega)$ 称为信号的功率量密度谱,简称功率谱,表示单位频带内的功率。

3.2.3 非周期信号的频谱

1) 非周期信号的傅里叶变换

尽管信号的傅里叶级数表示很有效,但仅限于周期信号。如果把非周期信号视为周期无穷大的周期信号,则非周期信号可通过傅里叶变换表示在频域中。

一个时域非周期信号的傅里叶变换定义为:

$$F(\mathrm{j}\omega) = \int_{-\infty}^{\infty} f(t) \mathrm{e}^{-\mathrm{j}\omega t} \mathrm{d}t \qquad (3-14)$$

其反变换或逆变换为:

$$x(t) = \frac{1}{2\pi} \int_{-\infty}^{\infty} F(\mathrm{j}\omega) \mathrm{e}^{\mathrm{j}\omega t} \mathrm{d}\omega \qquad (3-15)$$

类似于正弦和余弦信号,可用式(3-11)近似解决很多信号问题。对于那些在时域中有随机特性的信号,例如噪声或随机比特序列,很难找到好的解决方法,这种情况下使用式(4-11)的数值解决方法更容易。

2) 非周期信号的频谱特性

(1) 频谱密度函数 $F(\mathrm{j}\omega)$ 是 ω 的连续函数,即非周期信号的频谱是连续的;

(2) 当 $f(t)$ 为实函数时,有 $F(\mathrm{j}\omega) = F^*(-\mathrm{j}\omega)$,频谱的实部 $R(\omega)$ 是偶函数,虚部

$X(\omega)$是奇函数；

（3）当$f(t)$为虚函数时，有$F(\mathrm{j}\omega)=-F^*(-\mathrm{j}\omega)$，频谱的实部$R(\omega)$是奇函数，虚部$X(\omega)$是偶函数；

（4）无论$f(t)$为实函数或虚函数，幅度谱$|F(\mathrm{j}\omega)|$关于纵轴对称，相位谱$\mathrm{e}^{\mathrm{j}\omega t}$关于原点对称。

3.2.4　离散时域信号的频谱

1）离散时域信号的傅里叶变换

离散时间信号的傅里叶变换（Discrete Fourier Transform，DFT）又称为离散的傅里叶变换（DFT），基本特性是以$\mathrm{e}^{\mathrm{j}\omega t}$作为完备正交函数集对给定序列做正交展开。离散傅里叶变换是傅里叶变换的离散形式，它能将时域的取样信号变换成频域的取样信号表达形式，对时域中的真实信号进行数字化并完成离散傅里叶变换，便形成信号的频域表示。

前面，已引入了傅里叶级数的复数形式，这里重新写出，但变量稍作变化（周期T变为t，谐波次数n用k代替），即：

$$c_k=\frac{1}{t_p}\int_{-p/2}^{p/2}x(t)\mathrm{e}^{-\mathrm{j}n\omega_0 t}\,\mathrm{d}t \tag{3-16}$$

现在来研究正弦周期波形。假定可以对它的一个周期进行取样。傅里叶级数可应用于这个取样波形，其不同之处在于时域取样波形不是连续波形。这意味着$x(t)$将用$x(nT)$代替，这里，T是取样之间的时间间隔。另一个不同之处是，将结果乘以取样之间的时间间隔T，完成对取样波形离散求和，而不进行积分，因此有：

$$c_k=\frac{T}{\tau}\sum_{n=0}^{N-1}X(nT)\mathrm{e}^{-\mathrm{j}2\pi f_0 T} \tag{3-17}$$

注意，n的范围选择为$0\sim(N-1)$，以形成N个取样。这个特定的范围不是强制性的，但它是定义离散傅里叶变换所惯用的。基频f_0还是离散频率点之间的间隔。我们将f_0重新命名为F，并尽可能地给出相一致的表示符号。最后，离散傅里叶变换通常被定义为N乘以复数傅里叶级数系数，离散傅里叶变换的逆运算，即离散傅里叶逆变换（IDFT）由下式给出：

$$x(nT)=\frac{1}{N}\sum_{k=0}^{N-1}X(kF)\mathrm{e}^{\mathrm{j}2\pi kFfTn} \tag{3-18}$$

离散傅里叶逆变换提供了将离散频域信息变回离散时域波形的手段。离散傅里叶变换和离散傅里叶逆变换所具有的特性与相应的连续傅里叶变换十分相似。

2）离散时域信号的频谱特性

（1）离散傅里叶变换的频谱$F(\mathrm{e}^{\mathrm{j}\omega})$是$\omega$的周期函数，周期为$2\pi$，即离散时间序列的频谱是周期性的。

（2）如果离散时间序列是周期性的，在频域内的频谱一定是离散的，反之亦然。

（3）若离散时间序列是非周期的，在频域内的频谱一定是连续的，反之亦然。

连续时间信号傅里叶变换仅仅是了解信号在系统中具有何种特性的一种工具和手段，

并不直接用于在测量系统中反映信号的频域表示；DFT 是傅里叶变换的离散形式，能将时域中的取样信号变换成频域中的取样信号表达式。将时域中的真实信号数字化后进行 DFT，便可实现信号的频谱分析。

3.3　频谱分析仪的原理

3.3.1　频谱分析仪概述

频谱分析仪和示波器一样，都是用于信号观察的基本工具，是无线通信系统测试中使用量最大的仪表之一。频谱分析仪通常被用于进行频域信号的检测，其频率覆盖范围可达 40 GHz 甚至更高，频谱分析仪用于几乎所有的无线通信测试中，包括研发、生产、安装和维护。随着通信系统的发展和对频谱分析仪测量性能要求的提高，目前新型的频谱分析仪在显示平均噪声电平、动态范围、测试速度等方面有了很大提高，除了进行频域测量之外，新型的频谱分析仪也可以进行时域测量，一些型号的频谱分析仪还可以和测试软件配合，完成矢量信号的分析。

在时域中，电信号的振幅是相对时间来定的，通常用示波器来观察。为清楚地说明这些波形，通常用时间作为横轴，振幅作为纵轴，将波形的振幅随时间变化绘制成曲线。而在频域中，电信号的振幅是相对频率来定的，通常用频谱分析仪来观察。进行频谱测量时，横轴代表频率，纵轴代表有效功率，频谱分析则是观察信号的频率与功率集合，并以图形形式表示。

频谱分析能获得信号时域测量不能获得的信息，如谐波分量、寄生、边带响应等，可以清楚地表达信号的细微特征。

1）频谱的测量发展

频谱分析仪通常测量信号的频率、电压（或者功率），并在显示器上显示出来，一般分为两种类型。

第一种是 FFT 分析仪（又称动态信号分析仪）。借助于傅里叶变换，可将信号的时域与频域联系起来。建立在这个基础上，人们通过对信号的离散采集，利用傅里叶变换（FFT）设计出 FFT 分析仪，它能获得频率、幅度和相位信息，能够分析周期和非周期信号。用 FFT 分析法，若要达到精确计算输入信号的频谱，就需要无限期的观察，这种情况在实际中不可实现。同时，由于 A/D 器件的采集速度受限，利用 FFT 方法提高信号的测量频率也变得非常有限。因此，FFT 分析仪只适合从直流到几百千赫兹的较低频率的频谱分析。

第二种是超外差式分析仪（又称扫频调谐分析仪）。随着现代通信业的不断发展，信号频率的测量已扩展到 60 GHz，部分领域已达到 110 GHz，采用 FFT 分析法不能满足频率测量的要求。超外差分析法利用频谱搬移的原理，通过变频形式把信号变换到中频上进行分析，频率范围可达 30 Hz～60 GHz（外扩频到 110 GHz）。当人们对测量频率范围、灵敏度等指标提出更高要求时，超外差式频谱分析仪以其较高的频率分辨率、较快的测量速度、相对较低的成本而得到广泛应用，已经成为频谱分析仪设计的主流。

数字通信技术的发展，时分复用、数字调制、频率捷变等信号的频谱分析，迫使频谱分析技术不断提高，一种将超外差法和 FFT 法相结合的频谱分析仪将是未来频谱分析仪的发展趋势。

2) 频谱分析仪的发展

超外差法的应用带动了器件的发展,而器件技术的提高又推动了频谱分析仪设计技术的发展。最初,频谱分析仪仅是一个粗略扫描中频的频谱监视器,最大的扫频宽度只有 80~100 MHz。后来的频谱分析仪大范围地扫描第一本振,称为全景频谱分析仪。1967 年,具有幅度校准、前端预选频谱分析仪的问世,标志着频谱分析仪进入定量测试的时代。之后,数字存储功能的运用解决了慢扫描的闪烁问题。1978 年,第一台带微处理器的频谱分析仪问世,它采用合成本振,频率范围 100 Hz~22 GHz,分辨率带宽 10 Hz。1984 年,模块化频谱分析仪推出,它采用 MMS 总线结构,提供了各种灵活的测试。1986 年,便携式频谱分析仪推向市场。21 世纪初,数字中频技术的应用使频谱分析仪的设计又进入了一个新的时代。

随着人们不断地对测量范围、频率读出准确度、分辨率提出更高的要求,频谱分析仪在设计上不断提高本振的稳定度。从开环本振控制设计过渡到闭环锁频本振及合成本振设计,闭环本振频谱分析仪的频率稳定度和频率读出准确度有很大的提高。由于本振稳定度的改善剩余调频的减小,加上谐波混频技术的运用,频谱分析仪的测量频率范围可达到 30 Hz~60 GHz(外扩频到 110 GHz)。图 3-5 为是德实时频谱分析仪。

图 3-5 是德实时频谱分析仪

3.3.2 超外差式频谱分析仪的原理及组成

频谱仪通常测量信号的频率、电压(或功率)并在显示器上显示出来,一般分为两种类型。一种是动态信号分析仪,也就是快速傅里叶变换(FFT)分析仪,它是在一个特定时间周期内对信号进行 FFT 变换以获得频率、幅度和相位信息的,这种仪器能够分析周期和非周期信号,但频率测量上限较低。另一种是扫频调谐分析仪,它是一种超外差可调预选接收机,能对信号或由信号变换来的中频信号进行分析。它的主机测量频率范围高。当人们对测量频率范围、灵敏度等指标不断提出更高的要求时,超外差式频谱分析仪以其较高的频率分辨率、较快的测量速度、相对较低的成本而得到广泛应用。特别是近年来随着移动通信的快速发展,为了满足其测试和维修的需要,射频频谱分析仪市场需求越来越大。

1) 超外差式频谱分析仪的原理结构图

如图 3-6 所示为扫频调谐超外差式频谱分析仪结构的简化框图。由图中可知,超外差式频谱分析仪一般由 RF 输入衰减器、低通滤波器或预选器、混频器、中频增益放大器、中频滤波器、本地振荡器、扫描产生器、包络检波器、视频滤波器和显示器组成。超外差式频谱分析仪的工作原理是:射频输入信号通过输入衰减器,经过低通滤波器或预选器到达混频器,输入信号同来自本地振荡器的本振信号混频,由于混频器是一个非线性器件,因此其输出信号不仅包含源信号频率(输入信号和本振信号),而且还包含输入信号和本振信号的和频与差频,如果混频器的输出信号在中频滤波器的带宽内,则频谱分析仪进一步处理此信号,即通过包络检波器/视频滤波器,最后在频谱分析仪显示器 CRT 的垂直轴显示信号幅度,在水平轴显示信号的频率,从而达到测量信号的目的。外差接收机通过混频器和本地振荡器

(LO)将输入信号转换到中频。输入信号要通过衰减器,以限制到达混频器时的信号幅度,然后通过低通输入滤波器滤除不需要的频率。在通过输入滤波器后,该信号就与本地振荡器(LO)产生的信号混频,后者的频率由扫频发生器控制。随着 LO 频率的改变,混频器的输出信号(它包括两个原始信号,它们的和、差及谐波)由分辨力带宽滤波器过滤,并以对数标度放大或压缩。然后用检波器对通过滤波器的信号进行整流,从而得到驱动显示垂直部分的直流电压。随着扫频发生器扫过某一频率范围,屏幕上就会画出一条迹线。该迹线表示出了输入信号在所显示频率范围内的频谱成分。

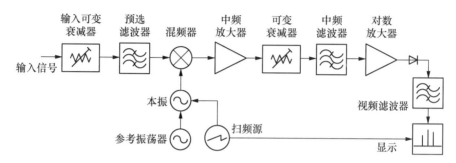

图 3 - 6 超外差式频谱分析仪的简单原理结构图

由于变频器可以达到很宽的频率范围,例如 30～40 GHz 或者更高。如果与外部混频器配合,甚至可扩展到 100 GHz 以上,这使得扫描频谱分析仪成为频率覆盖最宽的测量仪器之一。

另外,由于半导体技术的不断发展,现代的扫描频谱分析仪做了一些“数字化”的改进,例如用数字滤波器代替了传统的模拟滤波器,在数字滤波器后增加了数模转化的 ADC 和 DSP 处理等,使仪器的各项指标有了很大提高,如分辨力带宽可以做到 1 Hz 甚至更小,可以提供更大的动态范围和更低的本底噪声等。数字信号处理(DSP)的结构,它位于最后级 IF 滤波器的后面,可用来测量越来越复杂的信号制式。用 DSP 可实现更高的动态范围、更快的扫频速度和更好的精度。

2) RF 输入衰减器

超外差式频谱分析仪的第一部分就是 RF 输入衰减器。RF 输入衰减器的作用是保证混频器有一个合适的信号输入电平,以防止混频器过载、增益压缩和失真。由于衰减器是频谱分析仪的输入保护电路,因此基于参考电平,它的设置通常是自动的,但是也可以用手动的方式设置频谱分析仪的输入衰减大小,其设置步长是 10 dB、5 dB、2 dB,甚至是 1 dB,不同频谱分析仪其设置步长是不一样的。如 Agilent8560 系列频谱分析仪的输入衰减的设置步长是 10 dB。

如图 3 - 7 所示是一个最大衰减为 70 dB,步长为 2 dB 的 RF 输入衰减器电路。电路中的电容器用来避免频谱分析仪被直流信号烧毁,但可惜的是它不仅衰减了低频信号,而且使某些频谱分析仪最小可使用频率从 100 Hz 增加到了 9 kHz。

图 3 - 7 RF 输入衰减器电路

如图 3-7 所示,当频谱分析仪 RF 输入信号和本振信号加到混频器的输入端时,可以调整 RF 输入衰减器,使混频器的输入信号电平合适或最佳,这样可以提高测量精度。

3）低通滤波器或预选器

由图 3-6 可知,频谱分析仪的前端设计采用了超外差方案,通过前端预选、谐波混频等技术,使频谱分析仪的频率范围达到预定设计要求。利用低通滤波器,在低频可以有效抑制镜像响应,阻止高频信号达到混频器;另外,低通滤波器还阻止同本振混频产生的带外信号,以避免在中频产生不需要的响应。在微波频段,频谱分析仪采用预选器代替低通滤波器,预选器实质上就是一个调谐滤波器,调谐滤波器和本振在系统控制下同步调谐预选信号,对带外和镜像响应进行有效的抑制。通俗地说,预选器除了让我们观察测量的信号之外,其他所有频率的信号均被预选器有效抑制。

4）混频器

混频器是把 RF 输入信号的频率混频成频谱分析仪能够滤波、放大和检波的频率范围。混频器除了接收 RF 输入信号之外,还接收频谱分析仪内部产生的本振信号。混频器是一个非线性器件,这意味着混频器的输出不仅包括输入信号频率和本振信号频率,还包含输入信号频率和本振信号的和频与差频。

5）本地振荡器

频谱分析仪的本地振荡器,简称为本振。超外差频谱分析仪的本地振荡器是一个电压控制的振荡器,它的频率由扫描产生器控制。扫描产生器除控制本振频率外,还控制频谱分析仪显示器的水平轴偏移,其斜波形状使频谱分析仪在显示器上从左到右显示信号信息,且重复运动更新扫描迹线。我们可以控制迹线扫描速度,例如改变频谱分析仪的扫描时间,就可以改变迹线的扫描速度。

6）中频增益放大器

中频增益放大器可以调整中频滤波器的输入电平,中频放大器的增益同输入衰减器的衰减是自动耦合的,也就是说,当输入衰减器衰减 10 dB 时,中频增益放大器就会自动把输入信号放大 10 dB,这样频谱分析仪测量的射频输入信号就保持不变。

再看图 3-6,结构框图的下一个部分是一个可变增益放大器。它用来调节信号在显示器上的垂直位置而不会影响信号在混频器输入端的电平。当中频增益改变时,基准电平值会相应地变化以保持所显示信号指示值的正确性。通常,我们希望在调节输入衰减时基准电平保持不变,所以射频输入衰减器和中频增益的设置是联动的。在输入衰减改变时,中频增益会自动调整来抵消输入衰减变化所产生的影响,从而使信号在显示器上的位置保持不变。

7）中频滤波器

中频滤波器是一个固定带通滤波器,它可以使输入信号在频谱仪的显示器上显示,但前提是混频器的输出频率必须在中频滤波器的频段内。例如,若本振信号与输入信号的差频等于中频滤波器的频率,则这个信号可以通过中频滤波器最终在频谱分析仪的显示器上显示,并可以进行测量;若本振信号与输入信号的差频不等于中频滤波器的频率,则输出信号无法通过中频滤波器,频谱分析仪也就无法测量此信号的大小。当本振在比较高的频率扫描时,差频也移到较高频率,一旦差频等于中频,频谱分析仪就可以显示并测量它。如图 3-8 所示为超外差频谱分析仪测量信号的原理简图。

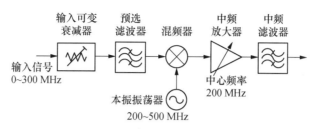

图 3-8　超外差式频谱分析仪测量信号的原理简图

8）包络检波器

一般地，频谱分析仪利用包络检波器把中频信号转换成视频信号。检波器实质是一个整流器，其目的是处理输入信号，以便显示并测量输入信号。最简单的包络检波器由一个二极管、电阻负载和低通滤波器组成，如图 3-9 所示。示例中的中频链路输出信号（一个幅度调制的正弦波）被送至检波器，检波器的输出响应随中频信号的包络而变化，而不是中频正弦波本身的瞬时值。

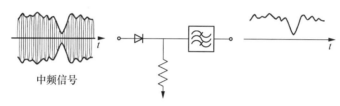

图 3-9　简单的包络检波器

在大多数测量中，选择比较窄的分辨带宽，就足以分辨出输入信号的频谱。当我们固定本振频率，使频谱分析仪调谐至特定信号成分时，如果中频输出是峰值稳定的正弦波，则包络检波器的输出就是常数直流电压。但是，有时频谱分析仪的分辨带宽选择的比较宽，足以包括两个或更多的频率成分。假定有两个频率成分在传输频段内，这时两个正弦波就会相互影响，产生如图 3-10 所示的包络检波输出。分辨率（中频）滤波器的带宽决定了中频信号包络变化的最大速率。该带宽决定了两个输入正弦波之间有多大的频率间隔从而在经混频后能够同时落在滤波器通带内。

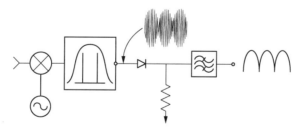

图 3-10　中频信号峰值的包络检波输出

包络检波器的输出随中频信号的峰值而变化。

9）检波器类型

采用数字显示，我们需要确定对每个显示数据点，应该用什么样的值来代表。无论我们在显示器上使用多少个数据点，每个数据点必须能代表某个频率范围或某段时间间隔（尽管在讨论频谱分析仪时通常并不会用时间）内出现的信号。

这个过程好似先将某个时间间隔的数据都放到一个信号收集单元内,然后运用某一种必要的数学运算从这个信号收集单元中取出我们想要的信息比特。随后这些数据被放入存储器再被写到显示器上。这种方法提供了很大的灵活性。不同仪器的采样速率不同,但减小扫宽和/或增加扫描时间能够获得更高的精度,因为任何一种情况都会增加信号收集单元所含的样本数。采用数字中频滤波器的分析仪,采样速率和内插特性按照等效于连续时间处理来设计。我们将要讨论 6 种不同类型的检波器:取样检波、正峰值检波(简称峰值检波)、负峰值检波、正态检波、平均检波、准峰值检波。

(1)取样检波

作为第一种方法,我们只选取每个信号收集单元的中间位置的瞬时电平值作为数据点,这就是取样检波模式。为使显示轨迹看起来是连续的,设计了一种能描绘出各点之间矢量关系的系统。轨迹线上的点数越多,就越能真实地再现模拟信号。不同频谱仪的可用显示点数是不一样的,对于 X 系列信号分析仪,频域轨迹线的取样显示点数可以从最少 1 个点到最多 40 001 个点。如果在 KeysightPXA 上观察一个 100 MHz 的梳状信号,分析仪的扫宽可以被设置为 0~26.5 GHz。即便使用 1 001 个显示点,每个显示点代表 26.5 MHz 的频率扫宽(信号收集单

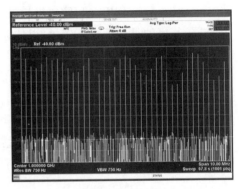

图 3-11　取样检波模式下的带宽为 250 kHz、扫宽为 10 MHz 的梳状信号

元)也远大于 8 MHz 的最大分辨率带宽。结果,采用取样检波模式时,只有当梳状信号的混频分量刚好处在中频的中心处时,它的幅度才能被显示出来。图 3-11 是一个使用取样检波的带宽为 750 Hz、扫宽为 10 MHz 的显示。可以得出,取样检波方式并不适用于所有信号,也不能反映显示信号的真实峰值。

(2)正峰值检波

确保所有正弦波的真实幅度都能被记录的一种方法是显示每个信号收集单元内出现的最大值,这就是正峰值检波方式,或者叫峰值检波。峰值检波是许多频谱分析仪默认的检波方式,因为无论分辨率带宽和信号收集单元的宽度之间的关系如何,它都能保证不丢失任何正弦信号。不过,与取样检波方式不同的是,由于峰值检波只显示每个信号收集单元内的最大值而忽略了实际的噪声随机性,所以在反映随机噪声方面并不理想。因此,将峰值检波作为第一检波方式的频谱仪一般还提供取样检波作为补充。

(3)负峰值检波

负峰值检波方式显示的是每个信号收集单元中的最小值。大多数频谱仪都提供这种检波方式,尽管它不像其他方式那么常用。对于 EMC 测量,想要从脉冲信号中区分出 CW 信号,负峰值检波会很有用。负峰值检波还能应用于使用外部混频器进行高频测量时的信号识别。

(4)正态检波

为了提供比峰值检波更好地对随机噪声的直观显示并避免取样检波模式显示信号的丢失问题,许多频谱仪还提供正态检波模式。如果信号像用正峰值和负峰值检波所确定的那

样既有上升又有下降,则该算法将这种信号归类为噪声信号。在这种情况下,用奇数号的数据点来显示信号收集单元中的最大值,用偶数号的数据点来显示最小值。

（5）平均检波

平均检波的一个重要应用是用于检测设备的电磁干扰（EMI）特性。在这种应用中,所述的电压平均方式可以测量到可能被宽带脉冲噪声所掩盖的窄带信号。在 EMI 测试仪器中所使用的平均检波将取出待测的包络并使其通过一个带宽远小于 RBW 的低通滤波器,此滤波器对信号的高频分量（如噪声）做积分（取平均）运算。若要在一个没有电压平均检波功能的老式频谱分析仪中实现这种检波类型,需将频谱仪设置为线性模式并选择一个视频滤波器,它的截止频率需小于被测信号的最小频率。

10）视频滤波器

通常情况下,频谱分析仪测量的是含有内部噪声的输入信号,为了减小噪声对测量信号电平的影响,我们需要对测量信号进行平滑或平均,以提高测量精度。超外差式频谱分析仪都有一个可变的视频滤波器,它可以对测量信号进行平滑或平均。视频滤波器的带宽称为视频带宽,用 VBW 表示。视频滤波器实质是一个低通滤波器,在中频信号通过检波器检波后,视频滤波器决定驱动显示器垂直偏转系统的视频电路带宽。视频滤波器的功能是平滑信号,抑制频谱分析仪的随机噪声。通过减小视频滤波器的带宽,可使小信号更易测量。

要识别靠近噪声的信号并不只是 EMC 测量遇到的问题。如图 3-12 所示,频谱仪的显示是被测信号加上它自身的内部噪声。为了减小噪声对显示信号幅度的影响,我们常常对显示进行平滑或平均,如图 3-13 所示。显然,减小视频带宽,抑制了噪声,提高了小信号的测量精度。频谱仪所包含的可变视频滤波器就是用作此目的。它是一个低通滤波器,位于包络检波器之后,并且决定了视频信号的带宽,该视频信号稍后将被数字化以生成幅度数据。此视频滤波器的截止频率可以减小到小于已选定的分辨率带宽（IF）滤波器的带宽。这时候,视频系统将无法再跟随经过中频链路的信号包络的快速变化,结果就是对被显示信号的平均或平滑。

图 3-12　频谱分析仪显示的信号加噪声

11）显示器

频谱分析仪的显示器用来显示输入信号频谱并测量输入信号的幅度和频率。频谱分析仪的输出在显示器上是以 x-y 方式显示的,显示器的水平方向有 10 个格,垂直方向一般有 10 个格或 8 个格。显示器的水平轴表示频率,从左至右线性增加;垂直轴用来表示信号的幅度。频谱分析仪的幅度显示有线性刻度和对数刻度两种,线性刻度用电压 V 表示(有的频谱分析仪的线性刻度单位用功率表示),对数刻度用 dB 为单位。对数刻度比线性刻度更常用,这是因为对数刻度的可用范围大。频谱分析仪不管采用何种刻度,它都把显示器屏幕最上面的刻度线作为参考电平,这个参考电平是通过校准技术确定的一个绝对数值,显示器屏幕上其他任意位置的电平数值都可以通过这个参考电平和每格的刻度计算出来。因此我们可以测量任何信号的绝对幅度值或任意两个信号的幅度电平之差。如图 3 - 14 所示为 AV4037 频谱分析仪的测量信号。从图中可以看出,频谱分析仪的输出在显示器上显示了一个 x - y 迹线,有一个水平轴和一个垂直轴,水平轴分成 10 个格,垂直轴也分成 10 个格。

图 3 - 13　图 3 - 12 中的信号经充分平滑后的显示

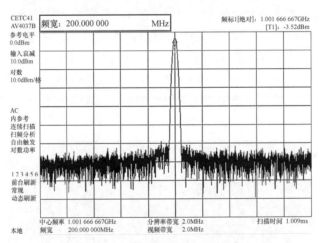

图 3 - 14　AV4037 频谱分析仪的测量信号

水平轴从左到右线性地表示频率增加。设置频谱分析仪的频率有两种方法:方法一是利用频谱分析仪的中心频率键设置中心频率,水平轴的频率范围用扫频宽度键(SPAN)进行设置,这两个控制键是相互独立的,改变频谱分析仪的中心频率不影响频谱分析仪的扫频宽度;方法二是通过设置频谱分析仪的起始频率和停止频率来代替中心频率和扫频宽度的设置。频谱分析仪可以测量任何信号的绝对频率,也可以测量任意两个信号的相对频率差。

频谱分析仪的垂直轴表示幅度。我们可以选择以电压为单位的线性刻度或以 dB 为单位的对数刻度(一般频谱分析仪开机时,其默认刻度是对数刻度)。对数刻度比线性刻度更常用,因为对数刻度有更宽的测量范围。如对数刻度允许信号是 70～100 dB(电压比为

3 200～100 000,而功率比为 10 000 000～10 000 000 000)同时显示,而线性刻度适合测量 20～30 dB 的范围(电压比为 10～32)。另外,我们还可以设置频谱分析仪的参考电平和每格的 dB 数,这样不仅可以测量任何信号的幅度值,而且可以测量任意两个信号的幅度相对值。

3.3.3　超外差式频谱分析仪的调谐方程

把频谱分析仪的 RF 输入信号调谐至所希望的频率范围称为调谐。调谐方程是中频滤波器的中心频率、本振频率范围和低通滤波器加到混频器的输入信号频率范围的函数。在混频器输出的所有频率成分中,有两个频率分量的幅度最大,也就是我们关心的本振信号与输入信号的和频和差频。若调谐参数合适,那么待测信号的频率比本振频率高一个中频频率或者是低一个中频频率。在混频器的输出分量中,若有其中一个频率分量落在中频滤波器的频段之内,则检波器对该频率分量进行检波,其幅度响应在 CRT 上显示,并测得信号响应。

选择本振频率和中频频率,以便频谱分析仪能调谐到所希望的频率范围,假定希望调谐的范围是 0～3 GHz;然后选择中频频率,这里选 1 GHz,这个频率在希望调谐的范围内,也就是输入信号包含了 1 GHz 的频率分量。由于混频器输出包含了源输入信号,1 GHz 输入信号直接通过系统,幅度响应在 CRT 上显示而与本振调谐无关,因此 1 GHz 中频不能工作。

假定希望调谐的频率范围是 f_L～f_H,那么中频频率必须选择在最高信号频率 f_H 之上。如果选择的中频频率在 f_L～f_H 之间,则输入信号中,频率等于中频频率的信号成分会直接通过系统。

设微波频谱分析仪的 RF 信号输入的频率范围是 f_L～f_H,那么本振的调谐范围应该是从 $f_{IF}+f_L$ 开始,向上调谐一直到 $f_{IF}+f_H$,这样本振频率与中频频率之差就会覆盖所要求的输入频率范围。超外差式频谱分析仪的调谐方程为:

$$f_{sig}=f_{LO}-f_{IF} \qquad\qquad (3-19)$$

式中:f_{sig} 为输入信号频率;f_{LO} 为本振信号频率;f_{IF} 为滤波器的中心频率。

利用式(3-19)可确定频谱分析仪调谐到低频、中频和高频信号时的本振频率,式(3-19)的调谐方程可以重写为:

$$f_{LO}=f_{sig}+f_{IF} \qquad\qquad (3-20)$$

若输入信号的低频、中频和高频频率分别为 1 kHz、1.5 GHz 和 3 GHz,中频滤波器的中心频率为 3.9 GHz,则由频谱分析仪调谐方程确定的本振频率为:

$$f_{LO}=1 \text{ kHz}+3.9 \text{ GHz}=3.900\ 001 \text{ GHz}$$
$$f_{LO}=1.5 \text{ GHz}+3.9 \text{ GHz}=5.4 \text{ GHz}$$

图 3-15 举例说明了频谱分析仪的调谐。在这个图中,如果本振频率不够高,以使混频器输出的 $f_{LO}-f_{sig}$ 信号没有落在中频带宽内,那么频谱分析仪的 CRT 上没有响应。如果调整斜波产生器,把本振调谐到更高频率,使混频器的输出落在中频带宽内,那么频谱分析仪的 CRT 就可以测量输入信号的响应了。

由于频谱分析仪的斜波产生器不仅能控制频谱分析仪的 CRT 显示迹线的水平轴位置,

而且能控制本振频率,因此我们可以按照输入信号频率校准水平轴,使水平轴线性显示信号输入频率。

超外差式频谱分析仪在调谐过程中,还可能出现另外一种情况。例如,输入信号的频率是 8.2 GHz,本振调谐范围是 3.9 GHz～7.0 GHz,当本振频率是4.3 GHz时,它和输入信号的频率 8.2 GHz 正好相差 3.9 GHz 等于中频信号,也就是说,此时混频器的输出等于中频,这时频谱分析仪

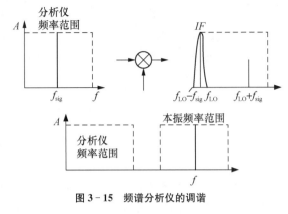

图 3-15　频谱分析仪的调谐

就可以测量此信号的响应曲线了。换言之,此时频谱分析仪的调谐方程为:

$$f_{sig} = f_{LO} + f_{IF} \tag{3-21}$$

由此方程可知,频谱分析仪的调谐范围是 7.8 GHz～10.9 GHz,但是频谱分析仪的低通滤波器阻止高频信号通过,只允许通过信号到达混频器,如前所述,频谱分析仪也不允许等于中频的信号进入混频器,也就是说,频谱分析仪的低通滤波器在 3.9 GHz 和 7.8 GHz～10.9 GHz 的范围内,对信号有足够的衰减。

总而言之,对于单频段的 RF 频谱分析仪来说,我们可以选择中频频率在频谱分析仪调谐范围内的最高频率之上,使本振频率 f_{LO} 从中频加下限信号频率调谐到中频加上限频率,混频器前面的低通滤波器阻止高频进入混频器,只允许中频以下的信号通过。

为了分辨出频率很近的信号,一些频谱分析仪的中频带宽窄到 1 kHz,有些窄到 10 Hz,甚至窄到 1 Hz,3.9 GHz 的中心频率要实现这么窄的滤波器是很困难的,所以必须要增加混频器的级数,将第一级中频一直向下变换到最后中频,一般需要二级到四级混频。图 3-16 所示为三级混频的频谱分析仪结构简图。

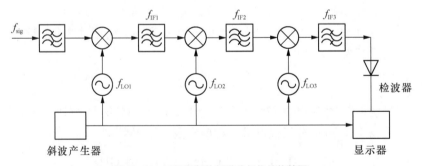

图 3-16　三级混频的频谱分析仪结构简图

由图 3-16 可以得出:

$$f_{sig} = f_{LO1} - f_{IF1}$$
$$f_{IF1} = f_{LO2} + f_{IF2}$$
$$f_{IF2} = f_{LO3} + f_{IF3}$$

由上式得到三级混频的频谱分析仪的调谐方程为:

$$f_{sig} = f_{LO1} - (f_{LO2} + f_{LO3} + f_{IF3}) \tag{3-22}$$

式中：f_{sig} 为输入信号频率；f_{LO1} 为第一本振频率；f_{LO2} 为第二本振频率；f_{LO3} 为第三本振频率；f_{IF1} 为第一级中频滤波器的中心频率；f_{IF2} 为第二级中频滤波器的中心频率；f_{IF3} 为最后一级中频滤波器的中心频率。

大多数频谱分析仪允许本振频率很低，甚至比第一中频还低。由于在本振和混频器中频部分之间的隔离是有限的，因此混频器的输出中有本振信号。当本振信号等于中频时，本振信号会被系统处理，从而在显示器上显示信号响应，这个响应称为本振直通，通常可用 0 Hz 频率标志。

3.3.4　超外差式频谱分析仪测量信号的应用举例

上节详细讨论了超外差式频谱分析仪的原理及各组成部分的功能，3.3.3 节讲述了超外差式频谱分析仪的调谐方程，下面系统简述超外差式频谱分析仪测量信号的过程。

为了处理问题的方便和简单，假定频谱分析仪的输入信号为纯正弦波，如图 3-17 所示给出了超外差式频谱分析仪测量信号的简单原理框图。

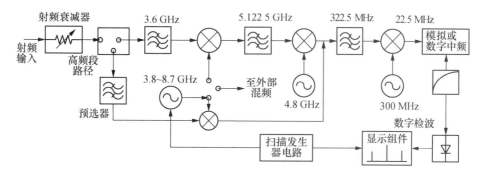

图 3-17　超外差式频谱分析仪测量信号的简单原理框图

设 RF 输入信号的频率为 0～2.9 GHz，中频滤波器的中心频率为 3.6 GHz，而本振扫描范围为 3.6 GHz～6.5 GHz，则混频器的输入信号频率为：RF 输入信号 f_{sig}（0～2.9 GHz）；本振信号 f_{LO}（3.6 GHz～6.5 GHz）。混频器的输出信号频率为：RF 输入信号 f_{sig}（0～2.9 GHz）；本振信号 f_{LO}（3.6 GHz～6.5 GHz）；和频 $f_{sig} + f_{LO}$（3.6 GHz～9.4 GHz）；差频 $f_{LO} - f_{sig}$（0.7 GHz～3.6 GHz）。

由于频谱分析仪的中频滤波器的中心频率为 3.6 GHz，显然，在混频器输出信号中，只有 $f_{LO} - f_{sig}$ 的信号能通过中频滤波器，经检波器检波和视频滤波器滤波，最终在频谱分析仪 CRT 显示器上显示出来，从而实现信号的幅度和频率测量。

总之，可以认为对于单频段射频频谱分析仪，选择的中频频率应高于调谐范围的最高频率，使本振可以从中频调谐至调谐范围的上限频率加上中频，同时在混频器前端放置低通滤波器来滤除 IF 以下的频率。为了分辨频率上非常接近的信号，有些频谱仪的中频带宽窄至 1 kHz，有些达到 10 Hz 甚至 1 Hz。这样的窄带滤波器很难在 5.1 GHz 的中心频率上实现，因此必须增加另外的混频级（一般为 2～4 级）来把第一中频下变频到最后的中频。图 3-18 是一种基于典型频谱分析仪结构的中频变换链。对应的完整的调谐方程为：

$$f_{\text{sig}} = f_{\text{LO1}} - (f_{\text{LO2}} + f_{\text{LO3}} + f_{\text{LO}} + f_{\text{finalIF}}) \tag{3-23}$$

而 $f_{\text{LO2}} + f_{\text{LO3}} + f_{\text{finalIF}} = 4.8 \text{ GHz} + 300 \text{ MHz} + 22.5 \text{ MHz} = 5.122\ 5 \text{ GHz}$，即为第一中频。

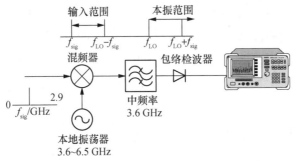

图 3-18　超外差式频谱分析仪测量信号的原理图

可以看出它与仅仅使用第一个中频的简化调谐方程得到一样的结果。但实际还有更窄中频级的放大。基于频谱仪自身的设计，最终的中频结构可能还包括对数放大器或模数转换器等其他器件。大多数射频频谱分析仪都允许本振频率和第一中频一样低，甚至更低。由于本振和混频器的中频端口之间的隔离度有限，故本振信号也会出现在混频器输出端。当本振频率等于中频时，本振信号自身也被系统处理并在显示器上出现响应，就像输入了一个 0 Hz 的信号一样。这种响应称为本振馈通，它会掩盖低频信号。所以并不是所有的频谱仪的显示范围都能包含 0 Hz。

（1）Ceyear 4061 频谱分析仪整机原理框图

如图 3-19 所示为本仪器的整机原理框图，主要包括变频模块、中频滤波及增益控制模块、检波模块、频率合成模块、显示模块以及中央处理器模块。

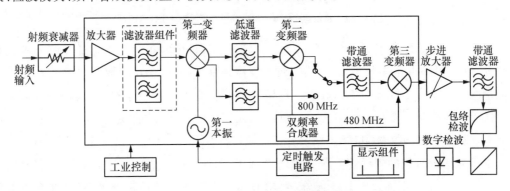

（a）Ceyear 4061 频谱分析仪整机原理框图

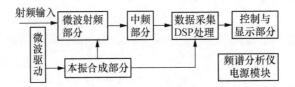

（b）Ceyear 4061 系列频谱分析仪原理框图

图 3-19　Ceyear 4061 频谱分析仪原理图

9 kHz 到 2.9 GHz 信号由射频输入端进入 50 dB 程控步进衰减器,衰减器受 CPU 控制,按输入信号大小进行调整。然后进入低噪声放大器,用于提高整机的灵敏度。开关将不同频段的信号转换到相应的滤波支路以便抑制带外和镜像响应,信号经变频模块将各路信号变换为中频。再经过缓冲放大、程控带宽放大器、对数放大器得到对数/线性视频信号。程控带宽放大器和均衡器提供 10 Hz～3 MHz 等多挡经过幅度和相位均衡的中频通道,在 CPU 控制下与本振扫宽按最佳自适应。其后,信号经过信号处理模块,完成以下各种频谱、通信测量。

（2）Ceyear 4061 射频模块原理

Ceyear 4061 射频模块原理框图如图 3 - 20 所示。其主要功能是实现频率合成、变换和频率选择,即射频输入信号首先经程控步进衰减器(0～50 dB、10 dB 步进)衰减,衰减量受 CPU 控制,按输入信号大小进行调整。

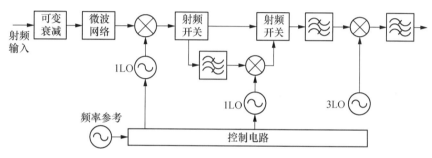

图 3 - 20 Ceyear 4061 射频模块原理框图

衰减后的信号经滤波网络(抑制带外和镜像响应)到达第一混频器与第一本振混频得到第一中频;第一高中频和第二本振混频产生第二中频,第一低中频直通至第二中频。选通后的第二中频经滤波后送入第三混频器与第三本振混频,得到的 21.4 MHz 中频输出并送入中频部分进行处理。

（3）中频滤波及检波模块

中频滤波部分的主要功能是实现 21.4 MHz 中频信号可选带通滤波,其中包括四级晶体滤波器,实现 1 kHz、3 kHz、10 kHz、30 kHz 分辨力带宽;四级 LC 滤波器,实现 100 kHz、300 kHz、1 MHz、3 MHz分辨力带宽,数字中频滤波器实现 10 Hz 到 1 kHz 分辨力带宽。步进为 10 dB 的 50 dB 可控中频增益以及调节范围大于 20 dB 的校准放大器进行中频增益处理,而后送入检波模块。检波模块首先对中频信号进行对数和线性检波,得到的视频信号经 A/D 转换后做数字信号处理,同时加入各种补偿数据,处理后的数据由 LCD 显示。如图 3 - 21所示为 Ceyear 4061 中频滤波及检波模块原理框图。

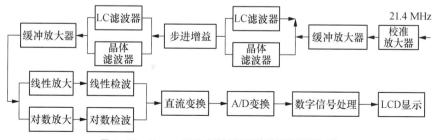

图 3 - 21 Ceyear 4061 中频滤波及检波模块原理框图

3.4 频谱分析仪的基本特性

频谱分析仪的性能参数较多,与频率参数有关的有频率范围(起始频率、终止频率、中心率、扫频宽度)、分辨率带宽、视频带宽、扫描时间、噪声边带,与幅度有关的有噪声电平、参考电平、最大输入电平、动态范围等,还有信号失真参数,如二阶交调失真、三阶交、1 dB 压缩点、节外抑制、镜像抑制、剩余响应等。对于特定的频谱分析仪,其技术指标是确定的,为了更好地使用并达到最佳测量,我们在了解频谱分析仪的性能指标的同时,还要了解个体参数之间的相互关系。以下将从几个方面介绍频谱分析仪的主要性能指标的含义。

3.4.1 频率特性

1)频率范围

频率范围是频谱分析仪的基本特性之一。频谱分析仪的频率范围是指频谱分析仪能够调谐的最小频率和最大频率。频谱分析仪的低频限由本振边带噪声确定,即使当频谱分析仪没有信号输入时,本振也会发生馈通,即产生零频。另外,在现代频谱分析仪中,我们还可以设置零扫频跨度模式,在此模式下,频谱分析仪变成了固定调谐接收机,频域测量变成了时域测量。

由超外差频谱分析仪的工作原理可知,测量的频率范围由中频滤波器的中心频率和本振频率范围确定。输入信号频率等于本振信号频率减去中频滤波器的频率。假定频谱分析仪的本振频率范围为 $f_{LOmin} \sim f_{LOmax}$,而中频滤波器的中心频率为 f_{IF},则频谱分析仪的工作频率范围为 $f_{LOmin} - f_{IF} \sim f_{LOmax} - f_{IF}$。

在现代无线电测量中,有很多不同型号和厂家的频谱分析仪获得了广泛的应用。表 3-1 给出了常用频谱分析仪的型号和工作频率范围。

表 3-1　常用频谱分析仪的频率范围

频谱分析仪型号	频率范围
AV4037 频谱分析仪	26.5 GHz
AV4036 频谱分析仪	50 GHz
AV4051 频谱分析仪	67 GHz
N9030A 信号与频谱分析仪	50 GHz
N9020A 信号与频谱分析仪	26.5 GHz
N9010A 信号与频谱分析仪	44 GHz
E444XA 信号与频谱分析仪	50 GHz
R&S®FSW 信号与频谱分析仪	8/13.6/26.5/43/50/67 GHz
R&S®FSUP 信号源分析仪	20 Hz 至 8/26.5/50 GHz
R&S®FSV 信号与频谱分析仪	10 Hz 至 4/7/13.6/30/40 GHz
R&S®FSVR 实时频谱分析仪	7/13.6/30/40 GHz

2）频率分辨率

频谱分析仪的频率分辨率或称为分辨带宽是指频谱分析仪分离和测量两个相邻信号的最小频率间隔。影响频谱分析仪的频率分辨率的因素有：中频滤波器的分辨带宽、频谱分析仪的形状因子、滤波器类型（模拟滤波器或数字滤波器）、剩余调频和噪声边带等。其中，中频滤波器的带宽、形状因子和边带噪声是确定频谱分析仪分辨带宽的三个主要因素。

中频带宽通常定义为频谱分析仪中频滤波器的 3 dB 带宽，一般用 RBW 表示。如图 3-22 所示为频谱分析仪分辨带宽定义示意图。

由图 3-22 可知，频谱分析仪的中频带宽越窄，其频率分辨率越大，但是减小频谱分析仪的中频带宽，增加了频谱分析仪的扫描时间。如果频谱分析仪的中频带宽太宽，两个频率相近的信号在频谱分析仪的 CRT 上就显示成一个信号了。表征频谱分析仪频率分辨率的另一个参数是频谱分析仪的形状因子，或称为频谱分析仪的选择性。频谱分析仪的形状因子定义为频谱分析仪中频滤波器的 60 dB 带宽与 3 dB 带宽之比，用 SF 表示。如图 3-23 所示为形状因子定义示意图。

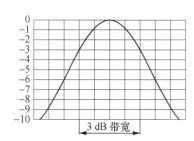

图 3-22　频谱分析仪分辨带宽定义示意图

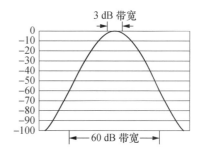

图 3-23　频谱分析仪形状因子定义示意图

由频谱分析仪的形状因子的定义可得，形状因子 SF 用公式表示为：

$$SF = RBW_{60\,dB}/RBW_{3\,dB} \tag{3-24}$$

式中：SF 为频谱分析仪的形状因子；$RBW_{60\,dB}$ 为中频滤波器的 60 dB 带宽；$RBW_{3\,dB}$ 为中频滤波器的 3 dB 带宽。

频谱分析仪的形状因子与频谱分析仪滤波器的形式有关。频谱分析仪的滤波器一般有模拟滤波器和数字滤波器两种。频谱分析仪采用模拟滤波器，其典型的形状因子在 11:1 和 15:1 之间。现代很多新型频谱分析仪采用数字化技术，分辨滤波器采用数字滤波器。在数字方式下，一般采用快速傅里叶变换对信号进行处理或者利用数字滤波器对信号进行处理。数字滤波器的优点是频谱分析仪的选择性可以做到很小，并且在最窄的滤波器上也能实

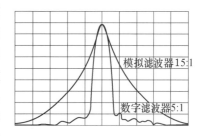

图 3-24　典型频谱分析仪的形状因子

现，一般采用这种滤波器可以区分频率非常接近的信号。采用数字滤波器的高性能频谱分析仪，其分辨带宽可达到 100 Hz，甚至 10 Hz、1 Hz，频谱分析仪的形状因子典型值是 5:1。如图 3-24 所示为典型频谱分析仪的形状因子。

利用频谱分析仪的分辨带宽可以实现频率相近的两个信号的测量。如何选择频谱分

仪的分辨带宽实现频率相近的两个信号的频谱测量,下面将分等幅信号和不等幅信号两种情况进行讨论。

等幅信号情况:如果两个等幅信号的频率间隔大于或等于频谱分析仪所选用的分辨带宽,则两个等幅信号就可以被分辨出来。用公式表示为:

$$RBW \leqslant |f_{sig1} - f_{sig2}| \tag{3-25}$$

式中:RBW 为频谱分析仪的分辨带宽;f_{sig1} 为信号 1 的频率;f_{sig2} 为信号 2 的频率。

例如,两个等幅信号的频率间隔是 10 kHz,如果选择频谱分析仪的分辨带宽大于 10 kHz,则频谱分析仪分辨不出这两个等幅信号;如果选择频谱分析仪的分辨带宽小于或等于 10 kHz,则两个等幅信号被分离,如图 3-25 所示。

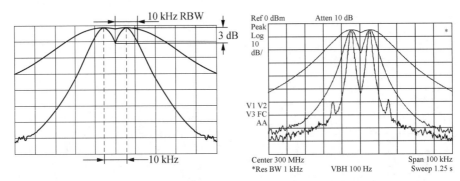

图 3-25 两个等幅信号的测量

不等幅信号情况:如果用 10 kHz 的分辨带宽,那么频率间隔为 10 kHz、幅度下降 50 dB 的交调失真产物将被淹没在大信号滤波器的裙边下而观察不到失真信号。如果减小频谱分析仪的分辨带宽,直到频谱分析仪的分辨带宽低于某一数值,就可以观察到交调失真产物。用公式表示为:

$$RBW \leqslant \frac{2|f_{sig1} - f_{sig2}|}{SF} \tag{3-26}$$

式中,SF 称为频谱分析仪的形状因子或选择性。不同型号的频谱分析仪,其形状因子不同,一般由频谱分析仪的技术指标给出。例如,上述频率间隔为 10kHz 的交调失真信号测量,若频谱分析仪的形状因子为 15∶1,则由式(3-26)计算出频谱分析仪的分辨带宽 RBW 为:

$$RBW \leqslant \frac{2 \times 10 \text{ kHz}}{15} = 1.33 \text{ kHz}$$

当频谱分析仪的分辨带宽小于或等于 1.33 kHz 时,就可以测量出交调失真信号。如图 3-26 所示为 $RBW = 1$ kHz 时测量的频率间隔为 10 kHz 的交调失真信号。

频谱分析仪的频率分辨率不仅与中频滤波器的分辨带宽和选择性有关,而且与剩余调频和边带噪声有关。频谱分析仪本振的剩余调频决定了频谱分析仪可允许的最小分辨带宽。若分辨带宽太窄,剩余调频就会使频谱分析仪显示的信号模糊不清,以致在规定的剩余调频之内的两个信号不能被分辨出来。频谱分析仪的最小分辨带宽在一定程度上是由频谱分析仪的本振稳定性决定的。在低成本的频谱分析仪中,由于没有采取改善 YIG 振荡器固有剩余调频的措施,其最小分辨带宽一般为 1 kHz;中等性能的频谱分析仪,第一本振有稳定措施,其最小的分辨带宽可以做到 100 Hz;在现代高性能频谱分析仪中,采用频率合成技术来稳定所有的本振频率,因此频谱分析仪的分辨带宽可以做到 10 Hz,甚至 1 Hz。

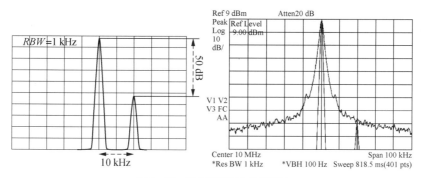

图 3‐26　两个不等幅信号的测量

　　频谱分析仪的本振频率或相位不稳定的表现是可以观察到的,这就是相位噪声,也称为边带噪声。本振的边带噪声在频谱分析仪测量信号频谱的两边出现,如图 3‐27 所示。这些边带噪声电平高于频谱分析仪系统带宽的噪声门限。频谱分析仪的本振越稳定,边带噪声越低。频谱分析仪的边带噪声还和分辨带宽有关,如果分辨带宽缩小到原来的 1/10,则边带噪声电平减少 10 dB,如图 3‐28 所示。

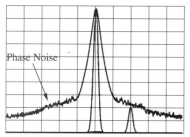

图 3‐27　频谱分析仪的边带噪声

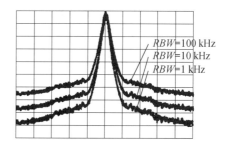

图 3‐28　频谱分析仪边带噪声与分辨带宽的关系

　　边带噪声不仅是限制频谱分析仪灵敏度的因素之一,而且也是限制频谱分析仪分辨不等幅信号的因素之一。前面已经说明了频谱分析仪的分辨带宽和形状因子是分辨两个频率接近信号的主要因素,但前提条件是:频谱分析仪的边带噪声不能掩盖小信号,否则边带噪声将使不等幅信号无法区分,通俗地说,若信号被边带噪声淹没,则无法进行测量和分辨。

　　3）频率精度

　　频率精度是频谱分析仪的重要参数之一,它表征了频谱分析仪测量频率的准确度。频谱分析仪测量频率的方式有:绝对频率测量和相对频率测量两种。绝对频率测量就是频谱分析仪测量信号的频率值,例如地球站电磁干扰信号的频率测量,信号源输出信号的频率测量等;相对频率测量就是测量多个信号之间的频率差,例如失真信号测量,相对载波的频偏测量等。因此频谱分析仪测量频率的精度亦分为绝对频率测量精度和相对频率测量精度,或者称为绝对频率测量的不定性或相对频率测量的不定性。

　　频率精度主要由频谱分析仪的参考源或本振源精度决定。频谱分析仪的本振源有两种形式,即频率综合本振源和频率非综合本振源。早期频谱分析仪的本振源不是综合源,本振频率精度不高,绝对频率测量精度达到兆赫量级;现代高性能频谱分析仪采用锁相高稳定本振源,大大提高了频谱分析仪的绝对频率测量精度。

一般地,频谱分析仪的绝对频率测量精度与频谱分析仪的光标测量频率、本振频率参考误差、频谱分析仪的扫频宽度和分辨带宽等因素有关。频谱分析仪的绝对频率测量精度可表示为:

$$\Delta f = \pm (f_{max} \times \delta f_{ref} + A\% \times SPAN + B\% \times RBW + C) \qquad (3-27)$$

式中:Δf 为频谱分析仪绝对频率测量误差(Hz);f_{max} 为频谱分析仪测量的频率(Hz);δf_{ref} 为频谱分析仪参考频率或本振频率精度;$A\%$ 为频谱分析仪扫频宽度的相对精度;$B\%$ 为频谱分析仪分辨宽度的相对精度;$SPAN$ 为频谱分析仪扫频宽度(Hz);RBW 为频谱分析仪分辨宽度(Hz);C 为剩余误差常数(Hz)。

由式(3-27)可知,只有知道频谱分析仪的参考频率精度、扫频宽度和分辨带宽的相对精度,方可计算频率测量精度。在大多数情况下,频谱分析仪的技术手册给出了每年或每天的频率稳定性和频率剩余误差常数,从而可计算频率测量精度。Agileng 8560EC 系列频谱分析仪的频率精度特性为:温度稳定性为 $\pm 1 \times 10^{-8}$;老化率为 $\pm 1 \times 10^{-7}/a$;稳定性为 $\pm 1 \times 10^{-8}$。

频谱分析仪的光标 Δ 功能可以测量相对频率,显然相对频率的测量精度主要由频谱分析仪的扫频宽度 $SPAN$ 的精度决定。对于 Agilent 频谱分析仪,测量任意两个信号的频率差,频谱分析仪的扫频宽度精度就是相对频率测量精度。例如,Agilent 8563EC 频谱分析仪的扫频宽度精度为 1%,当用 $SPAN=100\ kHz$ 来测量两个分离信号的相对频率时,其相对频率测量误差为 $1\ kHz$。

3.4.2 幅度特性

1) 幅度范围

频谱分析仪可测量的最小信号幅度电平与最大信号幅度电平称为频谱分析仪的幅度范围。频谱分析仪可测量的最大信号由其最大安全输入电平决定,可测量的最小信号由频谱分析仪显示的平均噪声电平确定。例如,Agilent 8560EC 系列频谱分析仪的安全输入电平是 $+30\ dBm$,那么其测量的最大连续波信号电平为 $+30\ dBm$。

2) 噪声系数与灵敏度

(1) 噪声系数

噪声系数定义为信号通过某一器件时,输入信噪比与输出信噪比的比值。用公式表示为:

$$NF = \frac{S_i/N_i}{S_0/N_0} \qquad (3-28)$$

式中:NF 为噪声系数;S_i 为输入信号功率;N_i 为输入噪声功率;S_0 为输出信号功率;N_0 为输出噪声功率。

对于频谱分析仪来说,其测量的输出信号 S_0 等于输入信号 S_i,频谱分析仪内部产生的

噪声功率折合到输入端口后与输入端本身的噪声功率之比,用分贝表示为:

$$NF = 10\lg N_0 - 10\lg N_i \tag{3-29}$$

频谱分析仪输入端的噪声功率可表示为:

$$N_i = kT_0 B \tag{3-30}$$

式中:k 为玻尔兹曼常数,$k = 1.38 \times 10^{-23}$(J/K);B 为频谱分析仪的噪声带宽(Hz);T_0 为环境温度(K)。

由式(3-29)和式(3-30)可得频谱分析仪用分贝表示的输出噪声功率为:

$$10\lg N_0 = NF + 10\lg(kBT_0) \tag{3-31}$$

(2) 灵敏度

频谱分析仪的输出噪声电平就是频谱分析仪显示的噪声电平,只有输入信号大于输出噪声电平时,频谱分析仪才能测量输入信号电平的大小。频谱分析仪的灵敏度是指在特定带宽下,频谱分析仪测量最小信号的能力。频谱分析仪的灵敏度受到仪器噪声底的限制。噪声系数和灵敏度是衡量频谱分析仪检测微弱信号能力的两种方法。实质上,频谱分析仪的灵敏度就是频谱分析仪显示的平均噪声功率电平,用 $DNAL$ 表示,它和噪声系数的关系为:

$$DNAL(\text{dB}) = NF + 10\lg(kBT_0) \tag{3-32}$$

对于一般的频谱分析仪,其噪声带宽近似等于频谱分析仪分辨带宽 RBW 的 1.2 倍,且考虑在室温条件下,$T_0 = 290$ K,则式(3-32)可进一步简化为:

$$DNAL(\text{dB}) = -174(\text{dBm/Hz}) + NF(\text{dB}) + \lg(1.2RBW) \tag{3-33}$$

式(3-33)是频谱分析仪在输入衰减 $ATTEN = 0$ dB 时的灵敏度表达式,当频谱分析仪的射频输入衰减增加 10 dB 时,加在混频器上的输入信号电平降低了,而中频放大器的增益同时增加 10 dB 来补偿这个损失,其结果是频谱分析仪测量的输入信号电平不变。但是频谱分析仪的噪声电子放大了 10 dB,结果导致频谱分析仪的灵敏度降低了 10 dB。因此频谱分析仪灵敏度的完整表达式为:

$$DNAL(\text{dB}) = -174(\text{dBm/Hz}) + NF(\text{dB}) + 10\lg(1.2RBW) + ATTEN(\text{dB}) \tag{3-34}$$

式(3-34)表明了频谱分析仪的灵敏度与噪声系数、分辨带宽和射频输入衰减之间的关系。一般频谱分析仪技术手册中给出的是频谱分析仪灵敏度的指标,由式(3-34)很容易计算出频谱分析仪的噪声系数。

由前面讨论可知,频谱分析仪的灵敏度是由噪声系数、分辨带宽和射频输入衰减确定的,因此只要能降低频谱分析仪的噪声系数、减小分辨带宽和射频输入衰减,就可以提高频谱分析仪的灵敏度。

(3) 改善频谱分析仪灵敏度的方法

① 降低噪声系数法

由频谱分析仪灵敏度的计算公式可知,降低频谱分析仪的噪声系数可以提高频谱分析仪的灵敏度。降低噪声系数常用的方法是在频谱分析仪输入端加前置放大器。如图 3-29 所示为频谱分析仪串接 n 级放大器示意图。

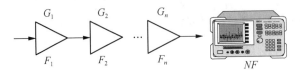

图 3-29　频谱分析仪串接 n 级放大器示意图

图 3-29 中，$F_1, F_2, \cdots, F_n$ 和 $G_1, G_2, \cdots, G_n$ 分别表示各级放大器的噪声系数和增益。值得注意的是：在频谱分析仪与前置放大器连接之前，要检查前置放大器的输出功率不能大于频谱分析仪的最大安全输入电平。可以证明，n 级放大器和频谱分析仪串接后，其级联的噪声系数为：

$$F_{sac} = F_1 + \frac{1}{G_1}(F_2 - 1) + \frac{1}{G_1 G_2}(F_3 - 1) + \cdots + \frac{1}{G_1 G_2 G_3 \cdots G_{n-1}}(F_n - 1) \quad (3-35)$$

在一般情况下，每一级放大器的增益远远大于 1，因此总的噪声系数主要取决于第一级放大器的噪声系数，下面各级的噪声系数对输入端口噪声功率的影响将逐级减小，即第二级次之，末级最小。因此在实际工程应用中，通常在频谱分析仪的前端加一个宽频段、高增益、低噪声的前置放大器来降低接收机的噪声系数，从而改善频谱分析仪的灵敏度。

② 减小分辨带宽法

由频谱分析仪的灵敏度定义可知，在给定带宽的情况下，灵敏度表征频谱分析仪测量最小信号的能力。频谱分析仪的噪声带宽等于 1.2 倍的分辨带宽，因此减小频谱分析仪的分辨带宽，可以提高频谱分析仪的灵敏度。例如，当频谱分析仪的其他参数不变时，分辨带宽 $RBW = 100$ Hz 时的灵敏度比分辨带宽 $RBW = 1\,000$ Hz 时的灵敏度高 10 dB。显然减小频谱分析仪的分辨带宽，可以提高频谱分析仪的灵敏度。值得注意的是：在实际应用中，频谱分析仪分辨带宽的设置受信号频率的稳定度及频谱分析仪其他参数设置的制约。

③ 减小射频输入衰减法

由频谱分析仪的灵敏度计算公式可知，在其他参数不变的情况下，减小频谱分析仪的射频输入衰减，可以提高频谱分析仪的灵敏度。例如，当频谱分析仪的分辨带宽等于 1 kHz 时，射频输入衰减等于 0 dB 时的灵敏度比射频衰减等于 10 dB 时的灵敏度高 10 dB。显然频谱分析仪的射频输入衰减越小，其灵敏度越高。频谱分析仪的射频输入衰减一般最小等于 0 dB，因此在小信号测量中，为了提高测试系统的灵敏度，射频输入衰减一般设置为 0 dB。

3）动态范围

频谱分析仪的动态范围一般用 dB 表示，表征频谱分析仪输入端口同时存在的最大信号幅度与最小信号幅度的比值。最小信号指的是在给定不确定度的情况下，频谱分析仪所能测量的最小信号。频谱分析仪的动态范围可以决定低电平信号在大信号存在的情况下是否可见，是一个非常重要的性能指标。频谱分析仪显示的平均噪声电平（或称灵敏度）、相位噪声和内部失真等对频谱分析仪的动态范围均有很大的影响。因此，动态范围经常得不到更准确的描述。

如图 3 - 30 所示为从几个不同的方面给出的频谱分析仪动态范围的定义描述。例如,频谱分析仪的最大安全输入电平与给定的分辨带宽和射频衰减的显示噪声电平之差,称为测量范围;混频器压缩点与显示的噪声电平之差,称为信号噪声测量范围;等幅双波输入时,三阶互调产物不超过显示噪声时所对应的输出电平与显示噪声的差值,称为三阶无失真动态范围。

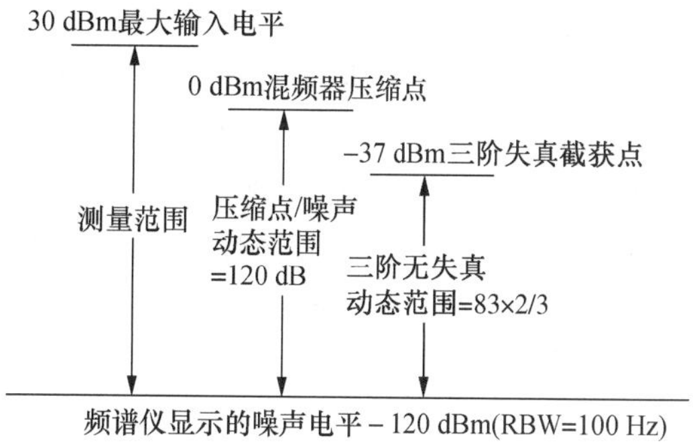

30 dBm最大输入电平

0 dBm混频器压缩点

−37 dBm三阶失真截获点

测量范围

压缩点/噪声
动态范围
=120 dB

三阶无失真
动态范围=83×2/3

频谱仪显示的噪声电平 − 120 dBm(RBW=100 Hz)

图 3 - 30　频谱分析仪动态范围的几种定义

（1）测量范围

由图 3 - 30 可知,频谱分析仪的测量范围是指在特定设置情况下,频谱分析仪所能测量的最大信号电平与最小信号电平的差值。一般地,加载到频谱分析仪输入端的最大功率电平是指不损坏前端硬件条件下的最大信号。目前大多数频谱分析仪的最大安全输入电平为 ＋30 dBm(1 W)。频谱分析仪的噪声门限决定测量范围的最低限度。如果测量信号低于频谱分析仪的噪声电平,那么频谱分析仪将无法在屏幕上测量出信号大小。需要指出的是:当频谱分析仪可测量出＋30 dBm 的最大信号时,在相同状态参数设置下,不可能同时测量出最低的噪声电平。

（2）显示范围

频谱分析仪的显示范围指的是频谱分析仪 CRT 上已标定的幅度范围。如果频谱分析仪 CRT 显示有 10 格垂直刻度,且在对数模式下每格为 10 dB,那么其显示范围达 100 dB;如果选定每格为 5 dB 的话,那么其显示范围为 50 dB。但是,频谱分析仪的对数放大器限定了显示范围,例如,对数放大器为 85 dB,CRT 显示器为 10 格,那么每格只有 8.5 dB 的校准格。

（3）混频器的压缩点

混频器的压缩点电平是在不降低所测量信号精度的条件下,所能输入频谱分析仪的最大功率电平。当频谱分析仪混频器的输入信号电平低于压缩点电平时,混频器的输出信号电平同输入信号电平成线性关系变化;随着混频器输入信号电平的增加,由于大部分信号能量形成畸变,转移函数变成非线性,在这时混频器可以认为被压缩,频谱分析仪所显示信号电平低于实际的信号电平。混频器压缩点指标是混频器总的输入电平低于频谱分析仪所压缩的信号电平,就是频谱分析仪显示的信号电平小于 1 dB。测量高功率信号电平可通过设置频谱分析仪的射频输入衰减器限定频谱分析仪的混频器的输入功率来实现。

（4）内部失真

当用频谱分析仪测量谐波失真或交调失真时,内部失真是决定动态范围的因素之一。内部产生的交调和谐波失真是混频器输入信号幅度的函数。

大多数频谱分析仪采用的是二极管混频器,该混频器是非线性设备,通过理想二极管方程式表征其特性。用泰勒级数展开,可看出非线性器件输入的基波信号功率变化 1 dB,会使输出在二阶失真、三阶失真分别有 2 dB、3 dB 的失真变化。频谱分析仪动态范围在基波和内部产生的失真不同。基波信号功率电平每变化 1 dB,二阶谐波失真产物变化 1 dBc(相对基波),而三阶失真产物变化 2 dBc。

（5）噪声

影响频谱分析仪动态范围的噪声有两种：一是频谱分析仪的相位噪声；二是频谱分析仪的灵敏度。频谱分析仪的噪声是宽带信号，随着频谱分析仪分辨带宽 RBW 的增大，更多的随机噪声能量进入频谱分析仪的检波器，这样不仅增加频谱分析仪的相位噪声电平，而且也增加了频谱分析仪的噪声门限。因此，频谱分析仪的分辨带宽不同，其噪声门限和相位噪声不同，从而影响了频谱分析仪的动态范围。

灵敏度表征了频谱分析仪测量最小信号的能力，由频谱分析仪显示的平均噪声电平 DNAI 或噪声门限确定。当频谱分析仪测量两个频率间隔较远的信号时，其灵敏度是关键参数；当测量频率间隔相近的两个信号时，相位噪声是关键参数。这里相位噪声也称为频谱分析仪的边带噪声。相位噪声是由于频谱分析仪本振不稳定产生的，本振越稳定，相位噪声越低，系统的动态范围越大。

4）幅度精度

频谱分析仪测量的信号幅度的精度或不准确性称为幅度精度。幅度精度可分为绝对幅度精度和相对幅度精度。绝对幅度精度定义为频谱分析仪测量信号绝对电平的精度或不准确性；相对幅度精度定义为频谱分析仪进行信号幅度相对测量时的精度或不准确性。

当频谱分析仪对输入信号进行相对测量时，用信号的一部分或不同信号作为参考基准，例如，当频谱分析仪测量二次谐波失真时，用基波作为参考基准，只测量二次谐波相对基波的幅度差，而不关心绝对幅度的大小。影响频谱分析仪相对幅度精度的因素主要有：RF 衰减转换的不确定性、频率响应、参考电平的精度、分辨带宽转换的不确定性和 CRT 刻度显示精度等。

绝对幅度精度是由频谱分析仪的校准器决定的。频谱分析仪的校准器安装在频谱分析仪的内部，提供一个幅度和频率都固定的信号，这样我们可以依据频谱分析仪的相对精度和绝对精度，求得其他频率和幅度。

3.4.3 扫描时间

频谱分析仪的扫描时间是指扫描一次整个频率量程所需要的时间，用 SWP 表示。和频谱分析仪扫描时间相关联的主要因素有：频谱分析仪的扫频宽度 SPAN、分辨带宽 RBW 和视频滤波等。

1）模拟滤波器对扫描时间的影响

频谱分析仪分辨带宽的大小会影响扫描时间，因为频谱分析仪中频滤波器是带宽有限的电路，需要有一定的充电和放电时间。如果频谱分析仪混频器输出信号分量扫描过快，则频谱分析仪中频滤波器的动态带宽就会变宽；如果扫描较慢，则动态带宽就会变窄，如图 3-31 所示。

频谱分析仪混频器输出的信号分量在扫过中频滤波器时，在滤波器通带内停留时间 T_{stay}，和分辨带宽 RBW 成正比，和单位时间内扫过的赫兹数成反比，用

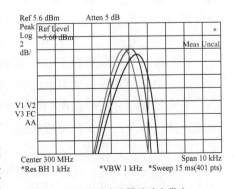

图 3-31 中频滤波器的动态带宽

公式表示为：

$$T_{stay}=\frac{RBW}{SPAN/SWP}=RBW\frac{SWP}{SPAN} \tag{3-36}$$

式中：RBW 为频谱分析仪的分辨带宽；$SPAN$ 为频谱分析仪的扫频宽度；SWP 为频谱分析仪的扫描时间。

另一方面，频谱分析仪中频滤波器的上升时间 T_{up} 又和分辨带宽 RBW 成反比，比例系数为 K，则滤波器的上升时间可表示为：

$$T_{up}=\frac{K}{RBW} \tag{3-37}$$

使频谱分析仪滤波器通带内停留时间与上升时间相等，可推导出频谱分析仪的扫描时间 SWP 的表达式为：

$$SWP=K\frac{SPAN}{RBW^2} \tag{3-38}$$

对于同步调谐方式和近似于高斯形状的滤波器，K 为 2～3；对于分级调节器方式和接近矩形的滤波器，K 为 10～15。由式(3-38)可知，频谱分析仪的扫描时间与扫频宽度 $SPAN$ 成正比，与分辨带宽 RBW 的平方成反比。因此，改变分辨带宽会使扫描时间发生明显变化。

目前，大多数频谱分析仪具有自动联锁功能。在自动状态下，频谱分析仪能自动选择扫描时间来适应分辨带宽和扫频宽度的变化。如果频谱分析仪的扫描时间、分辨带宽和扫频宽度处于手动设置状态，当参数不匹配时，频谱分析仪的 CRT 上将显示测量未校准的信息（meas uncal），此时应合理设置频谱分析仪的状态参数，以使频谱分析仪 CRT 上显示的测量未校准信息消失。

2）数字滤波器对扫描时间的影响

频谱分析仪的数字滤波器对扫描时间的影响和模拟滤波器对扫描时间的影响是不同的。在数字方式下，被分析的信号是在 300 Hz 的数据块中被处理的，当选定了 10 Hz 的分辨带宽后，频谱分析仪事实上是通过 30 个邻接的 10 Hz 滤波器同时处理每个 300 Hz 数据块中的数据。如果该数据处理是瞬间完成的，则扫描时间减少为原来的 1/30，但实际上只能减少为原来的 1/20 左右。对于分辨带宽为 30 Hz 的滤波器，扫描时间将减少为原来的 1/6；对于分辨带宽为 100 Hz 的滤波器，扫描时间和模拟滤波器大致相同。因此，10 Hz 和 30 Hz 的数字滤波器可以减少扫描时间，大大地缩短高分辨率测量所需的时间。

3.4.4 相位噪声

没有一种振荡器是绝对稳定的。虽然我们看不到频谱分析仪本振系统的实际频率抖动，但仍能观察到本振频率或相位不稳定性的明显表征，这就是相位噪声（有时也叫噪声边带）。它们都在某种程度上受到随机噪声的频率或相位调制的影响。本振的任何不稳定性都会传递给由本振和输入信号所形成的混频分量，因此本振相位噪声的调制边带会出现在幅度远大于系统宽带底噪的那些频谱分量周围（图 3-32）。只有当信号电平远大于系统底噪时，才会显示出相位噪声，显示的频谱分量和相位噪声之间的幅度差随本振稳定度而变化,本振越稳定,相位噪声越小。它也随分辨率带宽而变,若将分辨率带宽缩小到原来的 1/10,显示相位噪声电平将减小 10 dB。

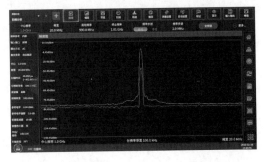

图 3-32 信号电平远大于系统底噪时显示出的相位噪声

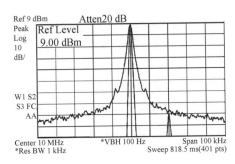

图 3-33 相位噪声阻碍了对非等幅信号的分辨

相位噪声频谱的形状与分析仪的设计,尤其是用来稳定本振的锁相环结构有关。在某些分析仪中,相位噪声在稳定环路的带宽中相对平坦,而在另一些分析仪中,相位噪声会随着信号的频偏而下降。相位噪声采用 dBc(相对于载波的 dB 数)为单位,并归一化至 1 Hz 噪声功率带宽。有时在特定的频偏上指定,或者用一条曲线来表示一个频偏范围内的相位噪声特性。通常,我们只能在分辨率带宽较窄时观察到频谱仪的相位噪声,此时相位噪声使这些滤波器的响应曲线边缘变得模糊。使用前面介绍过的数字滤波器也不能改变这种效果。对于分辨率带宽较宽的滤波器,相位噪声被掩埋在滤波器响应曲线的边带之下,正如之前讨论过的两个非等幅正弦波的情况。一些现代频谱仪或信号分析仪允许用户选择不同的本振稳定度模式,使得在各种不同的测量环境下都能具备最佳的相位噪声。

PXA 信号分析仪的相位噪声优化还可以设为自动模式,这时频谱仪会根据不同的测量环境来设置仪器,使其具有最佳的速度和动态范围。在任何情况下,相位噪声都是频谱仪分辨不等幅信号能力的最终限制因素。如图 3-33 所示,根据 3 dB 带宽和选择性理论,我们应该能够分辨出这两个信号,但结果是相位噪声掩盖了较小的信号。

3.4.5 Ceyear 4051 信号分析仪

在雷达等脉冲体制装备中,随着我军对跟踪目标的能力,探测分辨力和精度,抗干扰和生存能力等方面要求的提高,装备信号从简单脉冲和脉内调制信号逐步过渡到复杂脉内调制、脉间调制和组合脉冲调制上来;与之类似,我军通信信息系统在综合业务能力、速率、通信质量和带宽效率方面的需求,也推动了数字调制信号从模拟调制、低阶数字调制向复杂和高阶的数字调制发展,如 QAM64、256 等。

在信号体制日益复杂化的同时,信号带宽也越来越宽。针对此类复杂的宽带脉冲和数字调制信号,现有的分析手段无法实现各种调制参数的全面高精度测试,迫切需要对宽带复杂脉冲和数字调制信号测试分析技术进行深入研究和掌握,图 3-34 为Ceyear 4051 信号分析仪。

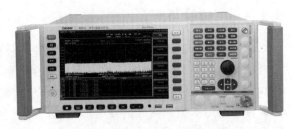

图 3-34 Ceyear 4051 信号分析仪

1) 总体技术方案

Ceyear 4051 信号分析仪的整机实现方案框图如图 3-35 所示,主要由微波毫米波分路接收通道、高速数字处理、信号解调及分析、多模式校准源四大部分组成,可组合成超外差宽带处理通路、超外差窄带处理通路、直接射频检波处理通路等三个特性各异的处理通路,满足不同制式复杂调制信号的测试和分析需求,直接射频检波处理通路:10 MHz~50 GHz 的脉冲信号经多路宽带差分检波单元检波,送入宽带大动态调理单元,用于将被测信号调理至最佳测量状态送入宽带采集处理单元,然后根据测试配置进行脉冲调制参数分析、脉间趋势分析、脉冲功率统计等脉冲调制特性分析。

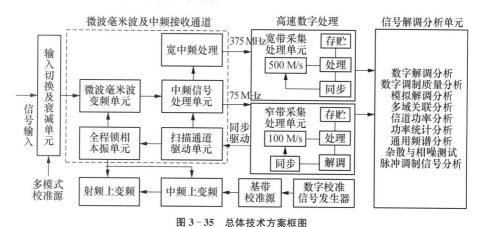

图 3-35　总体技术方案框图

超外差宽带处理通路:输入经微波毫米波变频单元和中频处理单元变频为最高 1.5 GHz 中频(瞬时带宽最宽 1.2 GHz),送入宽带采集处理单元进行高速数字信号处理,形成最高 2.5 GS/s 的高速数据暂存于大容量捕获存储器。当进行脉内调制参数和数字通信调制参数分析时,捕获的数据经过可变带宽抽取后进入后级处理部分,实现全频段范围内宽带射频信号的复杂脉冲调制分析、数字通信信号解调、调制质量分析、调制域关联分析、信道功率分析等。

窄带处理通路:输入经跟踪预选、谐波混频和中频处理单元变频为 75 MHz 中频(最大解调带宽 40 MHz),送入窄带采集处理单元对信号进行数字化、实时幅频相频校正、正交解调、滤波处理,形成 2 kHz~40 MHz 可变实时带宽的实时数据流,实现 40 MHz 实时带宽内的相应复杂调制信号测试和分析。除三个分析通路外,还需要设计一个多模式的射频和中频校准信号发生机制,进行复杂调制信号分析时至关重要的通路幅频和相频特性校准补偿和修正。

2) 典型应用

(1) 高性能频谱分析应用

用频电子设备/系统中各类信号频率、幅度、频谱分布特性的测试;通信、雷达等电子设备发射机接收机射频性能测试;组部件特性测试和检验。Ceyear 4051 除具有优异的接收性能和强大的频谱分析功能外,还提供了全面的频谱功率测试组件,能够充分满足频谱测试和发射机接收机射频特性测试需求。配置前置放大器可以提高灵敏度,增强小信号测试能力;配置相噪测试选件以充分利用 Ceyear 4051 的相噪性能,扩展相位噪声测试应用。

（2）毫米波/THz 频谱测试应用

用于毫米波高性能频谱分析，THz 频谱特性测试，5 G 通信信号、通信标准以及组部件研发测试。Ceyear 4051 主机频段覆盖至 50 GHz，并预留了至 110 GHz 的同轴扩展能力，50 GHz 显示平均噪声电平指标为−133 dBm/Hz。Ceyear 4051 支持系列化 USB 接口形式的扩频模块，最高频率覆盖至 750 GHz，且频谱扫描点数最大可至 120 001 点，增强了信号识别功能对假谱的消除效果。配置前置放大器进一步提高灵敏度；配置相噪测试选件以充分利用 Ceyear 4051 的相噪性能，扩展相位噪声测试应用。

（3）常规信号分析应用

通用高性能频谱分析应用，以及需要获取信号数据，或分析信号各层面参数的应用场合；航空航天、雷达、通信、导航、电子战等领域制式信号测试和设备检测。Ceyear 4051 具备高性能频谱分析能力，并提供灵活的触发、捕获和多种信号分析能力。配置 40 MHz 分析带宽，满足常规的信号带宽需求；配置模拟调制测量、瞬态分析、脉冲信号分析等测试功能满足信号分析方法需求。

（4）国防军工高性能信号分析应用

需要高性能频谱分析能力、强大的信号获取能力和信号分析能力的应用场合；航空航天、雷达、通信、导航、电子战等领域的高性能信号和设备测试，以及科学探索领域。通过合理配置功能和性能增强选件，Ceyear 4051 可提供足够强大的信号接收调理性能，配置 1.2 GHz 的信号分析带宽，满足宽带通信、宽带脉冲信号带宽需求，集成瞬态分析、脉冲信号分析等信号分析工具，实现对复杂信号参数的测试。

（5）宽带信号捕获记录测试应用

大型武器装备试验，无缝记录装备信号，排查故障；靶场/阵地/特殊地域空间电磁信号的长时间控守；频谱监管、信息安全、无线电管理领域，参与构建大型系统；大数据的重要数据来源（原生信号数据）。实现对各类电子装备中工作信号/干扰信号、电磁环境信号、非法电台/敌对信号的无缝记录。可提供最大1.2 GHz带宽下最长可达数小时的宽带信号无缝捕获记录，并具备选时回放分析和信号样本处理的能力。图 3‑36 为用于各类脉冲调制信号的波形、频谱、脉冲参数和脉冲趋势的测试。

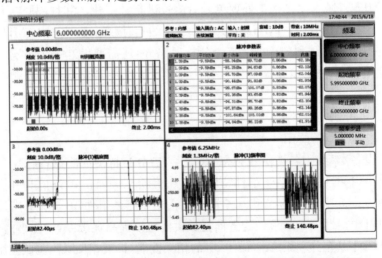

图 3‑36   用于各类脉冲调制信号的波形、频谱、脉冲参数和脉冲趋势的测试

通过捕获记录进行脉冲信号分析时，最大可支持 1.2 GHz 射频带宽；支持脉冲信号的频谱特性和时域特性分析；支持包括时间、幅度、频率、相位等 20 余种脉冲参数的测量；可在记录中选定任意脉冲，进行幅度、脉内频率、相位特性、频谱特性的细节分析；也可对任意脉冲参数进行脉冲趋势统计。

扫描点数 101～120 001，根据性能规则优化扫描，连续扫描/FFT 扫描，更快速地扫描，零频宽最小 1 μs，非零频宽 1 ms，射频换频时间优于 30 ms，具有灵活的触发与门控支持。图 3-37 为灵活的信号分析能力。图 3-38 为高性能频谱分析——灵活的 Traces 和 Markers。图 3-39 为一键设置通信标准或进行通用的功率特性测试。

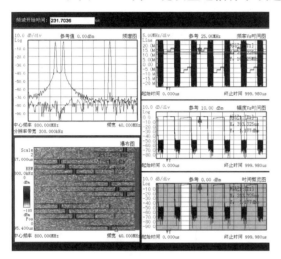

图 3-37　灵活的信号分析能力——瞬态
　　　　　分析(多域分析及回放)

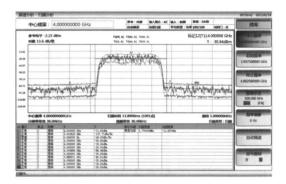

图 3-38　高性能频谱分析——灵活的 Traces 和 Markers

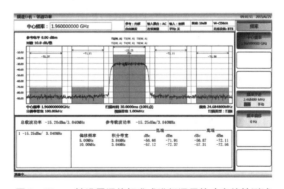

图 3-39　一键设置通信标准或进行通用的功率特性测试

3.5　微波频谱仪的典型应用

前面讨论了频谱分析仪的基础、原理和操作方法，其最终目的是利用频谱分析仪完成无线电信号的测量。由于频谱分析仪一般都有校准信号，因此利用校准信号是现成的，其测量方法同样适用于其他任何无线电信号的测量。这里首先以频谱分析仪的校准输出信号为例，说明利用频谱分析仪测量射频信号的幅度和频率的方法。幅度和频率测量是频谱分析仪测量应用的基础。

3.5.1 两个频率相近的信号测量

1）两个等幅信号测量

频谱分析仪的分辨带宽定义为中频滤波器的 3 dB 带宽,因此信号的分辨率是由频谱分析仪的中频滤波器带宽决定的。在连续波信号响应过程中,扫频超外差频谱分析仪的迹线可能在频谱分析仪的滤波器之外,改变频谱分析仪中频滤波器带宽的同时,也改变了信号响应的宽度。当频谱分析仪输入两个等幅信号时,如果采用了宽的滤波器,则两个等幅信号就显示成了一个信号,因此信号的分辨率取决于频谱分析仪的中频滤波器。利用频谱分析仪的分辨带宽,不仅能识别幅度相等且频率靠近的信号,而且还能将两个信号区别开来,以便测量每个信号的幅度和频率。

通常要把两个等幅信号分辨开,必须设置频谱分析仪的分辨带宽小于或等于两个信号之间的频率间隔,用公式表示为:

$$RBW \leqslant |f_{\mathrm{sig1}} - f_{\mathrm{sig2}}| \tag{3-39}$$

式中:RBW 为频谱分析仪的分辨带宽;f_{sig1} 为信号 1 的频率;f_{sig2} 为信号 2 的频率。

注意:当改变频谱分析仪的分辨带宽时,为了保持频谱分析仪的校准(也就是频谱分析仪的屏幕网格的右边不出现测量不准的字符"meas uncal"),频谱分析仪的扫描时间要自动调节到某个数值(扫描时间处于自动联锁状态)。由于频谱分析仪的扫描时间与分辨带宽的平方成反比,所以频谱分析仪的分辨带宽按 10 倍因子降低时,扫描时间按 100 倍因子增加。为了获得最快的扫描时间,我们应采用最宽的分辨带宽,只要测量的信号都能区别开来就行。频谱分析仪的分辨带宽在 1 Hz～2 MHz 之间选择,并按 1、3、10 顺序改变。图 3-40 为频谱分析仪测量任意 RF 信号的简单流程图。

利用频谱分析仪测量两个等幅信号的步骤如下:

(1) 建立测试系统。系统预热,使系统仪器设备工作正常,设置信号源的频率为 300.001 MHz,信号源的输出功率为 -10 dBm,等于频谱分析仪校准信号的输出功率。

保证连接信号源输出的射频电缆同频谱分析仪校准信号输出电缆的插入损耗相等。

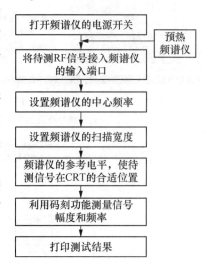

图 3-40 频谱分析仪测量任意 RF 信号的简单流程图

(2) 按频谱分析仪的热启动键[PRESET],并设置频谱分析仪的中心频率为 300 MHz。

(3) 若设置频谱分析仪的分辨带宽为 3 kHz,扫频宽度为 50 kHz,则两个信号合在一起,分辨不出来,如图 3-41 所示。

(4) 减小频谱分析仪的分辨带宽,设置频谱分析仪的分辨带宽等于 1 kHz,使频谱分析仪的分辨带宽等于两个等幅信号的频率间隔,此时两个等幅信号被分辨开来,如图 3-42 所示。

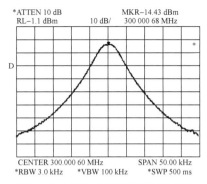

图 3 - 41　**RBW = 3 kHz** 时的两个等幅
信号测量示意图

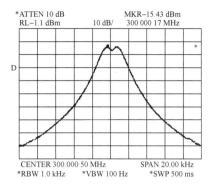

图 3 - 42　**RBW = 1 kHz** 时的两个等幅
信号测量示意图

2) 两个不等幅信号测量

如果频谱分析仪测量的两个信号幅度不相等,则必须考虑频谱分析仪中频滤波器的形状因子。形状因子定义为频谱分析仪中频滤波器的 60 dB 带宽与 3 dB 带宽之比。一般频谱分析仪的中频滤波器的形状因子≤15∶1;对于高分辨率的频谱分析仪,其形状因子为 5∶1。

当测量的大信号太靠近小信号时,小信号就可能被大信号的底部隐藏。为了清楚地测量小信号,频谱分析仪的中频滤波器的带宽必须满足:

$$RBW \leqslant \frac{2|f_{\text{sig1}} - f_{\text{sig2}}|}{SF} \tag{3-40}$$

式中:SF 为频谱分析仪的形状因子。

这里举例说明两个不等幅信号的测量,其测量的步骤如下:

(1) 将频谱分析仪的校准信号输出作为大信号,输出频率为 300 MHz,输出信号电平为 -10 dBm;将信号源输出频率设置为 300.001 MHz,信号幅度为 -20 dBm。

(2) 利用插入损耗相同的两根射频电缆,将频谱分析仪的校准输出信号和信号源的输出信号分别接入三通连接器的两个端口,三通连接器的另一个端口连接至频谱分析仪的射频输入端口。

(3) 设置频谱分析仪的分辨带宽为 1 kHz,扫频带宽等于 10 kHz。如图 3 - 43 所示,测量的两个不等幅信号波形,小信号隐藏在大信号中。

(4) 由两个不等幅信号的频率间隔 1 kHz,频谱分析仪的形状因子 5,计算出分辨不等幅信号的分辨带宽为 RBW≤400 Hz。

(5) 减小频谱分析仪的分辨带宽,由于频谱分析仪的分辨带宽按 1、3、10 顺序调整,将频谱分析仪的 1 kHz 分辨带宽减小一次,变为 300 Hz,满足分辨这两个不等幅信号的条件。如图 3 - 44 所示,当频谱分析仪的分辨带宽等于 300 Hz 时,相隔 1 kHz 的两个不等幅信号被分

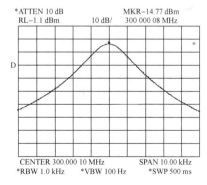

图 3 - 43　**RBW = 1 kHz** 时的两个不等幅
信号测量示意图

辨开来,从而可实现两个不等幅信号幅度和频率的测量,也可测量出两个不等副信号的相对

幅度和相对频率。测量的两个不等幅信号,其中幅度差为－20.17 dB,频率间隔为 1 kHz。

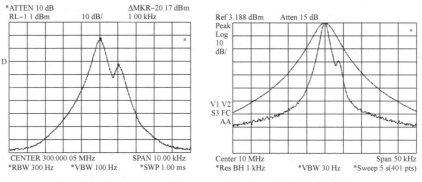

图 3－44　**RBW＝300 Hz 时相隔 1 kHz 的两个不等幅信号测量示意图**

3.5.2　低电平信号的测量

频谱分析仪的灵敏度表征了其测量低电平信号的能力。灵敏度受到频谱分析仪自身内部所产生噪声底的限制。频谱分析仪的射频输入衰减器和分辨带宽直接影响频谱分析仪的灵敏度。频谱分析仪的射频输入衰减越小,其灵敏度越高(一般频谱分析仪的最小射频输入衰减为 0 dB);频谱分析仪的分辨带宽越窄,其灵敏度越高。显然,通过提高频谱分析仪的灵敏度,就可以改善低电平信号的测量精度。视频带宽和视频平均虽然不影响频谱分析仪的灵敏度,但它能使低电平信号更易测量,减小噪声对低电平信号测量的影响,从而提高了低电平信号的测量精度。下面通过测试实例来说明通过合理设置频谱分析仪的状态参数,来改善和提高低电平信号的测量精度的方法。

1）利用分辨带宽测量低电平信号

减小频谱分析仪的分辨带宽可以提高频谱分析仪的灵敏度,从而提高低电平信号的测量精度。在相同条件下,分辨带宽为 1 kHz 的频谱分析仪比分辨带宽为 10 kHz 的频谱分析仪灵敏度高 10 dB。如图 3－45 所示为分辨带宽等于 10 kHz 时的低电平信号测量结果;由两个图形比较可知,减小频谱分析仪的分辨带宽,可以提高频谱分析仪的灵敏度,从而提高了低电平信号的测量精度。

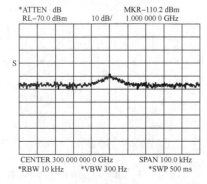

图 3－45　分辨带宽等于 10 kHz 时的低
电平信号测量结果

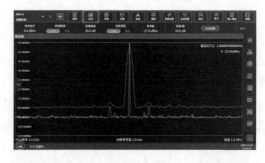

图 3－46　显示的噪声电平按照 10log(BW2/BW1)
变化

　　分析仪产生的噪声是随机的并且在宽频率范围内保持恒定的幅度。因为分辨率(或称中频)带宽滤波器位于第一增益级之后,通过滤波器的总噪声功率由滤波器的带宽决定。该噪声信号被检测并最终显示出来。噪声信号的随机属性使得显示电平按下列规律变化: $10\log(BW2/BW1)$。式中 $BW1$ 为起始分辨率带宽,$BW2$ 为终止分辨率带宽。所以如果将分辨率带宽改变 10 倍,显示的噪声电平会改变 10 dB,如图 3-46 所示。对于连续波信号,使用频谱分析仪所提供的最小的分辨率带宽将会获得最佳信噪比或灵敏度。

　　2) 利用视频带宽测量低电平信号

　　视频带宽是视频滤波器带宽,它不影响频谱分析仪的灵敏度,但视频带宽在噪声测量和低电平信号测量中是很有用的。视频滤波器是后置滤波器,可以平均随机噪声,平滑所测量的显示迹线。当频谱分析仪测量的低电平信号接近频谱分析仪的本底噪声电平时,低电平信号将会被噪声淹没,这时将视频滤波器带宽变窄来平滑噪声,就可以改善低电平信号测量的可见度。

　　如图 3-47 所示为频谱分析仪视频带宽 $VBW=1$ kHz 时的低电平信号测量结果;如图 3-48 所示为视频带宽 $VBW=10$ Hz 时的低电平信号测量结果。比较低电平信号测量结果两个图形可知,减小频谱分析仪的视频带宽,减小了随机噪声对低电平信号测量的影响,平滑了随机噪声,从而改善低电平信号的测量精度。但要注意的是:当减小频谱分析仪视频带宽时,频谱分析仪的屏幕应不出现测量不准的信息。在频谱分析仪测量过程中,频谱分析仪的分辨带宽、扫描时间、扫频带宽和视频带宽均应设置合理,以保证测量信号的精度。

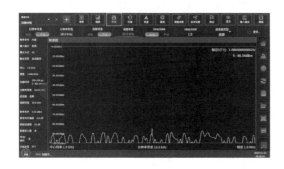 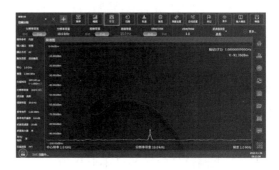

图 3-47　$VBW=1$ kHz 时的低电平信号测量结果　　　　图 3-48　$VBW=10$ Hz 时的低电平信号测量结果

3.5.3　幅度调制特性测量

　　调制就是将低频或基带信号(如声音、音乐和数据等)转换成高频信号。在调制过程中,载波信号的某些特征(通常是频率或幅度)随基带信号幅度的瞬时变化作相应比例变化。调制技术在无线电通信技术中应用十分广泛,因此测量调制信号的参数是非常重要的。本章将讨论利用频谱分析仪测量调制信号的方法。目前信号调制的方式有幅度调制、频率调制和脉冲调制。

　　1) 幅度调制信号分析

　　幅度调制(AM)是传输信号控制载波的一种方式,其调制体制比较简单。一个具有幅度调制的载波可表示为：

$$V(t) = U_c[1 + ma(t)\cos(2\pi f_c t)] \tag{3-41}$$

式中：$V(t)$为幅度调制信号；U_c为载波信号的幅度；m为调制指数$(0 \leqslant m \leqslant 1)$；$a(t)$为归一化调制信号；$f_c$为载波频率。

正弦调制是最常用的一种调制方式，其调制信号可表示为：

$$a(t) = \cos 2\pi f_m t \tag{3-42}$$

式中：f_m为调制频率。

将式$(3-41)$代入式$(3-42)$进行整理化简可得：

$$V(t) = U_c \cos(2\pi f_c t) + \frac{mU_c}{2}\left[\cos 2\pi t(f_c - f_m) + \cos 2\pi t(f_c + f_m)\right] \tag{3-43}$$

由上面的分析可知，幅度调制信号$V(t)$由幅度为U_c、频率为f_c的载波和两个边带组成。幅度调制的两个边带中，一个处在$f_c - f_m$处，一个处在$f_c + f_m$处，且上下边带的幅度均为$\dfrac{mU_c}{2}$。

边频幅度U_s和调制系数的关系为：

$$m = \frac{2U_s}{U_c} \tag{3-44}$$

在对数模式情况下，调制信号电平与载波信号的电平差值为$A(dB)$，则：

$$A(dB) = 20\lg\frac{U_s}{U_c} = 20\lg\frac{m}{2} \tag{3-45}$$

观察或测量幅度调制信号的方法有时域法和频域法。在时域内，可用示波器观察和测量时域信号。如图3-49所示为正弦幅度调制信号的时域波形。

图3-49中，E_{max}为调制信号包络的最大电压值，E_{min}为调制信号包络的最小电压值，E_c为调制信号包络的最大电压值与最小电压值的平均值，用公式表示为：

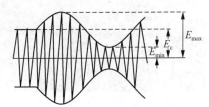

图3-49 正弦幅度调制信号的时域波形

$$E_c = \frac{E_{max} + E_{min}}{2}$$

幅度调制信号的调制指数为：

$$m = \frac{E_{max} - E_{min}}{E_{max} + E_{min}} \tag{3-46}$$

在频域中，可用频谱分析仪观察和测量幅度调制信号。用频谱分析仪可测量幅度调制信号的载波频率、幅度、调制频率和调制指数等特性。如图3-50所示为利用频谱分析仪测量的幅度调制信号。

图中A为相对于载波的边带幅度，f_m为调制频率。幅度调制信号的载波频率和幅度可用频谱分析仪的光标和光标Δ功能直接进行测量。将频谱分析仪的光标调到调制信号的最大值处,可直接测出(或读出)调制信号的幅度和频率,调制频率是载波频率与其中一个边带频率的差(边带相对载波呈对称性),可用频谱分析仪的光标 △ 直接测量。用频谱分析仪的光标 △ 测量出相对载波的边带幅度 A,则调制系数百分比可用式(3-47)进行计算。

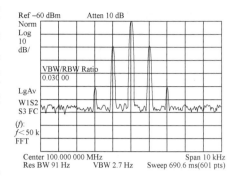

图 3-50　利用频谱分析仪测量的幅度调制信号

$$m\% = 2 \times 10^{A/20} \times 100\% \qquad (3-47)$$

表 3-2 给出了调制系数与相对载波的边带幅度。

表 3-2　调制系数与相对载波的边带幅度

调制系数/%	相对载波的边带幅度/dB	调制系数/%	相对载波的边带幅度/dB
1	−46.02	50	−12.04
2	−40	60	−10.46
10	−26.02	70	−9.12
20	−20	80	−7.96
30	−16.48	90	−6.94
40	−13.96	100	−6.02

2) 幅度调制信号测量

要获得一个幅度调制信号,可以通过一台信号源来产生幅度调制信号,也可以用一个天线接收幅度调制广播信号,输入至频谱分析仪。如图 3-51 所示为利用一个信号源输出一个幅度调制信号,用频谱分析仪测量幅度调制信号的原理图。

测量幅度调制信号的步骤如下:

(1) 按照如图 3-51 所示建立测试系统,系统加电预热,使系统仪器设备工作正常。

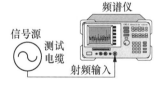

图 3-51　幅度调制信号
测量原理图

(2) 将信号源的射频输出端口用测试电缆与频谱分析仪的射频输入端口连接,设置信号源的状态参数,如输出载波频率为 100 MHz,幅度为 −15 dBm,调制系数为 10%,调制频率为 1 kHz。打开信号源射频输出开关,这样信号源输出一个幅度调制信号。

(3) 合理设置频谱分析仪的状态参数。例如,频谱分析仪的中心频率设置为 100 MHz,扫频带宽设置为 10 kHz 等。

(4) 测量幅度调制信号参数。如图 3-52 所示为在频谱分析仪 CRT 屏幕上观测到的幅度调制信号波形。利用频谱分析仪的峰值光标功能可直接测量出载波信号的幅度和频率,利用光标 △ 可直接测量出调制频率和相对于载波的边带幅度。图 3-52 中测量的调制频率为 1 kHz,边带幅度为 −26 dB,则调制系数为

$$m\% = 2 \times 10^{A/20} \times 100\% \approx 10.02\%$$

利用频谱分析仪测量幅度调制信号时,应注意以下问题:为了区分幅度调制信号的载波信号和边带信号,频谱分析仪的分辨带宽应小于幅度调制信号的调制频率,因此应采用高分辨率的频谱分析仪测量调制信号。用频谱分析仪测量幅度调制信号时,频谱分析仪分辨带宽的设置应满足以下条件:

$$RBW < \frac{2f_m}{SF} \tag{3-48}$$

式中:RBW 为频谱分析仪的分辨带宽;f_m 为幅度调制信号的调制频率;SF 为频谱分析仪的形状因子。

因此,当测量的幅度调制信号频率小于频谱分析仪的最小分辨带宽时,频谱分析仪将无法区分附加的调制,也就无法实现调制参数的测量。

频谱分析仪的显示动态范围一般大于 70 dB,测量的调制系数小到 0.063 2%,并可得到较高的绝对和相对频率测量精度。利用频谱分析仪亦可以方便地测量出调制失真。幅度调制信号的载波失真是由于调制信号二阶以上的后续谐波和过调制($m\% > 100\%$)引起的,同理用频谱分析仪在频域内可直接测量调制失真。

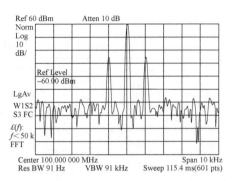

图 3-52 幅度调制信号波形

3.5.4 频率调制特性测量

1) 频率调制信号分析

频率调制(FM)是调制的一种形式,表示载波信号的频率随调制信号的幅度而变化。表征频率调制信号的主要参数有:载波频率、调制频率、调制指数和调频频偏。设调制信号为:

$$a(t) = \cos 2\pi f_m t \tag{3-49}$$

载波信号为:

$$U_c(t) = A\cos(2\pi f_m t + \phi) \tag{3-50}$$

频率调制信号可表示为:

$$U_c(t) = A\cos[(2\pi f_m t + \phi) + m\cos(2\pi f_m t)] \tag{3-51}$$

式中:A 为载波信号幅度;m 为调制指数,$m = \Delta f_{peak}/f_m$;Δf_{peak} 为最大调制频偏;f_m 为调制频率。

利用傅里叶级数对式(3-51)进行展开可得:

$$\begin{aligned}
U(t) = & J_0(m)\cos(2\pi f_c t) - J_1(m)[\cos 2\pi(f_c - f_m)t - \cos 2\pi(f_c + f_m)] + \\
& J_2(m)[\cos 2\pi(f_c - f_m)t - \cos 2\pi(f_c + f_m)] - \\
& J_3(m)[\cos 2\pi(f_c - f_m)t - \cos 2\pi(f_c + f_m)] + \cdots
\end{aligned} \tag{3-52}$$

式中:$J_0(m)$ 为 n 阶第一类贝赛尔函数。

可见,调频波的频谱中含有振幅为 $J_0(m)$ 的载波 f_c,振幅为 $J_n(m)$ 的边带分量($f_c \pm n f_m$),$n = 1, 2, 3, \cdots$。贝塞尔函数是无穷级数,只能作近似计算,项数愈多愈精确。为了方便起见,图 3-53 给出了贝赛尔函数曲线图,由曲线图可以确定边带分量的幅度值。例如调制指数 $m = 3$ 时,各分量的幅度分别为载波 $J_0 = -0.27$,第一边带(1 st)的幅度 $J_1 = 0.33$,第二边带(2 nd)的幅度 $J_2 = 0.48$,第三边带(3 rd)的幅度 $J_3 = 0.33$ 等。图 3-53 中给出值的符号是没有意义的,因为频谱分析仪显示的是绝对幅度值。

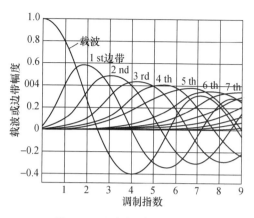

图 3-53　贝赛尔函数曲线图

由式(3-52)可知:频率调制信号的分量有无穷多项,随着阶数的增加,贝赛尔函数值总的趋势是减小的。根据满足信号低失真传输要求的有效边带项数,可以得到调制信号的带宽。有效边带项是指边带分量的电压至少占未调制载波电压的 1%,即 -40 dB。常取包含调频波能量 99% 的频段宽度作为传输带宽。通常分为以下几种情况:

(1) 对于很低调制的调频波,其调制指数 $m < 0.2$,其频谱和幅度调制频谱一样,有一对有效的边带分量。由于其所占带宽很窄,故称为窄带调制。在这种情况下,调制带宽 B(或称为传输带宽)是调制频率的 2 倍,用公式表示为:

$$B = 2f_m \tag{3-53}$$

如图 3-54 所示为频谱分析仪测量的调制指数等于 0.2 的调制信号频谱。由图可知,利用频谱分析仪的光标 Δ 功能,很容易测量出频率调制信号的调制频率,由此即可求出调频信号的调制带宽。

(2) 随着调频信号的调制指数的增大,起作用的高阶项愈来愈多,这时就必须考虑有效的边带分量。与窄带调频相对应,把调制指数大于 1 的频率调制信号称为宽带调制。对于很高的调制指数,如调制指数 $m > 100$,其传输带宽等于最大峰值频偏的 2 倍,用公式表示为:

$$B = 2\Delta f_{peak} \tag{3-54}$$

利用频谱分析仪的光标 Δ 功能,很容易测量出调频信号的调制频率 f_m,并观察调制载波过零次数,确定出相应的调制指数 m;由调制频率和调制指数,就可以计算出调制信号的最大峰值频偏;由峰值频偏,利用式(3-54)很容易

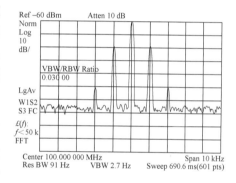

图 3-54　调制指数等于 0.2 的调频信号频谱

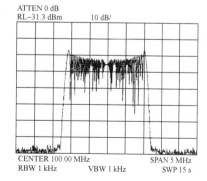

图 3-55　调制指数 $m = 95$ 的宽带调频信号的频谱

计算出调频信号的传输带宽。如图 3-55 所示为调制指数 $m = 95$ 的宽带调频信号的频谱。当调频信号的调制指数在 0.2~100 之间时,计算调制带宽必须考虑边带的影响。

（3）在语言通信中，可以默认一定的失真度，即忽略不足载波电压的 10% 的边带分量，此时所需的信息带宽可以近似表示为：

$$B = 2f_m(1+m) = 2\Delta f_{peak} + 2f_m \tag{3-55}$$

上面对频率调制信号的边带和带宽分析均以单个正弦波作为调制信号。如果扩展到更复杂、更实际的调制信号，则频谱分析就十分繁琐了。但是通过单音调制 FM 信号的分析，可以分析复杂的 FM 信号。

2）频率调制信号测量

利用频谱分析仪不仅能测量 FM 信号的频偏、调制度和调制指数等指标，而且也可以利用频谱分析仪快速准确地校准 FM 发射机或设置调制信号源，也常用于检验频偏仪的准确度。

借助于频谱分析仪，采用贝塞尔零点法，根据调制频率和载波幅度过零次数，可准确设置信号发生器或 FM 发射机的频偏值。如图 3-56 所示为调制频率为 1 kHz，调制指数为 2.4（载波第一次过零）的 FM 信号频谱，则载波峰值频偏为 2.4 kHz。

由频率调制信号频谱，利用频谱分析仪的光标 △ 功能很容易准确测量调制频率的大小，调制指数是已知的，这样就可以计算调制信号的频偏。下面以调制信号源输出为例，说明用频谱分析仪调设 FM 信号的方法。如图 3-57 所示为调设频率调制信号的原理图。

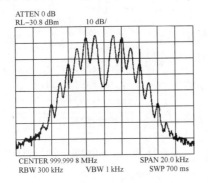

ATTEN 0 dB
RL-30.8 dBm   10 dB/

CENTER 999.999 8 MHz   SPAN 20.0 kHz
RBW 300 kHz   VBW 1 kHz   SWP 700 ms

图 3-56　FM 信号频谱（调制频率
为 1 kHz，调制指数为 2.4）

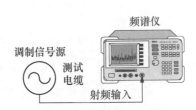

频谱仪

调制信号源

测试
电缆

射频输入

图 3-57　调设频率调制信号的原
理图

测量 FM 频偏的步骤如下：

（1）按照如图 3-57 所示建立频率调制信号的调设测量系统，并加电预热，使测试系统仪器设备工作正常。

（2）连接调制信号源的射频输出至频谱分析仪的射频输入，设置信号源的输出频率为 100 MHz。

（3）设置频谱分析仪的状态参数。

（4）计算调制频率。假设希望获得的频率调制信号的最大峰值频偏为 25 kHz，选择一阶载波过零，其调制指数为 2.4，则可以计算出调制频率为：

$$f_m = \frac{\Delta f_{peak}}{m} = \frac{25}{2.4} = 10.417 \text{ kHz}$$

（5）设置调制信号源的调制频率为 10.417 kHz，即可获得载波频率为 100 MHz，调制频率 10.417 kHz 的频率调制信号。

（6）逐渐改变调制信号源的调制频率，观察调制信号波形及载波过零所显示的频谱。如图 3 - 58 所示为调制指数约为 0.2 时的调制信号频谱。显然，利用频谱分析仪的光标和光标 △ 功能很容易测量载波频率、调制度和调制频率。图 3 - 58 为调制指数比较大的频率调制信号频谱。图 3 - 58 为 FM 调制信号第一边带过零的频谱。前面详细讨论了如何利用频谱分析仪建立已知频偏的频率调制信号，下面简述一下利用频谱分析仪测量频偏的方法。

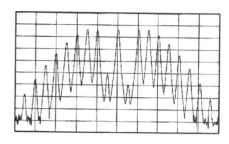

图 3 - 58　频率调制信号第一边带过零的频谱

实际上，利用频谱分析仪测量频率调制信号的 CRT 显示频谱是以载波为中心，对称排列的边带功率谱，利用频谱分析仪的光标功能分别测量各边带的幅度值 A（dBm）。

3.5.5　脉冲调制信号测量

脉冲调制技术在雷达、电子战和数字通信系统中应用十分广泛。与连续波信号相比，脉冲信号的测量会更加困难。表征脉冲调制信号的主要特性参数有：脉冲宽度、脉冲周期、脉冲重复频率、峰值功率和平均功率等。在时域里，用示波器很容易观察脉冲信号，测量上升和下降时间等。随着现代数字处理技术在频谱分析仪中的应用，频谱分析仪亦广泛应用于脉冲信号的频谱测量。但是利用频谱分析仪测量脉冲调制信号时，要合理设置频谱分析仪的分辨带宽 RBW、扫频宽度 SPAN 和扫描时间 SWEEP TIME 等状态参数，这些是获得真实脉冲信号的关键。因此本节将简述脉冲调制信号的基础及其简单的测量方法。

1）脉冲调制信号频谱

脉冲频谱表示的是时域脉冲信号转换到频域上的频谱。对于周期脉冲信号，可展开成傅里叶级数的形式表示，傅里叶级数的各项代表信号中各次谐波，因此周期性脉冲信号可视为各次谐波之和。

为了便于讨论分析，假设脉冲信号是一个理想的矩形脉冲，其上升时间为 0。如图 3 - 59 所示为理想矩形脉冲的时域和频域波形图，图 3 - 59（a）为时域波形，图 3 - 59（b）为频域波形（图中 τ 为脉冲宽度，T 为脉冲周期）。

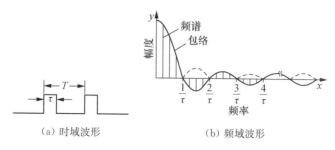

（a）时域波形　　　　　　（b）频域波形

图 3 - 59　理想矩形脉冲的时域和频域波形图

脉冲调制信号就是脉冲信号对连续波的幅度调制，可以看做单载波信号与脉冲信号的乘积,如图 3-60 所示。

由图可知,当脉冲信号为开状态时,幅度不为零,就有相应的载波信号;当脉冲信号为关状态时,幅度为零,也就没有相应的载波。如图 3-61 所示为射频载波脉冲调制的频谱波形。由图可以看出,边带频谱对称地分布在载波频率 f_c 的两旁,脉冲信号波形周期称为脉冲重复频率,用 PRF 表示,它与脉冲周期的关系为:

$$PRF = \frac{1}{T}$$

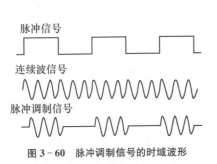

图 3-60　脉冲调制信号的时域波形

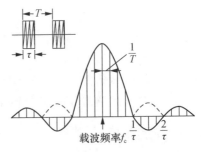

图 3-61　射频载波脉冲调制的频谱波形

已知脉冲宽度 τ 和脉冲周期 T,则脉冲调制占空比为 τ/T。脉冲调制的主瓣宽度为旁瓣的两倍,频谱主瓣包络在离载波频率 $1/\tau$ 处过零,谱分量间隔是脉冲重复频率。利用频谱分析仪可直接测量载波频率、脉冲重复频率和频率宽度。峰值脉冲功率 P_P 可通过测量载波分量功率 P_C 求得,公式如下:

$$P_P = P_C[\text{dBm}] - 20\lg\left(\frac{\tau}{T}\right) \tag{3-56}$$

2) 脉冲调制信号参数测量

频谱分析仪只能测量幅度信息,而不能测量相位信息,因此频谱分析仪观察的脉冲调制信号频谱全部是正向的。采用频谱分析仪测量射频脉冲调制信号时,选择不同的分辨带宽,将显示不同的信号频谱。当采用窄的分辨带宽时,频谱分析仪显示频谱呈现离散的谱线,称此为线状谱;当采用宽的分辨带宽时,频谱分析仪显示的谱线便融合在一起,频谱呈连续状,称此为脉冲谱。利用线状谱和脉冲谱的频谱特性,可以测量脉冲调制参数。

(1) 线状谱测量

当频谱分析仪的分辨带宽 RBW 小于输入脉冲信号的重复频率 PRF 时,频谱分析仪显示器上能清楚地分辨出离散的谱线。只要满足 RBW<PRF 的条件,改变频谱分析仪的其他状态参数,频谱谱线之间的间距将不发生变化。利用线状谱的这个特点,使用频谱分析仪的光标和光标 Δ 可以很方便地测量各种调制参数指标。下面以频谱分析仪测量的脉冲频谱为例,说明测量各种调制参数的方法。如图 3-62 所示为频谱分析仪测量的脉冲调制信号的频谱图。

载波频率和载波功率测量:利用脉冲调制信号频谱,激活频谱分析仪的光标功能,然后利用频谱分析仪的峰值搜索功能,自动将光标移动至载波信号最大值处,如图 3-62 所示,从而可以直接读出载波频率和功率。

载波频率：$f_c = 1$ GHz；

载波功率：$P_c = -51.2$ dBm。

脉冲宽度测量：如图 3-63 所示，脉冲周期为 50 μs，脉宽为 5 μs，利用频谱分析仪的光标 Δ 功能，测量脉冲调制信号的主瓣宽度为 400 kHz。

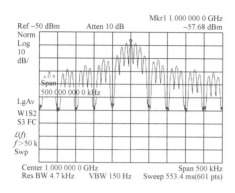

图 3-62　频谱分析仪测量的脉冲调制信号频谱图

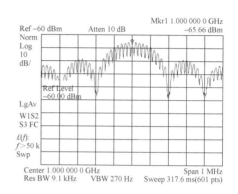

图 3-63　脉冲宽度测量

脉冲重复频率和脉冲周期测量：由测量的脉冲调制信号频谱，利用频谱分析仪的光标 Δ 可直接测量出脉冲重复频率，如图 3-64 所示。测量结果如下：

脉冲重复频率：PRF $= 20$ kHz；脉冲周期为 50 μs，脉宽为 10 μs，脉冲周期：$T = 1/\text{PRF} = 50$ μs。

脉冲峰值功率的计算：由测量的载波功率、脉冲宽度和脉冲周期，就可以计算脉冲峰值功率的大小。

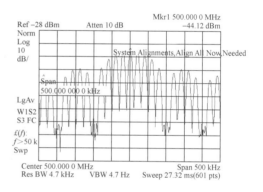

图 3-64　脉冲重复频率测量

（2）脉冲谱测量

当频谱分析仪的分辨带宽 RBW 小于脉冲调制的重复频率 PRF 时，频谱分析仪能区分每一个谐波的谱线，因此能清楚显示脉冲波形的线状谱，测量线状谱需要较长的扫描时间。在雷达和通信系统中，有时只单独关注脉冲调制信号的线状谱是不够的，例如在分析具有低的脉冲重复频率的短脉冲串的信号时，往往更关注脉冲波形的包络，这种频谱称为脉冲谱或包络谱。

当频谱分析仪的分辨带宽 RBW 大于脉冲调制的重复频率 PRF 时，频谱分析仪不能分辨出每个傅氏频率的分量，但是当频谱分析仪的分辨带宽 RBW 比待测信号频谱的包络宽度小时，可以清楚地分辨脉冲包络，不过此时频谱分析仪 CRT 显示的图形不是真正的频域显示，而是时域和频域的组合，此时脉冲包络的幅度值与频谱分析仪的分辨带宽和视频带宽的选择有关，当分辨带宽和视频带宽增大到一定程度时，包络的幅度值将以每倍带宽 6 dB 的斜率线性增加，直至带宽增加到约等于主瓣宽度一半时，其包络幅度才随带宽的增加而变化减小。

3.5.6　三阶互调失真测量

电子系统中所采用的许多电路都被认为是线性电路,这意味着对于正弦波输入,其输出也是正弦波。实质上,理想的线性电路是不存在的。当信号通过非线性设备、电路或器件时,其输出不仅具有与输入相同频率的信号,而且由输入信号产生了其他任何频率的信号,此信号称为失真。若输入信号是单一频率的信号,输出信号中除了基波分量外,还产生了直流、谐波及幅度失真分量;如果输入信号是两个不同频率的正弦信号,输出信号除了两个基波频率外,还出现互调和交调失真分量;如果输入信号是 3 个以上频率的信号,输出信号中还会出现 3 次差拍失真分量。

1)互调失真测量方法

对互调失真进行测量需要两个信号源。如图 3-65 所示为任意两端口待测件互调失真测量的典型原理图。

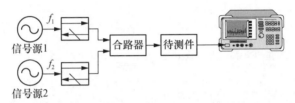

图 3-65　任意两端口待测件互调失真测量的典型原理图

如图 3-65 所示,设信号源 1 的输出信号频率为 f_1,信号源 2 的输出信号频率为 f_2,两路信号通过合成器,输入给待测件,待测件的输出接频谱分析仪,则频谱分析仪测量三阶互调产物 $2f_1 - f_2$ 和 $2f_2 - f_1$ 的大小。如图 3-66 所示为典型的三阶互调失真测量结果的频谱图。利用频谱分析仪的光标功能很容易测量基波信号的幅度和频率,利用频谱分析仪的光标 Δ 功能很容易测量三阶互调失真相对于基波信号的互调失真大小。

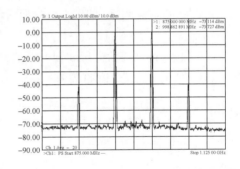

图 3-66　典型的三阶互调失真测量结果的频谱图

互调失真的测量精度不仅与输入信号的频率和幅度有关,而且还与信号的合成、测试仪器设备的正确使用等问题相关。下面简述测试仪器设备对互调失真测量的影响。

使用高频谱纯度的信号源,或在合成器与信号源之间加低通滤波器,以避免信号源输出信号的谐波分量引起测量的不确定度。因为信号源 $f_1(f_2)$ 的二次谐波 $2f_1(2f_2)$ 与信号 $f_2(f_1)$ 通过待测件产生的二阶互调 $2f_1 \pm f_2$ 与 $2f_2 \pm f_1$ 的三阶互调频率相同,所以频谱分析仪显示的互调分量为两者的叠加。

功率合成器的功能是实现两路信号的合成,双波信号合成后比单波信号强 3 dB。但是往往由于合成器的隔离不够,而引起信号源之间的串扰,形成互调失真。这个现象可以用频谱分析仪检测,且可以将固定衰减器接在信号源的输出端来消除。这些固定衰减器提高了信号源之间的隔离度,防止内部产生的互调失真。但是信号源的输出功率电平应增大,以补偿固定衰减器的损失。

频谱分析仪的内部电路不是理想的线性电路,也会产生失真。如利用频谱分析仪测量双波信号时,由于频谱分析仪混频器的非线性,测量会产生互调失真。要实现频谱分析仪的最佳工作性能,就要满足频谱分析仪混频器的最佳工作电平范围−30 dBm～−40 dBm。频谱分析仪是否工作在线性区,可靠的检测方法是衰减法,对于 0 dBm 输入信号(双波信号通过功率合成器后电平比单波信号强 3 dB),频谱分析仪的射频衰减至少设置为 30 dB,以保证频谱分析仪混频器的输入电平小于−30 dBm,这样可以提高频谱分析仪的互调截止点。目前广泛使用的 Agilent 频谱分析仪,其技术特性均给出了三阶互调动态范围技术指标,这是频谱分析仪测量互调失真适应性和有效性所必须考虑的一个重要因素。判断频谱分析仪内部失真是否对测量结果产生影响的简单方法是:通过改变频谱分析仪的射频衰减,来观察互调失真信号电平的变化。如果增加频谱分析仪的射频衰减,互调失真信号发生变化,则说明频谱分析仪互调对测量结果有影响。通过减小信号输入电平或增加频谱分析仪的射频衰减,可以减小频谱分析仪内部非线性失真对测量结果的影响。但是降低输入信号电平或增加频谱分析仪的射频衰减,也就降低了测量信噪比,低电平失真信号可能被淹没在噪声中,此时可以通过减小频谱分析仪的分辨带宽,以降低频谱分析仪的本底噪声,来提高低电平信号的测量能力。

除以上影响失真准确测量的因素外,信号的输入功率和输出信号功率的调整,以及测试信号的频率间隔选择等,均影响失真测量精度。

上面论述的是利用频谱分析仪测量互调失真的通用测量方法以及应注意的具体问题。但对于具体的测试设备或器件(如高功率放大器、低噪声放大器等),互调失真测量各具特点。因此下面简述高功率放大器的互调失真测量、低噪声放大器的互调失真测量和无源互调失真测量。

2) 高功率放大器的互调失真测量

互调失真是高功率放大器的一个重要特性,它是由于功放管子的非线性引起的。当一个高功率放大器同时发送多载波,且总输出功率接近饱和输出功率时,管子的非线性将产生互调,形成干扰。因此必须严格控制其互调产物。高功率互调特性通常用两个等幅输入载波产生的三阶互调产物的电平值来表示,即测量高功率放大器的三阶互调失真的大小。不同的功率放大器,其三阶互调失真指标要求是不一样的。

在用频谱分析仪测量高功率放大器的互调失真时,由于高功率放大器输出功率往往大于频谱分析仪的安全输入电平,因此一定要注意不能将功率放大器的输出直接接频谱分析仪的射频输入端口,一定要加衰减器或定向耦合器,以确保输入频谱分析仪的最大功率不大于频谱分析仪的安全输入电平。如图 3 - 67 所示为高功率放大器互调失真测量的原理图。

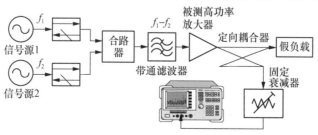

图 3 - 67　高功率放大器互调失真测量的原理图

由图 3-67 可知：用一个功率合成器将两个幅度相等、频率相差为 10 MHz 的单载波信号合成在一起，输入给高功率放大器，在高功率放大器输出端接定向耦合器，定向耦合器的直通口接假负载，耦合口接衰减器，再接频谱分析仪；然后用频谱分析仪测量三阶互调产物 $2f_1-f_2$ 和 $2f_2-f_1$ 相对于基波信号的电平值。需要说明的是：功率放大器的互调失真测量是在一定条件下进行的，通常是给定基波的输出功率，且两个基波信号的幅度相等。保证二者相等的方法是：关闭其中一路载波，用频谱分析仪在定向耦合器的耦合口测量信号输出功率，调整信号源的输出功率电平，确保两个基波信号的输出功率相等。测量高功率放大器互调失真的步骤如下：

（1）按照如图 3-67 所示建立功率放大器互调失真测量系统。功率放大器的输出端口接定向耦合器，定向耦合器的直通口接假负载，耦合口接衰减器，再接频谱分析仪（如果高功率放大器有功率监测口的话，可不需要定向耦合器，在功率放大器的输出口接假负载，监测口直接接频谱分析仪），系统加电，使系统仪器设备工作正常。

（2）按照测试计划要求，设置信号源的工作参数。例如设置信号源 1 和信号源 2 均为单载波工作模式，且信号源 1 的输出频率为 f_1，信号源 2 的输出频率为 f_2。

（3）调整信号源的输出功率，使信号源 1 和信号源 2 的输出功率相等。

（4）打开信号源 1 和信号源 2 的射频输出开关，合理设置频谱分析仪的状态参数，观察信号频谱，用频谱分析仪的光标 Δ 功能测量互调失真的大小。

（5）输出测量结果。用绘图仪打印测量信号频谱图。

3）低噪声放大器的互调失真测量

低噪声放大器是一个具有较宽工作频段的小信号放大器，它对输入低噪声放大器的所有载波信号进行放大。由于低噪声放大器是非线性器件，在多载波输入的情况下，它将产生互调失真。我们常用三阶互调截止点来表征低噪声放大器的互调失真特性。例如某 C 波段低噪声放大器的三阶互调失真的指标为：工作频段为 3 700～4 200 MHz；增益为 60 dB；三阶互调截止点在 +26 dBm。

该指标的物理意义是：假定低噪声放大器输入两个幅度相等的单载波，且每个载波的幅度为 -70 dBm，由于低噪声放大器增益为 60 dB，每个载波的输出幅度为 -10 dBm，由三阶互调截止点电平可计算出互调失真，计算结果表明：低噪声放大器的三阶互调产物应低于每个载波 72 dB，或三阶互调失真小于 -72 dBc。

下面以 C 波段放大器互调失真测量为例，说明三阶互调截止点测量的方法。如图 3-68 所示为低噪声放大器互调失真测量的原理图。

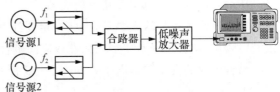

图 3-68　低噪声放大器互调失真测量的原理图

测量低噪声放大器互调失真的步骤如下：

（1）按照如图 3-68 所示建立测试系统，加电预热，使系统仪器设备工作正常。

（2）校准信号源的输出电平，使两个信号源输出信号幅度相等。

（3）关闭信号源 1 和信号源 2 的射频输出开关，将合成器输出直接接低噪声放大器的输入端口，频谱分析仪移至低噪声放大器的输出口。

（4）打开信号源 1 和信号源 2 的射频输出开关，合理设置频谱分析仪的状态参数。例如设置频谱分析仪的起始频率为 3 700 MHz,停止频率为 4 200 MHz,并合理设置分辨带宽、视频带宽和扫描时间等。

(5) 用频谱分析仪观察信号频谱,测量互调失真的大小。

(6) 输出测量结果。频谱仪接打印机或绘图仪,直接输出测量结果。

3.5.7　相位噪声测量

1)相位噪声定义及表征

相位噪声是由频率源的内部噪声对振荡信号的频率和相位均产生调制而引起输出频率的随机相位或频率的起伏。它描述的是在短期时间间隔内引起频率源输出频率不稳定性的所有包含因素,是频率信号边带谱噪声的度量,是频率源短期稳定度的直接反映。

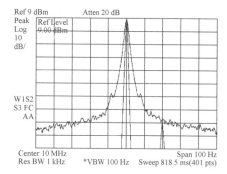

图 3-69　在频域中相位噪声表现
为载波两边的噪声边带

在时域内,相位噪声表现为波形零点处的抖动。在频域内,相位噪声表现为载波的边带,如图 3-69 所示。

一个纯正弦波可以表示为:

$$V(t) = V_0 \sin(2\pi f_0 t) \tag{3-57}$$

式中:V_0 为正弦波信号的幅度;f_0 为正弦波信号的频率。

一个有幅度和频率起伏的正弦波表示为

$$V(t) = [V_0 + a(t)] \sin[2\pi f_0 t + \phi(t)] \tag{3-58}$$

式中:$a(t)$ 为幅度噪声;$\phi(t)$ 为相位噪声。

注意:这个噪声过程同幅度调制和相位调制过程是相似的。幅度调制不影响频率稳定度,而其产生的噪声也远小于相位调制产生的噪声。信号的噪声边带主要由相位调制引起,故实际测量中常用单边带相位噪声来表示短期频率稳定度。单边带相位噪声定义为:偏离载波频率 f_{off} 处,每赫兹带宽的单边带功率与载波功率之比。单边带相位噪声表征信号短期稳定度信息量最大,也是最常用的一种方法。用分贝表示的单边带相位噪声为:

$$\psi(f_{off}) = P_{SSB}[\text{dBm/Hz}] - P_c[\text{dBm}] \tag{3-59}$$

式中:$\psi(f_{off})$ 为相位噪声(dBc/Hz);P_{SSB} 为每赫兹带宽的单边带噪声功率(dBm/Hz);P_c 为噪波功率(dBm)。

利用频谱分析仪测量相位噪声是一种简易的方法,仅适合于要求不高的场合,同时也是应用广泛且十分有效的方法。其显著特点是:简单方便,易操作。但是所使用的频谱分析仪灵敏度要高,也就是其本底噪声要足够低,所测量的相位噪声要大于频谱分析仪的内部噪声,否则无法进行测量。如图 3-70 所示为 SSB 相位

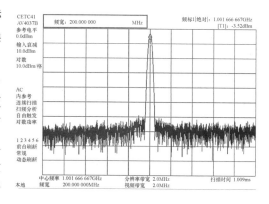

图 3-70　SSB 相位噪声定义

噪声定义。

利用频谱分析仪的光标功能,可直接测量载波功率电平 P_c(dBm),移动光标到指定的频偏处,测量单边带相位噪声功率 P_{SSB}(dBm),频偏为 f_{off} 处的相位噪声功率为:

$$\psi(f_{off}) = P_{SSB}[dBm] - P_c[dBm] - 10\lg(1.2RBW) + 2.5 \qquad (3-60)$$

2) 相位噪声测量方法

现代频谱分析仪均具有归一化噪声功率测量功能,因此可以用频谱分析仪的光标噪声功能和光标 Δ 功能直接测量出相位噪声的大小。利用频谱分析仪测量相位噪声的步骤如下:

(1) 按照测试原理图建立相位噪声测试系统,系统仪器设备加电预热,使系统仪器设备工作正常。

(2) 设置待测源的频率和输出功率电平,用射频电缆将待测源的输出信号接频谱分析仪的输入端口。

(3) 合理设置频谱分析仪的状态参数。如设置频谱分析仪的中心频率为待测源的输出频率;设置频谱分析仪的参考电平,使其略大于或等于待测信号的幅度;设置适当的扫频带宽,使频谱分析仪可显示一个或两个噪声边带。

(4) 利用频谱分析仪的噪声测量功能和光标 Δ 功能,直接测量指定频偏处相位噪声。

(5) 改换测试频率,重复上述步骤,同理测量其他频率的相位噪声。

这里给出了扫频信号源在 1 GHz 时的相位噪声测量结果。所用的频谱分析仪为 AgilentE4447,信号源为单载波工作模式,输出频率为 1 GHz,功率电平为 −10 dBm,图 3−71 中心频率为 1.820 7 GHz、频宽为 10 kHz、频偏为 1 kHz 处单边带相位噪声功率相对于载波信号的电平差值,−80 dBc/Hz;图 3−72 中心频率为 1.440 GHz、频宽为200 kHz、频偏为 20 kHz 处,单边带相位噪声功率相对于载波信号的电平差值,已知频谱分析仪的分辨带宽为1.8 kHz,则不同频偏处的相位噪声为−85 dBc/Hz。图 3−73 为 X 波段频综器相噪曲线。

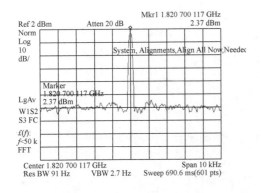

图 3−71 频偏为 20 kHz 处单边带相位噪声功率

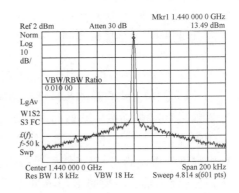

图 3−72 频偏为 20 kHz 处单边带相位噪声功率

$$\begin{aligned}\psi(f_{off}) &= P_{SSB}[dBm] - P_c[dBm] - 10\lg(RBW) \\ &= -55 - 2.37 - 10\lg(9.1 \times 10^2) \\ &= -80 \text{ dBc/Hz}\end{aligned}$$

$$\begin{aligned}\psi(f_{off}) &= P_{SSB}[dBm] - P_c[dBm] - 10\lg(RBW) \\ &= -60 - 13.49 - 10\lg(1.8 \times 10^3) \\ &= -106 \text{ dBc/Hz}\end{aligned}$$

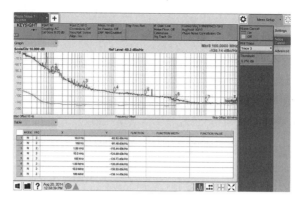

图 3 - 73 X 波段频综器相噪曲线

3.6 频谱分析仪毫米波扩频测量原理

随着无线信号传输和无线电通信的发展,为避免频谱冲突,对频率范围的需求也日益扩大。除去在低频段扩展外,毫米波波段频率扩展也是一种有效的途径,特别是到 110 GHz 频率范围被广泛关注。然而,随着测量频率的增长,频谱分析仪复杂性和成本逐渐增加。因此,外接毫米波谐波混频器扩频测量技术(以下简称外扩频)作为一种经济有效的方式被应用于扩展频谱分析覆盖范围。

3.6.1 谐波混频与外扩频技术概述

基波混频具有高灵敏度、低噪声和不依赖于输入信号等优点,通常用于低频段频谱分析中。然而,这种技术对于较高微波频段的测量就不适用了,因为这需要本振具有很高的频率范围(高于输入射频信号)和稳定性。利用谐波混频,本振不需要拥有比待测信号更高的频率,可与低频信号共用同一本振和大部分的中频结构。而对于更高的频率范围,则需要结合外混频和谐波混频技术。外混频的最大的优点是灵活方便,可根据特殊的测试需求选择合适频段和性能的混频器。事实上,一般超过 50 GHz 以上的频率范围,只能利用外混频进行测量。当然,外混频也带来一些缺点,例如本振高次谐波的使用增加了相位噪声和频率的不稳定性;外接线缆、连接器和适配器等增加了测量的不确定度以及测试设置的复杂度,同时降低了可重复性和稳定性,从而降低了幅度灵敏度和准确度。

3.6.2 扩频频谱分析结构与原理

1)频谱分析仪基本硬件结构

超外差式频谱分析仪通过变频将输入转化为固定中频。中频信号经过步进放大、射频信号搬移到中频上,由于本振频率通过扫描谐波电压调谐可变,所以输入信号可被抗混叠滤波后完成 ADC,用数字信号处理技术实现多种 RBW 处理,从而获得被测信号频率和幅度信息。

外混频测量作为超外差式频谱分析仪的一种频谱扩展测量功能,其硬件测量通路与基本频谱分析共用合成本振、中频和数据处理部分,仅微波、毫米波变频部分区别于频谱仪内部固定模式,由外接的毫米波谐波混频器实现,其简单原理框图如图 3-74 所示。频谱分析仪提供合成本振的输出及中频输入接口。因为混频器是一种高度非线性器件,为保证混频器混频效率,本振输出功率驱动必须足够高,通常为 12 dBm~18 dBm。对于带预选功能的谐波混频器,频谱分析仪还可以提供偏置电压供电,保证外混频器内的可调谐滤波器工作在特定的频率上。

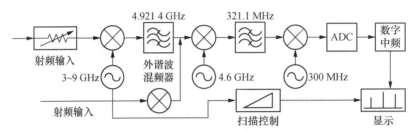

图 3-74　频谱分析仪原理简图

2) 频谱分析仪软件构架

随着微波变频、合成本振和中频处理等硬件测试平台日渐成熟和通用化,一台频谱分析仪器实现多模式、多功能测量成为一种趋势。除了基本的频谱分析模式外,频谱分析仪应该可以支持多种模式和多种测量功能,包括功率测量、相位噪声测量和扩频测量等。这就要求我们搭建一个模块化、可扩展、可靠性高的软件平台,我们设计的频谱分析仪软件功能框图如图 3-75 所示。

实现扩频频谱测量,硬件功能相对于传统频谱分析变动不大,主要是软件

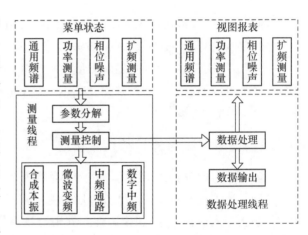

图 3-75　频谱分析仪软件功能框图

功能扩展支持。频谱分析仪软件采用面向对象技术,按照上述功能划分将各个部分模块化,降低各模块耦合度。采用多个线程管理,主线程接收响应用户输入操作并提供报表视图显示;测量线程按照当前参数配置设置硬件返回测量结果;数据处理线程提供数据处理服务,将原始测量数据运算处理为显示数据。

测量流程如下:主线程监控接收用户参数输入和修改操作,进行参数合理化和自适应处理,传递到测量控制模块。测量控制模块根据下传参数组织控制扫描测量流程,调用硬件处理模块进行合成本振、微波变频、中频通路和数字中频等的设置。测量完毕后,数据处理模块根据视图显示内容和格式将测量结果进行相应的数据处理变换。数据处理完毕后通知主线程视图进行刷新显示。

3) 外扩频测量原理

谐波混频器混频公式为:

$$|nf_{LO} \pm mf_{RF}| = f_{IF} \tag{3-61}$$

其中，f_{RF} 为输入信号，f_{LO} 为本振频率，频率范围 3.0 GHz～6.1 GHz。f_{IF} 为中频 321.4 MHz，n 为本振谐波次数，m 为输入信号的谐波次数。

由于混频器的变频损耗是谐波次数的函数，谐波次数越高，变频损耗越大。扩频测量时，输入射频信号频率较高，使用高次谐波使得本振所需谐波次数显著增大，混频器变频损耗变大，频谱幅度较低，在频谱图中比较容易分辨。因此为方便分析，我们忽略输入信号的高次谐波，输入射频信号基波与本振频率的 n 次谐波混频到中频：

$$f_{RF} = nf_{LO} \pm f_{IF} \tag{3-62}$$

由公式(3-62)可知，对于给定的射频信号和固定的中频频率，在限定的本振扫描频率范围之内，可能有数个本振频率和谐波次数的乘积满足公式，并且每个满足条件的本振信号产生一对频率响应。但是本振频率计算映射到显示频谱时，却统一使用了固定的谐波次数(如 A 波段采用 8 次谐波)，频谱从真实信号位置产生到显示位置的映射，从而形成了射频输入频率的多重响应信号。这就是我们从扩频频谱分析的频谱图上看到丰富的频率响应的原因。

3.6.3　外扩频关键技术实现

1) 信号识别

带预选谐波混频器内部带有可调谐滤波器，能够抑制镜像响应，滤除镜像信号，得到正确的信号。然而高频段预选器实现非常复杂，成本较高，而且滤波器使谐波混频器变频损耗增大、阻抗失配、灵敏度降低，这些限制条件使得带预选的混频器使用较少。因此，针对无预选混频器必须提供软件算法检测、滤除镜像信号，得到真实的输入信号响应。

(1) 简单信号识别方法

由公式(3-62)可知，本振扫描过程中，满足混频公式的本振频率为：

$$f_{LO} = (f_{RF} \pm f_{IF})/n \tag{3-63}$$

代入实际使用的混频公式：

$$f'_{RF} = n'f_{LO} - f_{IF} \tag{3-64}$$

可得：

$$f'_{RF} = (f_{RF} \pm f_{IF})n'/n - f_{IF} \tag{3-65}$$

由公式(3-65)可知，只有 $n'=n$，即实际使用谐波次数等于规定的谐波次数时，成对的响应才为 $f'_{RF} = f_{RF}$ 和 $f'_{RF} = f_{RF} - 2f_{IF}$。即真实信号的镜像信号频率间隔为 $2f_{IF}$。

(2) 软件信号识别算法

由上述可知，输入信号真实频率响应与其镜像频率之间的频率间隔为 $2f_{IF}$。其他状态不变，将公式(3-63)本振频率减小 $2f_{IF}/n$，代入此时应用的混频公式(3-64)的镜像信号混频公式：

$$f'_{RF} = n'f_{LO} + f_{IF} \tag{3-66}$$

可得：

$$f'_{RF} = (f_{RF} - 2f_{IF} \pm f_{IF}) * n'/n + f_{IF} \tag{3-67}$$

比较公式(3-65)和公式(3-67)可知,只有当 $n'=n$ 时,$f'_{RF}=f_{RF}$,真实信号处仍有响应,而多重响应处不会重叠,将发生偏移。

基于此准则,可以构筑以下软件识别算法:进行真实信号识别时,软件进行两次扫描设置,一次保持状态不变,另一次将本振频率减小 $2f_{IF}/n$ 进行扫描。由于真实信号处仍有响应,而其他多重响应发生移动,将两次扫描结果比较取最小值显示,也即做最小保持,真实信号将保持较高幅度,其他响应将被滤除,从而得到真实的信号频率。

2)变频损耗补偿

变频损耗定义为射频输入信号功率与中频输出信号之比,表明了谐波混频器将输入射频信号下变频为中频信号的效率。变频损耗与本振功率有关,谐波混频器在一个给定的本振功率上变频损耗达到最小,本振功率不可偏离此最佳值太大。此外,变频损耗还与频率相关,在不同的频率点具有不同的频响特性,整个频段频率响应并不平坦,因此必须对谐波混频器的变频损耗进行补偿,以提高幅度读出准确度。

变频损耗补偿思路如下:我们选择频段中心频率点作为定标点,确定平均变频损耗值与补偿在通路上的平坦度数据之间的量化关系。调整每个频率点对应的变频损耗值,从而得到实际补偿到通路的平坦度数据。表3-3为外接混频器频率范围。

表3-3 外接混频器频率范围

频段	频率范围	混频谐波	变频损耗
K	18.0～26.5 GHz	≥6	28 dB
A	26.5～40.0 GHz	≥8	28 dB
Q	33.0～50.0 GHz	≥10	28 dB
U	40.0～60.0 GHz	≥10	28 dB
V	50.0～75.0 GHz	≥14	40 dB
E	60.0～90.0 GHz	≥16	40 dB
W	75.0～110.0 GHz	≥18	46 dB

设计采用两种方式补偿变频损耗。一种方法是变频损耗补偿列表,将微波频段均分为等间隔的频率点(为平衡测量准确度和测试复杂度,通常低频段间隔 1 GHz,高频段间隔 2 GHz),在每个频率点上输入变频损耗值,频率点之间用求斜率的方法实现全频段的幅度补偿;另一种方法是整个频段使用一个平均变频损耗值,即全频段使用统一的幅度修正量,优点是简化了测量复杂度,缺点是幅度测量准确度下降。

3.7 实时频谱分析仪

3.7.1 实时频谱分析仪工作原理

1)定义

传统上一般将频谱仪分为三类:扫频式频谱仪、矢量信号分析仪和实时频谱分析仪。实时频谱分析仪(Real Time Spectrum Analyzer,RTSA)是随着现代 FPGA 技术发展起来的一种新式频谱分析仪,与传统频谱仪相比,它的最大特点是在信号处理过程中能够完全利用所采集的时域采样点,从而实现无缝的频谱测量及触发。由于实时频谱分析仪具备无缝处理能力,使得它在频谱监测、研发诊断以及雷达系统设计中有着广泛的应用。

对于工程师而言,因频域内的杂散和短时事件造成的干扰频率切换过程中信号源的频谱表现造成的干扰或者因数字电路对射频信号的影响造成的干扰非常常见,而寻找此类问题的原因通常非常困难,需要花费很长时间。此时,独特的实时射频频谱的捕捉和显示功能,能够帮助快捷、轻松地分析故障和确定信号特征。它能够无缝化实时地测量信号频谱,甚至能够以时间重叠的形式进行测量,为便于可视化分析,它除了提供实时化的瞬间频谱外,还提供频谱图;在驻留测量模式下,它利用不同颜色实现了实时频谱的可视化,以指示信号发生的时间间隔。频谱事件的触发由与频率有关的模板提供支持,从而有助于可靠地检测频谱中的杂散信号并进行相关调查。

实时触发、无缝捕获和多域分析是实时频谱分析仪的几个主要特点,也是其实现的关键技术。利用实时频谱分析仪独创的频率模板触发技术设定频率和功率两维信息,可将感兴趣的脉冲信号捕获下来。实时频谱分析仪独有的数字荧光显示技术(DPX),可以让你在复杂的环境中发现感兴趣的信号,即使是同频干扰的信号也可以轻松地分辨出来。实时频谱分析仪还可以在时域、频域、调制域进行相关的多域分析和时间关联分析。

2) 结构

图 3 - 76 是实时频谱分析仪的简化结构框图。实时频谱分析仪可在仪器的整个频率范围内调谐 RF 前端,把输入信号下变频到固定中频,固定中频与实时频谱分析仪的最大实时带宽有关。ADC 对信号进行滤波、数字化,然后传到 DSP 引擎上,DSP 引擎负责管理仪器的触发、存储和分析功能。实时频谱分析仪把良好的动态范围和高实时捕获带宽合理结合起来,增加了频域事件触发电路,提供了独一无二的频率模板触发、无缝信号捕获和时间相关多域分析功能。此外,ADC 的技术进步可以实现高动态范围和低噪声转换,使实时频谱分析仪的性能相当于或超过许多扫频频谱分析仪的性能。

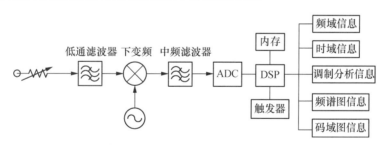

图 3 - 76　实时频谱分析仪简化结构框图

3) 特性

实时频谱分析仪普遍采用快速傅里叶变换(FFT)来实现频谱测量。FFT 技术并不是实时频谱分析仪的专利,其在传统的扫频式频谱分析仪上亦有所应用。但是实时频谱分析仪所采用的 FFT 技术与扫频式频谱分析仪相比有着许多不同之处,其测量方式和显示结果也有所不同。

(1) 高速测量:频谱分析仪的信号处理过程主要包括两步,即数据采样和信号处理。实时频谱仪为了保证信号不丢失,其信号处理速度需要高于采样速度。

(2) 恒定的处理速度:为了保证信号处理的连续性和实时性,实时频谱分析仪的处理速度必须保持恒定。传统频谱分析仪的 FFT 计算在 CPU 中进行,容易受到计算机中其他程序和任务的干扰。实时频谱分析仪普遍采用专用 FPGA 进行 FFT 计算,这样的硬件实现既可以保证高速性,又可以保证速度的稳定性。

(3)频率模板触发(Frequency Mask Trigger,FMT):FMT 是实时频谱分析仪的主要特性之一。它能够根据特定频谱分量大小设置触发条件,从而帮助工程师捕获特定时刻的信号。而传统的扫频式频谱分析仪和矢量信号分析仪一般只具备功率或者电平触发,不能根据特定频谱的出现情况触发测量,因此对转瞬即逝的偶发信号无能为力。

(4)丰富的显示功能:传统频谱分析仪的显示专注在频率和幅度的二维显示,只能观察到测量时刻的频谱曲线。而实时频谱分析仪普遍具备时间、频率、幅度的三维显示,甚至支持数字余辉和频谱密度显示,从而帮助测试者观测到信号的前后变化及长时间统计结果。

4)关键指标

实时频谱分析仪和传统频谱分析仪有共同的指标,例如频率、分析带宽、动态范围等;同时也有自己独特的指标,例如 FFT 速度、最短截获时间等。其关键指标包含:

(1)频率:频谱分析仪能检测的最高频率值,一般无线通信要求的频率上限在十几吉赫兹,军用、航天类型的应用要求在 50 GHz 以上,甚至达到 100 GHz 以上。

(2)分析带宽:频谱分析仪能够同时分析的最大信号频率范围,一般取决于其中频 ADC 的最高带宽。随着微电子技术的发展,现在频谱分析仪的分析带宽已经从最初的几十兆赫增加到几百兆赫。对于实时频谱分析仪而言,分析带宽越宽,其 ADC 的采样率就越高,实时 FFT 计算的要求也越高。

(3)无杂散动态范围(SFDR):衡量频谱分析仪同时观测大小信号的能力,该参数一般取决于频谱分析仪的本底噪声、ADC 位数等。

(4)100%截获信号持续时间:实时频谱分析仪虽然适合观测瞬态信号,但是对信号的持续时间也有特定要求。高于一定持续时间的信号能够被百分之百的准确测量到;低于该时间的信号可能会被捕获,但是幅度精度不能保证。

(5)FFT 计算速度:频谱分析仪里面的 FPGA 硬件进行 FFT 计算的速度。

5)主要概念

(1)样点、帧和块

要了解实时频谱分析仪如何在时域、频域和调制域中分析信号,首先需要知道仪器是怎样采集和存储信号的。在 ADC 数字化转换信号之后,信号使用时域数据表示,然后可以使用 DSP 计算所有频率和调制参数。实时频谱仪在采集捕获信号时,存储的数据层包括三级——样点、帧和块,如图 3-77 所示。

数据层级的最底层是样点,它代表着离散的时域数据点。这种结构在其他数字取样应用中也很常见,如实时示波器和基于 PC 的数字转换器。决定相邻样点之间时间间隔的有效取样速率取决于选择的跨度。在实时频谱分析仪中,每个样点作为包含幅度和相位信息的 I/Q 都存储在内存中。

上一层是帧,帧由整数个连续样点组成,是可以应用快速傅里叶变换(FFT)把时域数据转换到频域中的基本单位。在这一过程中,每个帧产生一个频域频谱。采集层级的最高层是块,它由不同时间内无缝捕获的许多相邻帧组成。块长度(也称为采集长度)是一个连续采集的总时间。

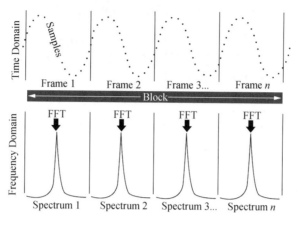

图 3－77　实时频谱仪的数据层级:样点、帧、块结构

　　在实时频谱分析仪实时测量模式下(图 3－78),它无缝捕获每个块并存储在内存中,然后使用 DSP 技术进行后期处理,分析信号的频率、时间和调制特点。

　　图 3－79 是块采集模式,可以实现实时无缝捕获。对块内部的所有帧,每个采集在时间上都是无缝的,但是在块与块之间不是无缝的。在一个采集块中的信号处理完成后,才开始采集下一个块。一旦块存储在内存中,就可以应用任何实时测量。例如,实时频谱模式下捕获的信号可以在解调模式和时间模式下分析。

图 3－78　实时频谱分析仪技术引入

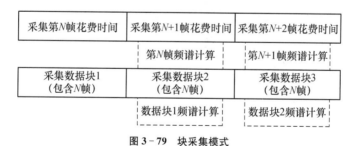

图 3－79　块采集模式

(2) 频率模板触发

　　有效触发一直是大多数频谱分析工具中所缺乏的。实时频谱分析仪除了简单的电平和外部触发功能外,还提供了实时频域触发模式。传统的扫频频谱分析仪不太适合实时触发,其原因在于它的触发方式只是一维的电平触发,而实时频谱分析仪则提供给用户功率与频率的两维触发定义信息,也就是说它能够在频谱图上按照不同的频率与功率"任意"画出模板,并以信号超过或退出模板作为触发条件。如图 3－80 所示,实时频谱分析仪画出一个模板,当频谱中某段频率的功率超过了模板,就产生了触发。利用频率模板触发捕获多载波信号中的跳频干扰信号。

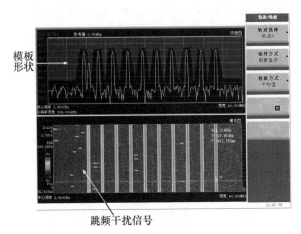

图 3 - 80　采用频率模板的实时频域触发

频率模板触发为检测和分析动态射频信号提供了一个强大的工具。它可以用来进行传统频谱分析仪不可能完成的测量,如:捕获强大的射频信号下面的小电平瞬时事件;在拥挤的频谱范围内检测特定频率上的间歇性信号。图 3 - 81 为 AV4051 对突发干扰信号的测量。频谱图功能能够在时域内无遗漏地进行频谱显示"频率模板触发"(FMT)功能能触发对频谱中发生的某个杂散事件的测量,驻留测量模式能够形象地显示信号发生的时间间隔,对于较长的射频序列,可采用实时的 I/Q 数据流进行记录。

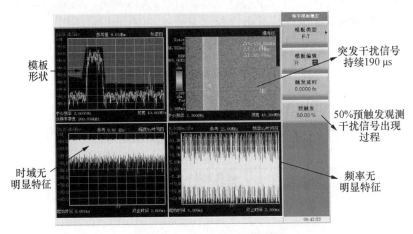

图 3 - 81　突发干扰信号的测量

频率模板触发是有力的频率跳变监测和发射机特性监测工具,按此方法采集到的信息可用于有选择地进行频率触发,以准确地记录和分析某一特定频率跳变或干扰信号的相关数据集,这样就大大加快和方便了发射机的故障检测工作。备有各种显示选件,使其操作更为方便,例如,仪器针对特定的测量任务提供了预定义和自定义的色标。

（3）无缝捕获和三维频谱图

定义了触发条件后,实时频谱分析仪会连续检查输入信号,考察指定的触发事件。在等待这个事件发生时,信号会不断数字化,时域数据循环通过先进先出捕获缓冲器,累积新数据时不断丢弃最老的数据。这一过程可以无缝采集指定的块,其中信号用连续的时域样点表示。一旦这些数据存储在内存中,它可以使用不同的显示画面进行处理和分析,如功率与频率关系、频谱图和多域图。

三维频谱图是一个重要的测量项目,它直观地显示了频率和幅度怎样随时间变化。横轴表示传统频谱分析仪在功率与频率关系图上显示的相同的频率范围,竖轴表示时间,幅度则用轨迹颜色表示。每"片"频谱图与从一个时域数据帧中计算得出的一个频谱相对应。图 3 - 82 就是动态信号三维频谱图。在三维频谱图上,最老的帧显示在图的顶部,最新的帧显示在图的底部。

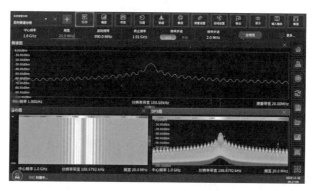

图 3 - 82　传统频谱和三维频谱同时显示

图 3 - 82 同时显示了功率与频率关系的传统频谱与三维频谱图。这一测量显示了频率随时间变化的射频信号,由于数据存储在内存中,可以使用标尺在三维频谱图的时间轴上向回滚动,以进行存储频谱信息的逐帧回放。除了瞬态频谱以外,实时频谱分析仪具有另外两种重要的频谱表现方式:数字(余辉)全息频谱和实时频谱瀑布图。图 3 - 83 为数字(余辉)全息频谱和实时频谱瀑布图。

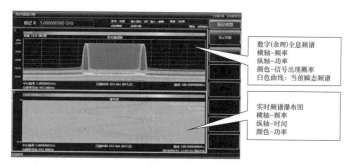

图 3 - 83　数字(余辉)全息频谱和实时频谱瀑布图

频谱图功能能够在时域内无遗漏地进行频谱显示。频谱图功能允许以无缝化方式显示频谱—时间关系图,此时仪器会为信号电平分配一种颜色,使一条水平线就足以显示出频谱,以此生成连续的谱线(频谱图),从而得到完整的频谱—时间关系图。在显示频谱图时,可保存 100 000 条迹线,因而根据设置的更新速度,最多可记录长达 5 个小时的频谱图。

利用频谱图中的标记可以确保对信号频谱中发生的事件进行准确测量,例如测量其发生的时间间隔和持续时间以及发生的频率,从而使用户能够不间断地监测频谱波段,其优势在于不仅能够监测频谱,而且能够跟踪杂散干扰,以防对有用射频信号造成严重的问题。可应用于对于频率经常变化的无线传输,例如 RFID、Bluetooth®应用。

（4）时间相关多域分析

对于存储在内存中的信号，实时频谱分析仪提供了各种时间相关的信号分析，这对设备调试和信号检定特别有用。与传统射频仪表不同的是，所有这些测量都基于同一底层的时域样点数据，突出表现为两大结构优势：在频域、时域和调制域中，通过一次采集进行全方位信号分析；多域时间相关，可了解频域、时域和调制域中的特定事件怎样在公共时间参考点上相关。图 3－84 是使用实时频谱分析仪的时间相关多域分析功能，AV4051 可提供最大

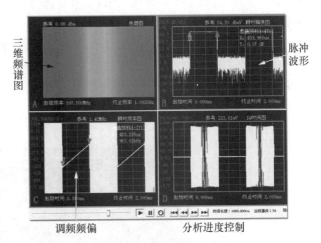

图 3－84　多域关联分析分析信号多域参数特征回放

200 MHz 带宽下最长可达数小时的宽带信号无缝捕获记录，并具备选时回放分析和信号样本处理的能力。

从中我们可以看到"时间相关"的重要性，如果使用矢量信号分析仪分析瞬时信号的状态改变，由于它不能提供统一的时间参考点，频谱测试图与调制域分析图的测试时间是错开的，当矢量信号分析仪进行调制域分析时，蓝牙干扰可能已经消失。

连续波（CW）信号和可预测的重复信号对于经验丰富的射频工程师来讲不是难题，但是目前的复杂捷变信号以及多信号环境则是一项巨大挑战。为了与不断变化的分析需求保持同步，近年来业内出现了一些新型的信号分析仪和应用软件。信号分析仪在单一仪器中提供了扫描频谱、实时分析与矢量信号分析功能组合。捷变信号的设计和故障诊断任务是很难完成的，特别是这些信号处在混杂其他捷变信号的环境中，任务变得难上加难。即便是对一个非常灵活或复杂的信号进行分析也会比较困难。使用实时频谱分析功能可以实现真正无间隙的频谱分析，捕获动态和罕见信号的特性。

列举一个复杂信号的实例，比如 S 频段捷变雷达信号。接收机上的信号的幅度在几秒钟内变化非常明显，相对于信号的脉冲长度和重复间隔（由此产生的短占空比）等短期特征，信号幅度这种长期特征会使信号变得非常灵活且难以测量。通过用扫频分析仪对该信号进行基本频谱分析，就能显示出其中的测量困难。即便经过多次扫描且应用了最大保持函数，这个信号也无法清晰显示。PXA 实时频谱分析仪的屏幕（图 3－85）借助密度或直方图能够轻松地显示该信号的主要特征，比起扫频分析仪更加简单。这个密度或直方图采集了大量的实时频谱数据，并在单个显示屏上显示，可以看

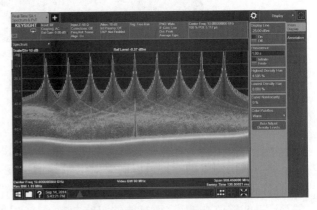

图 3－85　实时捕获的 S 频段雷达信号

到以相对出现频率为指标的罕见和常见事件。

PXA 的实时分析仪模式以及密度显示提供一种快速、深入的表示方法,可以显示这种宽带、动态、捷变信号。除了本底噪声以外的所有蓝色轨迹表示的都是脉冲,具有极低的出现频率。这就是用扫频分析仪难以测量捷变信号(或快速、可靠地找到信号)的主要原因。

除当前频谱外,瀑布图还可显示出频谱随时间的变化趋势。为便于观察,频谱幅度带有色温显示。由于 FFT 速率很高,即使是快速的频谱变化也能够实时显示。与历史和分段存储选件结合使用时,瀑布图标记可显示出采集时间,从而使用户能够将相应的时间和频谱波形加载到屏幕上。所有工具都可用来分析加载的波形。标记精确至微秒级,可以将标记自动定位在频谱峰值上以便快速分析。可使用一个可调整的门限值对峰值进行定义。为了进行深入分析,可对偏移和最大峰宽等参数进行调整。可以在表中对结果进行编辑(绝对值和相对于特定参考标记的相对值)。借助于差值测量功能,可方便地调整信号峰值之间的距离。图 3 - 86 为从三个不同角度显示的测试信号:时域(上)、瀑布图(中)和频域(下)。

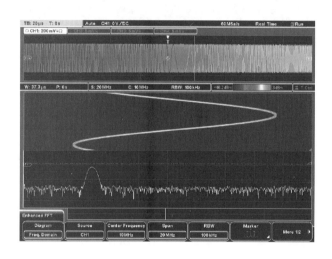

图 3 - 86　从三个不同角度显示的测试信号:时域(上)、瀑布图(中)和频域(下)

(5)DPX 数字荧光技术

DPX 是指泰克公司用于实时频谱仪的并行处理和显示压缩技术。传统扫频分析仪每秒最多可以处理 50 个频谱,采用 DPX 技术的实时频谱分析仪的测量速率提高了上千倍,大大增强了查看频域中发生瞬变的能力。DPX 技术通过把时域信号连续转换到频域中,以远远高于人眼能够感受到的帧速率提取和实时计算离散傅里叶变换(DFT),并把它们转换成直观的活动的画面。DPX 采用"色温"显示,用颜色的深浅表示信号发生的概率。使用可变颜色等级余辉来保持异常信号并不断累计,直到能够看到这些信号。在每次更新时,都将记录捕获带宽中每个频率上的功率电平值,并通过在显示屏上改变颜色来显示每个频率上入射功率随时间变化的情况。因此,DPX 技术可以显示以前看不到的射频信号实况,有助于揭示毛刺和其他瞬时事件。

6)实时频谱分析仪的应用

实时频谱分析仪由于其技术上的优势,在无线电监测等领域里有一些独到的应用。

（1）发现同频干扰

如何有效发现同频信号或干扰一直是困扰 RF 测试领域的难题，目前所有的手段只能显示两个或多个同频或相近频率信号的功率叠加包络，这对分辨同频干扰毫无意义。实时频谱仪独有的 DPX 数字荧光技术将同频的 WLAN 和蓝牙信号按照出现的概率"实时"显示出来，就可以实时发现同频干扰。

（2）发现大信号下面的小信号

与同频干扰类似，发现"淹没"在宽带大信号包络下面的微小信号对于扫频仪来说如同大海捞针。而实时频谱仪具有较宽的实时分析带宽和 DPX 数字荧光技术，同样的宽带雷达信号下淹没的微小扫频信号在实时频谱仪上显示无遗。DPX 数字荧光技术能把不同的信号按出现的频次分别独立显示出来，而不是传统扫频仪的"同频功率累加"显示。图 3－87 为用于深入分析骚扰细节的实时频谱分析。

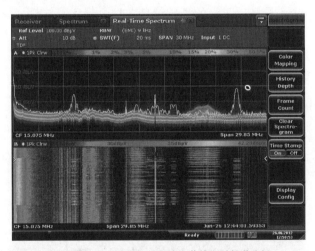

图 3－87 用于深入分析骚扰细节的实时频谱分析

（3）发现微秒级甚至纳秒级瞬态信号

与传统射频测试仪器相比，采用了 DPX 技术的实时频谱分析仪使我们可以清晰明确地发现跳频信号的变化规律，甚至可以看到微秒级、纳秒级瞬态信号的变化。

（4）捕获瞬态干扰信号

捕获瞬态信号的一个重要手段是实时频率模板触发，它超越了传统射频测试工具单一的功率触发模式，允许用户根据频域中的特定事件自定义模板触发采集（具有定频率、定功率、定时间的特点），是触发干扰信号（小于正常信号电平）的唯一手段，克服了传统扫频仪和矢量分析仪无法有效触发的弱点。

3.7.2 Ceyear 4082 系列实时频谱分析仪

1）Ceyear 4082 实时频谱分析仪

实时频谱分析仪是针对各类电子设备中微波瞬变信号测试而专门优化的频谱分析仪。瞬变信号的特点有：突发性、瞬态性、间歇性、频谱动态变化等几项。图 3－88 为 Ceyear 4082 实时频谱分析仪，其功能有：具有 1.2 GHz 实时分析带宽；开关瞬变、杂散信号、毛刺干扰信号的捕捉和分析;间歇性信号、突发性脉冲信号的测量;频率稳定性和功率稳定性测量;鉴定随时间变化的调制特性;捕获扩频信号和跳频信号;测量锁相环稳定时间、频率漂移等;使用多域关联分析,诊断复杂的调制信号中的问题。

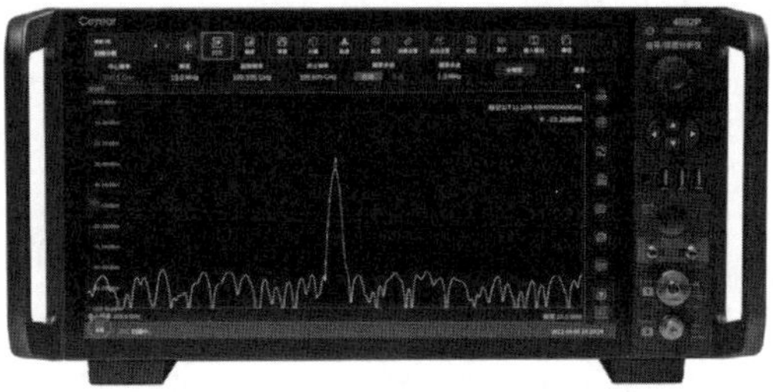

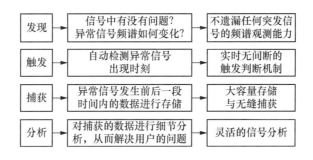

图 3-88　Ceyear 4082 实时频谱分析仪

2) 理论基础——短时傅里叶变换

同样的时域波形,我们对信号做短时傅里叶变换,其中 $w(n)$ 表示窗函数,m 表示时间窗的延迟参数,其结果是信号频谱和时间的二维函数,短时傅里叶变换是假定非平稳信号在分析时间窗函数的一个短的时间间隔内是平稳的,然后沿时间轴移动时间窗,计算出各个不同时刻的频谱。将该二维函数做幅平方运算,就得到信号的谱图,从谱图中可以清楚地看出信号频谱随时间的变化规律。假定信号在分析时间窗函数的一个短的时间间隔内是平稳的,然后沿时间轴移动时间窗,计算出各个不同时刻的频谱。

3) 实时频谱用于瞬变信号测试的核心思想(图 3-89)

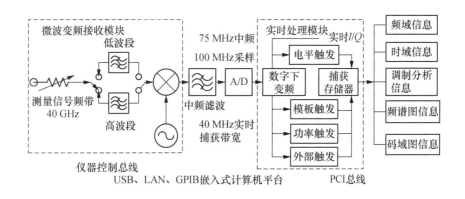

图 3-89　实时频谱用于瞬变信号测试的核心思想

实时频谱分析仪技术原理框图如图 3-90 所示。

图 3-90　实时频谱分析仪技术原理框图

频率分辨率：$RBW_{3\,dB}=k\times\dfrac{f_s}{N}$

时间分辨率：$T_s N=\dfrac{N}{f_s}$

实时频谱分析是分析信号频谱随时间的变化，因此首先关心的是频率分辨率和时间分辨率。我们知道频率分辨率就是窗函数的 3 dB 带宽，这里的 k 是窗函数归一化的 3 dB 带宽，F_s 是采样频率，N 是窗函数的长度。

时间分辨率是信号采样间隔乘以窗函数的长度。可以看出实时频谱分析的时间分辨率和频率分辨率是相互矛盾的。

衡量实时频谱分析的另一个重要能力就是对瞬态事件的测量能力，认为采用重叠技术可以提高对瞬态事件的观测能力。重叠技术的原理，也就舍弃上一次时间间隔内的一部分数据，而不是全部数据，实现重叠 FFT 处理。根据这样的原理，在 Matlab 中输入采样速率为 128 Msps 的跳频信号，每一个频点的驻留时间为 0.312 5 μs，也就是 40 点，而分析窗函数长度为 128 点，不重叠运算得到的谱图根本看不清楚该跳频信号的变化规律，而重叠处理后得到的谱图结果可以很清楚地看到该跳频信号的跳变规律。因此重叠处理可以指出信号频谱随时间变化的方向和大小，对于观测持续时间短于时间窗长度的信号非常有利，但是需要更高的处理速度。图 3-91 为实时触发捕获准备定位事件发生时刻。

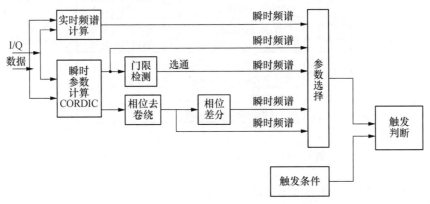

图 3-91　实时触发捕获准备定位事件发生时刻

根据以上思路，对信号处理得到的 100 帧频谱，检波处理后的结果可看出，正峰值检波保留了瞬态突发信号的信息，负峰值消除了瞬态信号的影响，平均值对小信号的测量具有很大的优势，可以看出，正峰值检波相当于传统频谱分析仪中的最大保持，负峰值相当于最小保持，平均值检波相当于视频平均。这是在实时频谱分析仪样机上最终实现的效果。其中，频率模板用于捕获大信号存在下的突发小信号；频谱概率用于捕获低概率信号频域事件；时域模板用于捕获脉冲包络中的异常现象；时域边沿用于捕获极短的窄脉冲信号；频率边沿用于捕获高速跳频信号。

（1）频率模板触发：通过实时检测信号的频谱变化是否进入一个预先设置的频谱模板来捕获信号的频谱变化过程（图 3-92、图 3-93）。

（2）频率边沿触发：通过实时检测信号的频率变化是否进入一个预先设置的频率范围，同时实时检测信号的功率是否超过预先设置的信号最低功率（图 3-94）。

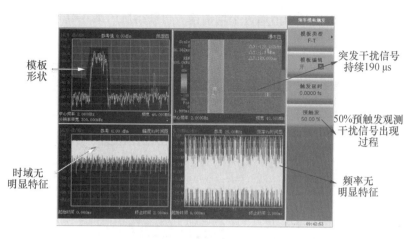

图 3-92　利用频率模板触发捕获的大信号存在下的突发干扰信号

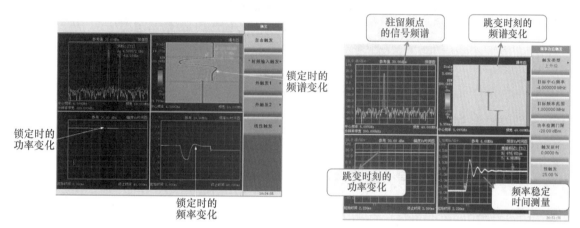

图 3-93　利用频率模板触发捕获锁相环的锁定过程　　　　图 3-94　通过频率边沿触发捕获跳频信号测试曲线

（3）运用选时分析频谱（图 3-95）

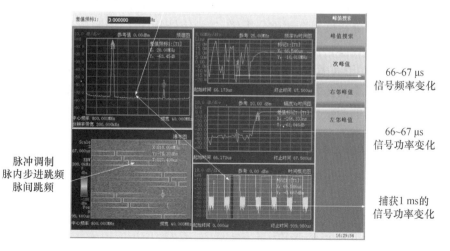

图 3-95　利用选时分析频谱功能测量跳频信号杂散

选择脉内一段时间的信号频谱通过平均值检波可获得脉内某一跳频点的杂散情况。

（4）运用多域关联分析（图 3 - 96）

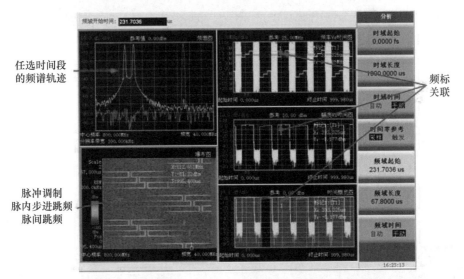

图 3 - 96　灵活的信号分析能力——瞬态分析（多域分析及回放）

3.8　毫米波信号分析仪新技术与发展趋势

3.8.1　微波毫米波信号分析仪发展现状

随着微波毫米波技术的快速发展，现代雷达系统和各种军民用通信网络等为了防止干扰、改善系统容量和性能而变得日益复杂。其中生成和分析信号的复杂性正以指数方式增长，频段越来越高，带宽越来越宽，调制方案越来越复杂。面对射频微波毫米波技术的不断发展，对应的测试测量设备也必须与之保持同步，才能满足不同用户的多种测试需求。

作为信息源头测试的微波毫米波信号分析仪器是射频微波领域应用最广泛的仪器之一。典型的微波信号分析仪器有频谱分析仪、矢量信号分析仪、调制域和时频分析仪等。过去，频谱分析仪可以观察到功率与频率之间的相关信息，有时还能对 AM、FM 和 PM 之类的模拟格式进行解调，对于大多数一般性应用来讲已经足够。矢量信号分析仪可分析宽带波形并从感兴趣的信号中捕获有关时间、频率和功率方面的数据。调制域和时频分析仪可以分析信号频率随时间的变化与分布等。虽然现在大多数新的分析仪在仪器中同时内置了频谱分析和矢量调制分析等多种功能，但是面对越来越复杂的测试需求，已经开始显得力不从心。例如瞬变信号测试、微弱信号测试、复杂调制信号测试和混叠信号测试等，这给现代的信号分析仪器和设备提出了新的挑战。

3.8.2　新的测试分析技术不断涌现

1）实时频谱分析技术

大多数现代雷达和通信系统是基于脉冲式和间歇性突发信号来传送分组化信息。测试这类系统中的异步事件的传统测量方法通常是使用示波器检测突发的时域特点,使用频谱分析仪检测信号频域特点。在多数情况下,这些瞬变信号发生的速度对于传统扫频分析仪太快了,并且瞬变信号的快速上升下降时间会产生频谱成分,从而大大增加了捕获分析这些信号的难度。实时频谱分析技术的核心思想是快速发现问题、实时触发、无缝捕获、多域关联分析。一旦发现问题,测试仪器会根据信号时域或频域特征对特定的信号进行触发采集,触发导致信号被无缝捕获到存储器中,捕获完成后,就可以分析信号的时域、频域和调制域特点。

2) 实时频谱技术可以迅速发现瞬态信号

信号测试的目的是诊断问题、分析问题、解决问题,因此认识到存在问题是解决问题的第一步。迅速发现问题要求必须提高 FFT 频谱测试速度。随着现代 DSP 技术的发展,通过专用的 FFT 硬件处理器,FFT 的计算速度已经达到每秒可以计算几十万甚至上百万次频谱。在一定的测试带宽下,执行频率变换的速度可以达到完全实时的效果。由于数据传输速率、仪器显示刷新速率和人眼的视觉滞留效应的影响,要观测这些实时的动态频谱却变得非常困难。实时频谱呈现技术通过利用彩色位图显示替代传统的线型轨迹显示,使得显示屏幕上不仅可以区分同一时间发生的多个不同信号。还可以呈现出信号频谱随时间变化的动态过程。如果控制频谱数据得到的每一幅位图在显示屏幕上滞留的时间,就可以将信号频谱时间变化的情况可达到“实况直播”的效果。实时频谱呈现技术不仅可以查看强信号中的弱信号,还可以突出显示不频繁的短时间事件,因此可以呈现传统频谱分析仪或矢量信号分析仪看不到的信号行为,为发现信号的异常行为提供了一种新的途径。

3) 多域同步分析技术和现代时频分析技术

为了提高对信号数据的理解和利用,发现调制过程中存在的问题,必须对复杂调制信号的细微特征进行分析。要求信号分析仪能够观测到输入信号的幅度、频率和相位的任何细小变化,进而分析其变化规律。由于复杂调制信号的频率和相位随着时间按某种形式在改变,因此必须了解被测信号频率、幅度和调制参数在短时间或长时间内的行为方式。这就需要传统的测试分析仪必须增加另一个维度——时间。一旦信号已经采集并存储下来,就需要对信号进行分析了。分析信号可从多个域进行分析,包括时域分析、

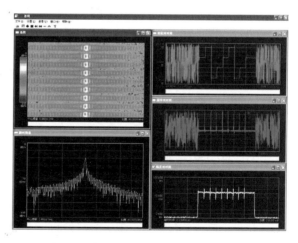

图 3 - 97　多域分析四相编码雷达信号

频域分析、调制域分析、码域分析、三维时频域(谱图)分析等。由于所有这些分析都是基于同一套底层时域样点的数据,那么在频域、时域和调制域中,通过一次采集就可以进行全方位的信号分析。通过时间相关的多域分析视图,包括频域、时域、调制域、时频域、相位与时间、数字域、三维码谱,关联方式可通过视图关联、光标关联、码表关联等,让测试者了解频域、时域、码域、调制域中的特定事件怎样在公共时间参考上相关,可以全面了解信号的时间行为特征,这对分析复杂调制信号将体现出极大的优势。如图 3 - 97 所示为雷达信号的脉

内细微特征的多域分析结果。

多域分析还包含 AF 频谱监测,分析 AM 或 RF power 的解调频谱,有助于分析未知信号的符号速率。对应于非等幅连续数字调制信号(如 PSK、QAM 信号),在 AF 频谱上,大于 0 Hz 的第一个峰值点通常对应于信号的符号速率,使未知信号的矢量分析成为可能。

现代谱估计理论、时频分析理论等现代信号处理技术在瞬时频率估计、故障诊断、信号检测和分类等方面具有相当的优势。时频分析主要是描述信号的频谱含量在时间上的变化,其目的是建立一种分布,以便能在时间和频率上同时表示信号的能量或强度。时频分析技术提供了从时域到时频域的变换,能够作出时频分布图形(二维或三维),从而能够在时频平面上表示出信号中各个分量的时间关联谱特性,在每个时间指示出信号在瞬时频率附近的能量聚集情况。

4) 多维立体显示技术

多维立体显示技术将相关联的多个参数显示在一幅多维立体图中,能直观地反映出瞬变电磁信号的变化情况。通过多维立体图的旋转、缩放、投影、镜像等操作,可以从各个角度对信号进行查看和分析。如图 3 - 98 所示为信号在时间轴、频率轴、幅度轴上的三维立体图,该图全面地展现了信号各频率分量随时间变化的情况。多维立体显示技术将多个域中的分析数据精确地关联起来并以立体图像的形式显示出来,更为形象、直观。

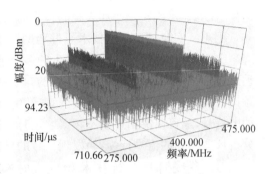

图 3 - 98　信号的时间、频率、幅度三维立体图

传统的测试仪器在测试瞬变电磁信号时存在先天性的不足,不能满足瞬变电磁信号的测试需求。无线信号日益突出的瞬态特性,要求测试必须能够实时分析、捕获并存储信号,既可以实时查看信号的变化,也可以重现信号的变化过程。瞬变电磁信号测试与分析技术的发展,将帮助工程师们走出瞬变信号的测试困境。

◈本章小结

频谱分析仪用于信号在频域内的分析,被称为频域的示波器,它能测量信号的调制特性,如调幅、调频、脉冲调制等,也可以对信号频谱纯度进行分析,如信号失真、相位噪声等。本章介绍了微波信号频谱分析,频谱分析的基本概念,超外差或频谱分析仪的原理及组成,频谱分析仪的基本特性,微波频谱仪的典型应用,相位噪声测量,频谱分析仪毫米波扩频测量原理,实时频谱分析仪工作原理和应用,AV4011 系列实时频谱分析仪,最后介绍几种典型的频谱分析仪产品。AV4036 系列微波频谱分析仪是高性能频谱分析仪,它能够测量在时域测量中不易得到的信息,如频谱纯度、寄生、交调、噪声边带等参数;可应用于通用射频频谱检测、移动通信、电子对抗、导航、有线电视等领域,并具有灵活的多功能扩展能力,可方便地组成各种维修测试平台。最后介绍了毫米波信号分析仪新技术与发展趋势。

◆习题作业

1. 频谱分析仪的主要性能指标有哪些?

2. 动态范围的含义是什么?

3. 用频谱分析仪测量调幅信号的方法有几种? 如何测量?

4. 简述信号失真和相位噪声的测量方法。

5. 要想较完整地观测频率为 20 kHz 的方波,频谱仪的扫描宽度应至少达到多少?

6. FFT 分析仪为什么能够进行实时分析?

7. 用频谱仪如何测试调频波的频偏 f_D?

8. 用频谱仪如何测试调幅波的调制度?

9. 简述实时频谱分析仪工作原理。

10. 频谱分析仪的频率特性有哪些?

11. 频谱分析仪的幅度特性有哪些?

12. 如何进行低电平信号的测量?

13. 如何进行幅度调制特性测量?

14. 如何进行频率调制特性测量?

15. 如何进行脉冲调制信号测量?

第4章

矢量信号分析仪

随着科技的发展,矢量数字调制信号(如 PSK、QAM 等)越来越广泛地被人们利用,各种数字标准 GSM、GPRS、IS 95、WCDMA、CD MA2000、TD SCDMA 等不断推陈出新。现代测量对数字调制信号和数字通信协议提出了调制质量分析、矢量信号解调和信号综合性测试的需求,原有的仪器仪表已经不能满足测量的需要,矢量信号分析仪应运而生。

4.1 概述

矢量信号分析仪是进行调制参数测量、调制质量分析、信号综合性测试的测试仪表。从直角坐标角度看,矢量分析方法是在 *IQ* 平面上观察和分析信号;从极坐标角度看,矢量分析方法是观察信号的幅度和相位两种参量的变化。矢量分析方法和矢量分析仪已经发展为一种理论完整、手段丰富的信号分析体系。矢量信号分析仪结合其他频域、时域分析方法,极大地方便了无线测试和测量。

矢量信号分析仪具有同时测量幅度和相位的功能,待测信号波形经 ADC 数字化后存入存储器,可从中方便的提取出幅度和相位的数字化信息。矢量信号分析仪较高的存储深度可将一段时间的测试信号捕获下来,不仅可测量信号幅度和相位与频率的关系与时间的关系,还能实现模拟调制信号的解调、数字调制信号的解调,并在时域、频域、调制域和码域同步分析信号,分析结果可以网格图、星座图、矢量图、眼图和误差矢量幅度 EVM 等多种形式展现。

4.1.1 分类与特点

1) 矢量信号分析仪分类

矢量信号分析仪按结构和组成形式可以分为标准台式仪表、VXI 仪表、PXI 仪表以及台式接收机＋处理计算机的组合式仪表等。

2) 矢量信号分析仪的特点

矢量信号分析仪主要有如下的一些特点:

(1) 矢量信号分析仪更适合捕捉时变信号和测试复杂调制的动态信号;

(2) 由于采用并行数字信号处理技术,矢量信号分析仪可提供更高的分辨率,并能在更短的测试时间内完成测量;

(3) 较高的存储深度使得矢量信号分析仪可以将一段时间的测试信号捕获下来,在时域、频域、调制域和码域同步分析信号,极大地提高了信号分析的质量;

（4）强大的数字信号解调功能,使得矢量信号分析仪可以对复杂数字调制信号调制参数进行定性、定量测量,提供精确、直观的调制参数和调制质量测量结果;

（5）矢量信号分析仪往往具备频谱分析、信道测试等全面的分析功能,而且具有较好的信号接收性能指标,因此可以完成多种情况下的一站式测试。

4.1.2　基本工作原理

矢量信号分析仪原理框图如图 4-1 所示,主要由变频通道、信号调理与采集、数字信号处理、解调与分析四部分组成。

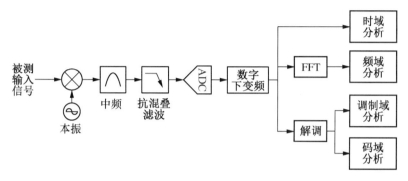

图 4-1　矢量信号分析仪原理框图

被测输入信号首先通过混频器与本振信号混频,下变频到可处理的中频,并经滤波、放大等将信号调理成满足采样要求的中频信号,经 ADC 量化后,中频取样数据经数字正交下变频和带宽变换后产生两路正交的 IQ 基带时域信号,存入内部数据存储器。在随后的数字解调和分析单元,通过各种数字信号处理算法完成时域分析、时域到频域的变换和频域分析、数字信号的解调、解码以及相应的调制域和码域分析。

4.2　数字调制

4.2.1　数字调制基础

1）数字信号的传输方式

数字信号有基带传输和频带传输两种传输方式,其中基带传输是数字信号直接传送的方式,而频带传输是用数字基带信号调制载波后的传送方式。

所谓调制,是用基带信号对载波波形的某些参数进行控制,使载波的这些参数随基带信号的变化而变化。基带传输是将信源发出的信息码经码型变换及滤波成形后直接传送至接收端,虽然码型变换及滤波成形可使其频谱结构发生某些变化,但分布的范围仍然在基带范围内。数字调制传输系统是一种用数字基带信号调制载波的传输系统,这种系统属于频带传输,也称为数字频带传输系统。

2）载波的形式

载波的波形是任意的,但大多数的数字调制系统都选择单频信号（正弦波或余弦波）作为载波,因为便于产生与接收。

3) 数字调制的分类

从对载波参数的改变方式上可把调制方式分成 4 种类型:ASK、FSK(MSK)、QAM 和 PSK。每种类型又有多种不同的形式。如在 ASK 中有正交载波调制技术、单边带技术、残留边带技术和部分响应技术等。在 FSK 中有连续相位调制技术,在 PSK 中有 2PSK、4PSK 等。在这些调制技术中,常用的是多相相移键控技术、正交幅度键控技术和连续相位的频率键控技术。

4) 几种常用的数字调制技术

数字载波键控信号的数学表达式为:

$$S(t) = \text{Re}[u(t)e^{j\omega t}] \qquad (4-1)$$

式中,ω 为载波角频率,$u(t)$ 为键控信号的复包络,常称它为数字载波键控信号的等效基带信号,可把 $u(t)$ 写为:

$$u(t) = a(t)e^{j\varphi(t)} = x(t) + jy(t) \qquad (4-2)$$

式中,$a(t)$ 为等效基带信号的模,$\varphi(t)$ 为幅角,$x(t)$ 为实部,$y(t)$ 为虚部。

不同的载波键控方式改变不同的参数,如:ASK 中,信息载荷于 $a(t)$ 上,正交载波键控载荷于 $x(t)$、$y(t)$,MPSK、FSK 则载荷于 $\varphi(t)$ 上。

数字调制是为了信号特性与信道特性相匹配,不同类型的信道特性将相应地存在不同类型的调制方式。数字调制的最终目的就是尽可能地减少占用带宽,尽可能地提高信号传输速率和质量。由于无线信道是时变色散信道,存在严重的多径和衰落等不利于数据传输的因素,因此选择适合于无线信道传输的数字调制方式是非常重要的。下面我们将简要介绍各种数字调制格式。

(1) 相移键控(PSK)

PSK(Phase-Shift Keying)是调制时载波的相位随调制信号状态的改变而改变。PSK 也可分为二进制 PSK(2PSK 或 BPSK)和多进制 PSK(MPSK)。

PSK 可表示为:

$$S_{\text{PSK}} = \begin{cases} A_0\cos(\omega_0 t) \\ -A_0\cos(\omega_0 t) \end{cases} \qquad (4-3)$$

式中,A_0 是基带信号幅度,ω_0 为载波角频率。

2PSK 中,载波相位只有 0 和 π 两种取值,分别对应于调制信号的"0"和"1",通过电平转换后变成由"−1"和"1"表示的双极性 NRZ 信号,然后与载波相乘,即可形成 2PSK 信号。

MPSK 中最常用的是四相相移键控,即 QPSK,在卫星信道中传送数字电视信号时采用的就是 QPSK 调制方式。传统的 QPSK 调制器可看成是由两个 2PSK 调制器构成。输入的串行二进制信息序列经串/并变换后分成两路速率减半的序列,由电平转换器分别产生双极性二电平信号 $I(t)$ 和 $Q(t)$,然后对载波 $A\cos 2\pi f_c t$ 和 $A\sin 2\pi f_c t$ 进行调制,相加后即可得到 QPSK 信号。对于现代数字系统,QPSK 信号可由如图 4-2 所示的方法产生。

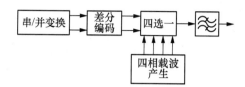

图 4 - 2   QPSK 信号发生框图

发送的数据流经串/并变换、差分编码,然后用差分编码后的符号(二位)去控制四选一开关,对四相载波信号选相,然后经带通滤波器输出 QPSK 信号。

(2) 频移键控(FSK)

FSK(Frequency-Shift Keying)是用不同频率的载波来传递数字消息。以数字信号序列去控制载波频率的变化,利用各个与载频 f_0 相差 Δf 的多个频率的正弦振荡分别表示传号与空号,称为频移键控。FSK 可表示为:

$$S_{FSK}(t) = \left[\sum_n a_n g(t-nT_s)\right]\cos(\omega_1 t+\theta_n) + \left[\sum_n \bar{a}_n g(t-nT_s)\right]\sin(\omega_2 t+\phi_n)$$

$$(4-4)$$

式中,$\omega_1 = \omega_0 + \Delta\omega$ 为传号载波,$\omega_2 = \omega_0 - \Delta\omega$ 为空号载波,θ_n、ϕ_n 分别为传号与空号载波的相位。它们在 $[-\pi, \pi]$ 均匀分布。同时,$a_n = \begin{cases} 1, 为传号 \\ 0, 为空号 \end{cases}$。

例如,2FSK 非相干接收机模型如图 4 - 3 所示,非相干接收是先经过一对带通滤波器 BPF1 和 BPF2,它们的中心频率分别为 f_1 和 f_2 即分别对准传号和空号的频率,然后通过包络检波器解调。这两个检波器的输出由抽样判决电路进行判决。

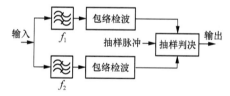

图 4 - 3   2FSK 非相干接收机模型

判决方式为:如果 f_1 支路输出的电压大于 f_2 支路输出的电压,则判为"1";否则判为"0"。因此,不需要像 ASK 那样,设置一个阈值电压。

(3) 最小移频键控(MSK)

数字频率调制和数字相位调制由于已调信号包络恒定,因此有利于在非线性特性的信道中传输。由于一般移频键控信号相位不连续、频偏较大,因而频谱利用率较低。本节将讨论的 MSK(Minimum Frequency Shift Keying)是二进制连续相位 FSK 的一种特殊形式。MSK 称为最小移频键控,有时也称为快速移频键控(FFSK)。所谓"最小",是指这种调制方式能以最小的调制指数(0.5)获得正交信号;而"快速"是指在给定的同样的频带内,MSK 能比 2PSK 的数据传输速率更高,且在带外的频谱分量要比 2PSK 衰减得快。

MSK 是恒定包络连续相位频率调制,其信号的表示式为:

$$S_{MSK}(t) = \cos\varphi_k \cos\left(\frac{\pi t}{2T_s}\right)\cos\omega_c t - D_k\cos\varphi_k\sin\left(\frac{\pi t}{2T_s}\right)\sin\omega_c t \qquad (4-5)$$

式中,等号右边的第一项是同相分量,也称为 I 分量;第二项是正交分量,也称为 Q 分量。$\cos(\pi t/2T_s)$ 和 $\sin(\pi t/2T_s)$ 称为加权函数(或称调制函数)。$\cos\varphi_k$ 是同相分量的等效数据,$-D_k\cos\varphi_k$ 是正交分量的等效数据,它们都与原始输入数据有确定的关系。令 $I_k = \cos\varphi_k$,$Q_k = -D_k\cos\varphi_k$,可得:

$$S_{MSK}(t) = I_k\cos\left(\frac{\pi t}{2T_s}\right)\cos\omega_c t + Q_k\sin\left(\frac{\pi t}{2T_s}\right)\sin\omega_c t \tag{4-6}$$

例如,GMSK 调制原理框图如图 4-4 所示。

由此可见,GMSK 是在 MSK 调制器之前加入一高斯低通滤波器。此高斯低通滤波器需满足:①带宽窄,且是锐截止的,其 3 dB 带宽为 B_b,当 B_bT_s 趋于无穷时,GMSK 就蜕变为 MSK;②具有较低的过冲脉冲响应;③能保持输出脉冲的面积不变。

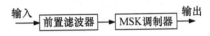

图 4-4 GMSK 调制原理框图

以上要求分别是为了抑制高频成分、防止过量的瞬时频率偏移以及进行相干检测所需要的。需要指出的是,GMSK 信号的频谱特性的改善是通过降低误码率性能换来的。前置滤波器的带宽越窄,输出功率谱就越紧凑,误码率性能就变得越差,但是当 $B_bT_s = 0.25$ 时,误码率性能下降得并不严重。

(4)正交幅度键控(QAM)

正交振幅调制是一种频谱利用率很高的调制方式,其在中大容量数字微波通信系统、有线电视网络高速数据传输、卫星通信系统等领域得到了广泛应用。在移动通信中,随着微蜂窝和微微蜂窝的出现,信道传输特性发生了很大变化。过去在传统蜂窝系统中不能应用的正交振幅调制也开始引起人们的重视。

正交振幅调制是用两个独立的基带数字信号对两个相互正交的同频载波进行抑制载波的双边带调制,利用这种已调信号在同一带宽内频谱正交的性质来实现两路并行的数字信息传输。正交振幅调制信号的一般表示式为:

$$S_{MQAM}(t) = \sum_n A_n g(t - nT_s)\cos(\omega_c t + \theta_n) \tag{4-7}$$

式中,A_n 是基带信号幅度,$g(t - nT_s)$ 是宽度为 T_s 的单个基带信号波形。

例如,对 16QAM 来说,有多种分布形式的信号星座图。两种具有代表意义的信号星座图如图 4-5 所示。在图 4-5(a)中,信号点的分布成方形,故称为方形 16QAM 星座,也称为标准型 16QAM。在图 4-5(b)中,信号点的分布成星形,故称为星形 16QAM 星座。

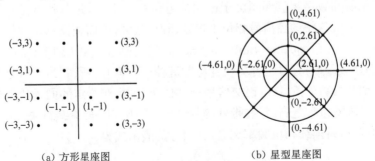

(a)方形星座图   (b)星型星座图

图 4-5 正交振幅调制(QAM)的星座图

4.2.2　数字调制实现

数字调制模块是为了信号特性与信道特性相匹配,不同类型的信道特性将相应地存在不同类型的调制方式。数字调制的最终目的就是尽可能地减少占用带宽,尽可能地提高信号传输速率和质量。由于无线信道是时变色散信道,存在严重的多径和衰落等不利于数据传输的因素,因此选择适合于无线信道传输的数字调制方式是非常重要的。常用的是相移键控(PSK)、频移键控(FSK)、最小移频键控(MSK)和正交幅度键控(QAM)。

1)相移键控(PSK)

PSK(Phase-Shift Keying)是调制时载波的相位随调制信号状态的改变而改变。PSK也可分为二进制 PSK(2PSK 或 BPSK)和多进制 PSK(MPSK)。

图 4-6 为 π/4DQPSK 调制器原理图。它由两路相互正交的 2PSK 相加构成。图中串/并变换器将输入的二进制序列变成两路并行的双极性序列,将这两路信号分别进行差分相位编码。为了抑制已调信号的带外功率辐射,在进行正交调制前先使同相支路信号和正交支路信号 I_k 和 Q_k

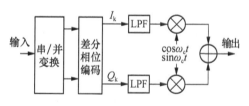

图 4-6　π/4DQPSK 调制器原理图

通过具有线性相位特性和平方根升余弦幅频特性的低通滤波器,再调制到载波上。

2)频移键控(FSK)

FSK(Frequency-Shift Keying)是用不同频率的载波来传递数字消息。以数字信号序列去控制载波频率的变化,利用各个与载频 f_0 相差 Δf 的多个频率的正弦振荡分别表示传号与空号,称为频移键控。FSK 的表示见公式(4-4)。根据公式(4-4),可构成一种 FSK 调制器,其方框图如图 4-7 所示。

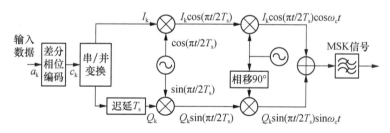

图 4-7　FSK 调制器方框图

3)最小移频键控(MSK)

数字频率调制和数字相位调制由于已调信号包络恒定,因此有利于在非线性特性的信道中传输。由于一般移频键控信号相位不连续、频偏较大,因而频谱利用率较低。本节将讨论的 MSK(Minimum Frequency Shift Keying)是二进制连续相位 FSK 的一种特殊形式。MSK 称为最小移频键控,有时也称为快速移频键控(FFSK)。所谓"最小",是指这种调制方式能以最小的调制指数(0.5)获得正交信号;而"快速"是指在给定的同样的频带内,MSK 能比 2PSK 的数据传输速率更高,且在带外的频谱分量要比 2PSK 衰减得快。

MSK 是恒定包络连续相位频率调制,其信号可表示为公式(4-5)和公式(4-6)的形式。根据公式(4-6),可构成一种 MSK 调制器,其方框图如图 4-8 所示。

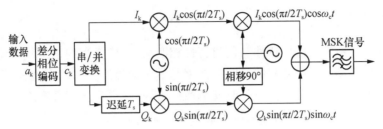

图 4-8 MSK 调制器方框图

4) 正交幅度键控(QAM)

正交振幅调制(QAM, Quadrature Amplitude Modulation)是一种频谱利用率很高的调制方式,其在中大容量数字微波通信系统、有线电视网络高速数据传输、卫星通信系统等领域得到了广泛应用。在移动通信中,随着微蜂窝和微微蜂窝的出现,信道传输特性发生了很大变化。过去在传统蜂窝系统中不能应用的正交振幅调制也开始引起人们的重视。

正交振幅调制是用两个独立的基带数字信号对两个;相互正交的同频载波进行抑制载波的双边带调制,利用这种已调信号在同一带宽内频谱正交的性质来实现两路并行的数字信息传输。正交振幅调制信号的一般表示为公式(4-7)的形式。

QAM 信号调制原理图如图 4-9 所示。QAM 信号调制是将输入的二进制序列经过串/并变换器输出速率减半的两路并行序列,再分别经过 2 电平到 L 电平的变换,形成 L 电平的基带信号 A_m 和 B_m。为了抑制已调信号的带外辐射,消除码间串扰,A_m 和 B_m 要通过预调制低通滤波器,再分别与相互正交的两路载波相乘,产生两路 ASK 调制信号。最后,两路信号相加就得到已调 QAM 输出信号。

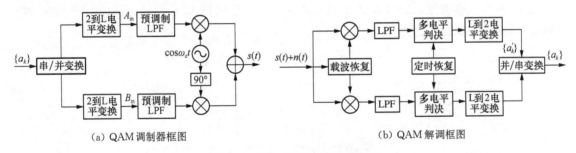

(a) QAM 调制器框图　　　　　　　　　(b) QAM 解调框图

图 4-9 QAM 调制解调原理框图

在解调器中,输入信号分成两路分别与本地恢复的两个正交载波相乘,经过低通滤波。多电平判决和 L 电平到 2 电平转换,最后将两路信号进行并/串变换就得接收数据。发送端的预调制低通滤波器和接收端的低通滤波器可以是某种特别设计的一对收发滤波器,也可以是具有余弦滚降特性的一对收发滤波器,以消除码间串扰。

QAM 的星座图有多种。当进制数 M 相同时,不同的星座图,其信号点之间的最小距离和信号集合的平均功率不同。众所周知,信号的误码性能的上限与该信号星座图中各点之间的最小距离有关。因此希望信号点之间的最小距离大,而信号集合的平均功率小,这样可以用较小的信号平均发射功率获得较好的抗噪声性能。另外,不同的星座图,对应的振幅值的种类和相位值的种类也不同。在衰落信道下,希望振幅值的种类和相位值的种类越少越好,因为衰落会引起所传信号的包络发生变化,不利于接收端对信号的幅度进行正确判决;

衰落也引起所传信号的相位发生变化,不利于接收端对信号的相位进行正确判决。

4.2.3 矢量信号分析仪关键技术

1）频率合成

在矢量信号分析仪中,射频频率合成本振将具有各种调制信息的信号下变频为中频信号。本振性能的好坏直接影响频率准确度、噪声边带和调制信号质量等重要指标。通常情况下,由于压控振荡器的边带噪声随着带宽的增大而变差,并且过大的调谐灵敏度易受噪声干扰调制,因此在宽带本振设计中常由几个压控振荡器（VCO）组合使用。如图4-10所示方案即采用这种工作方式。

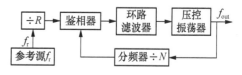

图4-10 射频频率合成本振原理框图

为了得到高频谱纯度的输出信号,减小变频对调制信息的影响,本振的相位噪声是需要重点考虑的指标。相位噪声通常是指相对载波电平的单边带相位噪声,它是频偏的函数。本振输出信号的相位噪声特性与参考、环路带宽和VCO的选择有关,相应的影响表现在曲线的不同区域。在接近载波的区域（频偏约小于1 kHz）,主要受参考信号的倍频效应影响,可由式(4-8)进行计算：

$$L_{LO}(f_{off}) = L_{REF}(f_{off}) + 20 \log(n) \tag{4-8}$$

式中,$L_{LO}(f_{off})$为本振信号的相位噪声,$L_{REF}(f_{off})$为参考信号的相位噪声,n为倍频数。再向外扩展到环路带宽以内的区域,相位噪声受参考倍频、分频器以及鉴相器等的共同影响;环路带宽以外的区域则主要由振荡器本身的相位噪声来确定,它以20 dB每十倍频程下降。如图4-11所示为不同带宽情况的相位噪声曲线。由此可见,在器件确定后,参考频率和PLL环路带宽的选择对噪声边带的影响很大。综上所述,我们设计带宽本振的PLL需要确定环路主要参数,还要确定参考频率,VCO常设计成多个窄带高相噪振荡器的组合。

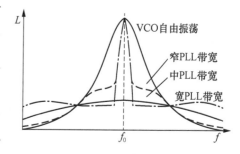

图4-11 不同带宽下的相位噪声曲线

2）射频变换

射频变频模块是仪表的核心部分（原理框图如图4-12所示）,其性能指标直接影响整机的许多关键参数,如灵敏度、频响、相位噪声、调制信号质量等。因此在设计中需要对各关键部件做好合理的指标分配,以达到最终设计要求。

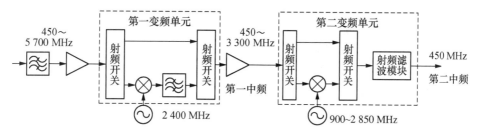

图4-12 射频变换模块原理框图

　　射频变频模块将涉及多项新技术,其中滤波器设计最为关键,也是设计的难点和重点,下面我们将具体介绍发夹型带通滤波器、超平宽带声表滤波器、可调谐射频带通滤波器。

　　(1) 发夹型带通滤波器

　　发夹型带通滤波器是一种对称的耦合谐振式滤波器,其输入和输出端口的第一棒为开路线,具有阻抗变换作用,内部耦合线形状像发夹一样,故名发夹型带通滤波器。发夹型带通滤波器的带宽可以设计为中心频率的 $5\%\sim35\%$。滤波器的调谐范围受输入和输出发夹长度、滤波器内阻以及发夹的电长度的限制。没有负载的发夹电长度 θ 由式(4-9)给出:

$$\theta(V_b) = 2\pi f l \sqrt{\varepsilon_{\text{eff}}}/c \qquad (4-9)$$

式中,f 为频率,l 为发夹长度,ε_{eff} 为相对有效介电常数,c 为光速。在设计中,发夹电长度为 $\theta = \pi/2$。

　　采用发夹滤波器进行设计,使用微波复合板材制作多层板,所以需要进行大量反复的实验才能设计出合理可行的滤波器。

　　(2) 超平宽带声表滤波器

　　为了使数字调制信号在中频和射频上信号质量保持一致,要求整个系统的变频和滤波过程都不能使信号产生较大变化,即尽可能少地采用幅度非平坦或相位非线性的器件。使用一个声表(SAW)滤波器可以同时很好地满足宽通带、低形状因子、低幅度波动和固定群延迟这些要求。

　　SAW 滤波器组件内包括两个串联的 SAW 滤波器、输入和输出平衡-不平衡变换器、缓冲放大器和一个可以使滤波器不受周围环境变化影响而保持恒温的可调加热器,SAW 滤波器利用温度控制来稳定它们的声速使之与理论值相符,如果温度不恒定,通带频率和延迟将随周围环境温度的变化而变化。

　　(3) 可调谐射频带通滤波器

　　频率合成模块产生的信号在变频过程中除了受本振性能的影响外,对输出滤波器的性能要求也至关重要。本振和被测信号进行混频,在输出的混频产物中除需要的成分外,还有镜像频率、本振泄漏、高阶交调等各种成分存在,因此后面的带通滤波器必须对这些信号具有足够的抑制作用。另外,为了保证信号在变频滤波后不产生较大失真,就要求滤波器的通带纹波、群时延、带内插损要足够小,滤波之后也要有响应的时延均衡网络。由于输出信号具有很宽的频段,这就要求该滤波器具有跟踪调谐特性,并具备较高的响应速度。综上所述,该组件采用变容管调谐的交指滤波器进行设计。

　　交指滤波器是一种对称的耦合谐振式滤波器,其输入和输出端口的第一指为短路线,具有阻抗变换作用,内部耦合线一端短接,另一端用变容二极管负载。考虑到偏置需要,增加一个较大的隔直电容。当偏置电压变化时,变容二极管的结电容改变,容抗的变化也就调谐了谐振长度的改变,从而使滤波器的中心频率随之变化。滤波器的调谐范围受输入和输出指长、滤波器内阻、变容管的结电容变化范围以及交指的电长度限制。没有电容负载的单指电长度 θ 由式(4-10)给出:

$$\theta(V_b) = 2\pi f l \sqrt{\varepsilon_{\text{eff}}}/c \qquad (4-10)$$

式中，f 为频率，l 为指长，ε_{eff} 为相对等效介电常数，c 为光速。如果交指线具有旁路容性负载，则传输线的有效长度增加。当加入的电容量使得整个有效长度达到 $\pi/2$ 时，并且传输线一端短接，那么传输线就表现为一个 $1/4$ 波长谐振器。为了达到谐振，传输线和变容管的电抗必须抵消。

3）整机软件

当前高性能的仪表的控制程序都采用高性能的嵌入式计算机和 DSP 处理器配合完成，高性能的嵌入式计算机主要完成数据处理运算、传输控制命令，对整机各模块进行相应控制、信道选择控制，以及各种接口的控制；同时，一些复杂的数据处理如基带信号解调、幅度相位误差分析等还需要数字信号处理器（DSP）的参与。如果仪器需要与其他仪器组建系统，可通过 GP‐IB 接口、RS‐232 接口等外设接口进行远程控制，先通过 GP‐IB 接口、RS‐232接口向仪器发送命令，CPU 模块一般采用外部中断和查询两种方式响应外设远控命令，再由 CPU 对命令解释，控制其他模块，从而达到预期的效果。同时，仪器提供友好的人机接口，显示屏一般采用高亮度、多彩的 LED 显示屏，将仪器的工作状态和设置通过各种形式显示出来，让操作者看起来舒服。人机接口的另一个方面是键盘模块，它主要作为仪器的本地状态设置操作。然而，CPU 模块主要采用外中断方式响应键盘操作，然后根据要求进行相应的改变。

整机软件设计包括通过对硬件电路的控制，使其能以特定的方式分析特定频率、特定功率的数字调制信号，同时具有自检测、自校准、交互式操作指导和测试系统搭建帮助等功能。对于现代仪器而言，软件不仅实现仪器的实时控制，更要参与仪器高级性能指标的实现，起到硬件有时无法完成的作用，如平坦度补偿、频率合成、数字化降噪、基带信号质量分析及信号多域关联分析等。

在设计软件时，将遵循软件工程的相关规定，采取团队方式进行开发。在总体上采用快速原型法，在逐步完善原型的过程中又采用层次化的瀑布法。在模块级的设计中，将始终贯彻面向对象的 C++设计思想，优化各子程序间的"封装性"和"继承性"。图4‐13描绘了各软件功能模块间的相互联系。

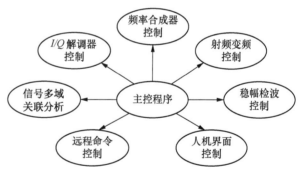

图 4‐13　仪表软件框图

在软件中建立原型将采用如下方法：

（1）原型系统仅包括未来系统的主要功能，以及系统的重要接口。在软件的开发中，以用户可见的屏幕操作为主线，依据系统所需完成的主要功能搭建原型。

（2）为了尽快向课题组提供原型，首先编制各主要界面及简单操作的处理模块，在此过程预留完善的可扩充接口。具备原型以后，采用瀑布型的层次化原则，详细确定各模块的功能。

（3）在完全、确定的需求分析完成之后，从软件的角度，在总体上采用结构化的思想，局部采用面向对象的设计思想，做出各模块的详细规划。

（4）在上述工作完成后，便着手进行较为详细的编程，然后在目标机上运行、调试，对前面所确定的原型进行更为详细的完善、补充,最终达到项目设计的要求。

仪表开机上电后,先进行 CPU 功能自检,内存校验主要检测 EPROM 的校验和 RAM 读/写功能测试、EEPROM 的校验等,然后完成状态和数据初始化,形成各种控制命令,如时钟产生控制命令、基带信号分析控制命令等。随后为各功能模块和选项识别及相应的软件模块调用,并对 FPGA、DSP 达行软件装载。所有初始化完成后,对各功能模块进行自测试,并保存自检信息和报告测试错误。此时程序进入一个大的循环体,在此循环中包括整机各功能的顶级调用,以及对外部键盘的检测、远控检测、LCD 显示和动态调用 FPGA、DSP 的相应模块,重新构成新的基带分析信道,最后通过相应时钟将分析结果发送到显示模块。

4.3 矢量信号分析的技术背景

在现代通信网络中,数字通信克服了信道带来的各种不利影响,同时能够提高频谱资源的利用率,并具有较高的保密性能。正是由于其抗干扰性好、保密性强、容量大等诸多特点已成为现代通信的基本形式。数字调制解调技术的应用场合很多,包括无线通信、广播电视、卫星通信等各种通信系统以及军事通信中的扩频通信、通信对抗等。

经过几十年的发展,出现了很多数字无线通信系统,例如:GSM 蜂窝移动通信系统、CDMA 蜂窝移动通信系统、无线寻呼系统、数字集群通信系统等。各种数字无线通信系统的信号调制方式也越来越多,如 QPSK、DQPSK、$\pi/4$DQPSK、SPSK、DSPSK、16QAM、MSK、GMSK 等。无线通信系统的多址方式从采用频分多址(FDMA)技术的第一代模拟系统发展到以第二代数字移动通信为主体的时期(主要是 GSM 技术,采用时分多址技术),采用 CDMA 技术的第三代移动通信系统也于 2009 年在我国全面商用。特别是代表数字移动通信方向的 OFDM/MIMO 技术,也是高度依赖数字调制技术的。各种数字无线通信系统的符号速率也不相同,例如 GSM 信号符号速率为 270.8333333 kSymbol/s、CDMA2000 信号的符号速率为 1.228 8 MSymbol/s、WCDMA 信号的符号速率为 3.86 MSymbol/s。

通信技术的迅速发展对相应的测试技术提出了更新更高的要求,特别是针对第三代移动通信系统、WiMAX 系统等,这要求测量的频谱带宽达到 5~20 MHz,相邻信道泄漏功率比达−70 dBc,同时对 TDMA 及 CDMA 系统中连续载波或突发载波进行测量等,都是传统的测量手段所难以实现的。在调制域,要想实现既数字化又直观的调制参数测量,需要矢量解调分析仪表。

矢量信号分析技术就是通过正交解调和分析,同时结合其他分析方法的分析测试技术。复杂的数字射频通信系统需要精确地测量各种参数,测量一般包括 4 个方面:功率测量、频率测量、时序测量和调制准确度测量。功率测量包括载波功率、邻近信道功率、突发脉冲功率等的测量。频率测量包括载波频率、占用带宽等的测量。时序测量主要针对脉冲信号,包括脉冲重复周期测量、上升时间测量、下降时间测量、占空比测量等。矢量调制误差参量衡量的是实际调制信号偏离理想信号的程度,包括误差矢量幅度、I/Q 幅度误差、I/Q 相位误差、I/Q 原点偏移等。矢量信号分析仪能够完成上述的测量任务,特别是精确分析数字调制信号的各种误差,为电路和系统设计提供理想的测试手段。

在现代无线通信网络中,数字传输方式的采用克服了无线信道带来的各种不利影响,同时能够提高频谱资源的利用率,并具有较高的保密性能。数字通信系统的发展对测试提出了新的要求。矢量信号分析仪就是近年来随着数字通信的发展而产生的一种新型信号测量分析仪器。矢量信号分析仪作为一种新型的测试仪器,可以满足用户对复杂数字调制信号的测试,为无线通信设备提供完整的测量解决方案。

矢量信号分析仪扩大了频谱分析仪所具有的功能,提供了在整个微波频段进行测量的能力,能进行快速、高分辨率的频谱测量、解调以及先进的时域分析,非常适合于表征一些复杂信号,如通信、电视、广播、声呐和超声成像中所使用的猝发脉冲、瞬变信号和已调信号。矢量信号分析仪也能进行深入的调制分析,由于能捕获到信号的幅度和相位,矢量信号分析仪特别适于分析数字调制信号,对各种复杂的数字调制信号进行定性定量的衡量,提供既精确又直观的调制参数测量结果。

在当代数字通信系统中,通信信号的种类很多,如 ASK、FSK、MSK、GMSK、PSK、DPSK、OPSK、QAM 等等,从理论上来说,各种通信信号都可以用正交调制的方法加以实现。同样,对于几乎所有的调制样式,都可以采用正交(I/Q)解调法进行解调。如图 4 - 14 所示为正交解调的基本模型。利用两路对称的解调电路将输入的射频信号直接变换到基带信号(I 分量和 Q 分量),该功能的实现

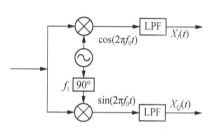

图 4 - 14　正交解调的基本模型

是建立在将输入射频信号功率等分并与两路正交 90° 的本振信号混频的基础上的。正交 90° 的本振信号是为了获得 I 分量和 Q 分量,随后的低通滤波器是为了滤除混频的高频分量。

对于连续波复合调制,已调信号的数学表达式为:

$$s(t) = A(t)\cos[2\pi f_c t + \theta(t)] \tag{4-11}$$

式中,f_c 为信号载波频率,$A(t)$ 为幅度调制,$\theta(t)$ 为相位调制。$s(t)$ 与本地载波进行正交混频,并分别经过低通滤波后得到两路正交分量 $X_I(t)$ 和 $X_Q(t)$:

$$X_I(t) = A(t)\cos[\theta(t)]$$
$$X_Q(t) = A(t)\sin[\theta(t)] \tag{4-12}$$

本地载波频率为 f_0,在实际解调中必须与信号载频同频同相,否则解调输出就会严重失真。

传统的正交解调电路采用模拟器件,由此引入的一系列模拟器件所固有的误差降低了正交解调器的性能,例如增益平衡度、正交平衡度、直流偏移、阻抗匹配以及本振泄漏等。如今,传统的模拟解调机制正在被数字化解调逐步代替,从而有效克服模拟混频中 I、Q 两路的不平衡等缺点。提高了系统的稳定性和信号分析的灵活性。图 4 - 15 是数字正交解调电路的一种基本模型,输入的模拟中频信号首先经过 A/D 转换,实现数字采样,A/D 转换器采样时钟满足奈奎斯特抽样定理,采样后的信号形式为:

$$S(n) = A(n)\cos[\omega_c n + \theta(n)] \tag{4-13}$$

式中,ω_c 为信号载波的角频率。

A/D 转换后的信号以正交形式表示为:

$$S(n) = x_I(n)\cos\omega_c n + x_Q(n)\sin\omega_c n \tag{4-15}$$

其中，$x_I(n)$，$x_Q(n)$ 分别为信号的同相分量和正交分量，ω_c 是输入中频信号的载波频率。

$S(n)$ 通过与数字振荡器信号相乘便可实现下变频：数据流分两路通过数字乘法器分别与本地数字振荡器（NCO）产生的 cos 分量和 sin 分量相乘，实现输入信号在频域的搬移，即中频信号的下变频。

变频后载波频率为零，随后进入数字低通滤波器，图 4-15 中的 $h(n)$ 为数字低通滤波器的冲激响应，两路是完全相同的。经过数字低通滤波器滤除谐波分量后，根据信号带宽进行抽取，得到两路正交基带信号，同相分量 I（In-phase）和正交分量 Q（Quadrature）。最后得到的两路正交信号分别为：

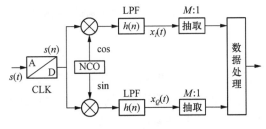

图 4-15　数字正交解调原理框图

$$x_I(n) = A(n)\cos\theta(n)$$
$$x_Q(n) = A(n)\sin\theta(n) \tag{4-14}$$

两路正交的基带信号，也可以写成复数形式：

$$x(n)_{\text{LPF}} = \frac{1}{2}\left[x_I(n) - \mathrm{j}x_Q(n)\right] \tag{4-16}$$

根据测量仪器不同的信号分析要求，输出结果由 FPGA 加上 DSP 做进一步的处理。由于数字本振、数字混频和数字滤波器的应用，电路的稳定性得到了很好的保证，通过改变数字本振的频率和相位、数字滤波器的通带特性，能够方便、灵活地获得输入中频信号的幅度和相位特征，并且具有很好的一致性。

4.4　矢量信号分析基本工作原理

4.4.1　矢量信号分析基本模型

矢量信号分析过程中，在测量猝发式通信传输或其他非稳态信号时，常常需要在相当长的时期内对信号进行观察和分析，以便合理地确定信号的特性。矢量信号分析将采用捕获分析的测量方式，即采用一次触发或多次触发捕获测量数据并存储在捕获 RAM 中，随后选择对数据进行分析的最佳形式。图 4-16 是矢量信号分析测量设计方案简图。

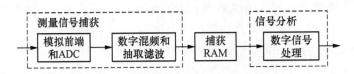

图 4-16　矢量信号分析测量设计方案简图

被测信号经模拟前端接收并由 ADC 数字化后进行数字混频和数字抽取滤波，完成测量信号的捕获，并将捕获数据存储在捕获 RAM 中，在完成数据存储后，通过数字信号处理器（DSP）实现测量信号的矢量分析。

如何用电子测量仪器对数字调制信号进行定性和定量的测量,是进行信号分析必不可少的手段。所谓信号分析,简单地说,就是从信号提取频域、时域或调制域信息。作为常见信号分析的例子,有确定时域的示波器、确定频域的频谱分析仪和确定调制域的频率和时间间隔分析仪等。模拟的扫频-调谐式频谱分析仪主要采用超外差技术来覆盖很宽的频率范围,从音频、射频到微波、毫米波,通常显示没有处理过的原信号的信息,如电压、功率、周期、波形、边带和频率。频谱分析仪的缺点是只能显示频率分量的幅值,而不能获得信号的相位。对于某些通信元器件和通信链路,幅值和相位必须能够同时测量出来。

动态信号分析仪,也称为快速傅里叶变换(FFT)分析仪,采用数字信号处理(DSP)来提供频率分辨力高的频谱和网络分析功能,用数值计算的方法处理一定时间周期的信号,提供频率、幅度和相位信息,但是由于模数转换器的动态和信号处理技术的限制而仅限于低频信号的分析。

随着信息技术的发展,数字信号因其较强的抗干扰能力,以及可以利用再生技术来消除传输过程中积累的噪声,可以利用纠错码技术来纠正传输中产生的差错,易于加密等特性,在通信系统中运用得越来越广泛。随着 FFT 分析能力和其他 DSP 技术的发展,带宽宽、矢量调制、时变信号得以广泛运用,对信号分析的要求在深度、广度和密度方面也越来越高。因此,具备如下功能的信号分析仪越来越受到人们的关注:

兼备时域和频域测量功能;能同时测量时域和频域上的相位信息;时域门功能;事件捕获能力;通道功率测量;时变信号解调;数字信号解调分析;先进的显示功能。

矢量信号分析仪将具有高速 ADC 的超外差技术和 DSP 技术集于一身,从而提供快速、高分辨力的频谱测量功能,并能对矢量信号解调,还具有先进的时域分析能力。矢量信号分析仪能用于复杂信号的特性分析,如突发信号、瞬时信号、通信系统中的调制信号,以及视频、广播、声呐和超声波成像等诸多应用。图 4-17 是矢量信号分析仪(VSA)的简化原理框图。不同的厂家在设计中可能会有细微的差别,运用 DSP 一些功能可能在不同的部位实现。矢量信号分析仪将模拟输入信号下变频到中频 IF,经抗混叠滤波后,由模数转换器对模拟 IF 信号数字化,之后进行信号处理,它采用 DSP 技术来处理并提供数据输出;FFT 运算产生频域结果,解调器运算产生调制和码域结果。

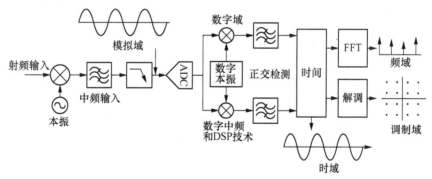

图 4-17　矢量信号分析仪(VSA)的简化原理框图

VSA 以不同于传统频率扫描分析仪的方法实现了对复杂信号的测量,数字化的中频部分替代了以前的模拟中频部分,并采用了 FFT 和数字信号处理一体化的技术。传统的扫频调谐频谱分析仪是一个模拟系统,VSA 从根本上看是一个数字系统,采用了数字数据和数学运算来进行数据分析。比如说,大多数传统硬件的功能,如混频器、滤波器和解调器等,都通过数字化处理来完成。传统的 FFT 就是在时域采样获得的数据上进行的数学运算后提供时域-频域转换。模拟信号必须在时域上数字化，然后执行 FFT 运算，计算出信号谱。在频谱分析仪中使用的 FFT 运算，在 VSA 分析应用中则用解调器运算实现。但是，在仪器功能的实际实现中，为了提高测量的有效性和准确度，还有许多因素需要加以考虑，如抗混叠滤波的实现、重采样、数据加窗等。

VSA 一个重要的特性是能够测量和处理复杂的数据。实际上，它被称之为矢量信号分析仪是因为它能够将输入信号以向量形式进行检测，即对输入信号的幅度和相位进行测量。虽然与 FFT 分析仪类似，但是 VSA 频率范围覆盖了射频和微波，还有调制域的分析功能。通过数字技术如模-数转换，包括数字 IF 技术和快速 FFT 分析等 DSP 技术的运用，使得矢量分析仪这些显著的测量优点成为可能。

随着信号复杂程度的日益增加，新近推出的频谱分析仪逐渐引入了数字化结构，有的还具有矢量信号分析的功能。一些分析仪将输入到仪表端口的信号先数字化，经过放大，再经过一级或多级下变频，送到 IF 处理部分。信号通过这些处理，相位和幅度信息必须得以保存才能进行真实的矢量测量。可见，仪表的测量能力是由频谱分析仪自身的数字信号处理能力决定的，是通过其硬件或依附于相关硬件的软件，或者是内部软件或者是连接到分析仪的计算机里的外部软件（矢量信号分析软件）来共同实现的。

4.4.2 观测数字调制信号的几种方法

对数字调制信号进行观测是矢量信号分析仪的主要功能之一。眼图、星座图、矢量图、相位轨迹图是数字调制信号测量的直观表达形式，可由此衡量调制信号的质量。码元表给出了解调的最终产物——每个检测出的符号的二进制位，同时能将位组合与星座图、矢量图或眼图中数据的位置作比较，给出误差列表。其中矢量图表示状态过渡期间的功率电平，相位轨迹图表示符号状态之间的相位轨迹，星座图表示各码元点位于星座点的离散性，I 和 Q 路眼图表示 I 和 Q 分量随时间变化的情况。

另外，矢量信号分析仪还包括同时显示信号的实、虚部时域波形，以及显示载频频率误差随时间变化曲线、相位随时间变化曲线等。

对数字调制信号进行观测是矢量信号分析仪的主要功能之一，可以采用多种不同的格式和功能来显示基带信号特性以及进行调制质量的分析。

I/Q 极坐标图（矢量图）和星座图，I/Q 调制质量技术参数总表，包含误差矢量幅度（EVM）、幅度误差、相位误差、频率误差、波形质量因子、I/Q 偏移等误差矢量的幅度-时间和误差矢量-频率（误差矢量谱）、幅度误差-时间、相位误差-时间、幅度误差-频率、相位误差-频率眼图、网格图、码元表，可用于频率响应、群时延的测量和码域测量，矢量图、星座图、眼图、网格图是数字调制信号测量的直观表现形式，可由此衡量调制信号的质量。码元表给出可解调的最终产物——检测出每个符号的二进制表示，同时能将位组合与星座图、矢量图或眼图中数据的位置作比较，给出 I/Q 调制质量技术参数列表，即误差分析表。其中矢量图表示状态过渡期间的功率电平，星座图表示各码元点位于星座点的离散性，I 和 Q 路眼图表示 I 和 Q 分量随时间变化的情况，网格图表示符号状态之间的相位轨迹。另外，矢量信号分析仪还能同时显示信号的实、虚部时域波形，以及显示载频频率误差随时间变化曲线、相位随时间变化曲线等。以上显示格式和功能的组合可用于设计中潜在故障的定位。另外,矢量信号分析仪的模拟解调功能,如解调调频或调相,可用于数字通信发射机某些特定问题的故障定位。例如,解调调相的功能常用来分析 LO 的稳定性。本书在对多种显示方式进行研究和运用的基础上,对常用的显示格式和功能进行详细介绍。

1) 矢量图

矢量图是在 I/Q 平面上的状态位置和状态之间的变迁路径的极坐标绘制,表示状态以及状态之间的过渡。在矢量图上由原点向某一点画出的矢量对应于那一瞬间的瞬时功率,即表示状态过渡期间的功率电平。

2) 星座图

星座图是 I/Q 平面上状态位置的极坐标映射,表示所有允许符号的有效位置,所有允许符号的个数必须是 2^n(n 为每个符号所传输的数据位)。星座图在符号判定时序点处用围绕(相当于一族)其理想位置的圆环(旋转)图形状态来揭示寄生信号。理论上,星座图应当是特定几个点。但实际系统受到各种损害和噪声的影响,从而造成状态的弥散(每个状态周围的点分散开)。符号在星座状态周围"转圈"表明可能有寄生信号或干扰音频信号。

BPSK 的星座图上只有两个点,分别在原点的两侧,两点和原点的距离相同,但是相位相差 180°。QPSK 在星座图上有四个点,以原点为中心,构成一个正方形。星座图上四个点到原点的距离相同,可见载波的振幅没有改变,只改变了相位。由于星座图上有四个点,即有四种可能跳变的状况,每种状况可用两个数据位来代表。在以相同速率传送信息的条件下,信号带宽仅为 BPSK 的二分之一。MSK 在星座图上和 QPSK 一样有四点,但是点的移动每次只能向前或向后移动 90°,不能做对角线的移动,也就是说,载波的相位不会有 180°的变化,所以调制后信号频谱比较不会散开,频率的利用效率也就更高。图 4-18 左上角的星座图,为叠加了噪声后的 π/4DQPSK 信号的星座图。

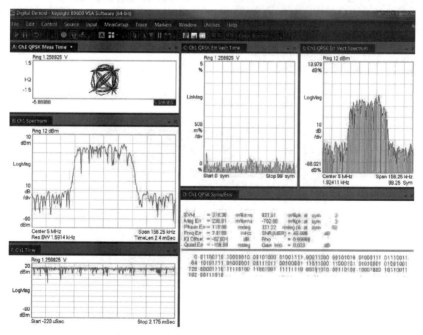

图 4-18　分析仪 QPSK 矢量信号的测试图

3）眼图

观察数字调制信号的另一种方法是采用眼图，可生成两张不同的眼图，一张是 I 通道数据，另一张是 Q 通道数据。这两种图仅仅是 I 幅度随时间变化与 Q 幅度随时间变化的映射，就像这些是出现在符号定时瞬间触发的示波器上，在确定符号的时刻形成"眼睛"。眼图为数字信号传输系统提供了很有用的显示，它能直观地表明码间串扰和噪声的影响，能直接评价一个数字调制信号中基带信号的性能优劣。好的信号具有"张大"的眼睛，交点对应星座图上符号点位置，调制质量越高，交点越集中。

4）相位轨迹图

相位轨迹图又称为格形图，用于映射被测信号或理想（参考）信号的相位随时间的变化情况（每个符号的相位轨迹）。MSK（最小移频键控）信号具有恒定幅度，但要改变相位以传输信息。相位轨迹图常常用来表征这些信号，因为它们能映射每个符号上的相位过渡和轨迹。

因为数字调制信号的类似噪声特性，所以它的峰值幅度是完全不可预知的。精确地测量数字信号的功率要比测量大多数模拟信号的输出功率困难得多。数字调制信号，因为它们所有的功率在整个频带中传播，而不像模拟调制信号只在载波的边带中传播，以及具有不重复性、随机性，所以没有可预知的、重复出现的功率点测量。图 4-19～图 4-21 为矢量信号分析仪的分析功能测试图。

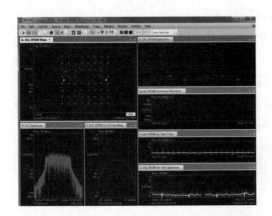

图 4-19　OFDM 矢量信号分析仪的分析功能测试图

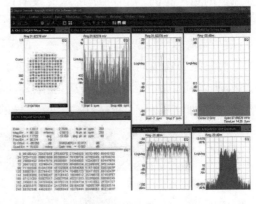

图 4-20　128QAM 矢量信号分析仪的分析功能测试图

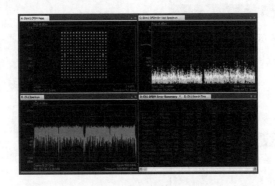

图 4-21　对用 Keysight 89600 VSA 软件测得的 WLAN 802.11ac 信号进行调制分析

5）网格图

观察数字调制信号还可以采用网格图,也称为格形图,因为它看起来像花园的围网,网格图横轴为时间,纵轴为相位,用于观察符号的相位变化轨迹。它表示被测信号或理想（参考）信号的相位随时间的变化情况（每个符号的相位轨迹）,通常考虑规定数目码元的相位变化。MSK（最小移频键控）信号具有恒定幅度,但要改变相位以传输信息。网格图常常用来表征这些信号,因为它们能映射到每符号上的相位过渡和轨迹。

4.4.3　矢量信号误差分析

矢量信号的误差分析是矢量信号分析技术的一项重要内容,矢量信号分析仪在进行矢量解调测量分析中准确地给出了测量信号的数字调制特性,各种误差的计算和最终误差决定了仪器的性能。在这里主要描述矢量信号分析仪对数字调制信号进行分析所给出的各种测量参数的计算方法。

如图 4 - 22 所示是矢量信号分析仪通过比较测量信号和内部产生的理想参考信号来计算调制误差的示意图。仪表输出格式依赖于所选用的被测信号的调制方式。通过人工操作可以选择误差不同的输出格式。测量信号的调制误差可以根据数值和相位分开表示,如极坐标图中的 I 和 Q 误差、误差向量值、星座图中的矢量。

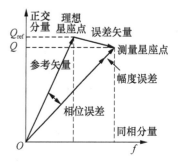

图 4 - 22　误差矢量的坐标图

1）误差矢量幅度

误差矢量幅度（Error Vector Magnitude,EVM）是衡量数字调制信号的一个很重要的概念,其表示的是图 4 - 22 中误差矢量的幅值,即在理想（参考）状态位置与被测状态位置之间画出的矢量的幅度。一般需要测量两个数,%rms 和峰值（峰值位置所显示的符号数）。

误差矢量幅度能对数字调制信号的性能进行十分全面的考察。适当采用 EVM 和相关的测量能准确指出信号中问题出现的类型,甚至还能帮助识别它们的根源。作为信号质量的一个重要量度,EVM 不仅给数字调制信号提供了一种简单的定量品质因素,同时还给对信号的损失和失真的根本原因进行揭示和处理提供了重要的方法。EVM 计算方法如下:

$$EVM = \sqrt{(I - I_{ref})^2 + (Q - Q_{ref})^2} \qquad (4-17)$$

这里信号误差的实部和虚部表示为:信号误差实部 $= I - I_{ref}$,信号误差虚部 $= Q - Q_{ref}$,其中 I 和 Q 为被测信号的两路正交分量,I_{ref} 和 Q_{ref} 为由码元序列求得的理想 I/Q 分量。

EVM 的定义是指在所利用的调制格式下,实际的码元 I、Q 位置与理想的码元 I、Q 位置的差别,其测量方法是连续不断地把输入的数据流与理想的参考信号进行幅度和相位的比较,其测量结果是定量衡量通信系统性能的有效手段。利用 EVM 测量可以评价整个通信系统的性能,也可以了解个别元件（例如:滤波器、功放等）对系统性能的影响。

2）幅度误差

幅度误差是指被测状态矢量幅度与理想（参考）状态的矢量幅度之间的差值,这两个矢

量均以 I/Q 平面原点为起点。该参数衡量的是调制信号幅度成分的质量,幅度误差的计算方法如下:

$$信号幅度误差 = \sqrt{I^2 + Q^2} - \sqrt{I_{ref}^2 + Q_{ref}^2} \tag{4-18}$$

3) 相位误差

相位误差是指被测状态矢量与理想(参考)状态之间的角度,这两个矢量均以 I/Q 平面原点为起点。该参数衡量的是调制信号相位成分的质量,相位误差的计算方法如下:

$$相位误差 = \arctan\frac{Q}{I} - \arctan\frac{Q_{ref}}{I_{ref}} \tag{4-19}$$

其中,I 和 Q 为被测信号的两路正交分量,I_{ref} 和 Q_{ref} 为由码元序列求得的理想 I/Q 分量。

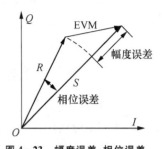

图 4-23 幅度误差、相位误差示意图

4) I/Q 偏移误差

I/Q 偏移也称为"I/Q 原点偏移",是相对于在检测判决点上已调载波幅度的载波馈通信号幅度。载波馈通是用来产生调制信号的 I/Q 调制器平衡情况的标志。调制器的不平衡导致载波馈通并在解调 I/Q 信号上表现为直流偏置。I/Q 偏移量用来测量带有模拟 I/Q 调制器的本振馈通。它可以表示为坐标图中的零点的偏移。如果没有本振馈通(本振100%抑制),那么 I/Q 偏移为零。从图 4-24 中可以看出 QPSK 信号的原点偏移情况。

5) I/Q 不平衡

I/Q 不平衡用于衡量被测 I/Q 调制器的对称性。一般指 I/Q 幅度不平衡,也称 I/Q 增益误差,是发射机 I 和 Q 支路增益不相同的结果。I/Q 不平衡示意星座图如图 4-25 所示。

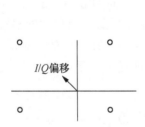

图 4-24 I/Q 偏移极坐标图

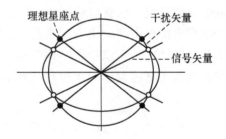

图 4-25 I/Q 不平衡示意星座图

6) 调制质量参数表

矢量信号分析能进行解调信号的定量分析,也能给出调制质量参数表。其中:EVM rms 表示矢量误差平均值,EVM pk 表示矢量误差峰值;Mag Err rms 表示幅度误差平均值,Mag Err pk 表示幅度误差峰值;Phase Err rms 表示相位误差平均值,Phase Err pk 表示相位误差峰值;Freq Err 表示频率误差;IQ offset 表示 I/Q 信号偏移;Quad Err 表示 I/Q 信号相位正交误差;Gain Imb 表示 I/Q 信号幅度不平衡。

4.4.4 硬件总体方案及主要工作原理

矢量信号分析仪具有频域、时域和调制域分析能力，可以进行矢量调制分析、猝发信号和瞬变信号分析、信号频谱测量等。为了满足现代通信日益发展的测试需求，矢量信号分析仪可以测量各种数字调制信号，包括 GSM 系统中的 GMSK 格式，CDMA 系统中的 QPSK 格式以及 BPSK、FSK、16QAM 等格式的调制信号，在数字通信标准方面既可测量第二代数字通信标准 GSM 系统和窄带 CDMA 系统，同时又兼顾了作为数字通信发展方向的第三代数字通信标准宽带 CDMA 系统。由于测量信号性质的变化，矢量信号分析仪的设计原理与传统的频谱分析仪有显著不同。

矢量信号分析仪测量从 100 Hz 到 3 GHz 或 26.5 GHz 甚至更高频段内数字调制信号的频域、时域和调制域性能，可以测量各种数字调制信号，完成信号参数的测量和图形分析。

矢量信号分析仪整机原理框图如图 4-26 所示，整机包括宽频带微波接收前端、低相噪频率合成本振模块、中频通路模块、数字化中频、数字带宽和检波、I/Q 正交解调模块、DSP 数字信号处理模块、控制和数据传输模块、用户接口模块以及电源模块等。

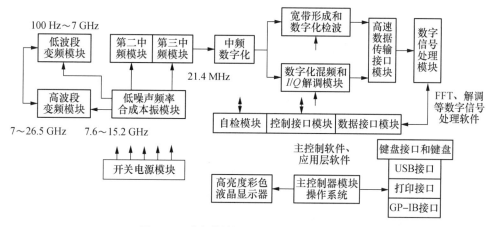

图 4-26　宽频带矢量信号分析仪整机原理框图

被测信号频率可以从 100 Hz 到 26.5 GHz，经程控步进衰减器和波段开关选择后分为低波段和高波段，7 GHz 以下为低波段，7 GHz 以上为高波段。低波段采用上变频滤波方案，由第一变频器进行上变频，滤波放大后再经两次下变频，变为 21.4 MHz 的中频信号。高波段采用 YIG 滤波下变频方案，首先由 YTF 滤波，再经第二变频器和第三变频器两次下变频，同样变为 21.4 MHz 的中频信号。低相噪频率合成本振模块采用锁相式频率合成技术，取样 PLL 产生低相噪取样本振信号，对 YIG 调谐振荡器进行取样混频，其中频信号与参考 PLL 产生的 1 Hz 分辨力信号进行鉴相，锁定 YIG 调谐振荡器作为本振。输入的被测信号经三次频率变换后输出的 21.4 MHz 的中频信号进入中频数字化模块，在此完成中频预滤波、程控增益控制以及最后的 A/D 转换。

中频信号数字化后产生的信号数据流分别输入到数字分辨率带宽形成和数字化检波模块以及 I/Q 正交解调模块，前一模块完成频谱分析所需要的分辨率带宽滤波和数字化检波，后一模块完成数字混频、滤波和矢量解调，数据经过这两个模块转换处理后通过高速数据传输模块送给数字信号处理模块,通过 DSP 软件运算完成频谱分析的部分任务,如 FFT 运算、视频滤波等,以及通过 DSP 软件完成矢量信号分析,最终将处理完的测量分析结果通过数据传输接口送给主控制板。

主控制板的核心芯片是 CPU 处理器,并结合操作系统软件平台完成整机的控制、自检、校准和用户交互界面,通过主控板提供各种仪器接口,如 GP - IB 接口、USB 接口、打印机接口以及键盘接口等。显示部分采用高亮度的 TFT 彩色液晶显示器。整机电源采用开关电源,为整机提供多路不同电压、低纹波的直流电。

4.4.5 整机软件总体方案

矢量信号分析仪整机软件采用模块化、分层次设计的思想开发,其中包括主控制器软件和 DSP 软件,整机软件总体模块框图如图 4 - 27 所示。

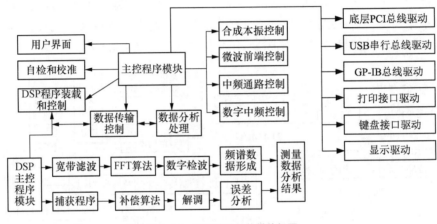

图 4 - 27　整机软件总体模块框图

主控制器软件一般采用嵌入式操作系统,根据硬件的设计,充分利用硬件资源,定制符合本仪器的操作系统平台,用 VC 6.0 设计开发包括 USB(通用串行总线)、打印接口和 GP - IB 接口的设备驱动程序,编写仪器整机用户界面、自检和校准、数据通信、硬件控制、数据处理以及显示等程序。为了便于软件的编程与维护,采用模块化设计,并符合程序设计软件规范。主控制器软件分模块设计,主要包括如下几个部分。

(1) 主控程序模块:完成从开机到仪器进入测量状态的全过程控制,调用各个模块软件,仪器的不同控制和测量,以及数据分析、处理和显示等。

(2) 用户界面模块:基于嵌入式操作系统完成仪器与用户交互界面,实现仪器使用的简便和直观。

(3) 自检和校准模块:自检软件与仪器硬件自检电路一起完成对仪器主要硬件模块的自检,并实时报告自检结果。校准软件包括开机校准、用户校准和仪器自校准 3 个部分,是仪器实现指标稳定的重要措施,通过对硬件模块的校准,使之达到最佳工作状态。

(4) DSP 程序装载和控制模块:在开机时通过主控软件的调用,完成对多个 DSP(数字信号处理器)实现程序加载,并在测量过程中完成对 DSP 运行程序的状态和参数控制,以及控制 DSP 测量分析结果的数据读取。

（5）合成本振控制模块：主要完成合成本振的频率控制和扫描控制，以及进行跨波段频谱测量时本振的分波段控制。

（6）微波前端控制模块：控制程控步进衰减器、低波段变频模块、高波段变频模块以及波段转换开关。

（7）中频通路控制模块：控制第二中频模块和第三中频模块，其中包括步进增益控制和通带预滤波等。

（8）数字中频控制模块：控制数字中频模块，实现 21.4 MHz 中频信号的数字化以及测量数据的存储和传输等。

（9）数据分析和处理模块：主要完成 DSP 软件处理过后数据的进一步分析和处理，最终产生用于显示和报告的数据。

（10）数据传输控制模块：主要完成数字信号处理软件模块和主控制器软件之间的数据传输控制，包括测量参数的传输和测量数据分析结果的传输等。

（11）底层 PCI 总线驱动模块：封装各种实际 PCI 总线驱动，供各模块软件控制统一使用，完成对硬件最直接的控制。

（12）USB 串行总线驱动模块：实现仪器 USB 串行总线接口功能。

（13）GP‑IB 总线驱动模块：解析 GP‑IB 仪器程控指令，实现符合总线标准的 GP‑IB 总线接口功能。

（14）打印接口驱动模块：实现仪器并口打印接口功能。

（15）键盘接口驱动模块：实现仪器外接计算机键盘功能。

（16）显示驱动模块：实现 TFT 高亮度液晶显示器的驱动功能。

数字信号处理软件是测量信号数据处理的核心软件，根据仪器测量功能的不同可分为两个部分，频谱分析部分和矢量信号分析部分，并由 DSP 主控软件部分进行控制。频谱分析部分完成数字化中频后数据的滤波、检波、FFT 等，主要包括：宽带滤波模块、FFT 模块、数字检波模块、视频滤波模块和频谱数据形成模块等。矢量信号分析部分完成测量信号的解调分析，主要包括：基带信号捕获模块、频偏修正模块、群时延和幅度补偿模块、同步模块、I 路解调模块、Q 路解调模块、参考信号产生模块以及误差分析模块等。

4.4.6　射频/微波变频模块

射频/微波接收前端部分是矢量信号分析仪中宽频带信号接收的主体部分，完成宽频带被测信号的频谱搬移，为后端频谱分析和矢量解调分析提供中频信号，该部分由以下几个单元组成，分别是程控步进衰减器、通道开关、YTF 调谐滤波器、低波段变频模块、高波段变频模块和第二中频输出模块等，其原理框图如图 4‑28 所示。

从图 4‑28 中可以看出，被测信号的频率为 0～26.5 GHz，通过程控步进衰减器后经通道选择开关将测量信号分为低波段和高波段两路，其中程控步进衰减器共有 70 dB 的衰减量，步进为 10 dB 0～7 GHz 的被测信号进入低波段变频模块，经过两级变频后将输入信号频率变换到 741.4 MHz，7～26.5 GHz 的信号经过宽带 YTF 滤波后输入到高波段变频模块，经过一次变频后同样输出 741.4 MHz 的中频信号，两路中频信号分别进入第二中频输出模块，经过放大滤波和开关选择后输出，从而实现输出信号的频谱搬移。

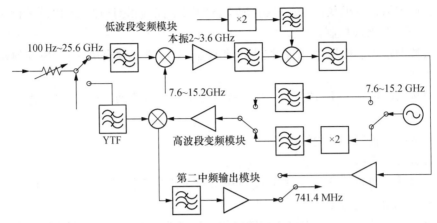

图 4 - 28　射频/微波变频模块原理框图

　　宽带 YTF 预选器是微波接收前端的重要部件,其特点是 3 dB 带宽保持不变,中心频率可调,频率调谐的方法是通过控制滤波器的线圈电流来实现的,具有稳定的带内幅频特性和群时延特性,3 dB 带宽在 30 MHz 以上,带外抑制大于 80 dB。

　　低波段变频模块中含有两个变频器,如低波段变频模块框图所示,一个是扫本振的微波变频器,另一个是固定本振的中频变频器。在进行变频前,100 Hz～7 GHz 的被测输入信号首先进入截止频率为 7.9 GHz 的低通滤波器,以抑制带外和镜像响应。

　　高波段变频模块由基波混频器、开关滤波器、倍频器和放大器组成。开关滤波器和二倍频器为基波混频器提供整个高波段的本振信号,输入的本振频率为 7.6～15.2 GHz。混频后输出中频信号 741.4 MHz。

　　第二中频输出模块由放大器、滤波器和通道开关组成,输出信号为第二中频信号,将进入第二中频模块。

4.4.7　中频数字化模块方案和工作原理

　　中频数字化是现代电子测量仪器也是矢量信号分析仪的先进技术手段,中频数字化为仪器设计带来了很多便利和好处,为数字信号处理技术的应用打下了基础,不但能提高分析仪的性能,提高测量的稳定性和可靠性,而且还能降低仪器成本。矢量信号分析仪采用数字信号处理技术实现信号的分析,因此中频数字化模块的设计方案是中频通路硬件设计的关键。数字化中频模块技术方案原理框图如图 4 - 29 所示。

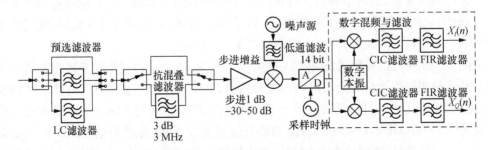

图 4 - 29　数字化中频模块原理框图

经多级变频后输出的频率为 21.4 MHz 的第三中频信号进入数字化中频模块后,首先经过开关预选滤波器组。滤波器组由三选一开关进行选择,包括直通通路、晶体滤波器预选通路和 LC 滤波器预选通路,晶体滤波器和 LC 滤波器均采用单级形式,带宽根据分辨率带宽的设置要求进行调节,预选滤波器的作用是防止模拟中频产生三阶失真产物,经预滤波处理的中频信号输出至抗混叠滤波器,但在矢量信号分析模式时选择直通方式。信号经抗混叠滤波器或直通后通过程控步进增益放大器改变信号幅度,从而适应不同幅度信号的测试,步进增益的范围是 $-30 \sim 50$ dB,步进为 1 dB。步进增益电路输出的信号与低频噪声相加后,进入 A/D 转换器进行数字化,A/D 转换器位数为 14 bit、采样率最大可达 100 MHz。低频噪声信号加入中频信号的目的是提高小信号检测灵敏度。中频数字化后形成的数据流分两路通过数字乘法器分别与本地数字振荡器(NCO)产生的 cos 分量和 sin 分量相乘,实现输入信号在频域的搬移,即载波频率为零,随后进入 CIC 数字低通滤波器,并进行相应的抽取,然后再经过 FIR 滤波器,得到同相分量 I(in-phase)和正交分量 Q(quadrature)两路基带信号,从而实现中频信号的数字下变频和两路正交基带信号的获得。

由于测量速度的要求,数字混频、CIC 滤波和 FIR 滤波均采用硬件来完成,同时在设计时需要兼顾频谱分析和矢量信号分析的不同要求。

4.4.8 数字中频 I/Q 解调模块方案和工作原理

矢量信号分析是近年来随着数字通信的发展而产生的信号测量分析技术,是建立在信号数字化基础上的一项数字信号处理技术。与大多数数字通信接收机一样,矢量信号分析依赖于数字解调电路的设计,在某种程度上可以说是采用了软件无线电的数字化中频处理技术。要完成矢量信号分析,首先要对数字调制信号进行正交解调,分解出 I 和 Q 两路正交的基带信号,中频数字化则是正交解调的重要硬件手段。传统的正交解调电路采用模拟器件,由此引入的一系列模拟器件所固有的误差降低了正交解调器的性能,例如增益平衡度、正交平衡度、直流偏移、阻抗匹配以及本振泄漏等。因此传统的模拟正交解调机制已被数字化解调所代替,从而提高了系统的稳定性和信号分析的灵活性。

矢量信号分析的一个很重要的特点是能够对各种格式的数字调制信号进行精确又直观的各种调制参数测量,而对解调数据的实时输出则没有太多要求,因此矢量信号分析中采用的数字解调设计与其他解调设备考虑的重点将有所区别。

矢量信号分析模块原理框图如图 4-30 所示。经过射频和微波接收变频后得到的 21.4 MHz 中频信号输入到 14 bit 的高速 A/D 转换器,在矢量信号分析状态下,中频信号带宽最大可以大于 10 MHz,远大于频谱分析测量状态下的带宽要求,因此,在本方案中,A/D 采样时钟速率设置为 85.6 MHz,满足奈奎斯特采样定理。A/D 转换后的数据分两路与数字本振(本振频率为 21.4 MHz)相乘,并分别经过数字低通滤波器滤除本振等杂波后,得到 I 和 Q 两路数字基带信号数据流,低通滤波器采用 CIC 滤波器和 FIR 滤波器相结合,可以有效滤除乘法器产生的本振二次谐波等杂波分量。经过频谱搬移后的基带信号,频率上限已经大大降低,85.6 MHz 的信号采样率已经没有必要,因此需要对信号进行抽取,CIC 滤波器同时还完成信号的抽取功能,从而降低基带信号的采样率,有利于后续信号的处理。随后,再对两路基带信号进行重取样,调整信号的采样速率,使基带信号的采样速率与被测信号的码元速率建立倍数关系。

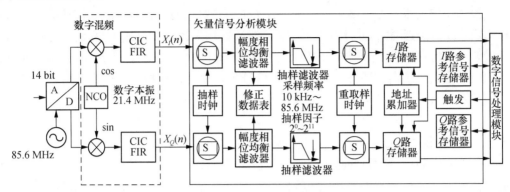

图 4-30 矢量信号分析模块原理框图

I 和 Q 两路基带信号同时进入幅度和相位补偿滤波器,对通带内的信号幅度和相位进行补偿,提高信号的分析质量,补偿数据存储在可读写存储器中。随后,经过抽取滤波器和取样器对信号进行进一步的抽取和重采样。

根据码元速率的不同,得到的基带信号采样频率在 10 kHz 到 85.6 MHz 之间。最后,基带信号分别存储于 I 路和 Q 路存储器之中,存储触发和地址控制由 DSP、触发单元和地址累加器共同完成。一次存储的数据由数字信号处理器在信号分析时进行读取。

I 路参考信号存储器和 Q 路参考信号存储器分别存储 DSP 根据测量信号比特流所产生的两路参考基带信号。

4.4.9 矢量信号分析算法

无论是何种形式的数字接收机,数字解调算法都是其核心部分,对于矢量信号分析也一样,数字信号处理软件包含了各种各样的解调算法,在数字解调中占据着重要的地位。

图 4-31 给出了矢量信号分析中解调软件(DSP 处理软件)的结构框图和所涉及的各种算法。从图中可以看出,经过硬件采集并存储于 RAM 中的数据流输入到软件模块后首先进行载波同步和码元同步,载波同步采用载波频偏计算算法,对信号数据流中的频偏失真进行修正,该算法可以达到很高的精度,也是硬件采用非同步数字本振的一个基础。随后数据流进入幅度补偿和相位补偿,我们知道,在数字通信系统中,信道群时延失真将引起符号间干扰,使系统差错概率恶化,对于本书中讨论的数字解调接收,同样要经过前端的模拟接收通路,也势必会造成信号相位失真(群时延失真)和幅度失真,即使极微小的失真也会造成矢量信号分析的不可信,因此相位补偿算法和幅度补偿算法起到了很重要的作用。其后,经各种补偿后的数据流进入测量滤波器,测量滤波器其实就是 ISI 匹配滤波器,根据信号的不同,测量 ISI 匹配滤波器包括平方根升余弦滤波器、IS-95 上下行测量滤波器等。匹配滤波后的基带信号流分成两路,一路用作比较,另一路工作是通过码流检测获得比特信息流,针对所获得的比特流形成新的理想的参考基带信号,即参考信号发生器,其产生原理和数字调制信号源中的基带信号发生器工作原理是一样的,后端的参考匹配滤波器也要随信号的调制性质改变,其作用是为了与系统的接收机所用滤波器匹配,通常是用来传输数据的滤波器的平方乘积,通用的有升余弦滤波器、高斯滤波器等。

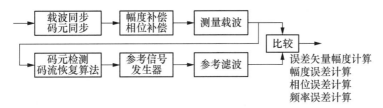

图 4 - 31　解调分析算法软件结构框图及解调算法

4.4.10　数字调制分析

随着通信技术日趋复杂,相位已经成为加快数据传输的要素之一。一个简单的实例是 QPSK(正交相移键控),一次可以传输 2 个数据值,如图 4 - 32 所示。在本例中,数据被绘制到一个 IQ 图中,同相数据在 I 轴(水平)上,正交数据在 Q 轴(垂直)上。这些数值组合表示已传输信号的相位和幅度。从图中可以看到,I 和 Q 轴上的等值仅显示在 $45°$、$135°$、$225°$ 和 $315°$点上。但根据我们的分析,信号改变正交时的幅度和相位都不是一致的。另外,接收机基本上不会混淆某个

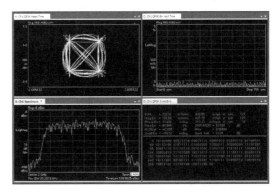

图 4 - 32　对 Keysight 89600 VSA 软件测得的 QPSK 信号进行调制分析

数据点所属的象限,因此传输信号中没有误差。一个更新、更复杂的系统是使用 256QAM(正交幅度调制)的 802.11ac。最大功率是有限的,所以数据点在相位和幅度方面相比 QPSK 中的要更加紧密。用来评测已传输信号的分析仪必须有足够高的精度,以免对传输质量产生错误的结论。

世界通用的无线通信系统使用由标准开发组织和政府管理机构所规定的技术标准。通常通过矢量信号分析仪或者结合专用测量软件来进行无线通信制式所规定的关键测试。例如,如果需要测试无线蓝牙通信标准的发射机,那么我们必须测量如下的参数:平均/峰值输出功率、调制特征、初始载波频率容限、载波频率漂移、频段/信道监测、调制信息、输出频谱、20 dB 带宽、邻道功率。

这些测量都可以通过配有合适选件的 Keysight X 系列(简称 X 系列)信号分析仪进行。X 系列信号分析仪提供一系列广泛的无线通信标准,其他可选的测量功能包括:LTE/LTE - Advanced、WLAN、多标准无线电 (MSR)、GSM/EDGE、W - CDMA、HSDPA、CDMA2000、1xEV - DO、1xEV - DV、cdmaOne、NADC、PDC、TD - SCDMA。

图 4 - 33 描述了一个 LTE FDD 下行链路信号的矢量幅度误差(EVM)测量。这种测试能够对导致接收机产生比特误码的调制或放大失真进行故

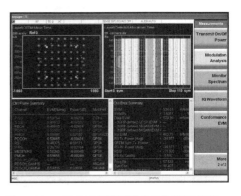

图 4 - 33　LTE FDD 下行链路信号的 EVM 测量

障诊断。不是所有的数字通信系统都基于完善的工业标准。如果工作于非标准的专利系统或标准提案的前期筹划中,就需要更多的灵活性以分析不同情况下的矢量调制信号。可以通过两种方式获得这种灵活性。第一种方式是使用矢量信号分析仪中的调制分析专用软件。另一种方式是使用在外置计算机上运行的软件进行更宽泛的分析。例如,Keysight 89600 VSA 软件可以结合 X 系列信号分析仪来提供灵活的矢量信号分析。在这种情况下,信号分析仪用作射频下变频器与数字转换器。软件可以在信号分析仪内部运行,或者在计算机上运行,通过 GPIB 或 LAN 与分析仪通信,接收 *IQ* 数据,在计算机上完成矢量信号分析。测量设置,包括调制类型、符码率、滤波、触发和记录长度都可以根据要分析的特定信号而改变。表 4-1 为矢量信号分析仪功能及应用一览表。

表 4-1　矢量信号分析仪功能及应用一览表

测量状态	测量功能	应用场合
频域测量	频谱分析	宽频段信号搜索
		信号杂散测量
	通道功率测量	调制信号平均功率测量,信号 C/N 测量,信号邻道功率比(ACPR)测量
调制域测量	时延功能	信号频率/时间变化波形
		频率转换时间
时域测量	信号时域特性分析	信号幅度/包络变化波形信号相位/时间变化波形
	时间门功能	完成对信号的选时分析,如脉冲调制信号脉内分析,显示并测量脉内部分信号的频谱及其他参数
	信号捕获功能	对瞬变信号进行捕获和存储,支持多种手动和自动触发条件将捕获的信号数据转入任意波发生器,通过回放功能将捕获的信号恢复为真实的信号
模拟解调功能	完成对 AM、FM、∅M 信号的解调,得到调制基带信号的时域波形及频谱等	AM 信号解调分析,调制参数测量,失真性能测量 FM 信号解调分析,频偏测量,调制信号频率测量,失真性能测量 ∅M 信号解调分析,相偏测量,调制信号频率测量,失真性能测脉冲压缩雷达 chirp 信号调频线性测量脉冲压缩雷达 Barker 码信号相位精度测量
数字解调功能	完成对 FSK、MSK、PSK、QAM 等信号的解调分析;按标准制式完成对 GSM、CDMA、WCDMA、CDMA2000、TD-SCDMA 等移动通信信号的测量;WLAN(802.11)信号分析	通过解调,观察被测试信号的矢量图、星座图、I/Q 波形、I/Q 眼图、相位变化轨迹等定量测试信号的调制准确度,如 EVM、幅度误差、相位误差、频率误差、I/Q 相位正交、增益不平衡、载波泄漏等对信号误差产生原因进行定位

4.5　主要技术性能和指标

1) 频率范围

　　频率范围是指在满足规定性能的条件下,矢量信号分析仪能测量的最低频率到最高频率之间的范围是多少。矢量信号分析实现频率范围扩展需要非常大的投入,往往一个倍频程或者提升 10 GHz 范围,价格会提升一倍。频率范围指标高的进口仪器也往往受禁运限制。

2) 解调性能

包括解调带宽、所支持的调制格式、码元速率范围、过采样比率、匹配滤波器的样式、调制质量的测试能力等多个方面。这些指标均和待测信号特性有密切关系,选择的标准必须高于待测信号特性并留有一定余量。

(1) 解调带宽

矢量信号分析仪能够有效解调分析被测信号的通路带宽,通常该带宽具有一定的变化范围,一般情况下解调带宽和分析带宽是等同概念。解调带宽限制了可测的信号带宽范围,对用户而言,选择的分析仪必须涵盖待测信号带宽,并最好留有一定的余量。在关注带宽的同时,需要关注对应的存储深度,信号带宽越宽,需要的存储容量越大。同样的,解调带宽宽的进口高端仪器也经常在禁运的范围内。

(2) 存储深度

即数字下变频部分拥有的捕获存储器的大小,它表征了矢量信号分析仪能够一次性采集数据的长度,在指定解调带宽下即代表能够分析的信号时长。存储深度越大,部分调制特性测试准确度越高,而且对分析信号随时间变化能力越有利。存储深度可以用 I/Q 样点数或物理存储容量表示。

(3) 支持的解调格式

分析仪能够解调的数字调制信号样式,是仪表功能强度和适用能力的重要体现。常见的数字解调种类有幅度键控(ASK)、频移键控(FSK)、相移键控(PSK)和正交调幅(QAM)4种基本形式。其中,QPSK 调制中有一种 $\pi/4$ DQPSK,全称为 $\pi/4$ Shift Differential Encoded Quadrature Phase Shift Keying,是从 QPSK 发展起来的一种调制方式。通过控制相位的变化,使得 $\pi/4$ DQPSK 信号相邻码元之间的最大相差为 $\pm 3\pi/4$。$\pi/4$ DQPSK 是线性调制,比恒包络调制(如 GMSK)具有更高的频谱效率。

GMSK 该调制格式是从最小移频键控(MSK)发展起来的一种技术。MSK 调制实际上是调制指数为 0.5 的二进制调频,具有包络恒定、占用相对较窄的带宽和能进行相关解调的优点。但其带外辐射较高,影响了频谱效率。为了抑制带外辐射、压缩信号功率,在 MSK 调制器前加入高斯低通预调制滤波器,这种方式称为高斯滤波最小移频键控调制,简称 GMSK。

(4) 码元速率

是单位时间内传输码元的条目,在星座图下表示为星座各状态点之间的转移速率,它的单位是波特(baud)或 Hz。

(5) 支持的通信标准

该指标是指分析仪能够支持的通信标准的种类,每种标准均有自身特定的测试项目、测试状态和分析方法。例如,GSM、NADC 和 CDMA 标准等等。

GSM 系统:全球移动通信系统,是第二代数字移动通信系统中较为典型的一种,采用时分多址技术,包括 GSM900、DCS1800 两个频段。

NADC 系统:北美数字蜂窝通信系统,采用的调制格式是 $\pi/4$ DQPSK。

CDMA 系统:码分多址数字移动通信系统,目前分为两类,一类为窄带码分多址系统,由 Qualcomm 公司开发,其规范由美国电信工业协会(TIA)发布,标准为 IS-95;另一类为宽带码分多址系统。CDMA 通信系统将数字调制技术与频谱扩展编码技术相结合,从而建立能免除噪声干扰而本身又酷似噪声的宽带信号。

3）通道性能

通道性能主要包括本振相位噪声、显示平均噪声电平、非线性特性、频响平坦度等关键的接收通道指标，这些指标同样需要很大的实现成本，它们不但影响信号基本频谱特性的测试，而且对解调测试也有很大的影响。

（1）本振相位噪声

本振的相位噪声也称噪声边带，表征的是矢量信号分析仪内部本振的相位噪声，它是振荡器短时稳定度的度量参数，通常以一个单载波的幅度为参考，并偏移一定的频率下的单边带相位噪声，单位为 dBc/Hz。分析仪的频率分辨率和对小信号的测试能力也受到边带噪声的制约。

（2）显示平均噪声电平

即 DANL(Display Average Noise Level)，矢量信号分析仪的灵敏度可定义为显示平均噪声电平，通常认为这是最小可测信号电平，可以表示分析仪测量最小信号的能力。在最小分辨率带宽和最小输入衰减的情况下，降低视频带宽以减小噪声的峰－峰值波动，在分析仪显示器上观察到的电平为显示平均噪声电平。

（3）非线性相关指标

矢量信号分析仪对输入信号的功率电平有一定的限制，当输入信号电平过大时混频器的输出电平就不能线性地跟踪输入，造成非线性，输出因压缩而产生偏差。为了表征这种压缩现象，通常给出 1 dB 压缩时的混频器电平。测量时，尽管混频器电平低于增益压缩点，但由于混频器是非线性器件，它仍然产生内部失真，因此还有二次谐波失真、三阶交调失真等技术指标来表征分析仪的非线性特性。

4）输出及报表的丰富程度

输出及报表的丰富程度体现了矢量信号分析仪能够分析参数的全面性以及同一个参数不同风格的表现形式。输出如星座图、眼图等，报表如误差矢量幅度（EVM）等。

5）接口特性

由于矢量信号分析仪的结构形式多样，因此为其提供的接口形式也有非常大的变化，用户可根据实际需要选择合适的接口，一般而言专用数据接口、记录仪接口、RS232 等并非每个用户都需要，而 GP－IB、USB、LAN 等接口是常常需要的接口，特别是用户在组建测试系统的情况下，这些接口尤为重要。

4.6　典型产品介绍

随着数字调制技术的不断发展，矢量信号分析仪由于与通信系统接收机有着相似的架构，能够在通信系统的研发、查错及验证系统性能方面发挥着巨大的作用。此外，矢量信号分析仪的性能指标几乎都领先于目前被测产品具备的水平，从保证测量数据准确、可靠的角度讲，它也能够满足测量的要求。在应用中，我们要根据被测产品的指标，在综合考虑测试需求和测试成本的前提下，通过比较不同厂家不同型号矢量信号分析仪的性能，来确定测试选用的测量仪器。查阅了国内外大量仪器厂家的产品手册，通过性能分析比较，结合测试实践，以选用适合测试实际情况的仪器。下面给出现阶段业界主流的矢量信号分析仪的主要性能指标。

(1) 89601A 分析软件及其嵌入硬件

89601A 矢量信号分析软件是美国 Agilent 公司研发的一款功能较为强大的软件,它能够嵌入仪表内部,对仪表采集的数据或仿真计算的信号数据进行频谱、时域和解调分析;能够对信号的幅度、频率和相位参数进行完整分析;提供卷积、FFT 等数字信号处理算法;可以对信号数据进行存储,控制信号源进行信号恢复和重建。

(2) 89601A+PSA/PXA/MXA 系列频谱分析仪

频谱分析仪测试中频、射频和微波等模拟形式信号,对信号的频谱和调制特性分析,与分析软件连接,对采集的信号数据进行完整分析,而且不同的选型分别高达到 2 GHz、3 GHz、6 GHz、12 GHz 和 18 GHz。

(3) IQ 性能

根据不同的选型,射频解调带宽有 42 MHz、60 MHz、120 MHz、255 MHz 和 600 MHz,能进行 IQ 两路基带信号分析,根据不同的选型,解调带宽有 64 MHz、86 MHz、100 MHz、110 MHz、295 MHz 和 600 MHz,具有深存储深度,全带宽信号存储固态存储达 88 s,或 RAID 数据流存储最高达 150 min 无杂散动态范围(SFDR)>58 dB(射频解调带宽42 MHz)>65 dB(基带解调带宽 42 MHz)测量软件包括数字频谱分析、各通道信号功率和功率比、数字调制信号解调和分析(包括 EVM、视图、样本率、载频和样本)、信号统计和其他信号解调。

Ceyear 5261/Ceyear 5263/Ceyear 5261/Ceyear 5263 是中电思仪生产的矢量信号分析仪。它的频率范围 100Hz~3 GHz/26.5 GHz,可对数字移动通信标准和 BPSK、QPSK、OQPSK、DQPSK、π/4DQPSK、8PSK、3π/8-8PSK、D8PSK、16QAM、MSK、GMSK、2FSK、4FSK 等数字调制格式进行解调分析,解调中频带宽最大为 10 MHz,码元速率为320 Hz~6.4 MHz,EVM 为≤3%rms(10 MHz~1 GHz),存储深度最大为 1 600 个码元。

Ceyear 5261 型矢量信号分析仪是针对数字调制射频信号测试而设计的高性能信号分析仪,拥有频谱分析、时序测量、调制准确度测量等几方面的能力,使测量具有更高效率,并具有灵敏度高、动态范围大、解调剩余误差小等显著特点,可以满足用户对各种复杂数字调制信号的测量分析,为 3 GHz 以下频段的数字无线通

图 4-34 AV5261 宽带多参数矢量信号分析仪

信设备提供完整的测量解决方案,并可通过扩频方案将频段延伸到 18 GHz,广泛应用于射频通信、卫星通信、视频广播和雷达等领域(图 4-34)。

1) 主要技术特点

(1) 高性能频谱分析。

(2) 针对各种复杂调制的矢量信号分析。

(3) 高分辨率、高灵敏度、低相噪、大动态范围。

(4) 灵活多样的数字解调参数设置。

(5) 解调码元速率最高可达 6.4 MHz。

(6) 实现第三代移动通信标准信号分析。

(7) 显示眼图、星座图、矢量图、相位轨迹图、码流表。

（8）内置多种数字通信标准和多种数字调制格式可选择。

（9）全中文操作界面、中文提示信息、高亮度 TFT 液晶显示器。

2）高性能射频频谱分析

Ceyear 5261/2 从设计上就充分考虑和解决了高性能频谱分析所要求的高技术指标和复杂的测试功能，可以方便地获得时域测量中不易得到的独特信息，如频谱纯度、信号失真、寄生、交调、噪声边带等各种参数，具有调制信号测量、谐波失真测量、快速时域扫描、相位噪声测试、时间门频谱分析、调频调幅解调等多种信号分析功能。低相位噪声指标和 1 Hz 的频率分辨率使仪器适用于大多数的频谱分析场合。

3）高性能矢量信号分析

Ceyear 5261 型矢量信号分析仪可对载频频率在 3 GHz 以下的射频数字调制信号直接进行数字解调分析，中频带宽为 10 MHz，并采用数字中频方案实现对码元速率小于 7 MHz 的调制信号的高性能矢量解调。灵活多样的数字解调参数设置（包括码元速率设置、脉冲成形滤波器选择、滤波因子设置等）以及内置多种数字通信标准和多种数字调制格式选择可为用户提供更加灵活的测试手段。不仅能够对 CDMA 系统进行有效分析，而且还能对 TDMA 系统中猝发的射频信号进行解调分析。较长的捕获 RAM 空间可以使用户一次存储 1 600 个码元点进行数据解调分析。

4）矢量解调的显示结果

对各种数字调制格式信号的测量，Ceyear 5261 型矢量信号分析仪都可以给出几种常见的结果显示格式，如眼图、星座图、矢量图、相位轨迹图等。另外，还能够同时显示信号的实、虚部时域波形，以及显示载频频率误差随时间变化曲线、相位随时间变化曲线等。测量结果的直观显示和灵活设置为用户调试提供了极大的方便。图 4-35 为矢量解调眼图、星座图（载波 1 GHz、码元速率 4Ms/s、QPSK）。表 4-2 为 N9030A 微波宽带矢量分析仪。

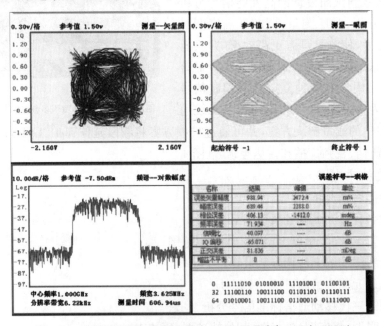

图 4-35　矢量解调眼图、星座图（载波 1 GHz、码元速率 4 Ms/s、QPSK）

表 4 - 2 N9030A 微波宽带矢量分析仪

	N9030A 微波宽带矢量分析仪
仪表 型号	
主要测试 功能应用	1. 通信调制信号分析 　　通信系统广泛采用复杂数字调制信号并兼容模拟调制信号。为提高通信系统的数传性能和抗干扰能力,许多先进的调制方式如扩频信号和 OFDM 等也得到应用。对于这些调制信号需要测试信号的频谱参数,时域参数和调制精度等参数。典型测试参数包含: 　　调制信号功率,功率时间关系,频率误差,频谱杂散,模拟调制信号失真度指标,数字调制信号矢量调制误差,幅度误差,相位误差,信噪比等参数。 　　2. 未知瞬变信号分析和记录 　　仪表能对各种瞬变信号进行快速频谱搜索,对快速变化的信号能进行实时记录和文件存储。存储的文件通过矢量分析软件进行事后分析,分析中能控制分析的速度,时间区间等参数。还能连接矢量信号源进行信号恢复重建。 　　3. 脉冲调制信号分析 　　对于雷达脉冲调制信号,需要分析测试信号的频域,时域和调制等参数。频谱参数包含:频谱宽度,频谱杂散,相位噪声等。脉冲信号的时域参数包含:脉冲宽度,脉冲周期,脉冲下降上升时间等。调制参数包含:调频频偏,调频线性度,相位调制精度,脉冲压缩比。还需要测试脉冲串雷达信号脉冲间功率和相位稳定度等参数。 　　4. 跳频信号分析 　　跳频是电子对抗技术的重要手段,对于捷变频系统,需要分析跳频信号的跳频图,频率稳定时间,相位稳定时间,稳定时间区间信号调制误差等。 　　5. 电路模块测试 　　对电路模块输出的信号进行频谱分析和解调分析。测试信号的相位噪声,频谱杂散,调制精度等参数。关键电路模块包含:功率放大器,变频器等。
关键性 能指标	1. 测试频率范围:3 Hz~3.6 GHz/8.4 GHz/13.6 GHz/26.5 GHz/50 GHz 可选 　　2. 测试灵敏度:－172 dBm@2 GHz 　　3. 频谱测试分辨率:1 Hz 　　4. 解调分析制式:模拟调幅信号,模拟调频信号,模拟调相信号,脉冲调制信号 　　任意数字调制信号(调制方式,调制速率,基带滤波器可任意定义) 　　任意矢量调制信号 　　5. 无线通信标准格式:GSM,CDMA,WCDMA,CDMA2000,TDSCDMA,LTE,WLAN,WiMAX,DVB 等 　　6. 解调分析带宽:140 MHz 　　7. 数字调制信号分析能力: 　　对电子系统中各种模拟调制和数字调制信号,N9030A 矢量信号分析仪能同时利用三种方式对信号进行分析,包含频谱分析,时域分析和解调分析。通过完整的分析功能,可提供信号的功率,带宽,杂散,时域参数和调制精度等参数。N9030A 提供完整的信号调制误差信息,这些信息能对信号故障原因的判断和定位提供有力依据。 　　N9030A 矢量信号分析仪可连接 ADS,Matlab 等软件,完成对信号更完整的分析功能,如调制信号解码处理,任意扩频信号的解扩分析等功能。完成用户任意定义的解调分析处理,完成符合用户定义的军用电子系统分析测试仪。 　　8. 雷达脉冲调制信号分析能力: 　　N9030A 对脉冲调制信号能进行频域,时域关联测试,使用时间门功能,N9030A 能对任意选定的脉冲区间内的信号进行频谱分析和解调分析,包含信号调频频偏,调制速率,调制线性度,相位调制误差等。对于雷达脉冲串调制信号,矢量分析仪表能确定参考脉冲,将任意选定的其他脉冲与参考脉冲进行功率,相位的比值分析。 　　9. 解调分析精度:相位线性:0.3 度,幅度平坦度:0.2 dB 　　10. 信号存储空间:512 MB 采样点

关键性能指标	11. 信号数据存储格式：SDF 文件，Matlab 文件，文本文件 12. 实时信号处理输出接口：中频输出接口（中频载波频率：321.4 MHz，70 MHz 可选） 信号功率包络电压输出 13. 模块电路测试功能：相位噪声测试，噪声系数测试
技术特点	特点 1：完整的信号分析能力 　　N9030A 能提供完整的信号频域，时域和解调分析能力。 特点 2：测试精度高 　　N9030A 采用全数字中频信号处理技术，仪表的测试灵敏度，幅度精度，动态范围，解调分析精度等关键指标都是同类仪表中最高技术水平。 特点 3：矢量分析带宽，存储容量大 　　N9030A 能提供对 26.5 GHz 频段微波信号 1 400 MHz 的矢量分析带宽。对于被测信号，仪表还能以各种文件形式进行存储，存储空间为 512 M 采样点。这些性能都为同类仪表中最高技术指标。 特点 4：测试功能扩展能力强 　　针对军用电子系统分析测试，N9030A 能通过连接 ADS，Matlab 等电子仿真软件，利用软件的分析处理功能来扩展仪表测试功能，将仪表构建为符合特殊军用电子应用的测试系统。
技术特点	1. 提供对开发的产品中各种信号完整的分析测试结果。特别利用完整的分析功能对产品品开发过程中的故障原因进行判断。 　　2. 利用该仪表的宽带矢量分析功能，适应宽带设备中信号分析要求。 　　3. 利用仪表和 ADS，Matlab 的连接功能，验证开发的信号处理算法的性能。 　　4. 利用仪表的大带宽和大容量存储空间，对真实的试验信号进行采集和文件存储。

矢量信号分析仪小结：

Agilent 公司的矢量信号分析仪把时域、频域和调制域分析集于一体，为复杂和随时间变化的信号提供最先进的测量。分析突发信号、脉冲信号、开关信号、瞬变信号或已调信号的同时，可以观察时间、频率、相位和幅度。

用可选的第二个 10 MHz 输入信道，还可以同时分析基带 I 和 Q 信号。包括：BPSK、QPSK、OQPSK、DQPSK、$\pi/4$DQPSK、8PSK、16～256QAM、VSB、MSK 和 2 至 4 电平 FSK 在内的各种各样调制方式。可以按各种方式和表格来显示测量结果。网格图、星座图、矢量图和眼图是分析矢量调制信号用的常用工具。通过产生一个理想基准信号与接收到的信号相比较，可提供误差测量。测量结果包括误差矢量幅度 EVM、相位和幅值的误差。

◆本章小结

本章介绍了矢量信号源基本工作原理，矢量信号分析仪基本整机工作原理和技术性能指标，观测数字调制信号的几种方法，矢量信号误差分析，硬件总体方案及主要工作原理，介绍了矢量信号分析仪的应用及操作。

矢量信号分析仪测量从 100 Hz 到 3 GHz 或 26.5 GHz 甚至更高频段内数字调制信号的频域、时域和调制域性能，可以测量各种数字调制信号，完成信号参数的测量和图形分析，为复杂的数字射频通信系统提供了精确的测量手段和完整的测量解决方案。本章讲解了矢量信号分析仪整机工作原理和技术性能指标；介绍了矢量信号分析仪的应用及操作，该仪器可通过扩频方案将频段延伸到 18 GHz，广泛应用于射频通信、卫星通信、视频广播和雷达等领域。

◆习题作业

1. 简述矢量信号分析仪的特点和用途。

2. 画出正交解调的基本模型框图,并简要说明其工作原理。

3. 写出数字正交解调的信号变换表达式。

4. 观测数字调制信号有哪几种方法。

5. 什么叫误差矢量幅度?

6. 简述矢量信号分析仪的构成和工作原理。

第5章

矢量网络分析仪

任何一个微波系统都是由各种微波元器件和微波传输线组成的,每个元件及整个系统都有其各自的功能和相应的性能指标要求。例如滤波器元件的作用是滤除不期望的干扰信号,需要确定通带带宽、通带衰减器、带外抑制等指标要求;功率放大器元件的作用是放大小信号,需要确定增益、谐波失真、1 dB 压缩点等指标要求,因此对电路(或者网络)进行分析是射频工程中最常见的测量任务之一。网络分析仪是以极高的精度和效率进行电路测量和分析的仪器,通过对电路进行频率扫描和功率扫描,测试信号的幅度与相位响应,并换算出各散射参数,来表征电路的特性。网络分析仪可以分析各种射频微波电路(或者网络),从简单的器件如滤波器和放大器,到通信卫星使用的复杂模块。图 5-1 为矢量网络分析仪。

(a) N5242A 矢量网络分析仪　　　　　　　　　(b) 是德 E5072A 矢量网络分析仪

图 5-1　矢量网络分析仪

网络分析仪分为标量网络分析仪和矢量网络分析仪。传统的标量网络分析仪只对微波网络的幅度响应进行测量,而矢量网络分析仪可以测量微波网络的幅度和相位响应,在实际工程中应用也更加广泛。图 5-2 为 AV3654A 毫米波矢量网络分析仪。

图 5-2　AV3654A 毫米波矢量网络分析仪

5.1　微波网络的散射参数——S 参数

对于一个微波网络可使用 Y 参数、Z 参数和 S 参数测量和分析,Y 参数称为导纳参数,Z 参数称为阻抗参数,S 参数称为散射参数。前两个参数主要用于节点电路,Z 参数和 Y 参数对于节点参数电路分析非常有效,各参数可以很方便地测试。但是在微波系统中,由于确定非 TEM 波电压、电流存在困难,而且在微波频段测量电压和电流也存在实际困难,因此,在处理微波网络时,等效电压和电流以及有关的阻抗和导纳参数变得较抽象。与直接测量入射波、反射波及传输波概念更加一致的表示是散射参数,即 S 参数矩阵,它更适合于分布参数电路,因此矢量网络分析仪选择 S 参数作为微波网络最终测试结果。

5.1.1　S 参数的概念

S 参数就是建立在入射波、反射波关系基础上的网络参数,适于微波电路分析,以元器件端口的反射信号以及从该端口传向另一端口的信号来描述电路网络。同 N 端口网络的阻抗和导纳矩阵,用散射矩阵也能对 N 端口网络进行完善的描述,传输特性的参数定义如下:

（1）回波损耗

回波损耗是指反射波相对于入射波功率的损耗,通常用分贝表示。

$$RL = -20\lg(\varGamma) = 入射波功率(dBm) - 反射波功率(dBm)$$

（2）电压驻波比

传输线中,入射波和反射波沿不同的方向传播,叠加形成驻波,这种情况的测量参数为电压驻波比 $VSWR$,定义为信号包络的最大值/最小值,即:

$$VSWR = \frac{E_{\max}}{E_{\min}} = \frac{1 + |\varGamma|}{1 - |\varGamma|} \tag{5-1}$$

由式(5-1)可以得到反射系数模、回波损耗和电压驻波比的关系。

（3）史密斯圆图

网络分析仪测量得到的是反射系数,但是实际工程应用中,设计工程师更需要了解被测元器件的阻抗。因此首先需要了解反射系数与阻抗的关系。

如图 5-3 所示,在终端接有负载的传输线上,朝 z 方向传播的行波电压幅度为 $U(z)$,将终端负载作为坐标 z 的原点,并将坐标正方向定位从负载指向源的方向,但是电流的正方向仍从源指向负载。

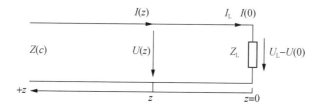

图 5-3　接有负载的传输线

首先需要将反射系数的平面坐标系变成极坐标系,得到了等反射系数圆,圆心为匹配负载 $Z_L = Z_c$,半径为反射系数模,相角为反射相位。圆最左端,反射系数模为 1,反射相位为 $180°$,则 $\varGamma = 1\angle 180°$,$Z_L = 0$,该点为传输线终端短路。圆最右端,反射系数模为 1,反射相位为 $0°$,则 $\varGamma = 1\angle 0°$,$Z_L = \infty$,该点为传输线终端开路。得到反射系数极坐标后,归化输入阻抗 Z_L' 和反射系数一一对应的关系,可将归一化阻抗 Z_L' 反映射到反射系数极坐标中。

（4）传输系数

定义二端口网络传输线上任意一点处出射波电压与入射波电压的比值为该处的反射系数 T,即:

$$T = \frac{V_{出射}}{V_{入射}} = \tau \angle \varphi \qquad (5-2)$$

传输系数 T 是复数，包括模 τ 和相位 φ。如果出射波电压大于入射波电压，则网络呈现增益特性；如果出射波电压小于入射波电压，则网络呈现衰减特性。使用 dB 表示传输系数模时，如果网络是衰减特性，则需要在衰减系数前加"—"，这样得到的插入损耗为正数。

$$\mathrm{Gain(dB)} = 20\lg\left(\frac{V_{出射}}{V_{入射}}\right) = 20\lg\tau \qquad (5-3)$$

$$\mathrm{InserLoss(dB)} = -20\lg\left(\frac{V_{出射}}{V_{入射}}\right) = -20\lg\tau \qquad (5-4)$$

传输系数的相位部分叫作插入相移。

信号通过线性网络，只有信号的幅度和相位发生变化。例如一个正弦波信号通过线性网络，那么输出信号也是相同频率的正弦波信号，不会产生新的信号。

入射信号为 $V_{in} = A_{in}\sin(2\pi ft)$，出射信号为 $V_{out} = A_{out}\sin[2\pi f(t-t_0)]$。则入射信号相位的变化：$\varphi = -2\pi ft_0$。

（5）群时延

群时延又称为包络时延，是指信号传输时相移随角频率而变化的速度，即相位—频率特性曲线的斜率。

$$\tau = -\frac{\mathrm{d}\varphi}{\mathrm{d}\omega} = \frac{-1}{2\pi}\frac{\mathrm{d}\varphi}{\mathrm{d}f} \qquad (5-5)$$

元器件的传输时延和传输相移都是对器件传输延迟的定量反映。对于理想的线性网络，网络的相移与频率之间成线性关系，其群时延为常数。

在实际电路中，延迟是随频率变化的，反映在相位参数上就是相位的非线性。时延的波动和相位非线性是表示相位失真的定量指标，相位非线性是测量器件实际相位参数和理想线性相位间的差值。

如图 5-4 所示，两个非线性元器件的相位波动峰-峰值相同，但是它们对入射信号产生的群时延明显不同，图 5-4(b)中的器件群时延抖动较大，会引起更大的信号失真。

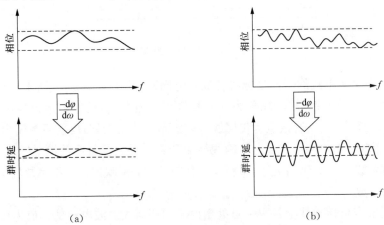

(a)   (b)

图 5-4 非线性元器件相位与群时延的关系

对群时延的测量我们关心两个参数：

① 群时延平均值：该值反映信号在器件中的平均传输延时。

② 群时延抖动：反映被测器件的相位非线性。

对相位的测量我们也关心两个参数：

① 传输相位参数：反映输出信号和输入信号间的相位关系。

② 相位非线性：反映被测器件对输入信号造成的相位失真。

5.1.2　S 参数的定义

通过研究一个网络参考面上某种输入量和输出量之间的关系，可以得到一组表征该网络特征的参数。网络参数的表示方法有 Y 参数、Z 参数、H 参数等。由于用 S 参数分析微波电路特别方便，可以直接反映电路网络的传输和反射特性，尤其适合描述晶体管和其他有源器件的特性，因此迅速成为微波领域中应用最广泛的网络参数。

二端口网络是最基本的网络形式，任何一个二端口网络的端口特性都可以用 4 个 S 参数来表示，如图 5 - 5 所示。图中 a_1, a_2 分别是端口 1 和端口 2 的入射波，b_1, b_2 分别是端口 1 和端口 2 的出射波。从信号流图可以得到：

$$b_1 = S_{11}a_1 + S_{12}a_2, b_2 = S_{21}a_1 + S_{22}a_2 \tag{5-6}$$

其中 S_{11}, S_{22}, S_{12} 和 S_{21} 为表示网络特性的 4 个 S 参数，称为散射参数，式(5 - 6)也被称为散射方程组。

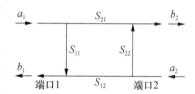

可以看出，S_{11} 是在端口 2 匹配情况下端口 1 的反射系数，S_{22} 是在端口 1 匹配情况下端口 2 的反射系数，S_{12} 是在端口 1 匹配情况下的反向传输系数，S_{21} 是在端口 2 匹配情况下的正向传输系数，即：

图 5 - 5　微波二端口网络的信号流图

$$S_{11} = \frac{b_1}{a_1}\bigg|_{a_2=0}, S_{21} = \frac{b_2}{a_1}\bigg|_{a_2=0}, S_{12} = \frac{b_1}{a_2}\bigg|_{a_1=0}, S_{22} = \frac{b_2}{a_2}\bigg|_{a_1=0} \tag{5-7}$$

一般来说，S_{11} 和 S_{22} 的模均小于 1，对于有增益的器件，如微波晶体管，S_{21} 的模大于 1，S_{12} 的模小于 1；对于有衰减的器件，S_{21} 和 S_{12} 的模均小于 1。

网络分析仪是用来测量射频、微波和毫米波网络特性的仪器，它通过施加合适的激励源被测网络并接收和处理网络的响应信号，计算和量化被测网络的网络参数。网络分析仪有标量网络分析仪和矢量网络分析仪之分。标量网络分析仪只能测量网络的幅度特性，矢量网络分析仪可同时测量网络的幅度、相位和群延时特性。

早期的网络分析仪大都只能进行点频测量，测量在一个或几个固定频率点上进行。但随着射频和微波技术的发展，微波系统及元器件逐步向宽频带方向发展，需要在要求的频带内很多频率点上进行测量才能获得被测网络的宽带特性。而早期的网络分析仪由于只能进行点频手工测量，在进行宽带测量时工作烦琐，效率很低，不能适应现代射频和微波测量要求。现代矢量网络分析仪与早期的网络分析仪相比，主要有 3 个显著的进步：一是引入了合成扫频信号源，可进行宽带扫频测量，且频率分辨率高，测量速度快，提高了测量效率；二是引入了计算机，智能化水平有了极大提高，可以同时计算并以图形方式显示被测网络的多种参数;三是引入了基于软件的误差修正技术,使宽带测量的精度大幅度提高,并在一定程度上降低了对测试仪器的硬件指标要求。

1) S 参数概述

S 参数(散射参数)用来描述一个器件如何改变输入的信号,它描述了被测件的反射和传输特性。S 参数用约定的数字排列形式表示包含幅度和相位信息的两个复向量的比值关系:S 输出/输入,输出指被测件的输出信号端口号;输入指被测件的输入信号端口号。分析仪有四个测试端口,可以测量单端口、双端口、三端口和四端口器件。

例如,将一个双端口器件接入端口 1 和端口 2 时可以同时进行 4 个 S 参数的测量。这时双端口器件的 4 个 S 参数是 S_{11}、S_{12}、S_{21}、S_{22},图 5-6 对 S 参数进一步加以说明,图中:a 代表输入到被测件的激励信号;b 代表被测件的反射和传输信号(响应信号);S 参数为复数线性值,它的测量精度取决于校准件的指标和采用的测量连接技术,也与非测量端口(没有被激励的端口)的端接情况有关。

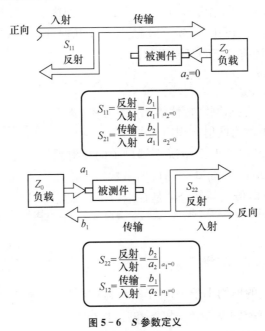

图 5-6 S 参数定义

2) S 参数的应用

用 S 参数可以进行以下参数的测量:

(1) 反射相关参数测量,包括反射系数、回波损耗、驻波比(SWR)端口阻抗等。

(2) 传输测量:$S_{XY}(X=1,2,3,4;Y=1,2,3,4;X\neq Y)$

传输相关参数测量,包括插入损耗、传输系数、增益、群时延等。

5.2 矢量网络分析仪的基本原理

现代网络分析仪大多是基于外差原理,需要提供一个本振频率 f_{LO},该频率和接收机频率不同,被测信号被变换到中频信号 $f_{IF}=|f_{RF}-f_{LO}|$ 进行分析处理,同时保留被测信号的

幅度和相位信息。经变频之后的中频信号通常后接以带通滤波器,用于滤除伴随有用信号一起的宽带噪声,同时该滤波器也用作模数(A/D)转换器的抗混叠滤波器。通过选择适当的本振频率 f_{LO},可以将接收机接收到的任意频率的射频信号转换到固定的频率,这简化了后续中频处理过程。现代测试技术中,中频处理过程已经实现了数字化。如图 5-7 所示,为了提高选择性,数字信号处理中也包含了滤波部分。数控振荡器用于产生一定频率的正弦信号,它将中频信号混频到直流信号。

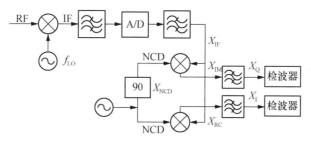

图 5-7　外差接收机测量原理

两个数字乘法器用于 I/Q 解调,其中一个乘法器使用相移 90° 后的本振频率。二次混频后的信号再次经过低通滤波器抑制 $f \neq 0$ 的频率分量,仅保留直流信号,它们分别对应复数矢量 X_{IF} 的实部和虚部。

1) 矢量网络分析仪的组成

根据提供的激励信号不同,矢量网络分析仪可分为连续波矢量网络分析仪、毫米波矢量网络分析仪和脉冲矢量网络分析仪;根据结构体系的不同,矢量网络分析仪可分为分体式矢量网络分析仪和一体化矢量网络分析仪;根据测试端口数量的不同,矢量网络分析仪又可分为二端口、三端口、四端口和多端口矢量网络分析仪。然而,对大多数矢量网络分析仪来说,其基本测试系统的组成是相同的,包含 4 个组成部分:激励信号源、S 参数测试装置、多通道高灵敏度幅相接收机和校准件。图 5-8 是矢量网络分析仪的系统组成。

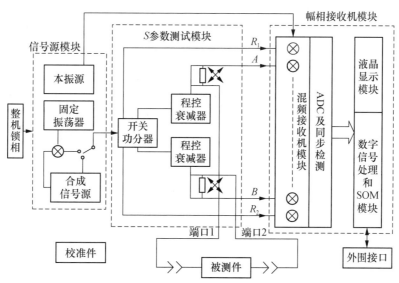

图 5-8　矢量网络分析仪的系统组成

激励信号源为被测网络提供激励信号,其频率分辨率决定了系统的测量频率分辨率。现代矢量网络分析仪广泛采用合成扫频信号源,其频率分辨率在微波频段可达 1 Hz。

S 参数测试装置实现了入射波和反射波的分离,其指标决定了网络分析仪测量反射参数的范围。现代矢量网络分析仪采用了误差修正技术,可在保证高测试精度的同时,一定程度上降低了对 S 参数测试装置的硬件指标要求。

矢量网络分析仪的幅相接收机采用窄带锁相接收机和同步检波技术,能够同时得到被测网络的幅度和相位特性。而且在新型的矢量网络分析仪中大都采用数字滤波和数字同步检波技术,其接收机等效带宽最小达 1 Hz,测量精度和动态范围都有很大的提高。

矢量网络分析仪的误差修正技术,利用软件修正弥补硬件系统性能指标的不足,大大提高了测试精度,使得采用不完善硬件系统也能进行高精度测试。它将校准件的精度通过误差修正转移到矢量网络分析仪,减小了对矢量网络分析仪硬件的技术要求,在很大程度上,校准件的性能指标和校准方法的完善程度决定了矢量网络分析仪的测量精度。

2) 矢量网络分析仪的工作原理

连续波矢量网络分析仪是使用最为广泛的网络分析仪,下面我们以连续波矢量网络分析仪为例介绍它的工作原理。

从图 5-8 可以看出,信号源模块产生激励信号和本振信号,且激励信号和本振信号锁相在同一个信号基准上。激励信号经 S 参数测试模块中的开关功分器、程控衰减器、定向耦合器施加到被测网络上,定向耦合器分离出被测网络的正向入射波信号 R_1、反射波信号 A 和传输波信号 B(若开关打在相反位置,则可获取被测网络的反向入射波信号 R_2、反射波信号 B 和传输波信号 A)。含有被测网络幅相特性的 4 路信号送入 4 通道混频接收机,与本振源提供的本振信号进行基波和谐波混频,得到第一中频信号,第一中频信号再经过滤波放大和二次频率变换得到第二中频信号,通过采样/保持和 A/D 电路转换成数字信号,送入数字信号处理器(DSP)进行数字信号处理,提取被测网络的幅度信息和相位信息,通过比值运算求出被测网络的 S 参数。

如前所述,二端口网络有 4 个 S 参数,其中 S_{11} 和 S_{21} 为正向 S 参数,S_{22} 和 S_{12} 为反向 S 参数。在测试过程中,开关功分器是实现正向 S 参数与反向 S 参数测量自动转换的关键部件。以正向 S 参数为例,开关功分器中的开关位于端口 1 激励位置,来自信号源模块的微波信号通过开关功分器,一路信号作为激励信号通过程控步进衰减器和端口 1 定向耦合器的主路加到测试端口连接器,作为被测网络的入射波。被测件的反射波由端口 1 定向耦合器的耦合端口取出,用 A 表示。被测件的传输波通过被测件由端口 2 定向耦合器的耦合端口取出,用 B 表示。来自开关功分器的另一路信号作为参考信号,间接代表被测件的入射波,用 R_1 表示。为了减少参考信号与被测网络实际入射波之间的差异,必须实现参考通道和测试通道的幅度和相位平衡,通过改变开关功分器的功分比实现幅度平衡,在参考通道中采用合适的电长度补偿措施实现相位平衡。最近几年发展表明,由于采用完善的误差修正技术,即使不采取任何硬件补偿措施也能进行高精度测试,因此在新型的矢量网络分析仪中取消了幅度和相位补偿,幅度和相位的差异作为稳定的、可表征的系统误差通过误差修正扣除。被测件的正向 S 参数可用式(5-8)求得:

$$S_{11}=A/R_1, S_{21}=B/R_1 \tag{5-8}$$

当测量反向 S 参数时,开关功分器的开关位于端口 2 激励位置,同理可获得被测件的反向 S 参数:

$$S_{22}=B/R_2, S_{12}=A/R_2 \tag{5-9}$$

在微波、毫米波甚至射频频段直接做两路信号的矢量运算是很困难的,几乎是不可能的。因此要通过频率变换将射频和微波信号变换成频率较低的中频信号,便于进行 A/D 转换,A/D 转换后的数字信号由嵌入式计算机进行运算求出被测网络的 S 参数。频率变换的方法主要有两种:取样变频和基波/谐波混频。

A/D 转换后的数字信号进入数字电路进行处理,矢量网络分析仪的数字电路以嵌入式计算机系统为核心,是一个包括数字信号处理器、图形处理器的多 CPU 系统,负责完成系统的测试、测量控制(包括对信号源、测试装置、输出绘图和打印、接收翻译外部控制命令并执行命令的控制)、误差修正、时域和频域转换、信号分析与处理、多窗口显示等功能。嵌入式计算机系统采用多用途分布式处理方式,大大提高了数据的运算能力和处理速度,使实时测量成为可能。矢量网络分析仪采用三总线结构,内部总线是高速数据总线,是网络分析仪内部的测量控制、系统锁相和数字信号处理的高速数据通道;系统总线用于连接和控制 S 参数测试装置、激励信号源和外部打印机等,以便组成以矢量网络分析仪为核心的测量系统;外部总线为 GP-IB 总线,是外部主控计算机控制矢量网络分析仪的数据通道,矢量网络分析仪接收并翻译外部主控计算机的控制命令,通过系统总线去控制连接到系统总线上的其他分机或外设,形成以主控计算机为指挥中心、矢量网络分析仪及其系统为受控对象的测试系统。最新的矢量网络分析仪还带有 USB、LAN 等总线接口。图 5-9 为典型的以主控计算机为核心的测试系统。

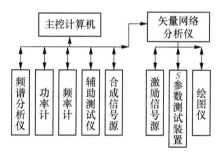

图 5-9　以主控计算机为核心的测试系统

矢量网络分析仪中最常用的频率变换方法是取样变频法。取样变频是基于时域取样原理,将取样脉冲(也称为取样本振)加到取样二极管上,通过取样二极管的导通/关闭完成取样,同时将频率降低到中频频率。取样变频法的取样本振易于实现(通常取样本振频率为几十兆赫到几百兆赫),成本低,且具有较好的频率响应,缺点是变频损耗大,降低了矢量网络分析仪的动态范围。

为了保证被测网络的幅度和相位信息不丢失,取样变频和系统锁相是有机结合在一起的。系统锁相电路是矢量网络分析仪系统中的一个重要组成部分,要求锁相系统具有良好的频率跟踪特性、较宽的捕捉带宽和较短的捕捉时间等。整个锁相系统包括两个环路:预调环路和主锁相环路。预调环路是合成化高精度二阶锁相环路,其主要作用是减小锁相系统的起始频差,提高捕捉带宽。主锁相环路是三阶锁相环路,锁定时间短,稳态相位误差小,能够实现对信号源快速模拟、扫频时的相位跟踪。

矢量网络分析仪嵌入式计算机根据用户面板键盘设置的工作频率,计算电压调谐振荡器(VTO)的工作频率、取样变频的谐波次数和预调环路所需的程控信息,加法放大电路将预调环路预置 VTO 的调谐电压和主锁相环路提供的跟踪测量调谐电压结合在一起去控制 VTO 的振荡频率 f_{VTO}，从而控制了脉冲发生器输出脉冲的重复频率。取样脉冲越窄，谱线的第一个过零点就越远，在相当宽的频带内获得平坦的频谱曲线，谱线的间隔为 f_{VTO}，f_{VTO} 愈小，谱线就愈密。如果 f_{VTO} 在一定的频率范围内连续变化，可以得到一系列间隔不等的脉冲串，其频谱随 f_{VTO} 变化而变化。如果 VTO 的振荡频率 f_{VTO} 变化了 Δf 则它的 N 次谐波扫过 $N\Delta f$ 的频带宽度。脉冲信号的谐波分量非常丰富，系统锁相环路控制 VTO 的频率和相位，使其只有某一次谐波的频率与微波频率相差一个中频频率，经取样变频之后的中频信号保持原微波信号的幅度和相位不丢失。预调环路和主锁相环路分工明确，在模拟扫频方式的起始频率、所有换带点频率和数字扫频(Stop)方式的每一频率点，预调环路首先启动控制 VTO 的振荡频率以满足式(5-10)，其中 F 为微波信号频率，n 为谐波次数。

$$|nf_{\text{vto}} - F - f_{\text{IF}}| \leqslant 5 \text{ MHz} \qquad (5-10)$$

预调环路控制 VTO 的振荡频率满足式(5-10)后，主锁相环路开始工作，加法放大电路保持预调电压，主锁相环路进一步细调 VTO 的振荡频率直至满足式(5-10)的要求。

5.3　网络分析仪的基本结构

网络分析仪主要是由激励源、信号分离装置、各路信号的接收机和显示/处理单元组成，如图 5-10 所示。

1) 微波矢量网络分析仪基本构成

前面已经讲过微波元器件的设计和调试、测量，大多采用散射参数，最典型双口网络有四个散射参数，它们都是复数。而矢量网络分析仪正是直接测量这些参数的一种仪器，又能方便地转换为其他多种形式的特性参数，因此网络分析仪大大扩展了微波测量的功能并提高了工作效率。随着频率合成信号源、宽带高性能定向耦合器和下变频器的解决，使网络分析仪得到迅速发展。随着数字存储技术、计算机技术广泛应用于测试，出现了全自动的测量网络参数装置。现在，网络分析仪已成为一种多功能的测试装置，它既

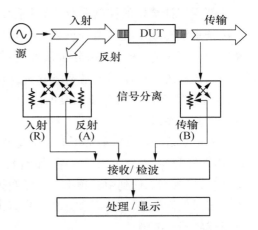

图 5-10　网络分析仪结构示意图

能测量反射参数和传输参数，也能自动转换为其他需要的参数；既能测量传统无源网络，也能测量有源网络；既能点频测量，也能扫频测量；既能手动测量，也能自动测量；既能屏幕显示，也能打印输出；还能将频域转换到时域，进行时域测量。由于网络分析仪采用点频步进式扫频测量，因而能逐点修正误差，使扫频测量精确度达到并超过手动测量的水平，达到一般标准计量设备的精确度。

矢量网络分析仪测量网络散射参数的基本思想是：根据四个 S 参数的定义，设计特定的信道分离单元(也称 S 参数测试装置)将入射波、反射波、传输波分离开，再将入射波、反射

波、传输波频率由微波线性变换到固定中频,最后利用中频幅相测量方法测出入射波、反射波、传输波的幅度和相位,从而得到四个 S 参数。因此,矢量网络分析仪结构一般包括三个重要的部分:激励信号源、信道分离单元(S 参数测试装置)和幅相接收机。如图 5-11 所示的是 Agilent 公司最为典型的 8510 型矢量网络分析仪的简化方块图,其内部嵌入一台主控计算机,许多必要的功能都纳入机内系统母线控制,因而本身成为一部高度智能化的仪器,只有少数情况才通过 GP-IB 通用接口与其他外设和仪器构成更大的自动测试系统。其信号源一般用 8350 型程控扫频源担任,要求较严格时可改用数字合成式扫频信号源 8340 代替之,以保证最高测量精确度。S 参数测试装置采用耦合器非电桥。幅相接收机将四路信号(两路参考和两路测试)分别用四路幅相接收信道同时加以两次下变频和放大,直至变到 100 kHz 左右低频,才进行测量、处理和显示。

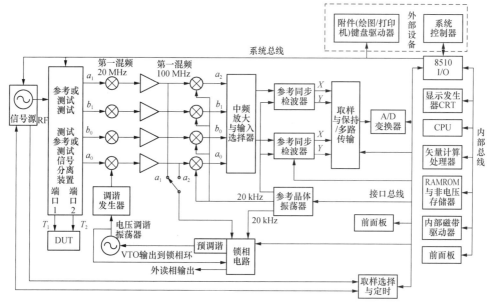

图 5-11　矢量网络分析仪的简化方框图

2) 激励源

网络分析仪的激励源为测试系统提供激励信号,由于网络分析仪需要测量元器件的传输/反射特性与工作频率和功率的关系,因此激励源既具有频率扫描功能,又具有功率扫描功能。

传统的网络分析仪,例如 Agilent 公司的 8757D,使用的是外部独立的激励源。激励源基于开环压控振荡器(VCO)技术,或者使用合成扫频源。开环压控振荡器产生的激励信号具有较大的相位噪声,对于窄带设备的测量,会降低测量准确度。现代高性能网络分析仪的激励源都已经采用合成扫频源,当扫频宽度设为 0 时,输出信号为正弦波信号。

网络分析仪在频率扫描工作状态下,可按照不同的方式进行频率变化。

(1) 步进变化。频率按步进阶跃方式跳变,这种方式频率的精度高,适合测量高 Q 值器件的频率响应,但是测试时间较慢。

(2) 连续变化。频率按固定速率方式连续变化,适合常规快速测试。

网络分析仪控制其输出功率依靠 ALC 和衰减器两部分完成。ALC 用于小范围功率调制和功率扫描,保证输出信号功率的稳定;但是 ALC 控制功率范围有限,使用衰减器完成大范围的功率调整。具体的实现方法是:网络分析仪输出信号的功率范围被分为许多量程,量程内的功率调制依靠 ALC 完成,量程间的功率调制依靠衰减器完成。利用外部功率计进行功率校准,进一步提高输出信号的功率准确度。

网络分析仪的输出功率范围是有限的,某些测试场合需要超出仪表输出范围的激励信号,可采用外置放大器扩展输出信号的功率范围。

3) 信号分离装置

信号分离装置有两个基本功能:测量入射信号作为参考信号;将被测设备的反射信号从入射信号中分离。

测量入射信号由功分器完成。功分器是电阻器件,且是宽带器件,功分器的每个支路都有 6 dB 的衰减。激励源的输出信号经过功分器,一路信号作为参考信号进行测量,而另一路信号输入到被测设备,作为被测设备的入射波信号。

反射信号的分离是由定向耦合器完成的。定向耦合器是一个三端口的器件,包括输入端、输出端和耦合端。在反射测试中使用定向耦合器是利用了它的定向传输特性。

当信号由定向耦合器的输入端进入时,耦合端有耦合信号输出,此时称为正向传输。定向耦合器相当于不平均分配功率的功分器,在正向传输时,耦合器的输出信号与输入信号功率的比值定义为耦合度。

$$耦合度(dB) = -10\left(\frac{P_{正向耦合}}{P_{输入}}\right) \tag{5-11}$$

对于理想的定向耦合器,当信号由耦合器的输出端反向进入时,耦合端没有输出信号。这是因为输入功率被耦合器内部的负载和主臂终端外接负载所吸收,这就是定向耦合器的单向传输特性。

但实际测试过程中,定向耦合器反向工作时,耦合端存在泄漏信号。反向工作时耦合端的输出信号与输入信号功率的比值定义为定向耦合器的隔离度。

定向耦合器最重要的一个指标就是方向性,方向性定义为定向耦合器的反向工作隔离度与正向工作耦合度的差值。

$$方向性(dB) = 隔离度(dB) - 耦合度(dB) - 插损(dB)$$

方向性反映了定向耦合器分离反射信号的能力,可看作反射测量的动态范围。

在反射测试中,定向耦合器对于被测设备的反射信号而言是正向连接,由于定向耦合器有限方向性的影响,耦合器的耦合端会包含泄漏的输入激励信号,该信号与反射信号进行矢量叠加,造成反射指标测试误差。定向耦合器的方向性对最终测试结果影响非常大。被测设备的匹配性能越好,定向耦合器方向性对测试结果的影响越大。

4) 接收机

接收机完成了入射信号、反射信号和出射信号幅度和相位参数的测量。幅相接收机的主要作用是测量入射波、反射波、传输波的幅度和幅角,由于微波信号的矢量测量困难,通常的做法是将微波信号下变频到中频,然后测量中频信号的幅度和相位。在频率变换的过程中,需保持原微波信号的幅度和幅角。网络分析仪有两种检波方式:二极管检波方式和调谐接收机检波方式。

　　根据二极管检波器的特性,如果被测信号是连续波信号,二极管将连续波信号转化为DC 信号;如果被测信号是调幅信号,检波得到的是包络电平。因此二极管检波方式只提取微波信号的幅度信号,丢失了微波信号的相位信息,因此只适用于标量网络分析仪。而矢量网络分析仪则使用调谐接收机检波方式。

　　调谐接收机将输入信号进行下变频得到中频(IF)信号,IF 信号需要经过带通滤波器,接收机的中频带宽可小至 10 Hz,这样可保证接收机具有极好的测试灵敏度,而且对被测设备输出信号中的杂波失真成分起到很好的抑制作用。网络分析仪的灵敏度与中频滤波器带宽的设置有直接的关系,中频带宽越窄,进入接收机的噪声越少,灵敏度相应提高,但输出信号的响应时间会变长,网络分析仪的测试速度会下降。因此中频滤波器带宽为测试基本设置参数之一,其设置值需要考虑测试精度和测试速度的要求。图 5 - 12 为幅相接收机系统框图。

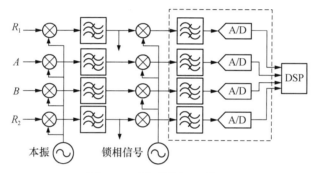

图 5 - 12　幅相接收机系统框图

　　网络分析仪是激励源和接收机组成的闭环测试系统,采用窄带调谐接收机的矢量网络分析仪工作时,信号源产生激励信号,接收机应在相同的频率对被测设备的响应信号进行处理,激励源和接收机工作频率的变化应该是同步的。网络分析仪依靠锁相方法完成该功能。

　　R 通道接收机中频信号会与固定参考信号进行鉴相,鉴相误差输出用于压控改变激励源输出频率,这样当接收机本振频率扫描变化时,锁相环会控制激励源保持频率同步变化。当 R 信道接收机工作不正常时,网络分析仪会出现失锁现象。

　　在实际应用中,网络分析仪一般处于频扫状态,如何使幅相接收机中本振信号频率精确跟踪激励信号源的频率是幅相接收机要解决的首要问题。网络分析仪的解决方案是将激励信号源和接收机本振设计为一闭环测试系统,依靠锁相的方法来完成该功能。矢量网络分析仪工作时,信号源产生激励信号用于测试和输入到参考通道作为参考信号。在参考信号通道,参考信号与接收机本振信号混频后产生第一中频信号,将此中频信号与固定参考时钟信号进行鉴相,鉴相误差输出用于压控改变激励信号源输出频率,最终使幅相接收机第一中频信号频率锁定在固定的固定参考时钟。这样当接收机本振频率扫描变化时,锁相外即控制激励源保持频率同步变化。在网络分析仪中,当进行正向参数测量时,使用 R_1 通道中频信号;当进行反向参数测量时,使用 R_2 通道中频信号。网络分析仪在扫描过程中,接收机本振源频率首先发生变化,这会使接收机的中频信号频率发生变化,相应使鉴相器输出电压变化,该电压被用于激励信号源的频率压控,通过压控电压的改变来使激励信号频率和接收机频率保持同步。

早先的矢量网络分析仪的下变频技术一般采取取样变频技术。但随着高性能数字锁相频率合成源的广泛应用,现在的网络分析仪一般都采取直接混频的方法。像其他的雷达、通信接收机一样,下变频采取线性变频方法,以便保留微波信号的幅度和相位信息。直接混频较取样混频而言有着较小的混频噪声,因而大大扩展了网络分析仪测量的动态范围。

在中频信号中如何提取矢量信号的幅度和相位,有两种处理方法来实现,一是模拟处理法,二是数字处理法。但随着数字集成电路的迅速发展。特别是数字信号处理(DSP)技术的发展,现在的网络分析仪几乎全采用数字处理方法。数字处理方法是在 A/D 变换器之后用数字滤波技术来提取矢量信号的幅度和相位。数字滤波器的等效带宽可做得很小,目前矢量网络分析仪的最小带宽为 1 Hz,并且能够有效提高同步检波电路的抗干扰能力,同时减小了体积和成本,这些是模拟处理方法无法比拟的。数字信号处理流程如图 5-13 所示,表示处理测试与参考两通道复比值数据的过程,包括校正误差、输出格式、处理算法和频时域变换等过程。

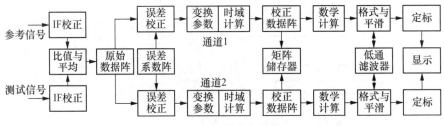

图 5-13　数字信号处理流程图

现在的矢量网络分析仪是一个高度智能化测试系统,它以嵌入式计算机为核心,完成系统的自测试、测量控制(包括对信号源、测试装置、输出绘图和打印、接收翻译外部控制命令并执行命令的控制)、误差修正、时域和频域转换、信号分析与处理等功能。嵌入式计算机采用多用途分布式处理方式,大大提高了数据的运算能力和处理速度,使实时测量成为可能。系统采用三总线结构,内部总线是高速数据总线,是网络分析仪内部的测量控制、系统锁相和数字信号处理的高速数据通道;系统总线用于连接和控制 S 参数测试装置、激励信号源和外部打印机等,以便组成以矢量网络分析仪为核心的测试系统。而 GP-IB 总线则是外部计算机控制矢量网络分析仪的数据通道,矢量网络分析仪接收并翻译外部计算机的控制命令,通过系统总线去控制其他分机或外设,形成以外控计算机为指挥中心,矢量网络分析仪及系统为受控对象,组成以外部计算机为核心的测试系统。图 5-14 为 PNA-X 网络分析仪的完整配置。

PNA-X 网络仪的特点,包括激励和接收机的闭环测试系统,同频和频率偏置工作模式,为被测件提供单音、双音、噪声等激励信号,激励信号时域连续和脉冲调制信号形式,激励源和接收机功率参数控制。可配置为双激励源结构,灵活的测试装置配置方式,内部包含信号开关和合路等电路,通过机械开关配置测试信号,开放的激励源和接收机接口,可通过外置放大器或衰减器扩展测试功率范围。源的技术性能:高功率输出(~+13 dBm),频谱纯度高(谐波抑制>-55 dBc),大功率扫描范围(>50 dB),脉冲调制能力,内置脉冲调制

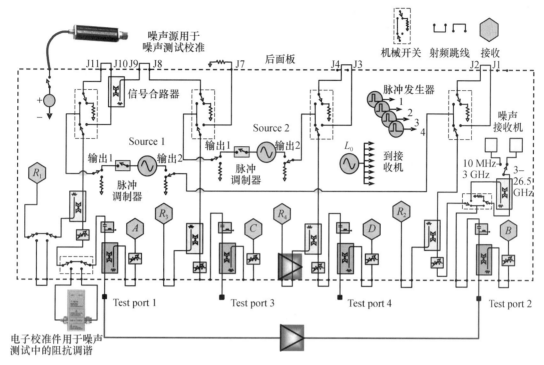

图 5 – 14　PNA – X 网络分析仪的完整配置

器和脉冲发生器,接收机技术,大动态范围,内置接收机衰减器,0.1 dB 压缩点 12 dBm,宽接收带宽,IFBW 最大 15 MHz,接收机和激励源的灵活频率关系配置。图 5 – 15 为现代 VNA 结构框图。

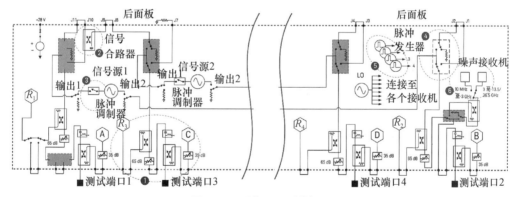

图 5 – 15　现代 VNA 结构框图

5）Ceyear 3656A 矢量网络分析仪整机原理

Ceyear 3656 矢量网络分析仪用于测量器件和网络的反射和传输特性。整机主要包括 100 kHz～3 GHz 信号源、7.5 MHz～3 GHz 本振源、S_0 参数测试模块、本振功分混频模块、数字信号处理与嵌入式计算机模块和液晶显示模块。S 参数测试装置模块用于产生参考信号,分离被测件的反射信号和传输信号;当源在端口 1 输出时,产生参考信号 R_1、反射信号 A 和传输信号 B;当源在端口 2 输出时,产生参考信号 R_2、反射信号 B 和传输信号 A。本振功分混频模块将射频信号转换成固定频率的中频信号,本振源和信号源锁相在同一个参考时基上,保证在频率变换过程中,被测件的相位信息不丢失。在数字信号处理与嵌入式计算机模块中,将模拟中频变成数字信号,通过计算得到被测件的幅相信息,这些信息经各种格式变换处理后,将结果送给显示模块,液晶显示模块将被测件的幅相信息以用户需要的格式显示出来,图 5-16 为整机工作原理及硬件原理框图。

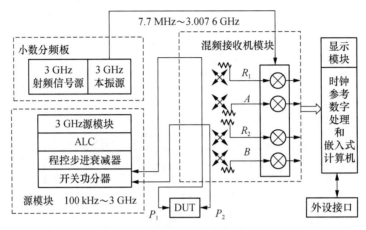

图 5-16　整机工作原理及硬件原理框图

5.4　主要技术性能和指标

矢量网络分析仪作为一种复杂和高精度的微波测量仪器,全面而准确地评估其性能指标是困难的,学术界也一直在为之探讨。目前通常从系统误差特性(包含初始系统误差特性和校准后的有效误差特性)、端口特性两大方面对其进行评估。另外,校验也经常作为矢量网络分析仪的检验和验收方法之一。下面是矢量网络分析仪主要性能指标的定义和说明。

1) 系统误差(Systematic Error)

系统误差是系统能够测量的重复性误差,可以通过校准来表征,并且可以在测量过程中用数学处理方式予以消除。网络测量中所涉及的系统误差与信号泄漏、信号反射和频率响应有关,主要有六种类型的系统误差,与信号泄漏有关的方向性误差和串扰误差,与反射有关的源失配(源匹配误差)和负载阻抗失配(负载匹配误差),与频率响应有关的传输跟踪误差和反射跟踪误差。系统误差分为初始系统误差和有效误差两大类。三种基本的误差来源:系统误差、随机误差和漂移误差。系统误差有六种:方向性误差 D;反射路径的频率响应误差 TR;源失配误差 MS;隔离误差 C;传输路径的频率响应误差 TT;负载失配误差 ML。四种校准过程:频响校准,频响和隔离校准,单端校准和双端口校准。双端口校准采用短路—开路—负载—直通式校准法(SOLT)。

(1) 方向性(Directivity)

矢量网络分析仪中要用到一个定向器件(单向电桥或耦合器)分离正向的传输波和反向的反射波。理想的定向器件能够完全分离传输波和反射波,然而,实际上定向器件不可能是理想的,由于泄漏和耦合臂处的终端反射,小部分的传输波会泄漏到定向耦合器的反射波输出端。

方向性定义为当信号在正方向行进时辅端出现的功率与信号反向行进时辅端出现的功率的比值,用分贝(dB)表示。方向性是定向器件最重要的品质因数,它表明了一个定向器件能够分离正反向行波的良好程度。方向性指标的数值越大,表示其分离信号的能力越好,理想情况下为无穷大。一般它是反射测量中产生测量不确定度的主要因素。

(2)源匹配(Source Match)

在矢量网络分析仪中,由于测试装置和信号源之间以及转接器和电缆之间负载不匹配,会出现信号在信号源和被测件之间多次反射,源匹配是指等效到测量端口的输出阻抗与系统标准阻抗的匹配程度。源匹配用分贝(dB)表示,其数值越大,指标越好,所引起的测量误差越小。源匹配对测量不确定度的贡献与被测件的输入阻抗有关,并且是传输测量和反射测量中产生不确定度的因素之一。

(3)负载匹配(Load Match)

在测量双端口网络参数时,测试装置的输出口与等效负载的输入口之间的阻抗失配效应。使所用匹配负载或等效负载产生的剩余反射引入测量误差。负载匹配是指等效到测量端口的输入阻抗和系统标准阻抗的匹配程度。负载匹配用分贝(dB)表示,其数值越大,指标越好,所引起的测量误差越小。

负载匹配对测量不确定度的贡献与被测件的真实阻抗和输出端口等效失配有关,是传输和反射测量中产生测量不确定度的因素之一。

(4)隔离(Isolation)

隔离又叫串扰(Crosstalk),是由于参考通道和测试通道之间的干扰以及射频和中频部分接收机泄漏而出现在网络分析仪数字检波器处的信号矢量和。如同方向性在反射测量中带来的误差,网络分析仪信号传输通道间的能量泄漏给传输测量带来误差。隔离对测量不确定度的贡献与被测件的插入损耗有关,是传输测量中产生测量不确定度的因素之一。

(5)频率响应(Frequency Response)

频率响应又叫跟踪(Tracking),是由于组成测量系统的各装置的频率响应不恒定而引起信号振幅和相位随频率变化的矢量和,包括信号分离器件、测试电缆、转接器的频率响应变化以及参考信号通道和测试信号通道之间的频率响应变化。跟踪误差又分为传输跟踪和反射跟踪,分别是传输测量和反射测量中产生不确定度的因素之一。跟踪误差和被测件特性无关。

2)端口特性

(1)输入阻抗(Input impedance)

输入阻抗是指矢量网络分析仪输入端口对信号源所呈现的终端阻抗。射频和微波网络分析仪的额定输入阻抗通常是 50 Ω,而有些用于通信、有线电视等测量领域的射频网络分析仪其标准输入阻抗是 75 Ω。额定阻抗与实际阻抗之间的失配程度通常用电压驻波比(VSWR)表示。

(2)输出阻抗(Output impedance)

输出阻抗是从矢量网络分析仪输出端口往里看所呈现的阻抗。矢量网络分析仪的输出阻抗和输入阻抗通常是相等的。其额定阻抗与实际阻抗之间的失配程度通常用电压驻波比(VSWR)表示。

(3)频率范围(Frequency Range)

频率范围是指矢量网络分析仪所能产生和分析的载波频率范围,该范围既可连续,也可由若干频段或一系列离散频率来覆盖。

（4）频率分辨力（Frequency Resolution）

在有效频率范围内可得到并可重复产生的最小频率增量。

（5）频率准确度（Frequency Accuracy）

矢量网络分析仪频率指示值和真值的接近程度。

（6）最大输出功率（Maximum Output Power）

矢量网络分析仪能提供给额定阻抗负载的最大功率。

（7）输出功率范围（Output Power Range）

在给定频段内可以获得的可调功率范围。

（8）功率准确度（Level Accuracy）

在规定功率范围上输出信号提供给额定阻抗负载的实际功率偏离指示值的误差。

（9）输出功率分辨力（Output Power Resolution）

在给定输出功率范围内能够得到并重复产生的最小功率增量。

（10）测试端口平均噪声电平（Test Port Noise Floor Level）

接收机的灵敏度，主要取决于接收机中频率变换器件的噪声系数，通过平均可以降低测试端口平均噪声电平。

（11）动态范围（Dynamic Range）

动态范围定义为接收机噪声电平与测试端口最大输出电平和接收机最大安全电子之间较小者之差。动态范围指标是表征矢量网络分析仪进行传输测量能力的重要指标。

（12）系统幅度迹线噪声（System Magnitude Trace Noise）

系统幅度迹线噪声指矢量网络分析仪显示器上迹线的幅度稳定度，主要取决于矢量网络分析仪的信号源和接收机的稳定度，它决定了矢量网络分析仪的幅度测量分辨力，通过平均可以降低系统幅度迹线噪声。

（13）系统相位迹线噪声（System Phase Trace Noise）

系统相位迹线噪声是指矢量网络分析仪显示器上迹线的相位稳定度，主要取决于矢量网络分析仪的信号;源和接收机的稳定度，决定了矢量网络分析仪的相位测量分辨力，通过平均可以降低系统幅度迹线噪声。

5.5 典型产品介绍

表 5-1 为矢量网络分析仪频率范围。

表 5-1 矢量网络分析仪频率范围

矢量网络分析仪型号	频率范围
Ceyear 3657A/B 矢量网络分析仪	9 kHz～8.5 GHz
Ceyear 3674 系列矢量网络分析仪	10 MHz～13.5 GHz/50 GHz/67 GHz/110 GHz
Ceyear 3643 系列 S 参数测试模块	50 GHz～1 100 GHz
N5221/2A 矢量网络分析仪	10 MHz 至 13.5/26.5 GHz
N5224/5A 矢量网络分析仪	10 MHz 至 43.5/50 GHz
N5247A 矢量网络分析仪	10 MHz 至 67 GHz
N5251A 矢量网络分析仪	10 MHz 至 110 GHz

续表

矢量网络分析仪型号	频率范围
R&S®ZVA 矢量网络分析仪	10 MHz 至 24/40/50/67 GHz
R&S®ZVT 多端口矢量网络分析仪	10 MHz 至 20 GHz
R&S®ZNB4/8 矢量网络分析仪	9kHz 至 4.5/8.5 GHz

1）Ceyear 3629 型微波一体化矢网分析仪

Ceyear 3629 型高性能射频一体化矢量网络分析仪将合成信号源、S 参数测试装置和幅相接收机集成在一个机箱里，具有体积小、重量轻、更完善的用户接口和操作方便等特点。由于采用了新一代电子技术和射频技术，其测量速度、系统动态范围和测量灵敏度等关键技术指标都有很大提高，它能快速准确地测量出被测射频网络的幅度特性、相位特性和群延迟特性，是射频无源/有源网络测量的重要设备之一，广泛应用在通信、相控阵雷达、电子侦察和干扰等军用和民用领域，由于其测试速度快，智能化程度高，特别适合生产线上使用。图 5 - 17 为 Ceyear 3629 型微波一体化矢网分析仪。

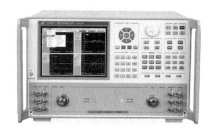

图 5 - 17　Ceyear 3629 型微波一体化矢网分析仪

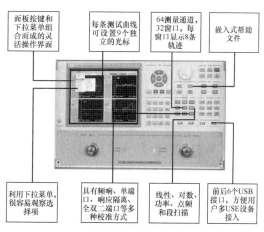

面板按键和下拉菜单组合而成的灵活操作界面

每条测试曲线可设置9个独立的光标

64测量通道，32窗口，每窗口显示8条轨迹

嵌入式帮助文件

利用下拉菜单，很容易观察选择项

具有频响、单端口、响应隔离、全双二端口等多种校准方式

线性、对数、功率、点频和段扫描

前后6个USB接口，方便用户多USE设备接入

图 5 - 18　Ceyear 3629 型微波矢网分析仪主要功能作用

Ceyear 3629 高性能微波一体化矢量网络分析仪采用模块化的设计思想，配备嵌入式计算机模块，Windows 操作系统；使用混频接收技术取代传统矢量网络分析仪的取样变频技术，具有动态范围大、测量精度高、覆盖频率范围宽、自动化程度高、操作简便等特点；可快速、精确地测量被测件 S 参数的幅度、相位和群延迟特性，可广泛应用于无线通信、汽车电子等领域。

（1）主要特点

如图 5 - 18 所示，Ceyear 3629 的主要特点有：内置锁相矢量接收机和扫频合成源；可提供频响、单端口、响应隔离、全双二端口校准等多种校准方式；可多窗口多通道同时显示；具有 USB 接口、RS232 串口、GP - IB 接口、标准并口、LAN 接口等；操作系统基于 Windows 平台，纯中文菜单，易于升级更新；系统动态范围大；具有时域测量功能；具有 8.4 英寸真彩色高分辨率 LCD。

（2）技术指标

Ceyear 3629 型微波一体化矢量网络分析仪的技术指标有：① 频率范围 300 kHz～40 GHz；② 频率准确度±0.5ppm；③ 功率范围－75 dBm～－5 dBm；④ 频谱纯度

—25 dBc;⑤ 幅度分辨率 0.001 dB/div;⑥ 相位分辨率 0.01°/div;⑦ 频率分辨率 1 Hz。

2)Ceyear 3674 型矢量网络分析仪产品综述

Ceyear 3674 系列矢量网络分析仪是中电科仪器仪表有限公司推出的矢量网络分析仪的更新换代产品。在硬件方面,采用全新的设计理念与技术方案,使整机的扫描速度、系统动态范围等关键技术性能指标获得显著提高;在软件方面,应用配置高性能微处理器芯片的嵌入式计算机和基于 Windows/Linux 操作系统的平台环境,使整机的互联性和易用性得到了极大的提升。图 5 - 19 为 Ceyear 3674 型射频矢网分析仪。

图 5 - 19　Ceyear 3674 型射频矢网分析仪

Ceyear 3674 系列矢量网络分析仪提供频响、单端口、响应隔离、增强型响应、全双端口、电校准等多种校准方式,内设对数幅度、线性幅度、驻波、相位、群时延、Smith 圆图、极坐标等多种显示格式,外配 USB、LAN、GPIB、VGA 等多种标准接口,除具有传统矢量网络分析仪的全部测量功能外,还可以进行混频器/变频器、有源交调失真和谐波失真、增益压缩二维扫描以及脉冲网络 S 参数的多功能综合参数测试,能精确测量微波网络的幅频特性、相频特性和群时延特性。

该产品可广泛应用于发射/接收(T/R)模块测量、介质材料特性测量、微波脉冲特性测量和光电特性测量等领域,是相控阵雷达、通信、微波射频元器件等系统的科研、生产过程中必不可少的测试设备。

Ceyear 3674 系列矢量网络分析仪的主要特点有:

(1)宽频带同轴覆盖

500 Hz~110 GHz 的宽频带同轴覆盖,使其可以轻松应对半导体芯片测试、材料测试、天线测试、高速线缆测试、微波部组件测试等带来的严峻挑战,也使其能够实现微米级分辨率的时域分析。

(2)测量速度快、测量精度高、动态范围大

最高 30 MHz 的中频带宽,使其能够实现快速测试和窄脉冲测试。最高 200 001 点的测量点数,可以实现更精细的测量。采用超宽频段基波混频技术和源输出功率提升技术,可大幅提升动态范围,最优动态范围达 140 dB,可为滤波器等大动态器件测试提供更精准、更可靠的测量结果。

(3)功能丰富

具有脉冲 S 参数测量、变频器件测量、增益压缩测量、噪声系数测量、频谱测量、信号完整性测量、总谐波失真测量、有源互调失真测量、自动夹具移除等 21 种功能。可结合具体应用需求形成系统级测试解决方案。

(4)界面简洁、操作方便

具有一目了然的简洁界面,其中个性化显示区域可显示上百个测量窗口,工具栏提供多种常用功能,创新的人机交互设计可快速便捷地完成所需的测量设置。10.5 英寸真彩 2 K 分辨率多点触控液晶大屏支持多通道同时显示,且操作方便。被测件只需一次连接即可完

成多种测量任务,可快速执行复杂测试方案。SPCI 命令录制功能,方便自动化测试开发,能够进一步提高工作效率。

5.6 矢量网络分析仪的测量设置及操作使用

我们可以通过复位使分析仪回到一个已知的测量状态,然后选择测量设置、调整分析仪的显示以便更好地观察测量结果,介绍进行这些设置的详细方法,内容包括:复位分析仪、选择测量参数、设置频率范围、设置信号功率电平、设置扫描、选择触发方式、设置数据格式和比例、观察多条轨迹和开启多个通道、设置分析仪的显示。

S 参数(散射参数)用来描述一个器件如何改变输入信号,它可以描述被测件的反射和传输特性。S 参数用约定的数字排列形式表示包含幅度和相位信息的两个复向量的比值关系。输出指被测件的响应信号输出端口号,输入指被测件的激励信号输入端口号。分析仪有两个测量端口,可以测量一端口或二端口器件的 S 参数。我们可以设置 S 参数测量的信号输出端口,当激励信号在分析仪的端口 1 输出时,我们称分析仪进行正向测量,当激励信号在分析仪的端口 2 输出时,我们称分析仪进行反向测量,分析仪根据选择的测量参数自动切换测量方向,进行一次连接可以测量一个二端口器件的所有 4 个 S 参数。一个双端口器件的 4 个 S 参数是 S_{11}、S_{12}、S_{21}、S_{22},对 S 参数进一步加以说明,S 参数为复线性值,它的测量精度取决于校准件的指标和采用的测量连接技术,也与非激励端口的匹配情况有关,其不理想的负载匹配将使正向测量时的 a_2 和反向测量时的 a_1 不等于零,这违背了 S 参数的定义,将引入测量误差。全双端口校准可以修正源和负载的匹配误差,提高测量的精度。图 5-20 为 N5242A 矢量网络分析仪正面板,图 5-21 为 N5242A 矢量网络分析仪后面板。

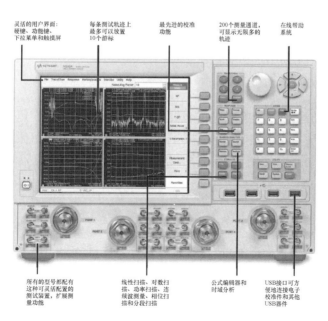

图 5-20 N5242A 矢量网络分析仪正面板

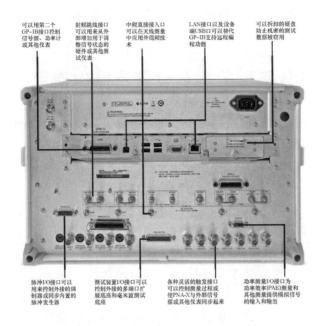

可以用第二个GP-IB接口控制信号源或其他仪表 | 射频跳线接口可以用来从外部增加用于调整信号状态的硬件或其他测试仪表 | 中频直接接入口可以在天线测量中应用外混频技术 | LAN接口以及设备端USB口可以替代GP-IB支持远程编程功能 | 可以拆卸的硬盘防止机密的测试数据被窃用

脉冲I/O接口可以用来控制外接的调制器或同步内置的脉冲发生器 | 测试装置I/O接口可以控制外接的多端口扩展底座和毫米波测试底座 | 各种灵活的触发接口可以控制测量过程或使PNA-X与外部信号源或其他仪表同步起来 | 功率测量I/O接口为功率效率(PAE)测量和其他测量提供模拟信号的输入和输出

图 5-21　N5242A 矢量网络分析仪后面板

用 S 参数可以进行以下参数的测量:

① 反射测量:S_{11}、S_{22}

· 回波损耗、驻波比(SWR)、反射系数、阻抗、S_{11}、S_{22}

② 传输测量:S_{21}、S_{12}

· 插入损耗、传输系数、增益、群延迟、线性相位偏离、电延时、S_{21}、S_{12}

5.6.1　VNA 控制

矢量网络分析仪的界面图,控制分为五个群:显示轨迹曲线/信道设置、响应、光标/分析、激励等。

1) 轨迹

轨迹是一连串的测量数据点,轨迹的设置将影响测量数据的数学运算和显示,只有轨迹处于激活状态时,才可以更改它的设置。单击对应的轨迹状态按钮可激活轨迹,轨迹的设置包括:测量参数、显示格式、比例、校准 ON/OFF、轨迹运算、光标、电延时、相位偏移、平滑、时域变换等。

2) 通道

通道中包含轨迹,分析仪最多支持 64 个独立的通道。通道设置决定了如何对通道中的轨迹进行测量,同一个通道中的轨迹有相同的通道设置。通道只有处于激活状态时才能更改它的设置,只要激活通道中的轨迹,通道也同时被激活,通道设置包括:频率跨度、功率、校准数据、中频带宽、扫描点数、扫描设置、平均、触发。通道设置改变输入到被测件射频信号的特性,并显示在水平轴上,离散的激励特性菜单如图 5-22 所示为频率和功率扫描设置,通过鼠标点击获得信号特性。

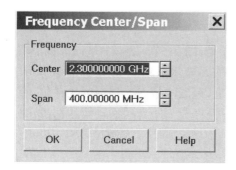

图 5－22　频率扫描和功率扫描控制

3）窗口

窗口是用来观察测量轨迹的，分析仪最多支持 32 个窗口，每个窗口中最多显示 8 条轨迹。窗口与通道是完全独立的。通过［响应］菜单，可以设置窗口显示。

轨迹设置：两个响应菜单测量显示格式设置，左边菜单显示了测量的格式，格式有分贝、SWR、相位、群时延、极坐标或史密斯圆图。右边菜单显示了功率刻度，其他响应菜单有：测量控制，决定测量的 S 参数或通道的功率；显示控制，设置显示一个或多个通道和显示参数；平均控制，在显示之前平均了几次扫描测量的结果；光标控制，激活光标功能，设置光标。图 5－23为格式和刻度控制。图 5－24 为光标控制，其作用是帮助显示测量结果，分别由峰值搜索、最大最小值搜索、次峰值搜索等构成，同时可以设置 9 个光标。

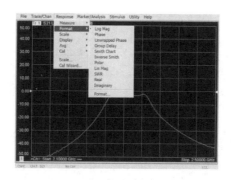

图 5－23　格式控制

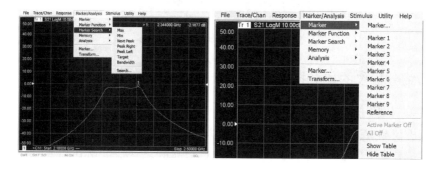

图 5－24　光标控制

5.6.2 VNA 显示

每一个激励和相应功能显示在显示器上,图 5-25 是一个带通滤波器的 S 参数测量结果曲线,测量参数为 S_{21},起始和终止频率显示在水平轴上,频率扫描从 0.5~2 GHz,通道的格式、垂直刻度和参考电平显示在左上角处,测量的是 S_{21},以对数为单位,参考线是 0 dB,在曲线上有两个光标,光标的值显示在右上图,图 5-26 为扫描点数的选择,图 5-27 为 VNA 显示控制窗口的选择,设置了四个窗口,分别显示 4 个 S 参数 S_{11}、S_{12}、S_{21}、S_{22}。

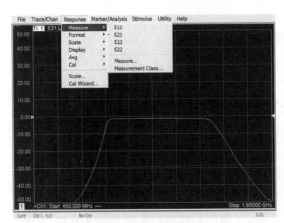

图 5-25 S 参数测量的选择菜单

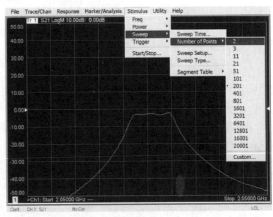

图 5-26   扫描点数的选择

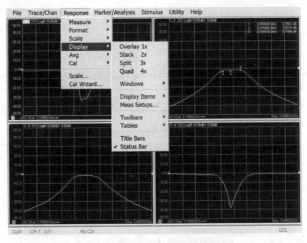

图 5-27   VNA 显示控制窗口的选择

5.6.3 网络分析仪的校准技术

1) 误差来源

网络分析仪测试过程中的误差主要分为三类:系统误差、随机误差和漂移误差。

系统误差是由于仪表内部测试装置的不理想引起的。它是可预知和重复出现的,一般情况下是不随时间而变化的,从而可以定量进行描述,在测试之前可通过校准消除系统误差。

随机误差是不可预知的,因为它以随机形式存在,会随时间变化,因此不能通过校准消除。随机误差的主要来源为仪表内部噪声,例如,激励源的相位噪声、采样噪声、中频接收机本底噪声、开关动作重复性等。

漂移误差是仪表校准后测试装置性能的漂移。漂移误差主要是由于温度变化造成的,可通过进一步校准消除。校准后仪表能够保持稳定精度的时间长短取决于测量环境中仪表的漂移速度。

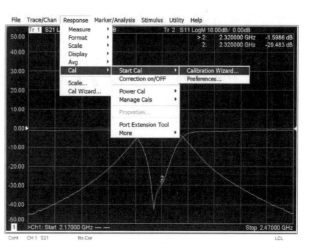

图 5 - 28　误差校正向导菜单

2) 误差模型

网络分析仪在扫频状态下工作,无论是仪表内部组件还是测试电缆等组件,在工作频带范围内其特性都会存在变化,这些与频率变化相关的测量误差称为频响误差,也称为跟踪误差。由于定向耦合器有限方向性造成的误差为方向性误差,方向性误差信号会叠加在真实的反射信号上造成测试误差。且被测设备端口匹配性能越好,方向性误差对测试结果的影响越大。

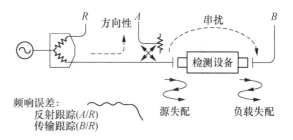

图 5 - 29　网络分析仪测量误差模型

在反射指标测试过程中,反射信号通过传输路径返回网络分析仪端口,网络分析仪端口阻抗与传输线之间也会存在失配,该失配造成信号的二次入射,最终在传输路径中的信号形成多次入射和多次反射,该项误差称为源失配误差。被测设备端口匹配性能越差,该项误差对测试结果的影响越大。图 5 - 29 为网络分析仪测量误差模型。

同样,由于网络分析仪接收端口阻抗与传输线阻抗失配,被测设备输出端口的传输信号也会在网络分析仪接收端口造成反射,该信号会通过被测设备的反向传输而叠加在真实的反射信号上从而形成负载失配误差。被测设备反射传输隔离性能越差,该项误差对测试结果的影响越大。

在网络分析仪内部 R、A、B 接收机因分别反映测试的入射、反射和出射信号,在这些接收机之间会存在信号的串扰,对于高隔离器件(例如开关、隔离器、大衰减器),该项误差对测试结果的影响较明显。

3) 常用校准方法

网络分析仪校准是利用误差模型的方程,通过已知标准校准件(开路器、短路器、负载、滑动负载等)的测量,得到并消除端口所有的系统误差项。

校准的方法不同,校准过程中消除的误差数量不同,最终的测量精度不同。例如频响校准只使用一个校准件进行单次校准操作,该校准方法操作简单,但是只能消除跟踪误差,对幅度和相位进行归一化处理,反射参数频响校准使用全反射校准件(开路器或短路器),传输参数频响校准使用直通校准件。矢量校准要求网络分析仪具有幅度和相位的测试能力,校准过程需要测量更多的校准件,该校准方法操作复杂,但是可消除更多的误差项,提高测试精度。

表5-2给出了常用的校准类型、校准过程使用的校准件、校准可消除的误差项、校准后测量精度和可测量的参数。

表 5-2　常用的校准类型

校准类型	校准件	测量参数	可消除误差项	测量精度
反射频响校准	开路器或短路器	S_{11} 或 S_{22}	反射跟踪误差	低到中
传输频响校准	直通	S_{12}、S_{22}	传输跟踪误差	中
单端口矢量校准	开路器、短路器、负载	S_{11} 或 S_{22}	反射跟踪误差、源匹配误差、方向性误差	高
双端口矢量校准（SOLT校准）	开路器、短路器、负载（在两个端口）、直通	所有 S 参数	反射跟踪误差、源匹配误差、负载匹配误差、方向性误差、传输跟踪误差、隔离误差	高
OLT校准	开路器、负载（在两个端口）、直通	所有 S 参数	反射跟踪误差、源匹配误差、负载匹配误差、方向性误差、传输跟踪误差	高
TRL校准	反射、直通、传输线1、传输线2	所有 S 参数	反射跟踪误差、源匹配误差、负载匹配误差、方向性误差、传输跟踪误差	高
TRM校准	反射、负载、直通	所有 S 参数	反射跟踪误差、源匹配误差、负载匹配误差、方向性误差、传输跟踪误差	高

5.6.4　设置扫描

扫描是以指定顺序的激励值进行连续数据点测量的过程。

1）扫描类型

网络分析仪支持以下五种扫描类型:

① 线性频率,这是网络分析仪默认的扫描类型,相邻测量点的频率间隔相等。② 对数频率,在对数频率设置下,源频率以对数步进量递增,两个相邻测量点的频率比值相同。③ 功率扫描,功率扫描用来对功率敏感参数进行测量,如增益压缩或 AGC(自动增益控制)斜率。功率扫描在点频上进行,可设置的最大扫描范围为 25 dB,默认的功率扫描范围为-15 dBm~+10 dBm。扫描时功率从起始值以离散的步进值扫描到终止值,扫描点数和功率范围决定了步进的大小。④ 点频,点频扫描方式设置分析仪为单一的扫描频率,按由扫描时间和测量点数决定的时间间隔对测量数据精确连续取样,显示测量数据随时间的变化。⑤ 段扫描,段扫描设置启动由多个段组成的扫描,每个段可以定义独立的功率电平、中频带宽和扫描时间。当在所有段上完成校准后,便可以对一个或几个段进行已校准的测量。段

按照频率递增的顺序定义,频率范围不能重叠。所有段的功率电平必须有相同的衰减器设置,以防因衰减器频繁切换而损坏。当前定义段与已定义段有不同的衰减器设置时,分析仪自动改变已定义段的功率电平和衰减器设置。

2)设置扫描类型

(1)设置线性频率扫描类型,使用前面板按键

① 在激励键区按[扫描设置]键,在相应的软键菜单中按[扫描类型]对应的软键。

② 按[线性频率]对应的软键选择该扫描类型。

③ 在激励键区按[起始]键,在起始频率框输入起始频率,在激励键区按[终止]键,在终止频率框输入终止频率。

④ 在激励键区按[扫描设置]键,再按[扫描点数]对应的软键,在扫描点数框输入扫描点数。

(2)设置对数频率扫描类型,使用鼠标或触摸屏

① 单击[激励],在[扫描]菜单中单击[扫描类型…],显示扫描类型对话框。

② 在扫描类型区点击选择[对数频率]单选框。

③ 在扫描特征区设置起始频率、终止频率和扫描点数。

④ 单击[确定]按钮关闭对话框。

5.7　Ceyear 3672 矢量网络分析仪操作使用

Ceyear 3672 系列矢量网络分析仪提供频响、单端口、响应隔离、增强型响应、全双端口、电校准等多种校准方式,内设对数幅度、线性幅度、驻波、相位、群时延、Smith 圆图、极坐标等多种显示格式,外配 USB、LAN、GPIB、VGA 等多种标准接口,除具有传统矢量网络分析仪的全部测量功能外,还可以进行混频器/变频器、有源交调失真和谐波失真、增益压缩二维扫描以及脉冲网络 S 参数的多功能综合参数测试,能精确测量微波网络的幅频特性、相频特性和群时延特性(图 5 - 30)。

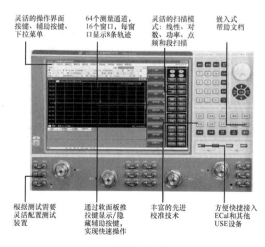

灵活的操作界面按键、辅助按键、下拉菜单

64个测量通道,16个窗口,每窗口显示8条轨迹

灵活的扫描模式:线性、对数、功率、点频和段扫描

嵌入式帮助文档

根据测试需要灵活配置测试装置

通过软面板推拉键显示/隐藏辅助按键,实现快速操作

丰富的先进校准技术

方便快捷接入 ECal 和其他 USE 设备

（a）矢量网络分析仪的界面图

（b）3672 系列矢量网络分析仪

图 5 - 30　Ceyear 3672 系列矢量网络分析仪及其界面

该产品可广泛应用于发射/接收(T/R)模块测量、介质材料特性测量、微波脉冲特性测量和光电特性测量等领域,是相控阵雷达、通信、微波射频元器件等系统的科研和生产过程中必不可少的测试设备。

Ceyear 3672 系列矢量网络分析仪的产品特点有:12.1 英寸高分辨率触摸显示屏;Windows 操作系统,中文菜单,兼备英文菜单选项;具有频响、单端口、响应隔离、全双端口、TRL、电校准等多种校准方式;具有多达 16 个显示窗口,每个窗口同时显示多达 8 条轨迹,64 个独立测量通道,快速执行复杂测试方案(图 5-31);录制/运行,一键式操作大大简化测量设置步骤,提高工作效率;具有对数幅度、线性幅度、驻波、相位、群时延、Smith 圆图、极坐标等多种显示格式;具有 USB、GPIB、LAN 和 VGA 显示接口;单源激励二端口矢量网络分析仪和双源激励四端口矢量网络分析仪可选;具有脉冲测量、时域测量、混频器测量、有源交调失真测量、增益压缩二维扫描测量、支持毫米波扩频、天线与 RCS 测量接收等功能。

Ceyear 3672 系列矢量网络分析仪最多支持 64 个通道,最多可同时显示 16 个测量窗口,每个窗口最多可同时显示 8 条测试轨迹,无需多次仪器状态调用,即可实现被测件多个参数测量,简化测试过程(图 5-32)。

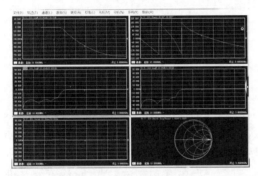

图 5-31　多窗口多通道测量显示

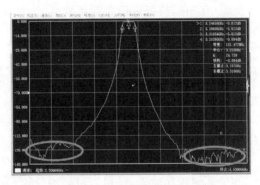

图 5-32　滤波器测量结果

如图 5-33 所示,可以使用鼠标进行如下操作:

① 点击菜单栏显示下拉菜单;② 点击输入工具栏调整输入数值的大小;③ 点击光标工具栏使用光标功能;④ 点击测量工具栏添加测量轨迹;⑤ 点击扫描工具栏控制分析仪的扫描;⑥ 点击激励工具栏设置扫描激励;⑦ 点击时域工具栏设置时域参数;⑧ 在屏幕上按鼠标右键显示右键菜单;⑨ 点击轨迹栏选择当前的

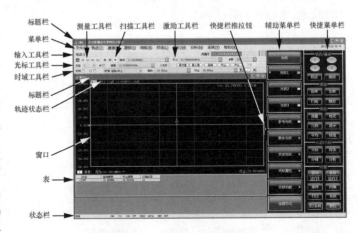

图 5-33　分析仪显示屏幕

激活轨迹;⑩ 在轨迹栏上按鼠标右键显示右键菜单设置当前激活轨迹;⑪ 点击辅助菜单栏和快捷工具栏进行相应的设置。

5.7.1　主菜单

Ceyear 3672 系列矢量网络分析仪拥有 10 个主菜单。① 文件：可以对测试数据进行保存、回调、打印等，还可以进行窗口最小化以及退出程序；② 轨迹：对分析仪的轨迹进行相关操作；③ 通道：对分析仪的通道进行相关操作；④ 激励：对分析仪的激励信号进行相关设置；⑤ 响应：对分析仪的信号接收和测量显示进行相关设置；⑥ 校准：对分析仪进行校准以及校准设置；⑦ 光标：对分析仪的光标系统进行相关操作；⑧ 分析：对分析仪的测试结果进行分析和统计，对分析仪的时域功能进行相关设置；⑨ 系统：对分析仪进行相关配置设置、宏设置、脉冲功能设置、语言设置，对分析仪进行复位操作和设置；⑩ 帮助：调出分析仪的用户手册、编程手册、技术支持，查看错误日志和软件版本信息。

5.7.2　分析仪的轨迹、通道和窗口

（1）轨迹

轨迹是一连串的测量数据点，轨迹的设置将影响测量数据的数学运算和显示，只有轨迹处于激活状态时，才可以更改它的设置。点击对应的轨迹状态按钮可激活轨迹，详细的设置方法请参见"选择测量参数"中"改变轨迹的激活状态"部分。轨迹的设置包括：测量参数、显示格式、比例、轨迹运算、光标、电延时、相位偏移、平滑、时域变换。

（2）通道

通道中包含轨迹，分析仪最多支持 64 个通道。通道设置决定了如何对通道中的轨迹进行测量，同一个通道中的轨迹有相同的通道设置。通道只有处于激活状态时才能更改它的设置，只要激活通道中的轨迹，通道也同时被激活。激活轨迹的详细设置方法请参见"选择测量参数"中"改变轨迹的激活状态"部分。通道设置包括：频率跨度、功率、标准数据、中频带宽、扫描点数、扫描设置、平均、触发（某些设置）。

（3）窗口

窗口是用来观察测量轨迹的，分析仪最多支持 32 个窗口，每个窗口中最多显示 8 条轨迹。通过[查看]菜单，可以设置窗口显示。

1）新建一个窗口

菜单路径：[响应]→[显示]→[窗口]→[新窗口]，分析仪将新建一个窗口，窗口中轨迹的默认设置为：S_{11}，通道 1。图 5 - 34 为新建窗口菜单。

2）使用全屏观察窗口

当同时打开的窗口过多时，会因窗口过小而使轨迹不清晰，这时可以用全屏来显示某一个窗口，以便更好地观察窗口中的轨迹。使用鼠标操作时，有如下 3 种方法使某一个窗口全屏显示：

➢标题栏已打开状态下，点击窗口标题栏中的最大化按钮。

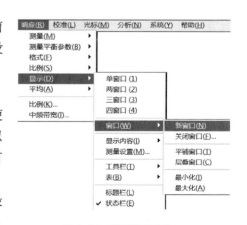

图 5 - 34　新建窗口菜单

➤标题栏已关闭状态下,鼠标在所要最大化的窗口双击即可。

➤用菜单[显示]→[窗口]→[最大化]。

3) snp(s1p 和 s2p)文件

snp 格式的文件可以被计算机辅助工程(CAE)软件(如 Agilent 公司的 ADS)调用,是一种数据输出文件,但不能被分析仪本身调用。s1p 文件保存单端口器件的特性,只包含 1 个 S 参数(S_{11}或 S_{22}),s2p 文件保存双端口器件的特性,包含 4 个 S 参数。如果全双端口修正打开,在 s2p 文件中将保存全部 4 个 S 参数。如果全双端口修正关闭,分析仪将在 s2p 文件中保存尽可能多的测量数据。例如,如果全双端口修正关闭,当前的激活轨迹是 S_{11},通道中还存在 S_{21}测量,在 s2p 文件中将保存 S_{11} 和 S_{21} 的测量结果,因为没有 S_{22} 和 S_{12} 的有效测量数据,在 s2p 文件中对应的数据为 0。

snp 文件保存方法如下:

① 菜单路径:[文件]→[保存]→[另存为…],显示"另存为"对话框;② 在[保存类型]框设置保存文件的类型为数据文件(*.s1p)或数据文件(*.s2p);③ 通过[保存在:]框和[文件列表]框设置文件保存的目录;④ 在[文件名]框设置文件的名称;⑤ 单击[保存]按钮,完成数据保存。

5.7.3 设置频率范围

频率范围:10 MHz~13.5 GHz/26.5 GHz/43.5 GHz/50 GHz/67 GHz

频率分辨率:1 Hz

1) 有两种设置频率范围的方式

① 指定起始频率和终止频率。

② 指定中心频率和频率跨度。

2) 设置起始频率和终止频率

菜单路径:[激励]→[频率]→[起始/终止](图 5-35)。

图 5-35 设置起始频率和终止频率

3) 设置中心频率和频率跨度

菜单路径:[激励]→[频率]→[中心/跨度](图 5-36)。

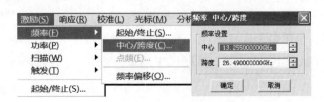

图 5-36 设置中心频率和频率跨度

4）设置相位扫描类型

菜单路径：[激励]→[扫描]→[扫描类型]显示扫描类型子菜单(图 5 - 37)。点击辅助菜单栏中的相位扫描或者在扫描类型设置对话框中选择相位扫描。

图 5 - 37　设置相位扫描类型

5.7.4　设置数据格式

1）设置输出数据格式

菜单路径：[响应]→[格式]，弹出格式子菜单(图 5 - 38)。

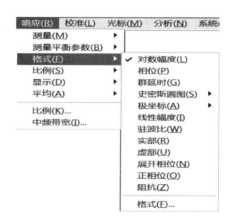

图 5 - 38　设置输出数据格式

2）设置比例

菜单路径：[响应]→[比例]，弹出比例子菜单(图 5 - 39)。点击相应的输入区或按钮设置合适的比例、参考位置和参考电平。

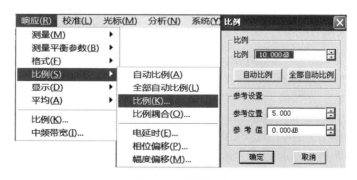

图 5 - 39　设置比例

5.7.5 选择校准类型

Ceyear 3672 系列矢量网络分析仪常用的 9 种校准类型,各校准类型的详细信息如表 5-3 所示。

表 5-3

	校准精度	测量参数	需要的校准标准	修正的系统误差	测量应用
开路响应	低到中等	S11、S22、S33 和 S44	开路器	反射跟踪	任何端口的反射测量
短路响应	低到中等	S11、S22、S33 和 S44	短路器	反射跟踪	任何端口的反射测量
直通响应	中等	传输测量 S 参数	直通件①	传输跟踪	任何方向上的传输测量
响应隔离②	中等	传输测量 S 参数	直通件、匹配负载	传输跟踪、串扰	任何方向上的传输测量
单端口(反射)	高	S11、S22、S33 和 S44	开路器、短路器和负载	方向性、源匹配、反射跟踪	任意单端口的反射测量
增强型响应	高	单侧反射参数和传输参数	开路器、短路器、负载和直通件	方向性、源匹配、反射跟踪、负载匹配、传输跟踪	长电缆测试等大衰减测试、放大器等大增益测试
快速 SOLT	高	单侧反射参数和传输参数	开路器、短路器、负载和直通件	源匹配、反射跟踪、负载匹配、传输跟踪	一侧端口和直通标准测量,全双端口的所有误差修正,简化反射标准测量
全双端口 SOLT	高	所有参数	开路器、短路器、负载和直通件	方向性、源匹配、反射跟踪、负载匹配、传输跟踪	所有 S 参数的测量③
全双端口 TRL	高	所有参数	反射、直通件和空气线	方向性、源匹配、反射跟踪、负载匹配、传输跟踪	高精度测试、夹具/波导等测试

注释①:适配器作为直通件:校准件定义文件中定义直通件为零长度、零损耗,如果在校准过程中使用适配器作为直通件,为了进行精确的校准,必须在校准件定义文件中表征适配器的特性。

注释②:需要通过隔离校准提高系统的动态范围。

注释③:需要通过 12 项误差修正来提高测量的精度。

5.8 微波矢量网络分析仪的典型应用

Ceyear 3672 矢量网络分析仪,是现代微波毫米波技术、现代电路技术和现代计算机技术的有机结合体。由于该仪器一次测量可同时获得被测微波毫米波网络的幅度、相位和群时延特性,其卓越的性能和强大的测量功能,能满足诸多微波毫米波测量需求。它广泛应用于微波毫米波元器件、组件和部件的 S 参数测试等领域。

矢量网络分析仪是迄今最强大的网络参数测试设备。它除可直接测量微波网络的 4 个 S 参数外,还可"间接"得到由这 4 个 S 参数演变或计算得到的一系列微波元器件技术参数,因此广泛应用于微波放大器(含大、小信号放大器)、滤波器、混频器、微波晶体管、MMIC、天线、雷达 RCS 以及微波材料等的测试中,日趋成为现代电子系统测试的必备工具,其主要用途见表5-4。

表 5-4　网络分析仪测试的器件名称及其典型测试参数

器件名称	典型测试参数
放大器	增益、平坦度、驻波系数、1 dB 压缩点、三阶交调
滤波器	通带损耗、带内平坦度、延时、带外抑制、驻波系数
定向耦合器	耦合系数、插入损耗、隔离度、定向性和驻波
混频器	变频损耗、隔离度、驻波系数、延时
开关	插入-损耗、隔离度和驻波参数
电缆	插入损耗、驻波参数
晶体管、MMIC	4 个 S 参数
多端口器件(双工器、智能天线)	多端口 S 参数
天线/RCS 测试	工作频段、增益、方向图、极化、RCS
脉冲件测试	脉冲状态下 S 参数、时域包络

下面将首先介绍网络分析仪对典型微波器件——滤波器的测量方法,其次介绍利用网络分析仪测试变频器件——混频器的测量方法,然后介绍利用开放结构的 S 参数测量装置在测量高功率放大器的测量方法,最后介绍微波晶体管和 MMIC 等嵌入网络的测量方法,天线参数的测试将在天线测量中介绍。

微波矢量网络分析仪一次测量可同时获得被测微波网络的幅度、相位和群时延特性,其卓越性能和强大测量功能可满足诸多微波网络特性的测量需求。它广泛应用于微波元器件、组件和部件的 S 参数测试等领域。图 5-40 为射频矢量网络分析仪主要功能示意图。

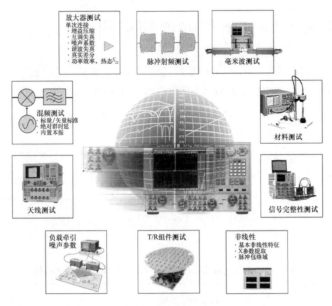

图 5-40 射频矢量网络分析仪主要功能示意图

5.8.1 滤波器的测试

滤波器是微波电子系统中常用的器件。滤波器是标准的选择性器件,完成对工作信号的提取和干扰信号的抑制。根据滤波器的实现方式不同,可分为 LC 滤波器、声表面滤波器、陶瓷滤波器、机械滤波器等。这些滤波器的实现方式、性能指标和应用也不同。为精确测试这些指标,对测试仪器的测试能力和测试精度都有很高的要求,网络分析仪是测试滤波器参数的首选设备。

滤波器是典型的线性双端口器件。对于一个带通滤波器,要求它在指定的频率带宽内对输入信号具有很小的损耗和失真。而对于通带外的信号,需要具有最大的抑制能力。滤波器的常用测试指标包含:① 传输参数指标,插入损耗、带外抑制、带宽、通带内抖动、群延时等;② 反射参数指标,输入/输出端反射损耗;③ 计算得到的参数,矩形系数、Q 值。精确的网络分析仪测试分为传输测试和反射测试。最常测试的滤波器传输特性有插入损耗和带宽,网络分析仪可以调整测试显示的比例和位置,以便较好地对通带内频响进行测试读数。传输指标中需要测试的另一个参数是带外抑制,它用于评估滤波器对通带外干扰信号的抑制能力,这需要网络分析仪有较大的测量动态范围,采用混频方式下变频的网络分析仪一般都能满足此要求,对于要求极大测量动态范围的滤波器(含其他器件),需根据网络分析仪的开放结构外加辅助器件扩展它的测量动态范围。反射指标显示在阻滞外滤波器具有很高的反射,带外反射损耗接近于 0 dB,处于完全失配状态,而对通带内信号需具有很好匹配性能,反射损耗较大。

滤波器是典型的线性双端口器件,对带通滤波器,要求它在指定的频率带宽内,对输入信号具有很小的损耗和失真,而对通带外信号具有最大的抑制能力。滤波器是通用的无源、线性、两端口器件。通常采用扫频传输/反射技术来完整无缺地表征它的特性。滤波器的特性在元件测试系统中的地位是很重要的。一个宽带滤波器,要求它在指定带宽内的信号具有最小的损耗和失真;而对于通带外的信号,有最大的抑制。对于窄信道间隔的通信系统,要求滤波器具有低的插入损耗,高的 Q 值和高的频率选择性,它们必须满足更严格的频响特性。图 5-41 为带通滤波器典型参数定义,图 5-42 采用网络分析仪测试带通滤波器的 S_{11} 和 S_{21} 曲线。

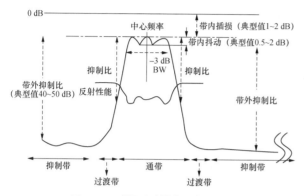

图 5-41 带通滤波器典型参数定义

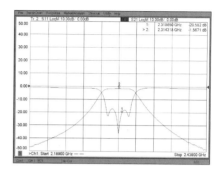

图 5-42 采用网络分析仪测试带通滤波器的 S_{11} 和 S_{21} 曲线

滤波器的常用技术指标如下:

(1)传输参数:插入损耗、带外抑制、中心频率、纹波系数、平均值、标准偏差、带宽、通带内抖动、群时延等。

(2)反射参数:输入/输出端口的反射系数。

(3)计算参数:矩形系数和 Q 值。

在滤波器的精确测量中,传输通带内的误差校准是十分重要的。校准前后的测量结果是十分不同的。如果只进行了频率响应校准,由于源和负载的不匹配,测量的幅度会有起伏波纹。有些波纹甚至超过0 dB参考线,这显然是不可能的。这是由于测量不匹配造成的,采用二端口校准就可以了。滤波器的精确测量需要采用二端口校准,幅度起伏波纹可达到±0.1 dB。

设置网络分析仪的扫描频率包括滤波器的通带频率范围和需要测试的抑制带频率范围,再设置网络分析仪激励源的功率和接收机中频带宽等参数。网络分析仪参数设置完成后进行二端口 SOLT 校准。

校准完成后将被测滤波器连接在网络分析仪的校准面之间。可使用网络分析仪的多通道测试功能来提高测试效率,可同时显示不同的测试通道来完成滤波器通带内参数和带外抑制性能测试。对于带宽参数的测试,可使用网络分析仪的带宽搜索功能来直接读取。

滤波器通带内幅频特性抖动参数的测试,可使用网络分析仪的统计功能完成。统计功能可对测试数据的统计值进行分析,包括平均值、峰-峰值抖动等参数。

图 5-43 显示了利用矢量网络分析仪测量射频滤波

图 5-43 利用矢量网络分析仪测量射频滤波器示意图

器示意图,矢量网络分析仪的一端口连接滤波器的输入端,二端口连接滤波器的输出端,测量滤波器的 S_{11}、S_{12}、S_{21}、S_{22},测量 4 个参数不需要重新连接滤波器,矢量网络分析仪通过内置电子开关进行切换。

图 5-44~图 5-49 显示了利用矢量网络分析仪测量射频滤波器,它的基本特性显示在图 5-43 里,所有的测试都是频率的函数(2.22~2.42 GHz),图 5-44 显示了 0~50 dB 的插入损耗,图 5-45 显示了用回波损耗表示的输入失配,图 5-45 显示了用 SWR 表示的输入失配,图 5-46 显示了用反射系数表示的输入失配,图 5-47 在同一个图上显示了 S_{11} 和 S_{22},图 5-48 为 S_{11} 的极坐标格式测试曲线。

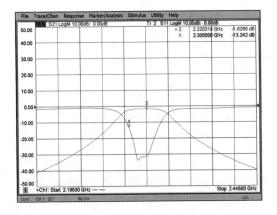

图 5-44　插入损耗和回波损耗与输入频率的关系

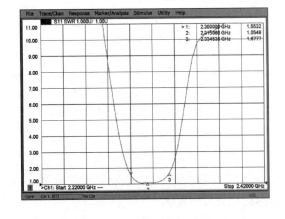

图 5-45　输入 SWR 与频率

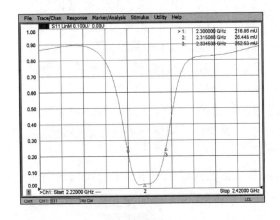

图 5-46　输入反射系数与频率

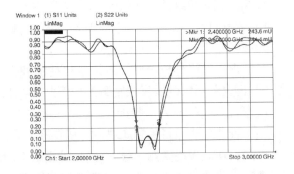

图 5-47　显示了 S_{11} 和 S_{22} 随频率的变化曲线

图 5-48 是 S_{11} 的幅度和相位随频率在极坐标中的曲线,图 5-49 是 S_{11} 的幅度和相位随频率在 Smith 圆图中的曲线,图 5-50 是 S_{21} 的相位随频率在 2.22~2.42 GHz 中的曲线,图 5-51 是 S_{21} 的群时延随频率在 2.22~2.42 GHz 中的曲线,图 5-52 是 S_{11}、S_{12}、S_{21}、S_{22} 随频率在 2.19~2.45 GHz 中的曲线,图 5-53 为预配置窗口排列。

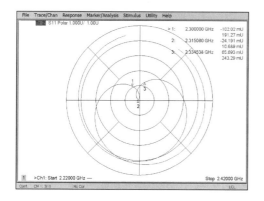

图 5－48　S_{11}的幅度和相位随频率在极坐标中的曲线

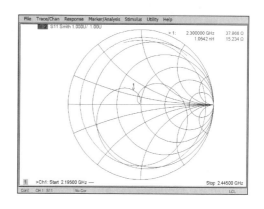

图 5－49　S_{11}的幅度和相位随频率在 Smith 圆图中的曲线

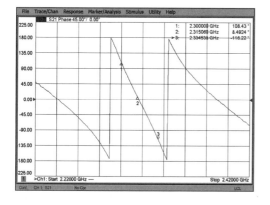

图 5－50　S_{21}的相位随频率在 2.22～2.42 GHz 的曲线

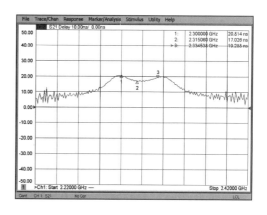

图 5－51　S_{21}的群时延随频率在 2.22～2.42 GHz 中的曲线

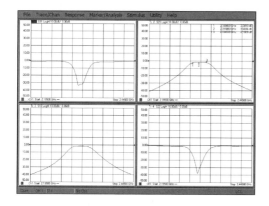

图 5－52　S_{11}、S_{12}、S_{21}、S_{22}随频率在 2.19～2.45 GHz 中的曲线

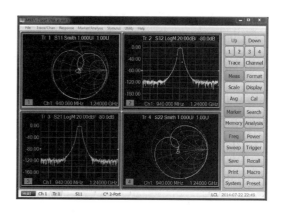

图 5－53　预配置窗口排列

矢量测量滤波器步骤见表 5-5 所示。

表 5-5 矢网测量滤波器步骤

测试滤波器步骤	步骤说明
预置仪器,选择测量 S_{21} 参数 设置每格 5 dB 的刻度,参考值为 0 设置起始频率为 2 GHz 和终止频率 3 GHz 检查内置源的功率电平,功率键通常在激励或信道设置标题下,缺省是 0 dBm	因为是无源器件,S_{21} 是负的,设置合适的显示刻度以充分利用显示屏。使信号电平最高点设置为显示的最高点,参考电平为显示的顶端最高线
开始全二端口 SOLT 校正,大多数分析仪有校正键实现这个功能	在网络分析仪上设置测试参数,然后执行校正
从校正键选择全二端口 SOLT 校正,连接校正键到测试电缆并按相应键,分析仪进行测试并计算误差项	这个过程移动测试相位的测试面到连接器匹配面
通过直通适配器连接两个电缆,执行直通校正	矢网根据参考电平自动设置输入衰减,如果选择大的参考电平值,矢网将增加衰减以使器件正常工作
连接短路或开路键到端口 1 的电缆上,测量 S_{11} 幅度(回波损耗),测试结果在所有频段上应为 0 dB,在端口 2 上重复,测量 S_{22},测试结果应为 0 dB	这个步骤能够快速检查校正后仪器设备是否正常
连接滤波器观察 S_{21}(插入损耗),设置刻度频率为 2.45 GHz,利用光标键确定滤波器是否满足技术要求,测量回波损耗	这个功能能让我们快速读出信号的幅度和频率,必须使用小分辨率带宽分析信号近端相噪特性,细分辨率带宽增加了仪器造价
测量 SWR,调节垂直刻度到合适值 设置格式为线性幅度,测量反射系数 设置格式为对数幅度,激活一个新的轨迹 设置新的迹线以对数幅度格式测量 S_{22}	因为我们选择的是窄带校正,如果改变频率范围应该重新校正,大驻波比说明失配严重
以极坐标格式测量 S_{11} 测量 S_{21},改变格式到相位	极坐标格式可以显示反射系数的幅度和相位,因为器件是对称的,S_{11} 与 S_{22} 相同,测量相位

5.8.2 放大器的测试

射频微波系统中需要使用放大器完成发射和接收信号的放大功能。理想的放大器需要具有线性放大的处理功能,而实际上放大器会存在线性失真、叠加噪声、非线性失真等效应。基于放大器在微波系统的位置和应用,有接收机前端的低噪声放大器、接收机中的 AGC 放大器、发射机中的功率放大器等。不同的放大器其用途不同,采用的放大处理技术也不同,相应的测试参数也有不同的要求。例如低噪声放大器需要具备高增益、低噪声的特点;功率放大器需要具备大功率输出、效率高、线性好的特点。

放大器的测试参数包括传输参数、反射参数、非线性参数等。其中传输参数和反射参数前面已经有介绍,下面主要介绍放大器的非线性参数。

对线性放大器,当放大器工作在线性区时,输出信号波形不发生失真。当输入信号功率过大,放大器处于非线性饱和区时,输出信号被限幅。输出信号频谱上会出现新的谐波频率分量。

当输入信号功率增加,而放大器电源不能提供足够电流时,会造成输出信号出现削波,这种现象称为 AM/AM 转换。信号的波形失真会引起信号中心值的漂移,造成信号相位变化,这种现象称为 AM/PM 转换。AM/AM 转换和 AM/PM 转换都会对输入信号的波形造成影响,如果输入信号为调制信号,会导致信号调制质量恶化。

AM/AM 转换参数是分析电路器件输出信号功率受激励信号功率影响的特性分析,通常采用器件增益的 1 dB 压缩点和输出功率的 1 dB 增益压缩点定义 AM/AM 转换参数。

AM/PM 转换特性反映器件输出信号相位受输入信号变化影响的规律,工程应用中,通过测量输入信号功率变化一定范围时,传输参数相位的变化量来完成。

因此,器件的 AM/AM 转换和 AM/PM 转换两参数是在网络分析仪输入功率扫描状态下,进行传输测试得到的。

1) S_{11} 测试

网络分析仪端口 1 使用开路器、短路器和负载进行矢量校准,校准完成后将被测放大器的输入端和端口 1 校准面连接,放大器的输出端连接低反射系数的大功率负载。

2) 传输参数测试

被测功率放大器的输出功率可能会超过网络分析仪接收机的最大电平,为此需要在功率放大器的输出端连接一个衰减器,传统的 S21 直通频响校准方法,校准过程中需要连接衰减器一起校准,但是衰减器的存在会影响校准的精度。为此使用嵌入/去嵌入功能。

首先在网络分析仪测试线两端进行双端口矢量校准,然后将 30 dB 衰减器连接到测量电缆之间,将衰减器的双端口 S 参数保存文件。将被测放大器连接在输入端口和 30 dB 衰减器之间,调用衰减器的文件,选择去嵌入功能,得到放大器真实的传输系数。

3) 非线性参数测试

由前面非线性参数的定义可知,器件的 AM/AM 转换和 AM/PM 转换两参数是在网络分析仪输入功率扫描状态下进行传输测试得到的。

网络分析仪功率扫描状态下,测试频率是固定的,因此网络分析仪使用连续波(CW)扫描模式,设置功率输出扫描范围,然后网络分析仪进行 S21 传输频响校准。校准完成后将被测放大器连接在测试电缆之间,并在网络分析仪的输入端口连接衰减器,以保证网络分析仪的输入功率不超过损坏电平,将衰减器该频点的衰减值作为网络分析仪的补偿值,分别在幅度测量模式和相位测量模式观测 AM/AM 转换和 AM/PM 转换参数(表 5 − 6、表 5 − 7)。

表 5 − 6　LNA 测量

预置仪器	步骤说明
测量设置和校正 测量 S_{21},设置起始频率为 2 GHz 和终止频率为 3 GHz,设置功率电平为 −30 dBm,执行全二端口校正,连接短路开路到端口 1 的电缆上,测量 S_{11},在端口 2 上重复,测量 S_{22},回波损耗应为 0	这将测量器件的增益 为了精确测量所有 S 参数需要进行二端口校正
激活另外一个迹线设置为测量 B 接收机的输入,这个迹线与刚才通道设置相同(扫描和功率源相同)。用功率计校正网络仪的功率 用直通连接器执行接收校正	这将测量 LNA 输出端的功率 为了达到与功率计同样的精度,利用功率计连接到分析仪输出端对分析仪的源进行校正

续表

预置仪器	步骤说明
将低噪放连接成被测件,观察功率放大器的增益 S_{21},设置每格为 1 dB,参考为 20 dB,设置刻度频率为 2.45 GHz,按功率键显示源功率设置,注意输入功率电平加上增益等于输出功率电平	耦合刻度一起移动,一个刻度在一个测量中移动,另一个刻度在另一个测量中也移动
增加输入功率直到增益降低 1 dB,这是输入 1 dB 增益压缩点,切换到功率扫描,选择扫描类型,改变扫描类型到功率扫描起始功率为 −30 dBm,终止功率为 −5 dBm,设置 CW 频率为 2.45 GHz	功率扫描范围取决于接收机的最小灵敏度和最大输出功率
在每格 1 dB 的刻度下,能够很容易观察 S_{21} 降低 1 dB 的点,在迹线的左边设置刻度,然后利用 Δ 刻度寻找 1 dB 压缩点,观察 S 参数	扫描功率曲线描述了放大器在点频下的功率特性
切换扫描类型为频率扫描,设置起始频率为 2 GHz 和终止频率为 3 GHz。切换格式到极坐标显示,切换到测量 S_{12}	极坐标显示 S 参数的幅度和角度或实部和虚部分量,对于有源器件 S_{21} 大于 1。S_{12} 反向测量将非常小
测量 S_{11},切换格式到史密斯圆图显示,测量 S_{22} 在史密斯圆图上	

表 5-7　功率放大器测量 S_{11}、S_{12}、S_{21}、S_{22}

功率测量
预置仪器测量设置和校正 测量 S_{21} 设置起始频率为 2 GHz 和终止频率为 3 GHz 设置源功率电平为 −7 dBm 在端口 2 的电缆上接 10 dB 衰减器 激活另外一个迹线设置为测量 B 接收机的输入,这个迹线与刚才通道设置相同 用功率计校正网络仪的功率
在网络仪上用功率传感器接在端口 1 的电缆上,执行源功率扫描校正
用直通连接器执行接收校正,接收校正确保源的功率电平与网络仪的接收电平相同
在端口 1、2 间连接功率放大器
观察功率放大器的增益 S_{21},设置每格 1 dB,参考为 10 dB,输入功率电平加上增益等于输出功率电平
增加输入功率直到增益降低 1 dB,这是输入 1 dB 增益压缩点
切换到功率扫描,选择扫描类型,改变扫描类型到功率扫描起始功率为 −7 dBm,终止功率为 −13 dBm,设置 CW 频率为 2.45 GHz,检查校正
在每格 1 dB 的刻度下,能够很容易观察 S_{21} 降低 1 dB 的点,观察 AM 到 PM 转换,切换格式到相位

5.8.3　相位测量

1) 什么是相位测量

同时了解被测件的幅度和相位信息对于高水平的器件集成是非常重要的。同幅度测量一样,相位测量也是利用 S 参数来完成的。相位测量是相对(比值)测量而不是绝对测量,测量时将进入器件信号(入射信号)的相位与器件响应信号的相位进行比较,响应信号既可以是反射信号也可以是传输信号。假定分析仪已进行过精确校准,则两个信号之间的相位差

（即相移）便是被测件相位特性的测量结果，可以通过示波器观察到的入射信号与传输信号之间的相移。

2）为什么进行相位测量

相位测量是矢量网络分析仪的一项重要测量功能，以下列出了对幅度和相位进行精确测量的原因。当元件和电路用在通信系统中传输信号时，不允许产生超过正常限度的信号失真，信号失真包括以下两类：

· 线性失真：指的是随频率变化在所关注的频段内不能保持平坦的幅度和线性的相移。

· 非线性失真：指电路会产生新的频谱分量。

精确测量元器件或电路的幅度和相位特性非常重要，可以确保这些电路有效的传输或吸收能量，防止传输信号失真。

3）相位测量的类型

· 复阻抗：复阻抗数据如电阻、电抗可以通过测量 S_{11} 和 S_{22} 确定，可以利用史密斯圆图和极坐标格式观察被测件的复阻抗。

· AM-PM 变换：AM-PM 变换测量由于系统幅度变化而产生的不希望出现的相位偏离，定义为输入到放大器的功率增加 1 dB 时输出相位的变化，单位是"度／dB"，在 1 dB 增益压缩点处进行测量。

· 线性相位偏离：线性相位偏离测量被测件所产生的相位失真。理想情况下，被测件的相移和频率成线性关系，相对于理论相移而产生的偏差量称为线性相位偏离（也叫相位线性度）。

· 群延迟：群延迟是另一种测量器件相位失真的方法，群延迟测量特定频率的信号通过器件的渡越时间，分析仪根据所测相位响应的导数计算群延迟。

4）线性相位偏离与群延迟

线性相位偏离和群延迟都是测量器件的相位信息，但二者是用于不同目的的测量。

线性相位偏离测量的优点：噪声比群延迟小；可以更好地表征传输调相信号器件的特性，此时以相位为单位比以秒为单位更合适。

群延迟测量的优点：比线性相位偏离更容易解释相位失真现象；能最精确地表征被测器件的特性。因为在测量群延迟时，分析仪计算相位纹波的斜率，相位纹波斜率取决于单位频率内的纹波数量，将具有相同相位波纹峰-峰值的相位响应进行比较，更大的相位斜率响应会导致更大的群延迟变化，更大的信号失真。

5.8.4　放大器参数说明

1）增益

增益是放大器的输出功率（输出到特征阻抗负载）与输入功率（由特征阻抗源输出）之比，在小信号情况下，放大器的输出功率和输入功率是成正比的，小信号增益是在线性区内的增益。随着输入信号功率电平逐渐增大，放大器进入饱和状态，输出功率达到极限从而引起增益下降，大信号增益是在非线性区的增益。

2）增益平坦度

增益平坦度是指在放大器工作频率范围内的增益变化。

3）反向隔离

反向隔离测量输出端与输入端间的传输,类似于增益测量,只是激励信号加到放大器的输出端。

4）增益随时间（温度,偏置）的漂移

指的是当所有其他参数保持不变时,增益随时间的最大变化值,它是一个关于时间的函数。也可以测量与其他参数有关的增益漂移,如增益随温度、湿度和偏置电压的偏移。

5）线性相位偏离

指的是与线性相移间的偏离量,理想情况下,放大器的相移是频率的线性函数。

6）群延迟

群延迟测量信号通过放大器的渡越时间,是一个与频率相关的函数。理想的线性相移相位随频率具有恒定的变化速率,此时群延迟是一个常量。

5.8.5　增益压缩

增益压缩测量引起放大器压缩的功率电平的大小,实际测量时通过以下三个步骤确定放大器的增益压缩:

（1）进行频率扫描增益压缩测量,找出首先出现 1 dB 增益压缩的频率。

（2）进行功率扫描增益压缩测量,在特定的频率（通过上面的测量确定的频率）上进行功率扫描,确定增益下降 1 dB 时的输入功率。

（3）进行绝对输出功率测量确定压缩处的绝对输出功率（单位:dBm）。

1）什么是增益压缩

当放大器的输入功率增加到某一电平时,引起放大器的增益下降,输出功率呈非线性增大,便发生增益压缩。分析仪具有进行功率扫描及频率扫描的能力,通过功率扫描能确定放大器的非线性压缩特性。

放大器在某一功率电平下的增益为此点曲线的斜率。放大器工作在线性区时,增益恒定不变且与功率电平无关,这个区域内的增益通常称小信号增益。随着输入功率的增加,放大器增益开始下降,放大器进入压缩区。放大器压缩最常用的测量是 1 dB 压缩点测量,定义为当放大器增益下降 1 dB 时（相对于放大器的小信号增益）的输入功率（有时为输出功率）。

2）为什么要测量增益压缩

当用正弦信号驱动放大器时,在压缩时放大器的输出不再是正弦信号。输出信号中出现谐波分量,而不是只有输入信号的基波成分。随着输入功率的进一步增大,放大器饱和,输出功率保持不变,这时进一步增大放大器输入功率不会改变输出功率,在某些情况下,如行波管（TWT）放大器,在饱和之后输出功率实际上将随输入功率的继续增大而减小,这意味着放大器具有负增益。因为希望放大器工作在线性区,故了解引起增益压缩的输入信号的大小是很重要的。

5.8.6　线性相位偏离

线性相位偏离测量器件的相位失真,测量时使用分析仪的电延时功能去除相移的线性部分,从而高分辨率显示相移的非线性部分:线性相位偏离。

1)什么是线性相移

在进行信号传输时,随着入射信号频率的升高,信号的波长越来越短就会发生明显的相移。当器件的相位响应与频率成正比时,发生的是线性相移,在分析仪上显示的相位与频率的关系轨迹是一条斜线,斜率与器件的电长度成正比。要进行无失真的信号传输,必须有线性的相移。

2)什么是线性相位偏离

在实际中,许多器件对某些频率的延迟大于对另一些频率的延迟,从而形成非线性相移,引起频谱包括多个频率分量信号的失真,测量线性相位偏离是确定这类非线性相移大小的一种方法。

由于引起相位失真的只是线性相位偏离,因此希望从测量中去除相位响应的线性部分,这一点可以利用分析仪的电延时功能实现,通过数学处理去除被测件的电长度,剩余下来的便是线性相位偏离或相位失真。

3)为什么要测量线性相位偏离

线性相位偏离测量有如下优点:

测量结果为相位数据而不是以秒为单位的群延迟数据。对于传输调制信号的器件,相位数据可能更有用。提供一种比群延迟噪声低的测量方法。

4)利用电延时功能

分析仪的电延时特性有如下功能:模拟可变长度无耗传输线,可以将传输线方便地加到信号路径中或从中去除,补偿被测件电长度的变化,使分析仪显示的相位测量轨迹变得平直,高分辨率地观察轨迹,以便发现相位的非线性细节信息,提供一种方便地观察被测件线性相位偏离的方法。

5.8.7　反向隔离

反向隔离测量放大器从输出到输入的反向传输响应。

1)什么是反向隔离

反向隔离对器件输出到输入端的隔离程度进行测量,反向隔离的测量类似于正向增益测量,激励信号被加到放大器的输出端口,响应信号在放大器的输入端口测量,其等效的 S 参数是 S_{12}。

2)为什么要测量反向隔离

理想的放大器应具有无穷大的反向隔离,没有信号从输出端传回输入端。然而实际中信号有可能在反方向通过放大器,这种不希望有的反向传输可能使输出端口的反射信号干扰正向传输的所需信号,因此定量表示反向隔离非常重要。

3)与测量精度有关的因素

由于放大器通常在反向呈现出高损耗,故在反向传输测量时一般无须使用外部衰减器或耦合器来保护端口 1 的接收机,去掉衰减器和耦合器将增加动态范围,从而改善测量精度。可以通过增大源功率来提供更大的动态范围和更高的精度。

随着衰减器的去除和射频功率的增加,正向扫描时可能会烧毁分析仪端口 2 的接收机,因此不要进行正向扫描或执行全双端口校准,除非正向功率设置得足够低,不会烧毁分析仪端口 2 的接收机。

如果被测放大器的隔离非常大,则反向传输信号的电平可能会接近接收机的噪声基底或串扰电平,为了降低噪声基底,可以使用平均、增加平均次数或减小中频带宽改善测量的动态范围和精度,但要牺牲测量的速度。当串扰电平影响测量精度时,可通过执行直通响应和隔离校准降低串扰误差,校准和测量期间必须采用相同的平均因子和中频带宽。在反向隔离测量时,测试组成的频响是主要的误差源,直通响应和隔离校准可以去除这一误差。在不同的温度下,放大器的响应可能截然不同,测试应使放大器处于所要求的工作温度下进行。

5.8.8　小信号增益和平坦度

小信号增益是放大器在线性工作区的增益,通常,这是在扫频范围内的恒定输入功率下测量的。增益平坦度是测量在规定的频率范围内增益的变化情况。

1) 什么是增益

放大器的增益定义为放大器输出信号与输入信号之间的功率差(功率单位为 dBm),并假定放大器的输入和输出阻抗相同,为系统的特征阻抗。增益用 S 参数术语称为 S_{21};增益用 dB 即输出功率与输入功率的对数比表示;当输入和输出电平都用 dBm(相对于 1 mW 的功率)表示时,可以通过从输出电平减去输入电平计算增益。放大器增益通常是指工作频率范围内的最小增益,某些放大器同时给出最小增益和最大增益,以保证系统的后续各级不会欠激励或过激励。

2) 什么是平坦度

平坦度是指在规定的频率范围内放大器增益变化的大小,放大器增益的变化可能引起通过放大器信号的失真。

3) 为什么要测量小信号增益和平坦度

增益在关注带宽内的偏差使信号各频率分量未被同等的放大,会引起传输信号失真。小信号增益表示在 50 Ω 系统中特定频率上放大器的增益,平坦度表示 50 Ω 系统中规定频率范围内放大器增益的偏离。

4) 与测量精度有关的因素

放大器在不同温度下的响应可能截然不同,测试应在放大器处在所要求的工作温度下进行。如有必要,放大器的输出功率应加以充分衰减,输出功率太大可能导致以下结果:超过分析仪接收机的输入压缩电平,使测量结果不精确;烧毁分析仪的接收机。衰减放大器的输出功率可以用衰减器或耦合器来完成,由于衰减器和耦合器本身是测试组成的一部分,在校准时必须考虑它们失配和频响对测量精度的影响,正确的误差修正可以减小这些附件的影响。测试组成的频响是小信号增益和平坦度测量中最主要的误差,进行直通响应校准能显著减小这个误差,进行全双端口校准可以获得更高的测量精度,减小中频带宽或利用测量平均可以改善动态范围和精度,但要牺牲测量速度。

5.8.9　微波混频器的测试

微波混频器的主要特性包括变频损耗、隔离度、驻波系数。变频损耗描述混频器将能量从一个频率转换到另一个频率的有效程度,定义为在给定本振功率下输出功率与输入功率的比值。隔离是从一个端口至另一端口的泄漏的量度。驻波系数是描述输入或输出端口的匹配程度。当然,这些定义都是在给定本振功率的情况下得到的,因此在测试时,所采用的本振功率电平也必须与混频器实际工作所用的电平相同。同时,混频器是三端口器件,不用的端口必须接匹配负载。

从前面讲述中知道,矢量网络分析仪在正常工作状态下,激励信号源和接收机本振依靠锁相环保证频率同步变化,网络分析仪在扫描过程中,接收机本振源频率首先发生变化,这会使接收机的中频信号频率发生变化,相应使鉴相器输出电压变化,该电压被用于激励信号源的频率压控,通过压控电压的改变来使激励信号频率和接收机频率保持同步。混频器是频率变换器件,输入/输出频率不一致,如何保证激励信号频率和接收机频率保持同步是网络分析仪测量混频器的首要问题。事实上,现在许多网络分析仪都具有频偏工作方式。所谓频偏工作方式,就是网络分析仪在测量频率变换器件时,将激励源和接收机本振同步锁定的锁相环被断开,两个源分别锁定,依靠参数的设置来确定两个源的频率偏移的工作方式。

利用矢量网络分析仪测量混频器特性一般有三种形式。具有频率偏置工作方式的网络分析仪是最简洁的测量混频器参数的方式。它可以实现变频损耗、隔离、驻波系数等典型标量参数的测试。测试时,需去掉网络分析仪参考通道和信号源锁相环间的跨接线,将混频器中频输出端通过滤波后输入到 Ref - IN(参考输入)端口,保证 R 通道正确锁相。

5.8.10　嵌入网络 S 参数的测试

射频和微波元件的设计一般都采用传统的封装形式再配上同轴接口。复杂系统很容易由将一系列独立同轴器件连接在一起加以制造。测量这些元件和系统的性能不难用具有类似同轴接口的标准测试设备完成。然而,现代系统要求元件集成度高、功耗小和制造成本低,射频元件的正面趋向采用印制电路板和表面安装技术(如 MMIC 等)。这就向设计师提出要求利用同轴接口的测试设备来测量新型射频和微波元件性能的问题。种类繁多的印制电路传输线使得难以建立起便于与所有不同类型和尺寸的微带线及共面传输线相连的测试设备,矢量网络分析仪通常用来表征射频和微波元件的测试设备是在测试端口采用 50 Ω 同轴接口,因此,测试设备需要借助测试夹具来与它所选择的被测件相连。为精确表征待测件,要求从测得的结果中去除夹具特性的影响。近年来,为了从测量中去除测试夹具的影响而拟定出多种不同的方法,可以将它们分为两大类,即直接测量法和去嵌入法。直接测量法需要插入到测试夹具和被测件中的专门校准标准。器件测量的精度取决于这些物理标准的质量。去嵌入法则利用测试夹具的模型,并通过数学计算从总的测量结果中去除夹具特性。这种夹具"去嵌入"程序对非同轴被测件可以给出极精确的测量结果,而无须复杂的夹具和非同轴校准标准。下面就介绍网络分析仪对这类嵌入网络 S 参数的测量方法。

5.8.11　网络分析仪使用技巧

高性能的矢量网络分析仪都具有灵活的扫描方式,包括线性频率扫描、对数频率扫描、功率扫描、CW 时间扫描和分段扫描。

① 线性频率扫描以线性步进的方式进行频率扫描,将频率轴显示为 10 个等份的网格。

② 对数频率扫描以对数增量步进的方式进行频率扫描,且频率轴显示为对数形式。

③ 功率扫描在指定的单一频率上进行功率扫描。

④ CW 时间扫描将网络分析仪设置为连续波扫描方式,测试结果显示为时间的关系。

⑤ 分段扫描可将网络分析仪设为多个扫描段,每个扫描段都可以独立设置扫描功率、测量 IP 带宽和扫描时间。

此外网络分析仪还可以设置扫描的点数,这样可以减小测量时间,提高测量精度。

以滤波器的测试为例,前面的章节中已经介绍过,这里利用网络分析仪的分段扫描功能可兼容测试速度和测试精度两方面的要求。分段扫描是将测试扫描的范围分为多段,在每段中可独立地设置频率范围、激励源功率、测试点数、接收机中频带宽等参数,以适应不同的测试要求。在滤波器测试中,不同的频段设置如下:

1)抑制带

被测滤波器在抑制带的通路:衰减为大损耗特性,抑制带的测试需要正确的抑制参数的测试,而不需要细节波动的描述。因此网络分析仪的设置为:激励源功率大(10 dBm),接收机带宽小(30 Hz),测试点数少(25 个)。

2)通带

被测滤波器在通带范围内需要全面测试滤波器的幅频和相频参数,测试要求高,通带内损耗较小。因此网络分析仪的设置为:激励源功率小(-10 dBm),接收机带宽大(3 kHz),测试点数多(500 个)。

3)过渡带

网络分析仪设置:激励源输出功率/10 dBm,接收机带宽 300 Hz,测试点数 15 个。使用分段扫描的测试结果过渡带更加平滑;由于过渡带的测量采用了小的接收机带宽,因此噪声的影响更小,抑制带通路衰减更接近实际情况,测试时间大大缩短。

◆ 本章小结

矢量网络分析仪基本测试系统一般包含 4 个组成部分:激励信号源、S 参数测试装置、多通道高灵敏度幅相接收机和校准件。本章以连续波矢量网络分析仪为例讲述了矢量网络分析仪的工作原理、误差修正的基本原理、校准件与校准方法,之后介绍了矢量网络分析仪的基本原理,基本结构,主要技术性能和指标,矢量网络仪的测量设置操作使用,典型产品介绍,Ceyear 3672 矢量网络分析仪产品综述,微波矢量网络仪的典型应用,包括滤波器的测试、放大器的测试、微波混频器的测试等。网络分析通过激励-响应测试来建立线性网络的传输与阻抗特性的数据模型的过程。在微波频段,因为采用了波的概念,所以微波网络常用 S 参数表示。双口网络都可以用 4 个 S 参数来表示其端口特性。

◆ 习题作业

1. 什么是矢量网络分析仪?矢量网络分析仪主要由哪几部分组成?

2. 请写出二端口网络的 4 个 S 参数数学表达式,并说明其物理含义。

3. 请画出二端口矢量网络分析仪的误差模型,并说明各个误差项的含义。

4. 请列出矢量网络分析仪的主要校准方法。

5. 请给出理想开路器、短路器和负载的复反射系数。

6. 说明下图物理意义。

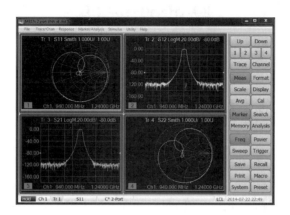

图 5 - 54

7. Ceyear 3672 系列矢量网络分析仪提供哪些显示格式?

第6章

微波功率计

6.1 微波功率计概述

功率是表征微波信号特性的一个重要参数,微波功率测量技术随其应用范围的不同有很大区别,决定微波功率测量的因素有很多,包括信号频率范围、功率范围、功率电平、信号的频谱功率总量以及调制形式等。因此,只有深入了解未知信号及其频谱和调制成分,选择合适的功率探头与功率计,才能获得准确的功率测量精度。

在大约低于 100 kHz 的低频,通常是通过跨接在已知阻抗上的电压来计算功率。随着频率的升高,由于有驻波出现,阻抗会发生变化,沿均匀传输线各部位的电压(或电流)常常不相等,而传输功率则有确定数值,特别是在波导传输中,电流和电压的定义失去唯一性,其测量更为困难,因而功率测量成为更通行的测量方式。几乎在所有射频和微波设备的设计中,功率测量是其必不可少的一项工作,例如,在通信系统中,发射机的发射功率越大,其覆盖的地域就越大,但提高功率也就意味着系统成本的上升,因此希望准确测量出输出功率,使设备达到设计要求,尽可能降低功率测量不确定度给发射机性能造成的模糊性;通过测量雷达发射机的发射功率,就可以确定该雷达的作用距离;功率测量还被广泛应用于微波器件的测试,例如采用参考功率法测量器件的增益、插损、端口驻波、隔离度、耦合度等。

测量微波功率最常用的是"测热"的方法,即把微波功率转换成热能,然后用测热的方法进行测量。常用的测热式功率测量仪器有量热式功率计、热敏式功率计、热电偶式功率计。此外,还有用其他物理效应进行功率测量的功率计,例如二极管检波功率计。

几十年来,微波功率计的发展主要向着提高频率、拓宽频段、扩大量程、提高测量准确度、高速度及小型化、智能化、模块化以及探头系列化的方向发展。

基于微波半导体技术、计算机技术以及数字信号处理技术的发展,功率检测器件的方式由最初的热敏电阻式、热电偶式向二极管检波式的方向发展。二极管式功率计具有动态范围大、测量速度快、测量功能强等特点,已成为当今世界微波功率计的发展主流。同时,随着微波通信、雷达、宇航技术的发展,在数字通信、数据信息传输、导航、雷达等系统中,脉冲调制的射频脉冲技术得到了广泛的应用,因而二极管式脉冲峰值功率计或峰值功率分析仪也成为微波功率测量仪器的重要组成部分,得到了广泛应用。

微波功率计广泛应用于无线电通信、雷达、电子对抗、广播电视、微波医疗设备和微波加热等军用、民用科研、生产、维护领域,对微波功率电平的精确测量已成为现代微波测量中最重要的一环,微波功率计是射频和微波领域最基本的测试仪器之一。

6.2 微波功率测量原理

6.2.1 功率的基本定义

在功率测量中,功率常常被定义为一种在系统或系统之间传递的能量之比。功率的基本定义为单位时间中的能量,定义式如下:

$$P = dE/dt \qquad (6-1)$$

式中,P 为功率,E 为能量,t 为时间。

电能到热能的转换以及监测由此产生的温度变化,往往是很多功率测量技术的基础。功率测量可根据式(6-1)得到:

$$P = VI \qquad (6-2)$$

式中,P 为功率,V 为电压,I 为电流,这里功率、电压、电流都是给定时刻的瞬时值。如果电压和电流不随时间变化,则瞬时功率为一常数。对交流信号测量的功率计只提供平均功率测量,也就是测量信号在一个周期内能量变化的平均速率。瞬时信号的平均功率由式(6-3)给出:

$$P = \frac{1}{nT} \int_0^{nT} v(t) \times i(t) dt \qquad (6-3)$$

式中,P 为平均功率,$v(t)$ 为瞬时电压,$i(t)$ 为瞬时电流,T 为信号的周期,n 为若干周期数。

如果被测信号的电压和电流是连续的正弦波(CW),那么其平均功率的表达式为:

$$P = VI\cos\theta \qquad (6-4)$$

式中,P 为平均功率,以瓦(W)为单位;V 为电压均方值;I 为电流均方值;θ 为信号电压和电流的相位差。

在实际测量中,用于接收功率的功率传感器表现为一个纯电阻负载,因此电压和电流的相位差为 0,且由于 $V = IR$,所以上述公式变为:

$$P = V^2/R \text{ 或 } P = I^2R \qquad (6-5)$$

1) 平均功率

"平均功率"几乎用来给所有低频、射频和微波系统规定技术条件。平均功率是指能量传送速率在所研究信号最低频率的许多周期内平均。对于连续波信号来说,最低频率和最高频率是相同的,故平均功率和功率相同;对于调幅波来说,平均功率是信号调制分量的许多周期内的平均。

$$P_{\text{AVG}} = \frac{1}{nT} \int_0^{nT} v(t) \times i(t) dt \qquad (6-6)$$

式中,P_{AVG} 为平均功率,T 是 $v(t)$ 和 $i(t)$ 最低频率分量的周期。

平均功率探头和功率计的平均时间一般为百分之几秒到几秒,这种处理过程得到的是最常见幅度调制形式的能量平均。

2)脉冲功率

脉冲功率是指能量在脉冲宽度上的平均,脉冲宽度 τ 被定义为在上升时间/下降时间 50% 幅度点之间的时间。其数学表达式为:

$$P_P = \frac{1}{\tau} \int_0^\tau v(t) \times i(t) \mathrm{d}t \qquad (6-7)$$

脉冲功率将平均掉脉冲包络中过冲或振铃之类的任何畸变,脉冲功率不等同于峰值功率或峰值脉冲功率。

3)峰值包络功率

现代先进雷达、电子对抗和导航系统的发展往往基于复杂的脉冲调制和扩展频谱技术,同时要求更高的功率测量精确度,脉冲功率的概念已不能完全满足要求。当脉冲为非矩形或者当波形的畸变不允许精确地确定脉冲宽度时,便出现了脉冲功率测试的困难,必须引用另外一个概念,即峰值功率。图 6-1 为脉冲功率 P_P 与脉冲平均功率 P_{AVG} 示意图。

峰值功率是描述最大功率的一个专用术语。图 6-2 为用在某种导航系统中的高斯型脉冲的实例,峰值功率是指该包络功率的最大功率。对于理想的矩形脉冲而言,峰值功率就等于脉冲功率。峰值功率计或峰值功率分析仪是专门设计用来表征这类波形的测试仪器。

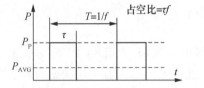 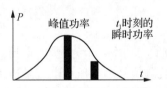

图 6-1　脉冲功率 P_P 与脉冲平均功率 P_{AVG} 示意图　　图 6-2　脉冲峰值功率示意图

对于连续波信号而言,平均功率、脉冲功率、峰值包络功率都是一样的。在所有的功率测量中,最常测量的是平均功率,对于矩形脉冲信号而言,脉冲功率和峰值功率可由测量的平均功率按已知的占空系数计算而得,也可由峰值功率计、峰值分析仪测量而得。

6.2.2　功率测量的度量单位

"功率"是国际单位制(SI)中的导出单位。表示功率大小的单位有线性度量单位和对数度量单位两种。线性度量单位常用单位为瓦(W),1 瓦等于 1 焦/秒(J/s),瓦特加上十进制倍数或分数单位的适当标准词头,可以派生出不同量级的单位,如吉瓦(1 GW$=10^9$ W)、兆瓦(1 MW$=10^6$ W)、千瓦(1 kW$=10^3$ W)、瓦(W)、毫瓦(1 mW$=10^{-3}$ W)、微瓦(1 μW$=10^{-6}$ W)、纳瓦(1 nW$=10^{-9}$ W)、皮瓦(1 pW$=10^{-12}$ W)等。

在许多情况下,例如当测量增益或衰减时,经常需要的量不是绝对功率,而是两个功率的比值,或者说是相对功率。相对功率是一个功率电平 P 对另外的参考电平 P_{ref} 的比值。由于分子和分母的单位都是瓦特,因此比值没有量纲,相对功率通常以分贝(dB)表示,其定义为:

$$\mathrm{dB} = 10\lg(P/P_{ref}) \qquad (6-8)$$

采用 dB 有两个好处：① 在通信和雷达系统中经常遇到相差数千、数百万倍的功率范围，用 dB 表示可使数值变得紧凑；② 在计算数个网络级联时的增益或插损时可用分贝的加减来代替功率的乘除。

当式(6-8)中的 P_{ref}＝1 mW 时，我们就得到了功率绝对单位的另外一个对数度量单位——分贝毫瓦(dBm)：

$$dBm＝10lg(P/1 \text{ mW}) \tag{6-9}$$

P 的单位为毫瓦(mW)，那么 0 dBm 为 1 mW、10 dBm 为 10 mW、−3 dBm 为0.5 mW。dBm 加上适当标准词头，又可扩展为 dBW(1 dBW＝30 dBm)、dB μW(1 dBμW＝−30 dBm)等。

6.2.3　微波功率测量原理

微波功率测量已经发展了 60 多年，微波功率测量方法多种多样，微波功率测量实质是将信号功率转变为某种易于测量的其他能量形式。微波功率测量分为通过式和终端式两种测量方法。

通过式功率测量需要将通过式功率计连接在信号源和负载之间，通过式功率计主要由定向耦合器、功率探头和功率计三部分组成。当输入端接功率源、输出端接负载时，定向耦合器的旁臂耦合出被测功率的一部分，已知定向耦合器的耦合度，功率计可按输入端的功率值进行刻度定标。一般输入方式为波导式，频段一般为一个倍频程，目前也出现了宽带同轴通过式功率计。这种功率计往往设计成体积小的便携产品，有的则是无源的，使用方便。

通过式功率计就其形式而言，分为单向和双向两类。由单定向耦合器构成的通过式功率计称为单向式，由双定向耦合器构成的通过式功率计称为双向式。图 6-3 和图 6-4 分别为单向通过式功率计和双向通过式功率计的原理框图。双向通过式功率计常用作反射计测量负载的反射系数。

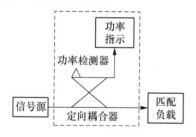

图 6-3　微波单向通过式功率计原理框图

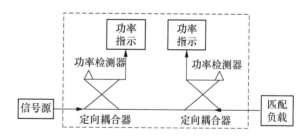

图 6-4　微波双向通过式功率计原理框图

定向耦合器的耦合度会随频率变化，需要进行校准，另外，定向耦合器的方向性和负载匹配对测试准确度影响较大，需使用高方向性的定向耦合器和较小反射系数的负载。通过式功率计在通信、雷达、广播、电视等设备中广泛应用于检测或监测功率电平。

终端式功率测量仪器主要包含功率探头和功率计两个部分。终端式功率计用功率探头接在信号传输线的终端，接收和消耗功率，并产生一个直流或低频信号，该信号经过特定形式的前置放大送入功率计测量通道。

有三种常用器件用于在终端式功率探头中传感平均功率，这些器件是热敏电阻、热电偶和二极管检波器。本章将详细讨论上述每一种功率传感器件及相关的测试仪器。

现代智能功率探头包括存储有探头型号、类型、校准参数的 E^2PROM 以及传感环境温度的温度传感器等;功率计包括放大器和相关处理电路,主要负责对功率探头变换的信号进行处理,产生准确的功率读数。通常,一个型号的功率计能够兼容不同类型、不同频率范围、不同功率范围的系列功率探头。

终端式功率计通常有以下几种分类方式:

(1) 按功率计测量功率原理分类,有热敏电阻式功率计、热电偶式功率计、二极管式功率计、量热式功率计,此外还有微量热计及其他类型的功率计(如有质功率计、霍尔效应功率计、铁氧体功率计等)。

(2) 按被测功率的特征分类,分为连续波功率计、峰值功率计。

(3) 按功率计输入端传输线的类型分类,分为同轴型功率计和波导型功率计。

(4) 按功率计的量程大小分类,分为小功率计($P \leqslant 100 \text{ mW}$)、中功率计($P$ 为 $100 \text{ mW} \sim 100 \text{ W}$)、大功率计($P \geqslant 100 \text{ W}$)。

目前较常用的终端式微波功率计为热敏电阻式功率计、半导体热电偶式功率计和二极管式功率计。

6.2.4 功率探头的校准

由于功率计在各领域应用广泛,因此保证功率计功率测量值在不同时间和不同地点的重复显得十分重要。这就要求性能良好的设备、好的测量技术以及对功率标准的共同协议。一个功率探头可以向上溯源到国家标准时,便可以认为该测量是有效、可信的。功率量值传递的方式是由用户实验室将自己的功率计量标准送到高一级标准实验室进行校准。然后,用户实验室根据校准鉴定结果向下进行量值传递。而标准实验室的功率标准的量值溯源于国家的功率基准。这样就把功率量值由国家的功率基准逐级地传递到各级校准实验室功率计量标准或功率计上,从而保证了功率量值的准确性和一致性。

在每一级,特定频段上至少要维持一个功率标准。这样可以定期地将功率探头送到上一级或更高级的功率标准上重新校准,以获得功率探头全频段内一些离散频率点准确有效的校准因子 K_b。校准的时间间隔通过观察在连续校准期间功率探头的稳定性来确定,一般校准周期为一年。

终端式功率计功率探头校准的方法通常有交替比较法、传递标准法和六端口法等。通过式的功率计一般直接用终端式功率计进行校准。下面介绍常用的交替比较法、传递标准法。

1) 交替比较法

当功率量值传递的准确度不高时,可采用此种方法。交替比较法校准装置的构成比较简单,它是由稳幅信号源、终端式标准功率计组成。交替比较法是利用高一级的标准功率探头(已知有效效率和校准因子)校准被测功率探头。校准程序是:将标准功率计和被校功率计交替地接到稳定的信号源上,信号源的输出保持不变,那么被校功率计所吸收的功率 P_u 和标准功率计所吸收的功率 P_s 存在一特定关系,从而得到被校功率计的校准因子。图 6-5 是交替比较法的原理框图。

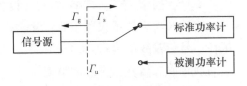

图 6-5 交替比较法原理框图

当标准功率探头接到稳幅信号源的输出端时,入射到标准功率探头的入射功率 P_{is} 表示为:

$$P_{is}=\frac{P_0}{|1-\Gamma_g\Gamma_s|^2} \tag{6-10}$$

式中,P_0 为信号源传输到无反射负载上的功率,Γ_s 为标准功率探头的反射系数,Γ_g 为信号源的反射系数。

同理,将被校功率探头接在稳幅信号源的输出端,并假设信号源输出功率幅度保持不变(即 P 不变)。入射到被校功率探头的入射功率 P_{iu} 为:

$$P_{iu}=\frac{P_0}{|1-\Gamma_g\Gamma_u|^2} \tag{6-11}$$

式中,Γ_u 为被校功率探头的反射系数。

标准功率探头和被校功率探头的校准因子分别表示为:

$$K_s=\frac{P_{bs}}{P_{is}}, \quad K_u=\frac{P_{bu}}{P_{iu}} \tag{6-12}$$

式中,K_s 和 K_u 分别为标准功率探头和被校功率探头的校准因子;P_{bs} 和 P_{bu} 分别为标准功率探头的替代功率(功率计的指示功率)。

$$\frac{K_u}{K_s}=\frac{P_{bu}}{P_{bs}}\frac{|1-\Gamma_g\Gamma_u|^2}{|1-\Gamma_g\Gamma_s|^2} \tag{6-13}$$

由此得到被校功率探头的校准因子表示式为

$$K_u=K_s\frac{P_{bu}}{P_{bs}}\frac{|1-\Gamma_g\Gamma_u|^2}{|1-\Gamma_g\Gamma_s|^2} \tag{6-14}$$

其中,$\dfrac{|1-\Gamma_g\Gamma_u|^2}{|1-\Gamma_g\Gamma_s|^2}$ 称为失配因子或失配不确定度,一般把该项作为不确定度分量的一项,因此式(6-14)可简化为

$$K_u\approx K_s\frac{P_{bu}}{P_{bs}} \tag{6-15}$$

其中,标准功率探头校准因子 K_s 可以通过量值传递得到。校准过程中,实际使用的是这个简化公式。

2) 传递标准法

传递标准法是目前最为通用的一种功率探头校准方法,通常是利用一个三端口器件(如高方向性的定向耦合器或对称性良好的两电阻功分器)和 PIN 管等组成稳幅环路,以减小源端反射系数(即实现等效信号源的功能),形成低反射系数等效信号源。它由定向耦合器或功分器、标准功率计及标准功率探头组成,传递标准法是目前小功率探头校准使用最广泛的一种方法,例如美国 Weinschel 公司的 SYSTEM II 中通过式功率标准 P1109 和 F1117A 就是这种功率标准,其原理框图如图 6-6 所示。

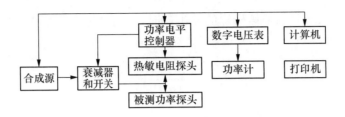

图 6-6　自动功率校准系统原理框图

这种传递标准由高一级的功率标准定标后,确定出校准因子 K_c:

$$K_c = \frac{P_{cs}}{P_0} \qquad (6-16)$$

式中, P_{cs} 为功率标准的替代功率(即标准指示功率), P_0 为信号源传输到无反射负载上的功率(即被校功率探头端口接无反射负载时的输出功率)。

当被校的功率探头接在定向耦合器主臂或功分器的测试端口时,入射到被校功率计的微波功率为 P_{iu}:

$$P_{iu} = \frac{P_0}{|1 - \Gamma_{ge} \Gamma_u|^2} \qquad (6-17)$$

$$\frac{K_u}{K_c} = \frac{P_{bu}}{P_{cs}} |1 - \Gamma_{ge} \Gamma_u|^2 \qquad (6-18)$$

由此得到被校功率探头的校准因子表示式为:

$$K_u = K_c \frac{P_{bu}}{P_{cs}} |1 - \Gamma_{ge} \Gamma_u|^2 \qquad (6-19)$$

式中, K_c 为传递标准功率探头的校准因子; P_{cs} 和 P_{bu} 分别为标准功率探头和被校功率探头的替代功率(即标准功率计和被校功率计的指示功率); Γ_{ge} 为等效信号源的反射系数; Γ_u 为被校功率探头的反射系数。

与交替比较法相类似,被校功率探头校准因子的表达式中含有一个反射系数复数相乘的项 $|1 - \Gamma_{ge} \Gamma_u|^2$。同样由于相位无法确定,将它列入不确定度的分项,在不确定分析时予以考虑,式(6-19)实际操作时简化为:

$$K_u \approx K_c \frac{P_{bu}}{P_{cs}} \qquad (6-20)$$

使用对称性很好的电阻功分器,这种传递标准提供的等效信号源反射系数模很小,在 10 MHz~18 GHz 可以达到 0.04;而定向耦合器很难在宽带做到这么小的反射系数。

6.3　微波功率计的工作原理

6.3.1　传感微波功率的三种方法

在射频和微波频段,通常用热敏电阻、热电偶和二极管检波器这 3 种器件传感和测量平均功率。本节将讨论前两种器件构成的功率探头及相关的测试仪器,下节将讨论二极管检波器及其构成的功率探头。

平均功率的一般测量方法是将校准过的功率探头(热敏电阻功率计除外)连接到将要测量的未知功率传输线端口,通过功率计按键置入测量信号的频率或校准因子。关掉加到该探头上的射频功率,对功率计进行调零(待测功率未处在功率计动态范围下限时,不需校零)。然后接通射频信号,于是功率探头对新的输入电平做出响应,向功率计发出信号,从而观察测得新的功率计读数。

6.3.2 热敏电阻功率探头及其功率

1)热敏电阻探头

测热电阻,特别是热敏电阻功率探头在射频/微波功率测量的历史上曾占有重要的地位,而近年来半导体热电偶和检波二极管技术由于其不断提高的灵敏度、更宽的动态范围以及更大的功率检测能力,已经夺取了测热电阻探头应用的大部分领域。然而,由于热敏电阻探头的直流功率替代性能,使其具有很高的稳定性,因此在功率传递标准领域仍然得到了广泛的应用。

热敏电阻功率探头是利用温度变化引起阻值变化来工作的,这种温度变化来源于在测热电阻元件上将射频或微波能量转变为热能。热敏电阻探头有两种基本类型:镇流电阻和热敏电阻。镇流电阻是具有正的电阻温度系数的细丝,热敏电阻则是具有负温度系数的半导体。

为使电阻对很小量的耗散射频功率有可测量的变化,镇流电阻由一段极细而短的金属丝构成。镇流电阻的最大可测量功率受其烧毁电平的限制,一般只有 10 mW 多一点,由于较为脆弱,现在已经很少使用了。

用于射频和微波功率测量的热敏电阻是一个金属氧化物的小珠,一般直径为 0.4 mm 以下,带有直径为 0.03 mm 的金属引线。热敏电阻的电阻随功率变化的特性是高度非线性的,且彼此之间差别极大。热敏电阻在吸收微波功率后温度升高,阻值减小,其阻值的变化量由电桥来检测。

热敏电阻功率探头的基本原理如图 6-7 所示,两个热敏电阻按并联方式与射频输入端信号相连,同时以串联方式与功率计内部相连。在热敏电阻与功率计内部之间有一个旁路电容,旁路电容的主要作用是避免射频信号的泄漏。

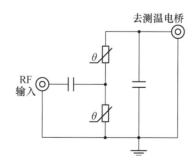

图 6-7 热敏电阻功率探头基本原理框图

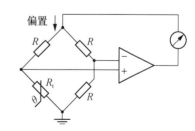

图 6-8 单平衡电桥基本原理框图

配接热敏电阻探头的检测电桥通常有两种:平衡式电桥和失衡式电桥。采用失衡式电桥的功率计电路实现较为简单,但精确度低,无法消除环境温度的影响。图 6-8 是单平衡电桥的基本原理框图,平衡电桥技术是借助于直流或低频交流偏置使热敏电阻元件保持在一个恒定的阻值 R 上,当微波功率耗散在热敏电阻上时,热敏电阻的值变小,这时偏置电流也减小,使电桥重新平衡,保持 R 仍为同一数值。偏置电流的减少量应与微波功率相对应,以此得到微波功率的大小并指示,这就是热敏电阻功率探头直流替代法测量射频或微波功率的基本原理。

由于热敏电阻是温度敏感器件,环境温度变化会引起功率测量的误差,因此引入了温度补偿。具体实现方法是采用双自平衡电桥,除上述的平衡电桥外,另设一个完全对称的参考电桥,所不同的是,参考电桥的热敏电阻 R 专用于环境温度补偿而不吸收微波功率。在温度/电阻特性上,补偿热敏电阻与检测热敏电阻相匹配。应用该技术的典型代表有国产 GX - 12型、GX - 13 型以及 HP 公司的 HP432A 功率计。

2)热敏电阻功率计

热敏电阻功率计由于测量功率范围小、测量速度低等原因目前已被热偶式功率计和二极管式所替代,热敏电阻功率探头内热敏电阻所吸收的射频功率与热敏电阻上的直流替代功率有相同的热效应,被认为是"闭环"的,稳定性很好,因此在功率溯源方面仍作为主要的仪器。

6.3.3　热电偶功率探头及其功率计

1)热电偶功率探头

20 世纪 70 年代出现了热电偶探头,并在很多场合逐步取代了热敏电阻探头。热电偶探头与热敏探头相比有很明显的优势:首先,它们表现出有更高的灵敏度,测量的功率可低到 $-30\ dBm$;其次,热电偶探头具有固有的平方律特性(输出直流电压与输入的微波功率成正比);另外,热电偶探头的端口驻波(SWR)可以设计得很好,从而使测量不确定度更低。

热电偶对微波能量的传感作用是吸收微波功率产生热量,并把热量变换为热电压,基本工作原理是采用两种不同金属构成回路或电路,有两个结点,一个金属结点受热,而另一个不受热,如果回路保持闭合,只要两个结点维持在不同温度上,回路中便有电流流过。若将回路断开,插入一灵敏的电压表,则它就可以测量出净电动势。如果把其中的一个结点置于高频电磁场中,吸收微波功率,使它的结点温度升高,产生电动势,由后续电路处理并测量温差热电势而得出功率量值。根据热电偶材料的不同,热电偶功率探头又分为铋锑薄膜热电式功率探头和半导体薄膜热电式功率探头两类。

早期传感射频功率的热电偶是由金属铋和锑构成的,当射频能量加热热电偶的一个结点时,该能量便耗散在构成该结点金属所形成的电阻上,因此该电阻温度会上升,并在热电偶结点两端产生温差,通过该温差作用在其两端产生一个与被测功率成正比的电压。通常采用薄膜技术制造金属热电偶,铋和锑构成的功率探头分为同轴和波导两种,其基本原理相同。国产的 GX2 - N1 和 GX2 - N2(2)型功率探头就是采用这种技术,这种小型的热电偶具有寄生电抗、低的烧毁电平和较大的热点堆,虽然有良好的灵敏度,但是由于器件尺寸过大以致在较高的微波频段难以有良好的阻抗匹配,因而在微波频率上易受电抗效应的影响使其测量的上限频率受到限制。同时,铋锑薄膜式热电偶抗过载能力较差,常常会因不经心的偶然过载便招致热偶的永久性烧坏。

鉴于铋锑薄膜式热电偶具有烧毁电平低和有寄生电抗限制着它的频率范围等缺点,20世纪 80 年代,应用半导体工艺技术成功研制出以半导体薄片为基片并作为热偶之一臂的半导体薄膜热偶,它集中了半导体技术和微波薄膜技术的优点,应用于微波功率测量并获得了较好的结果,如 HP8487A/W8486A 等功率探头都是利用这种技术制造的,频率范围覆盖 10 kHz～170 GHz,功率动态范围达到 50 dB,具有较好的阻抗匹配性能。

半导体热电偶元件由金、硅氧化物和氧化钽等材料构成,而薄膜结构可以使它具有小的体积、精确的几何结构,使得其在 3 mm 波段仍然具有较好的阻抗匹配性能。图 6-9 给出了使用这种技术的一种热电偶功率探头的原理图,在同一芯片上含有两个相同的热电偶,就直流电压而言,这两个热电偶是串联的;而对射频输入频率来说,两个热电偶通过耦合电容 C_c 受到激励,是并联的。每个热电偶流过

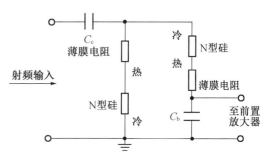

图 6-9　电热偶功率探头原理图

一半的射频电流。每个薄膜电阻器和与其串联的硅片具有 100 Ω 的总电阻,两个并联的热电偶对射频传输线形成 50 Ω 终端。

左方热电偶的较低结点直接接地,而右方热电偶的较低结点通过旁路电容 C_b 对射频接地。两个热电偶产生的直流电压串联相加,形成更高的直流输出电压。输入前置放大器的两条引线是对射频接地的,对上面一条引线不必对射频加以抑制,从而可大大提高探头的频率范围。

热电偶的灵敏度可以表示为其直流输出电压幅度与传感射频功率耗散功率之比。典型的灵敏度约为 100 μV/mW,这种功率探头可测量的功率电平最小为 1.0 μW,此时热电偶探头的直流输出电平只有 100 nV 左右,因而难以在普通的软性连接电缆中传送,为此在功率探头中常含有某种低电平交流放大器电路,只有相当高电平的交流信号出现在电缆中,从而隔断微小直流偏置电压附加在信号上。

处理这种微小直流电压的一个实现方法是将其"斩波"以形成方波,然后用交流耦合系统加以放大。

2) 热电偶功率计

图 6-10 为热电偶式功率计的总体简化原理框图,热电偶功率探头产生的热电压正比于冷热点的温差,温差正比于输入的微波功率,故热电偶式功率计为有效值测试。热电偶的灵敏度典型值为 100 pV/mW,检测－30 dBm 功率时,输出的直流电势只有 100 多纳伏 (nV)。因此,热电偶探头产生的热电电压是微小的,需要使用低噪声、高增益、稳定性好的放大器以及斩波放大等一系列小信号放大处理方法,由方波发生器驱动斩波器(由低噪声场效应晶体管构成),将热电电压变换为交流电压,然后对交流信号进行放大。前置反馈放大器的一部分在探头内,与处于功率计内部的另一部分组成一个完整的输入放大器,完成对信号的初步放大,这样可以有效消除多芯电缆偶尔引起的干扰,因为多芯电缆馈线处在反馈放大器环内,对于电缆引入的瞬间干扰信号可有效抑制,提高了抗干扰能力。由前置放大器放大的信号通过放大增益和衰减可变的量程变换放大器放大或衰减,然后利用 220 Hz 方波发生器控制同步检波器进行斩波信号同步解调。

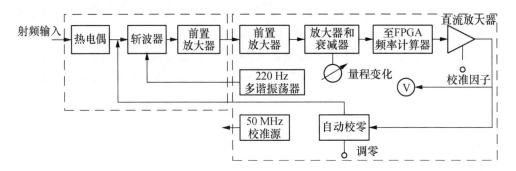

图 6‑10　热电偶式功率计的总体简化原理框图

6.4　二极管检波器

检波器的功能是从调制信号中不失真地解调出原调制信号。当输入信号为高频等幅波时,检波输出电压为直流电压;当输入信号为脉冲调制调幅信号时,检波器输出电压为脉冲波。从信号的频谱来看,检波电路的功能是将已调信号的边频或边带信号的频谱搬移到原调制信号的频谱处。从功能上看,发生了频谱的搬移,也是一种频率变换器,只不过输出的是直流或低频信号。

微波检波器是微波设备中很常用的器件,其电路元件少,电路结构简单,有时还集成在其他电路之中,作为单独的监视设备部件,其主要用途如下:

(1) 信号强度指示器。当作功率计使用,其特点是时间常数短,速度快,从反应性能及显示度要优于热敏式功率探头。

(2) 自动增益控制。因为检波器具有一定线性度和稳定性,经常用于微波设备的自动增益控制(AGC)或自动电平控制(ALC)。

(3) 状态监视器。用于监视微波系统的工作状态。例如,在微波发射机中用定向耦合器分离出一部分功率,用检波器监视发射功率的变化。此刻无需精密校正功率值,只求给出一个稳定检波即可。

(4) 视频控制。可用来检出调幅信号的视频分量和脉冲。

(5) 测试指示。一般微波测量仪表系统中用于微波信号的相对指示。微波信号常用方波调制以便检波出低频调制信号再加以放大,提高指示灵敏度。

检波器的应用有着不同的分类,可以参看表 6‑1,根据需要选择不同的器件及应用电路类型。

表 6‑1　检波器的分类

分类依据	分类情况	特点
检波器件	二极管检波器	优点是线路简单,检波特性和直线性好,因此非线性失真小,动态范围大。缺点是电压传输系数较小
	三极管检波器	失真系数相当小,其检波效率大大提高,输出阻抗小,传输系数比较高,但缺点是非线性失真大

续表

分类依据	分类情况	特点
根据信号大小	小信号检波器	输入电压很小时,电压对应于检波特性曲线的非线性区,输出直流电压与输入高频电压振幅之间近似成平方关系,即小信号检波具有平方律的检波特性。小信号的平方律检波特性有较明显的缺点,它会严重抑制小信号,输入信号越小时,输出电压就会更小,另一个严重缺点是失真大,所以其使用得比较少
	大信号检波器	对应的检波特性曲线可以近似为一条斜线,此时输出直流电压与输入高频电压振幅之间可拟为成线性关系,即大信号检波具有线性检波特性,所以大信号检波非线性失真小,传输系数大
根据信号特点	连续波检波器	输出的为直流信号
	脉冲检波器	输出为脉冲波形
根据工作特点	包络检波器	检波器的输出电压直接反映输入高频调幅波包络变化规律的波形特点,只适合于普通调幅波解调
	同步检波器	主要应用于双边带调幅波和单边带调幅波的解调

6.4.1　检波二极管

检波二极管的选取对于检波器的性能是很关键的一步,要选择合适的二极管并配合相应的电路才行。一般检波二极管的选择遵从以下几点原则:

① 能够起到非线性变换的功能;

② 寄生电抗特别是结电容低;

③ 低结势垒高度,当低电平检波的时候应该允许不加外偏压的情况下有足够电流通过;

④ 具有较高的击穿电压,当高电压检波时,防止信号变动形成大电流烧毁二极管;

⑤ 良好的灵敏度以达到能检测微弱信号,这个指标还取决于二极管的本征噪声和外部阻抗匹配情况的好坏;

⑥ 大信号检波时恢复时间短。

图 6 - 11 是一个简化的检波器电路,频率为 ω_R 的输入信号(功率为 P_{inc})通过一个匹配网络接到检波二极管电路上,这样 P_{inc} 被二极管阻抗的电阻部分 $R_V = R_j + R_s$ 吸收,旁路电容 C_L 短路掉射频输出电路,并且阻止 P_{inc} 进入视频电阻负载 R_L。二极管上加有外部偏置电流 I_{dc},射频扼流圈(RFC)提供直流回路,在视频频率 ω_m 上可忽略电抗的大隔直电容 C_B,将 I_{dc} 与视频放大器隔离。

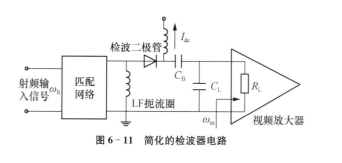

图 6 - 11　简化的检波器电路

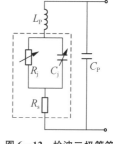

图 6 - 12　检波二极管等
效电路

检波二极管是检波器中最重要的部分,对整个检波器性能好坏起着重要作用。图 6 - 12

为加了封装之后的检波二极管等效电路。图中 L_p、C_p 为二极管封装引入的引线电感和并联电容。

检波二极管通常选用肖特基二极管,所以其输出电流特性及伏安特性与肖特基二极管相同,如果假设二极管电压为:

$$V = V_0 + v \tag{6-21}$$

其中 V_0 是直流偏置电压,v 是小的交流信号电压,这样上式对 V_0 做泰勒级数展开,有:

$$I(V) = I_0 + v\frac{dI}{dV}I_{V_0} + \frac{1}{2}v^2\frac{d^2I}{dV^2}I_{V_0} + \cdots \tag{6-22}$$

式中,$I_0 = I(V_0)$ 是直流偏置电流。

二极管结电阻 R_j,动态电导 G_d 用函数的一阶导数表示:

$$\frac{dI}{dV}I_{V_0} = \alpha(I_0 + I_s) = G_d = \frac{1}{R_j} \tag{6-23}$$

则 $I(V)$ 可进一步表示为直流偏置电流 I_0 和交流电流 i 之和:

$$I(V) = I_0 + vG_d + v^2G_d' + \cdots \tag{6-24}$$

式中前三项近似称为小信号近似。若二极管电压由直流偏置电压和小信号射频电压组成:

$$V = V_0 + v_0\cos\omega_0 t \tag{6-25}$$

则二极管电流为:

$$I = I_0 + \frac{v_0^2}{2}G_d' + v_0G_d\cos\omega_0 t + \frac{v_0^2}{4}G_d'\cos2\omega_0 t \tag{6-26}$$

其中,I_0 是偏置电流,$\frac{v_0^2}{4}G_d'$ 是直流整流电流。输出还包含有频率为 ω_0 和 $2\omega_0$(及更高次谐波)的交流信号,这些信号通常用低通滤波器滤掉。

对于小信号的整流,只有二次项有意义,从而称该二极管工作在平方律区域,即输出电流与射频输入电压的平方成正比。当 V 升高到一定程度时,式中的四次项将不能忽略,二极管的响应已在平方律检波区之外,其特性按准平方律整流,这段区域称为过渡区。V 继续升高,二极管响应特性就进入线性检波区。

图 6-13 给出了检波二极管特性。图中 TSS 为正切灵敏度,定义为当输入脉冲调制信号时,检波器检波视频信号在脉内的噪声下沿与脉间的噪声上沿相切时对应的输入信号峰值功率。$P_{-1\,dB}$ 定义为检波器工作区从平方律区进入到线性区的时候,输出幅度相对平方律特性压缩 -1 dB 的时候对应的输入功率。所以可以知道检波器的动态范围(定义为 D_r)是:

$$D_r = P_{-1\,dB} - TSS \tag{6-27}$$

原则上任何非线性器件均可用于检波器电路设计,比如各种二极管和三极管。但通常还是选取为了提高检波性能而使用专门工艺设计的检波二极管。如图 6-14 给出的是 VIRGINIA 公司的零偏置肖特基低势垒检波二极管,这是一种专用的检波二极管,具有截止频率高、检波失真小的特点。

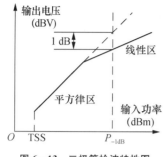

图 6-13　二极管检波特性图

图 6-14　VIRGINIA 公司检波二极管

下面给出几种可用作检波管的二极管。

（1）肖特基势垒二极管

检波用的肖特基势垒二极管不同于混频用的肖特基势垒二极管。为了简化检波器电路，往往不用外加偏置电压，因此在零偏置电压原点附近的 I - V 特性斜率要足够大，才能对弱信号有较高灵敏度。

在一些应用场合，如对于毫米波幅度低的小信号，检波电流非常微弱。所以常规肖特基势垒二极管做检波器使用时必须加正向偏压，以克服较大的接触势垒。还有一种检波二极管，称为平面掺杂势垒检波管。它从工艺过程和结构上做了较大改进，具有极好的频率响应特性，可以在多倍频程的极宽频带内获得平坦响应，还具有很好的宽温度范围稳定性。

（2）点接触二极管

点接触二极管用金属丝靠机械压力与半导体接触而形成半导体结。点接触二极管虽然其结构工艺较为简单，但是结的长期稳定性差，管芯参数一致性也不好，所以在工程中应用少，逐渐被肖特基二极管所代替。点接触二极管在零偏置点灵敏度高，尤其是点接触结面积较小，所以结电容较小，在毫米频段高端有时被采用。也有的点接触管设计成使金属引丝电感与芯片结电容形成谐振，以提高检波灵敏度。

（3）反向二极管

反向二极管是隧道二极管的一个变种形式。在半导体结中极大的掺杂情况下，二极管反向特性接近导通。零偏置时，负向电流特性很陡；正向电压时，隧道二极管的峰值电流很低，隧道负阻现象几乎消失。用于检波器时，是利用它的反向电流作为检波电流。在零偏置电压时，对弱信号有很高的检波灵敏度。但是由于正向接触电位所限，反向二极管不能用于较强信号检波。

肖特基结混频二极管的接触电位高，使用时需加正向偏压，使工作点处于电流非线性开始上升的转弯点。低势垒检波二极管的反向饱和电流比常规肖特基势垒二极管要大几个数量级，在零偏压点附近就有较好的接通特性。反向二极管在零偏置点的负电流斜率最大，属于专用弱信号检波器件，它的正向导通电位较低，所以稍微大点的信号就会使二极管双向都将导通，因此不能用于较强信号的检测。点接触二极管的非线性相比于其他几种二极管较差。由于结构简单，结电容小，截止频率高，在毫米频段还有应用。

表 6-2 是几种典型二极管噪声特性比较，从中可以看出硅肖特基势垒二极管用于检波器时具有较好特性。

表 6-2　几种典型检波管的噪声特性

	硅肖特基二极管	砷化镓肖特基管	点接触
闪烁噪声拐角频率	50 kHz	2 kHz	1 kHz
闪烁噪声(1 kHz,100 Hz 带宽)	1 μV	20 μV	0.25 μV
白噪声(100 Hz 带宽)	0.1 μV	5 μV	0.2 μV
信噪比	2 500	160	400
温度系数	2.5/℃	-0.15/℃	

从检波管等效电路可以看出,在检波器工作时,通过结电阻的电流是有效的检波电流,结电容 C_j 与 R_j 并联,具有旁路作用,将降低检波灵敏度,而电阻 R_s 是和结电阻串联,将对有用信号进行分压。

6.4.2　检波器原理

检波器是利用非线性器件对射频信号进行非线性变换,然后提取变换后信号中的直流和低频分量,用以表征输入信号功率与检测电压值的量化关系。最常用的是零偏压检波电路,其具体电路拓扑结构如图 6-15 所示。

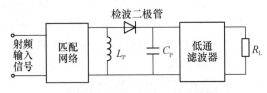

图 6-15　零偏置检波电路原理图

电路中 C_P 是射频信号通路,L_P 是低频通路,R_L 是负载电阻。输入匹配网络用来匹配检波管和信号源阻抗,低通滤波器用于消除非线性检波所产生的高次谐波,输出直流或低频信号分量。

在前节已经推导了一部分输出电路的表达式,采用的是泰勒级数展开的办法,在得到的表达式中:

$$i=i(V)=V_c\cos\omega_c t\left.\frac{\mathrm{d}i}{\mathrm{d}V}\right|_{I_0}+\frac{1}{2}V_c^2\cos^2\omega_c t\left.\frac{\mathrm{d}^2 i}{\mathrm{d}V^2}\right|_{I_0} \qquad (6-28)$$

式中:V_0 为直流偏置电压;I_0 为直流或者平均偏流;V 为检波二极管两端的交流电压;ω_c 为载波频率;V_c 为载波峰值幅度。

从式中可以看出,二极管检波电流成分中包含由外加偏压产生的直流项,ω_c 项以及下式所表示的二阶整流项:

$$\Delta i=\frac{1}{4}V_c^2\left[1+\cos(2\omega_c t)\right]\left.\frac{d^2 i}{dV^2}\right|_{I_0} \qquad (6-29)$$

该项由一个直流分量和一个高频分量组成,它们正比于输入载波信号电压的平方值,即功率,通过定标检波器输出分量与输入功率的关系,即可根据检波输出的直流分量大小来获得输入信号功率的大小。

通过对上述单一的弦信号激励的电路响应分析可知,检波器是用来提取包含输入信号的"信息"的器件。根据提取信号所含的信息,能够获取输入信号的幅度或相位的变化。为了更具有普遍性的分析,考虑由下式给出的调幅输入信号:

$$v_s(t) = V_c p[1 + m\sin(\omega_m t)\sin(\omega_c t)]$$
$$= V_c\sin(\omega_c t) + \frac{1}{2}V_c[\cos(\omega_c - \omega_m)t - \cos(\omega_c + \omega_m)t] \tag{6-30}$$

式中,$v_s(t)$ 为瞬时信号电压;ω_c 为载波角频率;V_c 为载波峰值幅度;ω_m 为调制信号角频率；m 是调制指数,值取 $0 \leq m < 1$。当输入信号的调制指数为 $m = 0.5$ 时,平方律检波输出信号的频谱如图 6-16 所示,检波输出信号分量和相对幅度,这些相对幅值乘以 $\frac{1}{4}V_c^2\frac{d^2 i}{dV^2}$,就可得到各输出分量的真实幅值。

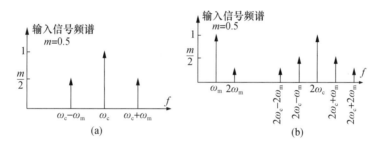

图 6-16　输入信号频谱及输出频谱示意图

6.4.3　检波器主要技术指标

1) 电流灵敏度
电流灵敏度 β_i 定义为:

$$\beta_i = \frac{i_d}{P_s} \tag{6-31}$$

式中,i_d 为检波电流;P_s 为检波器的输入信号功率。上式表示检波器在负载短路条件下(一般产品都是按短路电流灵敏度来测量和标定),检波输出电流与输入的信号功率的比值,其单位是 A/V,有时也为 mA/mV。假如在二极管的两端有电压幅值为 V_s 的微弱信号,如果二极管封装的引线电感和管壳分布电容足够小,而检波电路中的 L_p 和 C_p 足够大,则加到检波二极管上的电压 V_j 可近似为:

$$V_j = \frac{V_s}{\left(1 + \dfrac{R_s}{R_j}\right) + j\omega C_j R_s} \tag{6-32}$$

2) 电压灵敏度
电压灵敏度 β_v,定义为:

$$\beta_v = \frac{V_L}{P_s} \tag{6-33}$$

式中，V_L 为负载检波电压，P_s 为检波器输入信号功率。上式表示了在负载近似开路状况下，检波输出电压与输入信号功率的比值，其单位为 V/W，有时也为 mV/mW。

3）视频电阻

检波器输出的视频信号所呈现的阻抗即视频电阻。由于检波器输出电压通常需要后级放大器放大，后级器件的匹配设计必须以检波器的视频电阻作为参考来进行匹配；在较低的视频情况下，检波器视频电阻可以近似为 $R_V = R_S + R_j$，除此之外还要考虑其他参数的影响。一般情况下检波二极管在零偏置时，其视频电阻大约为 $1 \sim 3$ kΩ。

4）优质因数

在小信号检波电路中，因为检波电流较小，在检波器后面通常要加低频放大器，以提高指示数值。

5）最小可检测功率

由于检波二极管本身存在噪声，所以使得检波器可检测的最小信号受到限制。当被检测信号输出电压等于二极管噪声等效电压时，检波器输入端的被测信号功率就是最小可检测功率。检波管的噪声来源有电阻热噪声、电流散粒噪声和闪烁噪声。电阻热噪声是由电阻 R_s 产生的，由下面式子给出，最小可检测功率 P_{smin} 为：

$$P_{smin} = \frac{\sqrt{4kT\Delta f}}{Q}(\text{W})$$

$$P_{smin}(\text{dB}) = 10\lg\frac{\sqrt{4kT\Delta f}}{Q}(\text{dBW}) \quad\quad (6-34)$$

6）切线灵敏度

切线灵敏度又称为正切灵敏度，英文缩写为 TSS。根据前面对 P_{smin} 定义，实际使用过程中，输入微波信号功率等于 P_{smin} 时，是很难被观测的，往往由于噪声把信号淹没而无法判断信号。所以在实际情况中，把正切灵敏度作为检测微弱信号的指标，TSS 定义为检波管检测电压 V_L 的负噪声峰值等于无信号输入时的噪声峰值时，系统可检测到的最小输入功率。

切线灵敏度大约是最小可检测功率的 2.8 倍，用分贝表示近似值是 4 dB。事实上，噪声波形和等幅值波形大不相同，其顶部是随机的无规律的起伏变化，切线灵敏度只能用示波器凭人眼观测来主观判别，所以观察到的相切情况只是一个近似，很难严格判定。然而在工程实用中是一个明确可用的信息，因此又是具有实用价值的指标。

切线灵敏度和检波带宽及前级增益也有一定的关系，下面给出相关说明。设检波前（射频带宽）为 A/R，检波后视频放大器带宽为 Δf_V，检波器电路如图 6-17 所示。

视频输入 → 射频放大 → 微波检波 → 视频放大 → 视频输出
$G_R \quad F_R \quad \Delta f_R$ 　　 $M \quad A \quad \gamma$ 　　 $G_V \quad F_V \quad \Delta f_V$

图 6-17　检波器实际工作电路示意图（附各部分参量）

其中，G_R、F_R、Δf_R 分别是射频放大器的增益、噪声系数和带宽；M 是检波二极管的品质因数、A 是检波常数、γ 是检波器的开路电压灵敏度；G_V、F_V、Δf_V 分别是视频放大器的增益、噪声系数和带宽。

7) 动态范围

图 6-18 表征了检波器检波电压随输入信号功率的变化曲线。从图上看,输出电压随着输入信号功率的增加,它们之间分别呈现出平方律、线性、饱和三种变化关系,即当输入信号很小时,检波特性呈平方律曲线,输出电压正比于输入电压的平方,也就是说正比于输入功率;当输入信号增大后,检波器呈现线性工作状态,输出电压正比于输入电压。当输入微波功率增大到二极管上的反向偏压达到击穿点时,反向电流出现,它将抵消一部分正向检波电流,使输出电压下降,从而达到图中曲线上端的饱和区。同时过大的信号功率输入将造成较大二极管检

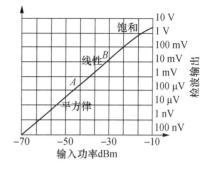

图 6-18　检波器输入功率与输出
电压曲线

波电流,从而使二极管结温度急速上升,金属-半导体结接触面积非常小,过高的功率密度将使二极管烧毁。工程上也用检波器所能承受的脉冲功率来表征检波器所能承受的抗烧毁能力。

平方律检波区和线性检波区的转变点通常称为压缩点,见图中的 A 点。增加直流偏置可以提高压缩点来扩展平方律检波特性范围。检波信号功率大于切线灵敏度 T_{SS}、小于压缩点,这两者之间的功率范围称为动态范围。随着直流偏置的增加,压缩点提高,而 T_{SS} 也升高。但相比较而言,压缩点提升得更快,所以随着直流偏置的增加,动态范围有所增大。

8) 检波管解调性能参数

二极管解调性能主要包括三个指标:电压传输系数 K_d、输入阻抗和非线性失真系数。下面分别进行简单介绍。

（1）电压传输系数

输入信号为高频等幅波时,输出平均电压 V_0 对输入高频电压振幅 V_{mi} 的比值,称为直流电压传输系数,表示为:

$$K_d = \frac{V_0}{V_{mi}} \tag{6-35}$$

当输入信号为高频调幅波时,定义为输出的低频交流分量振幅 $V_{\omega m}$ 对调幅波包络振幅 mV_{mi} 的比值,称为交流电压传输系数,表示为:

$$K_{d\Omega} = \frac{V_{\omega m}}{mV_{mi}} \tag{6-36}$$

设计二极管时,应尽量使足 K_d 接近 1。

（2）输入电阻

检波器的输入电阻相当于前级电路的负载,次级电阻越大,检波器对前级电路影响越小。因此,检波器输入电阻用来说明检波器对前级电路的影响程度。

（3）检波器失真系数

在实现检波器电路时,如果选取的电阻、电容元件不合适,检波器可能会出现对角切割和底部切割两种失真,如图 6-19 所示。

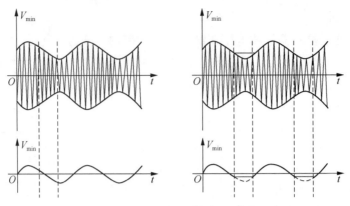

图 6-19 对角切割和底部切割失真

底部切割失真电路模型如图 6-20 所示。

当负载电阻 R 越大，$\tau=RC$ 越大，当 R 大到一定程度后，电容 C 上电压减小速度比输入高频调制信号包络减小的速度慢时，就会在输入信号较小的瞬间使二极管不能导通，这时输出电压不随输入高频调制包络变化，而是随着 C 对 R 放电规律变化，造成包络对角切割失真。解决办法就是使得 RC 满足下列条件

$$RC \leqslant \sqrt{\frac{1-m_{\max}^2}{m_{\max}\Omega_{\max}}} \tag{6-37}$$

式中，$m_{\max}$ 为最大调制系数，$\Omega_{\max}$ 为最大调制角频率。

当检波器直流负载电阻 R_L 远小于交流负载电阻时，调制信号的负半周包络被切去一部分，形成底部切割失真。要使调制信号的负半周不出现底部切割失真，必须是直流负载电阻小于交流负载电阻。

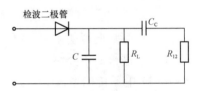

图 6-20 底部切割失真电路模型

6.4.4 检波器的分类

检波器在实际工程中大致分为两种用途：一类是同轴或者波导式的作为信号检测的独立设备；另一类是在微带集成电路中和总电路集成为一个整体，比如功率电平监视、反馈电路中控制电压的获取等。根据它们在不同环境下的应用对性能的要求可以有以下分类。

1) 正负峰值检波电路

如果从检波电路对正值、负值信号检波的特性出发分类，常用的检波电路有正峰值、负峰值、电压倍增、偏压负峰值四种电路，分别如图 6-21 所示。

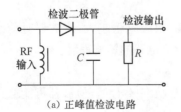

(a) 正峰值检波电路

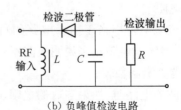

(b) 负峰值检波电路

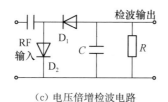
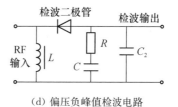

(c) 电压倍增检波电路　　　　　　(d) 偏压负峰值检波电路

图 6－21　常用的检波电路

正峰值检波电路,如图 6－21(a)所示,是可以得到正极性检波输出的检波电路。RF 输入信号为振幅一定的载波时,检波输出能得到与载波振幅成比例的正的直流电压。

负峰值检波电路,如图 6－21(b)所示,这是肖特基二极管反向连接的检波电路,可以得到负极性的检波输出。

电压倍增检波电路,如图 6－21(c)所示,使用两个肖特基二极管的检波电路,可以得到图 6－21(b)中检波电路的数倍检波输出。

加有偏置的负峰值检波电路,如图 6－21(d)所示,这是肖特基二极管中稍有直流偏置电流流通,在伏安特性的线性部分工作的检波电路,输入高频信号电平较小时,这种电路可以减小失真。

在上面各个检波电路中,与前级的连接电路在使用频带中必须阻抗匹配,否则检波器的灵敏度会降低很多。如果在上面图中不使用扼流圈,用 50 Ω 电阻来代替的话,检波器的灵敏度也会降低,但是检波带宽增加,变成宽频带检波器。

2) 窄带及宽带检波器

如果检波器从检波频带宽窄来分,可分为高灵敏度窄带检波器和宽带检波器两种。

(1) 高灵敏度窄频带检波器

高灵敏度检波器设计的关键因素是检波二极管的选用和匹配电路的设计。在检波二极管的选取上,如果要获得高灵敏度检波,则二极管的截止频率应该满足:

$$f_c > 10 f_0$$

式中,f_0 为检波二极管的工作频率。

匹配网络的设计好坏直接影响检波器灵敏度的高低,有时为了加宽工作频带,可以使工作频带内有一定的失配。检波管失配将造成灵敏度损失,电压灵敏度的损失可由下式给出:

$$\beta'_V = \beta_V (1 - |\Gamma|^2) \tag{6－38}$$

式中,Γ 为检波器反射系数;β'_V 为考虑失配影响的电压灵敏度值。

$$\Gamma = \frac{Z_d - Z_0}{Z_d + Z_0} \tag{6－39}$$

式中,Z_d 为包络匹配电路的检波器输入阻抗;Z_0 为信号源阻抗,通常为 50 Ω。当 $\Gamma = 0.5$ 时(驻波为 3),电压灵敏度降低 25%。

(2) 宽带检波器

使用检波器测试微波信号时,往往根据需要检波器具有倍频程以上的宽频带特性。前面提到过可以使用失配的设计来获得倍频程量级的检波,但这时候灵敏度也大为降低,输入驻波比比较大,同时检波器将变得对信号源阻抗的变化很灵敏。

基于这些问题,可采用一种带有有损电路的宽带检波器,即在检波管之前并联一个电阻 R_m,改变这个电阻的大小,可以在检波灵敏度和宽带之间做一个折中处理。

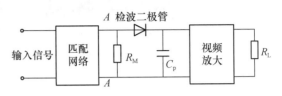

图 6-22 宽带检波器原理电路图

通常检波管在工作频率上的阻抗都比较高,所以从图 6-22 的 A 面向右的输入阻抗很接近于 50 Ω。在经过适当的匹配电路即可获得一个或多个倍频程宽度的检波器。在全频带内驻波比接近于 1,灵敏度也平坦。

3)补偿型检波电路

如果从对检波器做补偿角度来分的话,现在常见的有对宽频带检波器的补偿电路,以及温度补偿检波器电路,下面逐一介绍。

在图 6-22 所示的宽带检波器中,因为加入电阻 R_M 进行频带宽度和灵敏度之间的平衡,会使得灵敏度下降比较多,甚至下降一到两个数量级,为了获得多倍频程的性能较好的检波器,就需要加入较为复杂的补偿电路。检波二极管在弱信号时输出电流的直流分量与输入电压成平方律关系,但在 L_s 和 C_j 构成串联谐振时,在二极管结上将出现很大的谐振电压,使二极管阻抗降低。这些因素都造成灵敏度与驻波比的大幅度变化,图 6-23 给出了一种较好的补偿电路。在谐振频率附近,并联支路的匹配电阻 R_M 和补偿电感 L_s 构成分流,而串联的补偿电阻 R_c 将有一定压降,从而保持了全频带内的灵敏度和驻波比的均匀度。

如图 6-24 所示为一种简单的温度补偿检波电路,这种检波器是通过两个反向检波管正负电压的变化来遏制对方检波特性的漂移,即结电阻的变化,从而实现温度补偿。

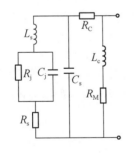

图 6-23 宽带检波器补偿电路

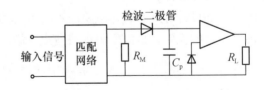

图 6-24 温度补偿检波原理图

6.4.5 二极管功率探头

长期以来,热敏探头和热电偶探头一直是传感射频与微波功率所采用的检测手段,而二极管在微波频段一直被用作检波器进行微波信号的包络检波,并用来进行相对功率的测试,在超外差接收机中用作非线性混频元件,而对于绝对功率测量来说,二极管技术主要应用于射频和低的微波频率范围。随着半导体技术的发展,坚固耐用、性能一致性较好的具有金属-半导体结低势垒肖特基二极管(LBSD)的出现使得检波二极管形成功率探头配置成为可能。早期使用这种二极管研制的功率探头(HP8484A)频率范围覆盖 10 MHz～18 GHz,功率范围覆盖−70～−20 dBm。20 世纪 80 年代,国外半导体厂家研制了性能更加卓越的平面掺杂势垒(PDB)二极管,这种二极管具有很小的结电容、较好的平坦度以及很好的一致性和稳定性。

随着微波半导体技术的发展以及数字信号处理技术和计算机技术的发展,20 世纪 90 年代设计出了功率测量范围达 90 dB 的二极管 CW 功率探头以及功率测量范围达 80 dB 的调制平均功率探头,使得检波二极管成为传感功率的主要元件。例如:Agilent 公司 E4416A 功率计以及 E 系列功率探头、中国电子科技集团公司四十一所的 AV2432 功率计以及 AV23200 系列二极管功率探头、AV2434 功率计以及 AV71700 系列二极管功率探头的功率检测范围达到了 90 dB(−70～+20 dBm),这些功率探头凭借功率线性度校准、温度补偿、校准因子修正等三维的数据修正和补偿技术,保证了在整个频率范围、功率范围以及温度范围内测量的准确度,配接不同型号的二极管功率探头,可以实现:大动态范围 CW 平均功率、调制信号平均功率以及峰值功率的测量。

1) 二极管检波器工作原理

图 6-25 示出了低势垒肖特基二极管的检波电流 i 与跨接在二极管两端的射频电压 v 的 i-v 特性,其在原点附近的曲线表现为平方律区。

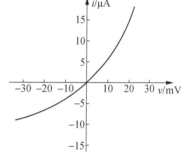

图 6-25　低势垒肖特基二极管的检波电流与射频电压的 i-v 特性示意图

在数学上,检波二极管服从于二极管方程,式(6-40)中:$\alpha=q/nkt$;i 是二极管电流;v 是跨在二极管上的净电压;I_s 是饱和电流,在给定温度下是常数;k 是玻尔兹曼常数;T 是绝对温度;q 是电子电荷;n 是适应实验数据的修正常数。为了更好地分析二极管的整流作用,可以将式(6-40)展开成幂级数的形式:

$$i=I_s(\mathrm{e}^{\alpha v}-1) \tag{6-40}$$

$$i=I_s\left(\alpha v+\frac{(\alpha v)^2}{2!}+\frac{(\alpha v)^3}{3!}+\cdots\right) \tag{6-41}$$

正是该级数的二次及其他偶次项提供了整流作用。对于小信号的整流,只有二次项有意义,从而称小信号检波时该二极管工作在平方律区域。在这一区域,输出电流正比于射频输入电压的平方。当 v 高得使四次项都不能忽略时,二极管的响应便不再处于平方律检波区,而是按准平方律整流,这时称之为过渡区,再往上到了线性检波区。

图 6-26 示出了典型的封装二极管检波的平方律-非平方律检波特性曲线,其平方律区为从噪声电平开始(一般可从−70 dBm 开始)一直延伸到−20 dBm 左右的这一段区域,从−20 dBm 到 0 dBm 为过渡区,0 dBm 以上对应于线性区,对于检波二极管来说,最大输入功率一般不超过+20 dBm,否则二极管将被烧毁。图 6-27 示出了典型检波二极管输入功率-平方律检波特性偏差示意图。

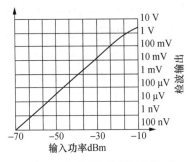

图 6-26　检波二极管的平方律-非
平方律检波特性曲线

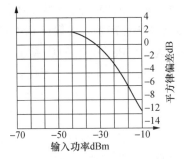

图 6-27　二极管输入功率-平方律检波
特性偏差示意图

图 6-28 表示用来检测低电平射频信号的无偏置二极管检波电路。检波的实现是因为二极管具有非线性的 $i-v$ 特性,跨接在二极管上的射频电压被检波,从而得到一直流输出电压。对射频信号而言,二极管检波器的电阻与被测信号源的源电阻匹配,则该二极管将得到最大的射频功率,但是二极管电阻远大于 50 Ω,因此在二

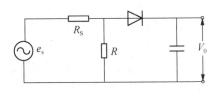

图 6-28　二极管检波电路

极管检波器前要用一个单独的匹配电阻来调节其输入终端阻抗,使得二极管电阻与源电阻匹配时,有最大功率传送给二极管检波器。在原点处,二极管电阻 R_0 与温度具有强烈的依赖关系,这意味着二极管的灵敏度和反射系数也与温度强烈有关。因此,二极管检波器的检波电压与温度具有复杂的二维关系,检波器温度特性不仅与温度有关,而且与检测的功率有关。

2）大动态范围二极管连续波功率探头

数字信号处理技术和微波半导体技术的发展为二极管功率探头传感和测量功率提供了性能和能力上引人瞩目的改进。应用线性校准技术使得单个二极管连续波平均功率探头的动态范围达到 -70～+20 dBm。现代大动态范围二极管功率探头常常采用平衡配置的双二极管检波方式。

6.5　峰值功率分析仪整机工作原理和特点

本节介绍 Ceyear 2443A 峰值功率分析仪的整机工作原理和特点,同时介绍仪器的结构特点和环境适应性。本节具体内容有:整机工作原理、整机特点和主要功能、主机结构和环境适应性。

6.5.1　整机工作原理及框图

峰值功率分析仪整机原理框图如图 6-29 所示,峰值功率分析仪由峰值功率分析仪主机以及峰值功率探头组成,峰值功率分析仪主机主要包括两个功能相同的通道单元、嵌入式计算机控制单元、键盘单元和电源等部分组成,其中广义的通道部分由各种相关探头和整机内的信号处理电路构成,包括模拟通道放大电路部分、数据采集存储及数据信号处理单元、时基及触发单元等部分。

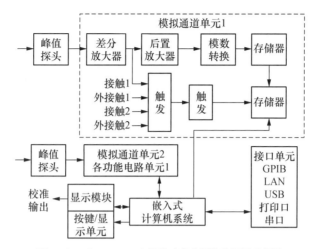

图 6-29　**Ceyear 2443A 峰值功率分析仪整机原理框图**

Ceyear 2443A 峰值功率分析仪的主要工作原理如下：利用计算机系统总线实现测量接口，进行数据锁存和地址译码，产生各个整件的片选和控制信号，实现对各个通道的选通和 LCD 逆变器的控制，并实现 GPIB 接口功能；利用 DSP 完成数字信号的分析和处理以及 A/D、D/A 控制，通过 SRAM 实现与 CPU 模块的数据共享，最后通过 CPU 模块实现波形和结果显示，并完成人机交互功能。校准源部分不仅用来实现功率溯源，同时还用来自动建立二极管检波器的功率线性度数据，用来保证功率测量的一致性。各整件采用模块化结构设计，各个通道、CPU 载板和其他整件均采用独立的 PCB 设计，最后通过母板连接，同时母板还将仪器的诸多接口引出机外。

6.5.2　整机特点和主要功能

Ceyear 2443A 峰值功率分析仪采用 Windows 操作系统，可方便地进行连续波和调制信号的功率测量和功率统计分析，能够测量许多电子装备系统脉冲调制微波信号的多种幅度和时域参数，从而成为表征脉冲调制信号特性的综合性测量工具。它被广泛应用于通信、雷达、导航、电子对抗、频谱管理、信号检测、电磁兼容等测试领域。峰值功率分析仪应用范围极其广泛，尤其成为电子战领域武器装备研制、生产、验收、维护的重要测量仪器，在电子战的武器装备领域得到了广泛的应用。同时，在民用如导航、卫星通信、广播电视、微波医疗设备以及许多科研、教育教学等领域，峰值功率分析仪也有很大需求。

1）整机特点

Ceyear 2443A 峰值功率分析仪的整机特点有：宽带宽、大动态范围；其有多种校零校准数据处理和实时补偿技术；可对多种类型的微波和射频信号进行功率测量与统计分析；可提供外部触发输入、脉冲输入等多种模拟输出接口和数据总线接口；具有自适应处理及完善的自测试功能；具有中/英文操作界面、中文帮助信息、高亮度 TFT 彩色液晶显示；便携式结构设计，方便携带和运输。

2）主要功能

2443A 峰值功率分析仪功能强大，能够测量峰值功率、脉冲功率、平均功率、过冲、顶部幅度、底部幅度、上升时间、下降时间、脉冲宽度、脉冲周期、占空比、关闭时间、延迟时间、脉冲重复频率等多种微波毫米波脉冲调制信号包络参数,可实现自动测量、自动校零校准、自动捕获测量、CDF/CCDF/PDF 统计分析等功能,具有以下显著特点:

(1) 软件:2443A 峰值功率分析仪采用 Windows 操作系统,两个通道各采用一个浮点数 DSP、FPGA 和存储器,加之采用面向对象的模块化编程技术,在各种校零、校准及数据补偿和各种内插算法的基础上,系统更稳定,测量更精确。

(2) 自动校零校准功能:探头内置精确校准源,用户可以选择自动校准或者手动校准,可以对探头和仪器进行校准。

(3) 自动捕获测量功能:仪器能够自动选择垂直刻度、垂直偏移、时基和触发电平,从而在屏幕上至少显示一个包含全部幅度和全部脉冲周期的完整波形。用户可以在此基础上进一步设置。

(4) 多种触发功能:具有上升/下降沿触发、内触发、外触发的功能;具有自动、正常两种触发模式。

(5) 基于菜单的操作:仪器的设置和控制都是基于菜单的,这简化了用户操作。用户可以利用"软键"选择参数或激活输入数据。用户可以通过数字键、旋钮进行输入数据输入。

(6) 自动波形分析功能:仪器能够自动测量脉冲波形的 14 个参数,这些参数都与功率、时间或频率有关。所有测量都可以自动实现并以文本显示出来,仪器直接计算出测量结果,不需要用户的干预。

(7) 统计测量分析功能:在统计模式下,宽带峰值微波功率分析仪可分别设置为 PDF (概率密度函数)、CDF(累积分布函数)、CCDF(即 1 - CDF)统计测量模式,仪器会显示不同模式下的分析数据波形。CDF 图形能够把整个读数中等于或小于给定功率电平的数据表示为整个读数的百分比,数据可以利用标记或者参考线读出来。PDF 模式能够显示采样点的数量,通过参考线的选择可以返回选定功率电平在整个读数中出现的概率。

(8) 多种外部接口:仪器后面板装有 GPIB、以太网接口、两个 USB 口等通信接口,方便用户组建系统、软件升级和数据调用与存储等操作。

6.6　主要技术性能和指标

功率计的技术指标有很多,对于热敏电阻式功率计、热偶式功率计、二极管式功率计以及通过式和终端式功率计等不同类型的功率计,具有不同的技术指标,有些是功率探头的技术指标,有些是功率计的技术指标,有些则是功率计和功率探头体系的技术指标。

1) 频率范围

频率范围是指能满足该功率计各项指标要求,保证功率计可靠工作的输入信号的频率覆盖范围,该指标主要取决于功率探头。若超出频率范围测量,则功率准确度不能保证。

2) 功率范围

功率测量范围是指功率计所能准确测定的最小功率到最大功率的范围,在此范围内所测功率值应符合产品规定的准确度。最大电平取决于传感器,最小电平取决于零漂、噪声以及功率探头的灵敏度,超出功率范围,将无法保证测试准确度,也有可能会损坏探头。

3）功率线性度

由于被测功率电平变化而引入的功率测量附加误差,以某个功率电平范围内功率测量误差的最大变化量表示。线性度引入的测量误差主要由功率探头引起。

4）零点调节

零点调节是指在没有功率输入的情况下,使功率计的指示归为零。老式的功率计需手动来调节,而现代的功率计一般通过软件的控制自动完成零点调节。调零误差主要影响小信号的测量,对大功率来说其误差可忽略不计。

5）零点漂移

在基准条件下,仪器预热后,在给定的时间内功率指示值的变化量。当仪器工作在最高灵敏度时,该指标尤为重要。仪器预热时间较长和在小信号测试时进行实时正确校零,可减小仪器测试误差。

6）零点转移

当功率测量的量程改变时,零点多少都会有些改变,而功率计的设计是在最灵敏的量程上进行调零,调零的值转移到其他量程上,即所谓的零点转移。这种转移会带来一部分误差。

7）计数

在有数字输出的功率计中,存在着最小有效数字的 $\pm 1/2$ 计数的模糊性。采用更高分辨率的 ADC 或更高分辨率的数字电压表,可以减少这一不确定度。

8）噪声

在仪器正常工作下,仪器内部元器件产生的噪声是使功率计指示值无规则变化的最大值。当仪器工作在最高灵敏度时,该指标尤为重要。

9）仪器误差

仪器误差是指由功率计量程准确度误差以及稳定性而引入的测试误差。仪器预热时间较长和在小信号测试时进行实时正确校零和校准,可减小仪器测试误差。

10）校准源功率准确度

校准源功率准确度是指其内置校准源输出功率的精确度,通常校准源的频率为 50 MHz,功率输出为 0 dBm。由于其指标较高,功率计在出厂时要利用一套高精密的测量系统对校准源进行调试校准,以保证功率准确度的指标。用户需要定期送计量单位进行计量校准。

11）校准源驻波比

校准源驻波比是指功率计在校准输出时,由于校准源输出端口阻抗失配引起的电压驻波比。

12）功率测量误差

功率测量误差是指功率测量的相对误差,即:

$$\Delta P = \frac{P_u - P_s}{P_s} \times 100\% \qquad (6-42)$$

式中: P_s 为标准功率计的指示值; P_u 为被测功率计的指示值。

13）功率探头驻波系数

功率计所配功率探头阻抗失配引起输入端的电压驻波比。

14）功率探头有效效率

被测功率探头的功率计指示功率 P_b 与该功率探头吸收的净功率 P_L 之比，即：

$$\eta_e = \frac{P_b}{P_L} \qquad (6-43)$$

15）功率探头校准系数

被测功率计的指示功率与该功率探头的入射功率之比，即：

$$\eta_e = \frac{P_b}{P_L} \times 100\% \qquad (6-44)$$

用户需要定期送计量单位进行计量校准。

16）方向性

对于单向通过式功率计，方向性为端口 1 输入功率、端口 2 接匹配负载时，通过式功率计指示值 P_1 与端口 2 输入相同功率、端口 1 接同一匹配负载时通过式功率计的指示值 P_2 之比值的对数，即：

$$D = 10\lg\frac{P_1}{P_2} \qquad (6-45)$$

对于双向通过式功率计，当输入端输入信号功率、输出端接匹配负载时，通过式功率计的两个指示值分别指示出负载的入射功率 P_i 和反射功率 P_r，则方向性定义为：

$$D = 10\lg\frac{P_i}{P_r} \qquad (6-46)$$

为了减小由于隔离不完善造成的误差，应尽量使用具有高方向性的定向耦合器。

17）插入损耗

通过式功率计接入微波馈线系统中所引起的损耗。插入损耗可通过校准，采用类似于耦合因子的方法加以校正。

18）上升时间和下降时间

峰值功率探头的上升时间是指功率探头检测脉冲功率的 10% 变换至 90% 的时间；峰值功率探头的下降时间是指功率探头检测脉冲功率的 90% 变换至 10% 的时间。该项技术指标制约了功率计可有效测量的脉冲最小宽度。

19）最大输入平均功率

最大输入平均功率是指功率计所允许输入的最大平均功率，当该平均功率去除后，功率计仍能正常工作，不会因此而降低功率计的各项性能指标。使用功率计时，输入信号的平均功率不能超过该项指标。对于二极管式功率计而言，最大输入平均功率与最大输入峰值功率相同。

20）最大输入峰值功率

最大输入峰值功率是指功率计所允许输入的最大峰值功率，当该峰值功率去除后，功率计仍能正常工作,不会因此而降低功率计的各项性能指标。使用功率计时,输入信号的峰值功率不能超过该项指标。

6.7 典型产品介绍

典型微波功率计产品如表 6-3 所示。

表 6-3 典型微波功率计产品

微波功率计型号	频率范围	功率范围
Ceyear 2438 系列微波功率计	9 kHz~750 GHz	-70 dBm~+50 dBm
Ceyear 2443A 峰值功率分析仪	9 kHz~67 GHz	-70 dBm~+20 dBm
Ceyear 8723X 系列 USB 功率探头	9 kHz~67 GHz	-70 dBm~+26 dBm
Keysight N1911/2A 脉冲功率计	50 MHz~40 GHz	-35 dBm~+20 dBm
Keysight N1913/4A 微波功率计	9 kHz~110 GHz	-70 dBm~+44 dBm

下面对部分国内外典型产品进行详细介绍。

1)Ceyear 2438 系列微波功率计

2438 系列微波功率计由微波功率计主机和系列微波功率探头组成,设计中采用宽带二极管检波技术、数字信号处理技术和多维校准补偿技术等,使得仪器集宽频带、大动态功率范围、高精度、快速测量分析、探头系列化、使用方便等特点于一身,主要用于对微波信号的平均功率、峰值功率和脉冲包络功率的测量与计算,是微波电子测量领域研制、生产、验收、维护的重要测量仪器。

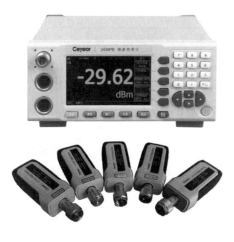

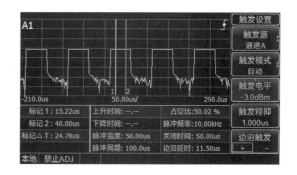

图 6-30 2438 系列微波功率计与探头   图 6-31 2438 系列微波功率计测量界面

表 6-4　2438 系列微波功率计技术参数

仪器型号	2438PA/PB	2438CA/CB
通道数	单/双通道	单/双通道
频率范围 *	9 kHz～750 GHz	9 kHz～750 GHz
脉冲功率范围 *	−40 dBm～+20 dBm	—
连续波功率范围 *	−70 dBm～+50 dBm	−70 dBm～+50 dBm
最高测量显示分辨率	对数模式:0.001 dB 线性模式:4 位	对数模式:0.001 dB 线性模式:4 位
相对偏置范围	±100.00 dB	±100.00 dB
上升时间	≤13 ns	—
视频带宽	≥30 MHz	—
最高可测脉冲重复频率	15 MHz	—
最小可测脉冲宽度	40 ns	—
时基范围	2 ns/格～3 600 s/格	—
内部触发电平范围	−20 dBm～+20 dBm	—
校准源频率	50 MHz±1 MHz	50 MHz±1 MHz
校准源功率	1.000 mW(1±1.0%)	1.000 mW(1±1.0%)
输出连接器	N(f)	N(f)
显示	4.3 英寸彩色 LCD	4.3 英寸彩色 LCD
电源	90～240 V_{AC},50/60 Hz	90～240 V_{AC},50/60 Hz
最大功耗	50 W	50 W
结构特点	台式	台式
主机最大重量	3.7 kg	3.7 kg
工作/存储温度	0℃～50℃/−40℃～+70℃	0℃～50℃/−40℃～+70℃

* 取决于功率探头

（1）主要特点

2438 系列微波功率计的频率覆盖范围宽,可覆盖 9 kHz～750 GHz。具有丰富的探头选件,系列连续波功率探头频率最高可至 750 GHz,单探头最大功率动态范围为 90 dB。系列峰值功率探头频率最高可至 67 GHz,单探头最大功率动态范围为 60 dB。系列峰值功率探头采用内部校准技术,无需离开被测件即可校准,无需断开信号输入即可校零。其具有十多种微波毫米波脉冲调制信号功率和时间参数测量分析功能。仪器有灵活开放的频响偏置列表设置,配接大功率衰减器或大功率定向耦合器实现信号大功率的准确测试。彩色 4.3 英寸液晶显示,中/英文图形化操作界面,方便用户使用。具有 GPIB、LAN、USB 程控功能,方便搭建测试系统。

（2）典型应用

2438 功率计接峰值探头,可设置 4 个"门",测试结果分析是在门定义范围内进行。可以方便标测出"门"内的平均功率、峰值功率等,也可以对不同"门"内功率值进行运算。

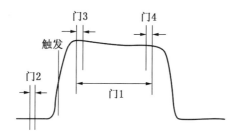

图 6-32 2438 系列微波功率计测量门

2）Keysight N1911A/N1912A 宽带脉冲功率计

表 6-5 Keysight N1911A/N1912A 宽带脉冲功率计

仪表图形	Keysight N1911A 宽带脉冲功率计
关键性能指标	1. 测试频率范围：30 MHz～18 GHz/40 GHz 可选 2. 功率分析视频带宽：≥30 MHz 3. 最小测试脉冲上升时间：13 ns 4. 最小测试脉冲宽度：50 ns 5. 功率测试动态范围：－35 dBm～20 dBm　＞500 MHz 　　　　　　　　　　－30 dBm～20 dBm　50 MHz～500 MHz 　　　　　　　　可选配外置衰减器扩展最大测试功率 6. 测试端口驻波：1.2(50 MHz～10 GHz)，1.26(10 GHz～18 GHz) 　　　　　　　 1.3 (18 GHz～26.5 GHz)，1.5 (26.5 GHz～40 GHz) 7. 功率测试线性度：0.8% 8. 功率参数统计分析功能：脉冲调制信号脉冲参数，功率参数统计分析功能
技术特点	1. 脉冲测试功能：N1911A/N1912A 功率计支持 30 MHz 的分析带宽和 100 MHz 的实时采样分析，能提高脉冲调制信号完整的功率和时域参数 2. 和其他功率探头的兼容性：N1911A/N1912A 功率计可与 Keysight 其他型号的功率探头兼容使用

◆本章小结

本章主要介绍微波功率测量的基本方法及使用最为广泛的几种微波功率计的工作原理。在射频和微波频段，通常用热敏电阻、热电偶和二极管检波器这三种器件传感和测量平均功率，本章讲述每一种器件构成的功率探头及相关的测试仪器(功率计)。微波功率测量分为通过式和终端式两种测量方法。本章对上述各类功率计的技术性能指标都做了描述，并对功率测量中出现的各种不确定度做了分析，最后给出了该仪器的应用及注意事项。

◆习题作业

1. 功率的单位是什么？mW 与 dBm 有什么区别？

2. 简述平均功率、脉冲功率、峰值包络功率的定义。

3. 简述信号源入射到任意负载的功率 P_i、资用功率 P_A、替代功率 P_b、有效效率 η 和校准因子 k_b 的含义。

4. 常用终端式功率计有哪几种？简述晶体二极管功率探头及其功率计工作原理。

5. 简述数字通信中使用二极管功率计测量功率需要注意的事项。

6. 设某网络输入功率为 20 dBm，输出端为 −15 dBm。问输入端功率是输出端功率的多少倍？输出端比输入端低多少 dB？设某功率计测得微波信号功率值为 150 μW、0.20 mW、3.5 mW、9.0 mW，求其 dBm 各为多少？

7. 功率探头常用的敏感元件有哪几种类型？各自有什么特点？

8. 薄膜热电偶小功率计和量热式负载小功率计在测量微波功率上有何异同？为什么？

9. 测量微波大、中功率的常用方法有哪几种？简述利用水负载确定大功率的方法。

10. 微波功率测量中有哪些误差源？功率座的有效效率和校准系数的含义是什么？

11. 试述平均功率法测量微波脉冲功率的基本原理。

第7章

接收机噪声系数测试

7.1 概述

随着通信、导航和雷达等技术的迅猛发展,对元器件、子系统以及整系统的噪声性能要求越来越高。为了检测器件的性能,度量通信等设备接收微弱信号的能力,迫切需要精确地测量器件与设备的噪声特性。在军事领域,几乎所有包括接收系统的精确制导、雷达、电子对抗等军事应用,都需要进行噪声系数测量,这直接关系到武器系统的作用距离、探测精度、探测灵敏度等重要指标。例如,对于雷达、通信等电子接收设备,在不增加发射功率或系统复杂度的前提下,系统的噪声系数越小,接收机的作用距离就越远,性能就越好。同时,噪声系数对通信系统整体性能和成本的重要性也是显而易见的。例如,把卫星接收机的噪声系数减小一半,与把卫星转发器的功率增加 25% 在性能上具有相同的效果。此外,在微波元器件、部件研制过程中,也不可避免地需要对其噪声系数进行测试,确定其噪声特性对整件及整机的影响。因此,对噪声系数进行快速、准确的测量有着重要的意义。

经过不断的发展,噪声系数测量逐渐从模拟直读式过渡到智能化显示,从有限几个中频输入的测量到任意频率连续可调的扫频测量,测量的速度、精度有了明显的提高,功能也扩展了很多。从世界范围来看,20 世纪 80 年代中后期噪声系数测量就进入智能化状态,目前,国外代表性的产品是 N897XB 系列噪声系数分析仪,其单边带频率范围覆盖 10 M~40 GHz。

部分国外公司在频谱分析仪、网络分析仪等仪器中开发噪声系数分析选件,无需繁杂的操作步骤和数学计算即可实现一定范围内噪声系数和增益的快速测量,成为性能和价格折中考虑的简易解决方案。

随着我国军用电子技术的不断发展,在装备的研制、生产、验收、维护维修等阶段均需要一种系统配置简洁、用户界面友好、测量精度高、速度快、超噪比装载方便并具有多种外设接口的噪声系数分析仪。国内 3984/85/86 系列微波噪声系数分析仪,在测量功能和性能指标上都有了新的突破,满足了军用和民用技术领域对噪声系数日益增长的测试需求,代表着国内噪声系数测量技术的最高水平。

7.2 相关基础知识

1)噪声

噪声和信号是两个对立而统一的概念,无论在电子学还是其他领域都是如此。噪声是一种自然现象,是物质的一种运动形式。从广义上讲,噪声就是扰乱或干扰有用信号的不期望的扰动,它使通过网络传输的信号受到干扰或使之失真,使电子设备的性能(稳定度、可靠性、灵敏度、分辨率等)降低。常见的噪声是由大量短促脉冲叠加而成的随机过程,它符合概率论的规律,可以用统计的方法进行处理。通信技术中常把噪声分为自然界噪声(大气噪声、宇宙噪声)、人为噪声、电路噪声(热噪声、散弹噪声)等几种类型。

(1) 热噪声

热噪声是指处于一定热力学状态下的导体中所出现的无规则电涨落,它是由导体中自由电子的无规则热运动引起的,其大小取决于物体的热力学状态。如电阻、气体放电管都会产生热噪声。热噪声电压的平均值为零,故通常不用平均电压而用均方电压、均方电流或功率来描述热噪声的大小。尼奎斯特在热力学统计理论的基础上导出电阻热噪声电压均方值的表达式为:

$$U_n^2 = 4kTBR \tag{7-1}$$

式中,k 为玻尔兹曼常数,T 为电阻温度(K),R 为电阻值(Ω),B 为测试设备的带宽(Hz)。由等效电压源可知,当接入温度为 T、电阻为 R 时,在带宽 B 内产生的资用噪声功率为:

$$N = \frac{U_n^2}{(2R)^2}R = kTB \tag{7-2}$$

从式(7-2)可以看出,资用热噪声功率是温度 T 的普适函数。需要说明的是,在极高的频率和极低的温度下,由于量子效应,式(7-2)将有一定的近似性,这时需要运用由量子理论导出的尼奎斯特定理完全表达式,而且需要强调的是,尼奎斯特公式应满足电阻处于热平衡状态这一条件。然后,由式(7-2)可得出资用热噪声功率的谱密度为:

$$W_n = kT(W/Hz) \tag{7-3}$$

式(7-3)表明:电阻输出的单位带宽资用噪声功率只与热力学温度(K)成正比,与电阻的类型和阻值无关(与电阻的端电压及通过的电流无关)。

(2) 散弹噪声

散弹噪声又称散粒噪声,是由有源器件中的直流电流或电压随机起伏造成的。散弹噪声存在一个直流电流,而热噪声电压与直流无关。散弹噪声的平均电流起伏为零,其量值大小也用均方电流、均方电压或功率来表示。应当说明的是,有源或无源器件产生热噪声,而散弹噪声仅产生于有源器件之中,散弹噪声可以通过无源器件,但它必须先在有源器件中产生。散弹噪声的电流均方值为:

$$I_n^2 = 2eIB \tag{7-4}$$

式中,e 是电子电荷 1.59×10^{-19}(C),I 为直流电流(A),B 为接收带宽(Hz)。

由于噪声是一种电的随机过程,不能确切地给出数学表达式,但可用统计的方法进行描述,其方差与噪声电压或电流的均方值相对应,标准偏差是方差的平方根,表示和平均值偏离的程度。标准偏差越小,数值越接近平均值,它对应于噪声电压或电流的均方根值。若两个不相关的噪声合成,其均方值是各个均方值之和。对于噪声,也可利用傅里叶分析把时域中的噪声电压或电流变换成频率的函数,各频率成分构成频谱,该频谱的幅度称为谱密度,它是描述噪声特性的一个重要量值,按其谱密度分布又可分为白噪声、$1/f$ 噪声等。热噪和散弹噪声均为白噪声，$1/f$ 噪声又称为低频噪声或粉红色噪声，谱密度与频率成反比。如晶体管中的闪烁噪声就属于 $1/f$ 噪声。

2）线性网络噪声特性的表征

（1）单端口网络（噪声源）噪声的表征参数

资用噪声功率。它是单端口网络所能传输到负载上的最大功率，仅与噪声发生器的特性有关而与负载无关。

资用噪声功率谱密度 W_n 定义为单位带宽内的资用噪声功率。

噪声温度。根据尼奎斯特定理，资用热噪声功率是温度的普适函数，故一个噪声源可以用噪声温度来表示，噪声温度是人们约定的噪声功率谱密度的单位，用热力学温度单位 K 表示。由式（7-3）可知，电阻处于物理温度 T_n 时：

$$T_n = W_n / k \qquad (7-5)$$

T_n 就称为该电阻的噪声温度，表征其噪声的大小。由此可见，若一个噪声源的噪声温度已知，用它计算出的资用热噪声功率与该噪声源产生的噪声功率相同。但需要注意的是，噪声源的噪声温度不一定是它的物理温度。

标准噪声温度 T_0。由于微波设备都在一定的环境温度下工作，不可避免地存在噪声，为了度量噪声大小，规定标准噪声温度为 $T_0 = 290$ K。引入标准噪声温度使噪声测试中的一些术语有了明确的定义。

等效输出噪声温度。它表示噪声源实际输出的噪声温度。由于传输线的失配和传输损耗等，噪声源输出的噪声温度与噪声源的计算噪声温度有所偏离。经过传输线损耗、失配等进行修正之后的噪声温度才是等效输出噪声温度。

超噪比（Excess Noise Ratio，ENR）的定义可用式（7-6）表示。其物理意是，在环境温度 T_0 时，单端口网络（热态噪声源）中存在的噪声超过不可避免的热噪声部分与热噪声的比值。

$$ENR = \frac{T - T_0}{T_0} = r_n - 1 \text{ 或 } ENR(\text{dB}) = 10\lg(T - T_0)/T_0 \qquad (7-6)$$

式中，r_n 定义为噪声源的噪声比，若 $r_n = 1$，表示单端口网络仅存在不可避免的热噪声。一般固态噪声源和气体放电管噪声源的等效输出噪声温度通常为 10 000～20 000 K，用 $ENR(\text{dB})$ 表示约为 15.2～18.3 dB。由此可见，用超噪比表示单端口网络噪声更为方便。

有些文献用噪声源冷态等效输出噪声温度代替 T_0，将 ENR 定义为噪声源热态（ON）和冷态（OFF）时等效输出噪声温度之差，超出标准噪声温度的倍数。

$$ENR = \frac{T_{ON} - T_{OFF}}{T_0} \qquad (7-7)$$

其隐含条件为 $T_{OFF} = T_0$。

（2）双端口网络噪声的表征参数

等效输入噪声温度。一个实际的双端口线性网络，设网络增益为 G，那么其输出端产生的总噪声功率 N_{out} 应为：网络输入端电阻 R 产生的噪声功率 N_i 和网络内部噪声功率在输出端的贡献之和。将实际网络用理想网络代替，把网络内部噪声折合到输入端，用等效输入

噪声功率 N_e 和等效输入电阻 R_e 来表示，则通过理想网络传输到输出端所贡献的噪声功率将与网络内部噪声功率在输出端的贡献相等。由此得到：

$$N_{out}=G(N_i+N_e)B=GkT_iB+GkT_eB \qquad (7-8)$$

由式(7-8)求出实际网络的等效输入噪声温度为：

$$T_e=\frac{N_{out}}{GkB}-T_i \qquad (7-9)$$

式中，T_i 为网络输入端电阻(或等效输入电阻)的噪声温度。

噪声系数。当规定输入端温度处于 $T_0=290$ K 时，网络输入端信号/噪声功率与输出端信号/噪声功率的比值定义为噪声系数，计算公式为：

$$F=\frac{S_i/N_i}{S_o/N_o}=\frac{N_o}{GkT_iB}，N_o=N_a+GkT_iB \qquad (7-10)$$

式中，F 是噪声系数，N_o 是输出的总噪声功率，B 是接收带宽，k 是玻尔兹曼常数(1.38×10^{-23}J/K)，T_i 是输入噪声温度，G 是被测件的资用增益(kTB 是热噪声，存在于不为 0 K 的所有导体中)。

注意：在噪声系数的定义中，规定输入端(源阻抗)处于 290 K。有些系统对应于每个输入频率有不止一个输出频率，噪声系数是针对每一对相应频率定义的。

对于具有单个输入和输出频率的单响应线性二端口网络，其等效输入噪声温度与噪声系数的关系可用式(7-8)求得。

工作噪声温度。噪声系数与等效输入噪声温度的概念，本质上都是用来描述被测件内部的噪声特性。但一个系统在工作时既受到内部噪声的影响，同时又受到外部噪声的影响，有时外部噪声可能影响更大，这时噪声系数与等效输入噪声温度不能很好地描述被测系统的噪声性能，为此引入工作噪声温度的概念，它描述在内部噪声和外部噪声作用下被测系统工作时的噪声特性，定义为：

$$T_{oP}=\frac{N_o'}{kG_s} \qquad (7-11)$$

式中，N_o' 是在工作条件下输出端的(或单位带宽内的)噪声功率，G_s 是在工作条件下，在规定的输出频率，输出端的信号功率与对应于输入频率的输入信号功率之比。

3) 噪声系数的适用范围和意义

噪声系数的概念只适用于线性电路，包括准线性电路，对于接收机是指检波器以前的电路部分。对于非线性网络，由于信号和噪声有相互作用，即使电路本身不产生噪声，输出信噪比与输入信噪比也不同，也就是说，输出端的信噪比随输入端的信号和噪声的大小而变化，因此不能用噪声系数的概念。对于阻抗性质的源，噪声系数仍适用，只是源电阻为源阻抗的电阻分量 R_s，对于纯电抗源，噪声系数已失去意义，此时将采用等效输入噪声电压来衡量噪声性能的好坏。噪声系数的引入对接收机系统具有重要意义。众所周知，在一接收机系统中，灵敏度是衡量接收机性能的重要指标，而噪声系数对接收机灵敏度又有直接影响。

4）接收灵敏度

假设天线和接收机的等效噪声温度分别为 T_a 和 T_e，接收机的噪声系数为 F，功率增益为 G_P，工作带宽为 B，并且接收机的灵敏度为 $P_{in,min}$，对应的输出功率为 $P_{o,min}$。它们之间的关系为：

$$P_{in,min} = \frac{P_{o,min}}{G_P} = \left(\frac{N_o}{G_P}\right)\left(\frac{P_{o,min}}{N_o}\right) \tag{7-12}$$

其中 N_o 是接收机的总噪声输出功率，它等于天线的噪声和接收机内部的噪声经放大后到输出端的功率，即：

$$N_o = kB(T_a + T_e)G_P = kB[T_a + (F-1)T_o]G_P \tag{7-13}$$

由于 $SNR = \dfrac{P_{o,min}}{N_o}$，则有：

$$P_{in,min} = kB[T_a + (F-1)T_o]SNR \tag{7-14}$$

用分贝表示可得到：

$$P_{in,min}(\text{dBm}) = k[T_a + (F-1)T_o](\text{dBm/Hz}) + 10\lg B + SNR(\text{dB}) \tag{7-15}$$

其中前两项之和定义为基底噪声 F_t(dBm)，特别当 $T_a = T_o = 290\text{ K}$ 时，灵敏度为：

$$P_{in,min}(\text{dBm}) = -174(\text{dBm/Hz}) + F(\text{dB}) + 10\lg B + SNR(\text{dB}) \tag{7-16}$$

其中，-174 dBm 表示 290 K 时，1 Hz 带宽内的噪声功率；B 为接收机带宽，单位为 Hz；F(dB)为接收机的噪声系数。由上式可知，系统噪声系数越小，灵敏度就越高，在一定带宽下系统可接收的信号功率就越小。

由式(7-16)可看出，系统的带宽越大，系统所要求的输出信噪比越高，系统的噪声系数越大，则灵敏度越差。因此，接收机的系统带宽、要求的输出信噪比、噪声系数、天线等效噪声温度等决定了系统的灵敏度。

应该注意，噪声系数测量的目的主要是确定线性网络的噪声系数（双端口特性），而非绝对的噪声电平（单端口特性），它可测量由放大器等造成的噪声分配，而不是放大器正在产生的噪声电平（当然这两者之间存在内在的联系），噪声计可以进行绝对噪声功率的测量。在给定了接收机输出信噪比 SNR 的情况下，接收机所能检测到的最低输入信号电平，定义为接收机的灵敏度。接收机的灵敏度不仅与接收机的噪声基底有关，还与要求的接收机的输出信噪比有关。

7.3　基本工作原理

1）噪声发生器

噪声作为一种客观现象，既要避免其危害性，又要充分利用其有利的一面。在电子测试领域，利用噪声作为测试信号具有重要的意义。一方面，噪声可以模拟许多实际系统和网络的工作特性；另一方面，用噪声信号代替正弦信号进行测试时，能够收集到被测系统的动态特性,从而可以全面地评价被测系统。

噪声发生器是一种能产生连续频谱的装置,其核心部分是噪声源。一个良好的噪声源应在规定的频带内具有均匀的功率谱密度和一定的输出噪声功率。常用的噪声源有电阻器、饱和二极管、固态二极管和气体放电管。用它们制成的噪声发生器分别称为热噪发生器、饱和二极管发生器、固体噪声发生器和等离子体噪声发生器。噪声发生器的主要技术指标有频率范围(GHz)、输出噪声温度(K)、准确度(%)等。

作为测试 DUT 噪声系数的激励源,可选用一般信号发生器,也可选用噪声发生器。与信号发生器相比,噪声发生器的输出电平精度高,某些噪声发生器的输出电平可以经过计算得到,从而作为功率测量和校准正弦波信号发生器的初级标准。另外,噪声发生器的输出电平很低,无需采取完善的屏蔽,输出信号与被测噪声特性相同,对各类仪表有相同的响应。而用正弦波信号发生器,要使反应相同,则只能用均方值仪表,即功率表,否则会因反应不同引起读数误差。同时不必测量带宽,免除测量通频带和频响特性引起的测量误差,因此在高频、微波领域测量二端口网络的噪声特性时,一般用噪声发生器。噪声发生器的 ENR 在工作频率范围内有一定的变化,应在工作频率范围内选择几个甚至几十个频率点对 ENR 进行校准,在非校准点,ENR 可由内插法得到。

(1) 冷/热负载噪声发生器

此类噪声发生器是将终端负载放在传输线末端,并置于低于室温(290 K),或等于室温,或高于室温(290 K)的恒温器中,有时冷或热负载噪声发生器装在一个机箱里,有时也可单独提供冷噪声发生器或热噪声发生器。它们主要用于测量低噪声器件或设备的噪声特性。

冷噪声发生器由终端负载、隔离传输线、氮气流系统和杜瓦瓶组成。终端负载是噪声源的辐射源,输出噪声功率的大小主要由负载体的物理温度确定,不仅要求负载的温度恒定,而且要求长期工作中有良好的重现性,所以要选择用物质固有的"相"平衡态(如沸点温度、凝固点温度等)。负载的材料不仅要具备损耗大、导热性能好等特性,而且要耐低温,长期使用不变形,一般用羰基铁粉或铁粉-环氧树脂压制成型。

室温噪声发生器一般采用处于室温的终端负载,或处于"关"状态的开关衰减器。要求衰减量大于 30 dB,匹配良好,电压驻波比小,不大于 1.05。

热噪声发生器是指输出噪声温度高于 290 K,用加热方法获得高温的噪声发生器。它由高温终端负载、隔离传输线、控温系统(包括恒温加热器、控温器、测温器、供电线路)组成,加热器由电阻丝分段绕制而成,通过适当控制各段的加热功率,以形成足够长的等温区。终端负载置于等温区内,加热器需采用多层保温措施,以确保等温区即负载温度长时间的恒温不变。高温负载的材料一般要视温度的高低而定。低于 150 ℃(423 K)的采用羰基铁粉等材料;温度为 150~1 000 ℃的采用金属氧化物电阻器、硅-碳化合物等。

冷/热噪声发生器的输出噪声温度可以用辐射计比较、校准得到,也可通过测量负载温度和传输线的温度分布和损耗计算出输出噪声温度。它是测量高灵敏度接收机、参量放大器、辐射计、卫星接收机不可缺少的设备。

(2) 饱和二极管噪声发生器

此类噪声发生器常用在米波段和分米波段,它是用阴极温度受限并工作在饱和区(或称限温区)的二极管作为噪声源。饱和二极管由热阴极和阳极组成。当阳极电压较低时,从阴极发出的一部分电子因能量小,在阳极和阴极之间形成空间电荷,从而降低了电子发射的随机性,使电流减小。当阴极电压增加时,电流也随之增大,当达到一定值后,空间电荷消失,电流不再增加,二极管工作在饱和区。饱和工作电流与阴极温度有关,温度越高,电流越大,阴极温度由灯丝电压控制。在饱和区,如阴极温度一定,则电流也维持恒定,在单位时间内,阴极发射的电子数围绕着一平均值起伏变化,这种现象称为"散弹效应"。电子发射的时间、速度和运动过程是随机的,因而总电流是一些不相关事件的总和,它的平均电流取决于阴极材料、尺寸和温度。电流的起伏分量是二极管噪声的来源,这种噪声称为"散弹噪声"。

（3）气体放电噪声发生器

它主要由气体放电管和传输系统组成。气体放电管是一种离子器件,它由灯丝(阴极)和阳极组成,管内充满一定气压的惰性气体(氩或氖)。当放电管点燃时,管内气体电离,在电场作用下,正离子趋向阴极,电子趋向阳极,这种现象称为气体放电。

气体放电时,管内形成的由离子、电子和中性粒子组成的等离子体将产生具有噪声性质的辐射。等离子体是一种准中性的混合体。在每单位体积内,电子和离子的浓度几乎相等。由于电子质量远小于其他粒子,所以在电场中,它受到更大的加速,并具有比离子和中性粒子高得多的平均速度。电子在运动中将与其他粒子碰撞,这使气体分子进一步电离。而在碰撞时电子速度急剧减慢,损失的能量就转化为一定形式的电磁辐射。由于电子速度(大小、方向)是随机的,这种辐射就带有噪声的性质,并在极宽的频率范围内谱密度均匀,并可以和微波电路紧密耦合。等离子体辐射的噪声功率与碰撞时电子的平均动能有关。若放电管充的气体是氖气,输出超噪比一般是 18 dB 左右;如果充的是氩气,超噪比为 15 dB 左右,这从点燃放电后的颜色能很容易地分辨出来。

（4）固体噪声发生器

固体噪声发生器覆盖频率极宽,具有体积小、重量轻、功耗低、适于脉冲工作等特点,主要器件是固态二极管(Read 型固态二极管)。当工作于反偏压,处于雪崩击穿状态时,载流子雪崩倍增的电流起伏将产生雪崩散弹噪声。

固体噪声发生器应该在工作频率范围内具有平坦的噪声输出。平坦度与噪声二极管的频谱特性及电路设计有关。二极管采用特殊结构,为了抑制其他不可控噪声(如闪烁噪声)的产生,通常可采取在 PN 结上加保护环,保护环区域内的击穿电压比阳极高,这样即可限制击穿范围直接位于阳极下的部位,消除沿结边缘不可控的微等离子区击穿,抑制不可控噪声的产生,改善输出特性。

固体噪声发生器的输出功率与选定的噪声二极管及其工作电流有关(与工作电流成反比),故为得到平坦的功率谱,二极管需用恒流电源供电。其工作电压一般是 28 V,工作电压的变化也将导致 ENR 改变,但通常变化量不大于 0.02 dB/V。固体噪声发生器的调制频率为几赫兹至十几赫兹,分同轴型和波导型两种,同轴型可工作于 67 GHz 以下,覆盖频率范围极宽,可达数十个倍频程(如 16603LC)。

2）噪声系数测量原理

根据噪声系数定义,可作出噪声功率(N_0)对源温度(T_i)的关系曲线,如图 7-1 所示。图中,Y 轴截距 N_a 表示通过被测件增加的噪声,X 轴截距 T_s 相当于被测件的等效输入噪声温度 T_e,斜率是增益与带宽的乘积。

$$G = \frac{P_h - P_c}{kB(T_h - T_c)} \qquad (7-17)$$

$$T_e = \frac{P_h(T_h - T_c) - T_h(P_h - P_c)}{P_h - P_c} \qquad (7-18)$$

由此可求出噪声系数 F。上述测量方式,两个已知的输入噪声温度 T_h、T_c 可通过已校准的噪声源来实现,如 16603/16604 等。

如果测量系统中产生了附加的噪声,上述计算得到的噪声系数是测量系统与被测件的级联值 F_{12}。若想分离级联被测件的噪声系数,就需要知道被测件的增益 G_1 与测量系统的噪声系数 F_2。从图 7-1 可以看出,被测件增益值包含在噪声功率对源温度曲线的斜率之中,测量系统单独存在(校准)时噪声功率对源温度曲线的斜率为 kG_2B,被测件与测量系统级联(测量)时其斜率为 kG_1G_2B,测量与校准两种状态下斜率的比值就是被测件的增益 G_1。测量系统单独存在时求出的噪声系数为 F_1,由级联方程可求出 DUT 的噪声系数 F_1。实际的噪声系数分析仪就是通过测量 F_{12}、F_2、G_1,然后计算被测件的噪声系数 F_1。

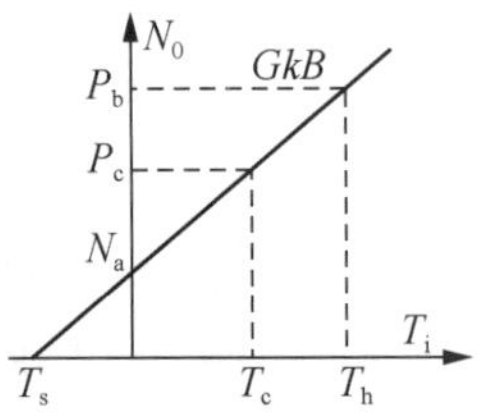

图 7-1 噪声功率对源温度的关系曲线

3）噪声系数测量方法

目前噪声系数测量方法基本上取决于两种输入功率条件下被测输出功率的测量,实质上是计算两个噪声功率的相对比值(噪声系数的计算可以换算到电路中的任何地方)。在怎样改变输入功率方面,人们曾采用过热负载与冷负载、气体放电噪声源、限温二极管、信号发生器以及最近出现的固态噪声源。从测量方法上可总结出很多种,但最基本的测量方法是 Y 因子方法。Y 因子(或系数)是网络输出端两个相应的资用输出噪声功率之比,如网络是理想的,不存在噪声,则 Y 为两个资用输入噪声功率之比。如网络存在噪声,Y 因子将随网络噪声的增加而减小,它们之间存在一定的函数关系,因此测量网络噪声的大小可通过测量 Y 系数得到。但在具体测试中,按 Y 的取值不同可分为直接比较法(任意倍功率法)、等功率指示法(衰减器法)、3 dB 法($Y=2$)等方法。

（1）直接比较法

直接比较法进行测量时,需选用精确校准过的平方律检波器(或功率计)。为保证接收机不过载,检波器(或功率探头)要有较大的动态范围,并在检测带宽内为线性功率响应,无噪声。因此当 Y 值太大时,有可能因限幅而产生附加噪声。但该方法使用设备少,简单易行。

（2）等功率指示法

需选用精密衰减器,测试中用精密衰减器读取数据,指示器的两次读数相同,仅作为等指示使用,不必进行平方律校准,无需精确知道指示器的输入功率与输出电压之间的关系。等功率指示法又分为中频衰减等功率法与高频衰减等功率法,该方法常用来测量低噪声器件的噪声系数。在噪声系数的各种测试方法中,等功率指示法测量精度较高。在等功率指示法中,如果衰减器两端存在失配,则实际衰减量与读数间存在差别,引入衰减器失配误差,当失配误差较大时,可在衰减器两端各置一个驻波比较小的隔离器,以提高测量精度。

（3）3 dB 法

当噪声发生器的 ENR 连续可调或输出的噪声峰值使待测网络或指示器饱和时,可采用

3 dB 法。实际上是改变噪声发生器的 ENR,使 $Y=2$。有两种方法可改变噪声源的 ENR,一种是噪声发生器的 ENR 是可调节的,如饱和二极管噪声发生器,这种方法称为 3 dB 可变源法;第二种是噪声发生器的 ENR 不可调节,如等离子体噪声发生器,可用精密衰减器来调节输入被测网络的噪声功率,这种方法称为 3 dB 固定源法。

噪声系数的测量方法随应用的不同而不同,比如有些应用具有高增益和低噪声系数(低噪声放大器),有些则具有低增益和高噪声系数(混频器),因此必须仔细选择相应的测量方法。

　　4)噪声系数分析仪

噪声系数分析仪实际上是一台高灵敏度低噪声接收机,对外部噪声屏蔽和内部噪声抑制有较高的要求。从设计原理来看,可以采用 Dicke 接收机、零平衡 Dicke 接收机、Gtahara 接收机及超外差式接收机等。

7.4　二端口网络的等效噪声温度和噪声系数

　　1)等效噪声温度

对于一个有噪电路,如果它产生的噪声是白噪声,则可以在网络输入端用一个温度为 T_e 的电阻所产生的热噪声来替代,而把原来的电路网络视为无噪的。温度 T_e 称为该电路网络的等效噪声温度,它们的等效过程如图 7-2 所示。

在图 7-2 中,网络输入端源内阻为 R_s,与有噪网络的输入阻抗匹配,进行噪声等效前,源电阻的噪声温度应当为零。假设网络的功率增益为 G_P,带宽为 B,网络输出噪声功率为 N_o。根据电阻热噪声的定义,温度为 T_e 的电阻产生的噪声功率为 kT_eB,则输出噪声功率 $N_o=kT_eBG_P$。因此,可得到等效噪声温度的表达式为:

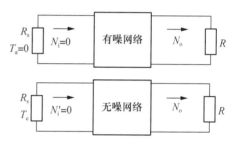

图 7-2　线性网络的等效噪声温度

$$T_e=\frac{N_o}{kBG_P} \tag{7-19}$$

由该表达式可以看出,等效噪声温度与引用的电阻阻值没有关系。引入等效噪声温度的好处在于,可以方便地将网络内部产生的噪声折合到输入端,并与由天线引入的噪声叠加。如果天线引入的噪声也等效为一定温度 T_a 的电阻热噪声,则整个输入噪声功率就是等效温度的叠加,同时将网络视为无噪网络。

　　2)等效噪声温度与噪声系数的关系

噪声系数是通过元件的输入和输出信噪比的变化来衡量电子系统内部噪声大小的一种量度。假设信号通过一无噪网络,有用信号和外部噪声同时放大或衰减,那么输出信噪比将等于输入信噪比。但是,由于电子系统内部存在噪声,这会导致输出信噪比的下降,故噪声系数定义为:

$$F=\frac{S_i/N_i}{S_o/N_o} \tag{7-20}$$

其中，S_i 是输入信号，N_i 是输入噪声功率，S_o 是输出信号，N_o 是输出噪声功率。

按照前面将有噪网络中的噪声用等效噪声温度来代替的思路，可以推导出噪声系数与等效噪声温度的关系。对于如图 7-3 所示的带有信号源和负载的有噪电路网络，信号源源阻抗与网络输入阻抗匹配。信号源内阻在环境温度 T_0 下产生热噪声，加上有噪网络的等效噪声，则输出噪声功率为 $N_o = kGB(T_o + T_e)$，其中假设网络带宽为 B，网络增益为 G。结合式(7-20)得到该二端口网络的噪声系数为：

$$F = \frac{S_i}{kT_oB} = \frac{KGB(T_o + T_e)}{GS_i} = 1 + \frac{T_e}{T_o} \tag{7-21}$$

图 7-3　接有信号源和负载的有噪电路网络

可以看出，如果网络内无噪声，则其等效噪声温度 $T_e = 0$，从而有 $F = 1$。通过该式还可以得到噪声系数与等效噪声温度的关系为：

$$T_e = (F-1)T_o \tag{7-22}$$

3) 等效噪声温度的测量

理论上，等效噪声温度可通过在输入端接一个处于热力学零度下的匹配负载，然后测量输出功率来确定。但是实际工程中不可能实现热力学零度，因此必须采用其他方法测量噪声温度。这里介绍一种常用的等效噪声温度的测量方法，通常称之为 Y 因子法，它的测量原理如图 7-4 所示。

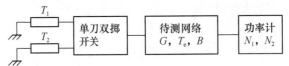

图 7-4　测量等效噪声温度的 Y 因子法

Y 因子法测量等效噪声温度的过程是，将待测网络先后连接到两个处于不同环境温度（假设 $T_1 > T_2$）的匹配负载上，分别测出输出功率为 P_1 和 P_2，它们可用下式表示：

$$P_1 = N_1 = GkT_1B + GkT_eB \tag{7-23}$$

$$P_2 = N_2 = GkT_2B + GkT_eB \tag{7-24}$$

其中，T_e 是待测网络的等效噪声温度，B 和 G 是网络的等效带宽和功率增益。可以定义 Y 因子为：

$$Y = \frac{N_1}{N_2} = \frac{T_1 + T_e}{T_2 + T_e} \tag{7-25}$$

于是，通过 Y 因子和已知的两个匹配负载噪声温度，就可以得到网络的等效噪声温度为：

$$T_e = \frac{T_1 - YT_2}{Y-1} \tag{7-26}$$

从式(7-25)中可以看出,Y 因子法要求两个已知负载的噪声温度 T_1 和 T_2 要有较大的差别。这是因为如果两个温度 T_1 和 T_2 差别很小,会使 Y 因子的值接近 1,使得式(7-26)的分子和分母中都含有两个相近数相减,从而影响计算精度。

7.5　二端口网络级联链路的噪声系数

在射频/微波系统中,信号一般会通过多个级联元件,每个元件都会不同程度地降低所传输信号的信噪比。如果确定了每个元件的噪声系数或等效噪声温度,就能确定整个链路的噪声系数或等效噪声温度。

首先考虑由两个元件组成的级联网络,它们的增益为 G_1 和 G_2,噪声系数为 F_1 和 F_2,噪声温度为 T_{e1} 和 T_{e2},如图 7-5 所示。

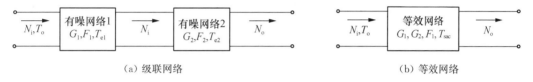

（a）级联网络　　　　　　　　　　　　　　　　　（b）等效网络

图 7-5　二端口网络级联链路示意图

由图 7-5 易知第一级输出端的噪声功率为:

$$N_1 = G_1 k T_o B + G_1 k T_{e1} B \tag{7-27}$$

第二级输出端的噪声功率为:

$$N_o = G_2 N_1 + G_2 k T_{e2} B = G_1 G_2 k B \left(T_o + T_{e1} + \frac{T_{e2}}{G_1} \right) \tag{7-28}$$

从而可以得到整个链路的输出噪声功率为:

$$N_o = G_1 G_2 k B (T_o + T_{sac}) \tag{7-29}$$

其中整个链路的等效噪声温度 T_{sac} 为:

$$T_{sac} = T_{e1} + \frac{T_{e2}}{G_1} \tag{7-30}$$

利用前面介绍的噪声系数与等效噪声温度的关系式(7-30),就可以得到整个链路的噪声系数与各组成部分的噪声系数之间的关系为:

$$F_{sac} = F_1 + \frac{1}{G_1}(F_2 - 1) \tag{7-31}$$

以上两式表明,级联链路的总噪声系数和等效噪声温度主要由第一级决定,而第二级的影响受到前一级的增益的削弱。因此,如果要求整个链路具有较低的噪声系数,那么第一级必须有较低的噪声系数和较高的增益。

通过进一步推广,可以得到多级级联的情况下整个链路的噪声系数和等效噪声温度的计算公式为:

$$T_{sac} = T_{e1} + \frac{1}{G_1} T_{e2} + \frac{1}{G_1 G_2} T_{e3} + \cdots \tag{7-32}$$

$$F_{sac} = F_1 + \frac{1}{G_1}(F_2 - 1) + \frac{1}{G_1 G_2}(F_3 - 1) + \cdots \tag{7-33}$$

例7.1 某接收机的射频前端链路由低噪声放大器、滤波器和混频器组成。已知低噪声放大器的功率增益为 $G_a = 10$ dB，噪声系数为 $F_a = 3$ dB，滤波器的插入损耗为 $L_f = 5$ dB，混频器的插入损耗为 $L_m = 3$ dB，噪声系数为 $F_m = 5$ dB，计算该接收机链路的总噪声系数和总等效噪声温度。

解： 根据式(7-32)，要求链路总噪声系数，需要先求出各组成元件的噪声系数，以及前两级的功率增益，而且对于像滤波器这样的无源器件，其噪声系数等于插入损耗，即：

$$F_f = L_f = 5 \text{ dB} = 3.16$$

滤波器和混频器的功率增益等于损耗的倒数，即：

$$G_f = -L_r = -5 \text{ dB} = 0.32$$
$$G_m = -L_m = -3 \text{ dB} = 0.5$$
$$G_a = 10 \text{ dB} = 10$$
$$F_a = 3 \text{ dB} = 2$$
$$F_m = 5 \text{ dB} = 3.16$$

总噪声系数为：

$$F = F_a + \frac{1}{G_a}(F_f - 1) + \frac{1}{G_a G_f}(F_m - 1) = 2.89$$

总等效噪声温度为：

$$T = (F - 1)T_0 = 548\text{K}$$

例7.2 无线接收机的噪声分析

对于图7-6中显示的无线接收机前端的框图，计算该子系统的总噪声系数。假设从馈送天线来的输入噪声功率是 $N_i = kT_A B$，其中 $T_A = 150$ K；求输出噪声功率(dBm)。假如要求接收机输出处的最小信噪比为20 dB，问能加到接收机输入处的最小信号电压应为多少？设定系统温度为 T_0，特征阻抗为 50 Ω，中频带宽为 10 MHz。

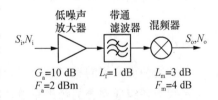

图7-6 例题7.2中的无线接收机前端的框图

解： 首先执行从 dB 表示至数值的转换：

然后利用式(7-32)求出系统的总噪声系数：

$$G_a = 10 \text{ dB} = 10 \quad G_f = -1.0 \text{ dB} = 0.79 \quad G_m = -3 \text{ dB} = 0.5$$
$$F_a = 2 \text{ dB} = 1.58 \quad F_f = 1 \text{ dB} = 1.26 \quad F_m = 4 \text{ dB} = 2.51$$

由公式(7-33)可得，

$$F_{sac}=F_a+\frac{F_f-1}{G_a}+\frac{F_m-1}{G_aG_f}=1.58+\frac{(1.26-1)}{10}+\frac{2.51-1}{10\times0.79}=1.8$$

$$T_e=(F_{sac}-1)T_o=0.8\times290=232\text{ K}$$

$$N_o=(T_A+T_e)GkB=1.38\times10^{-23}\times(150+232)\times10\times10^6\times3.95=2.08\times10^{-13}\text{W}=-96.8\text{ dBm}$$

对 20 dB 的输出信噪比,输入信号功率必须有:

$$S_i=\frac{S_o}{G}=\frac{S_o}{N_o}\frac{N_o}{G}=5.27\times10^{-12}=-82.8\text{ dBm}$$

对于 50 Ω 的系统特征阻抗,输入信号电压为:

$$V_i=\sqrt{Z_oS_i}=1.62\times10^{-5}\text{V}=16.2\ \mu\text{V}$$

7.6 噪声系数测量方法

目前,用于测量噪声系数的方法主要有两种。最常用、最典型的方法称为 Y 系数法或者冷热噪声源法。Y 系数方法使用一个与 DUT 的输入端直接相连的噪声源,提供两个输入噪声电平。这种方法测试 DUT 的噪声系数和标量增益。用频谱分析仪和噪声系数分析仪测试噪声系数用的就是这种方法。Y 系数方法易于使用,特别是当噪声源具有良好的源匹配并且可以与 DUT 直接连接时,测试结果的精度是很好的。

测试噪声系数的另一种方法称为冷噪声源或者直接噪声方法。这种方法不需在 DUT 的输入端连接一个噪声源,而是只需要一个已知的负载(通常为 50 Ω)。但是,冷源方法需要单独测量 DUT 的增益。这种方法特别适用于用矢量网络分析仪测试噪声系数,因为可以用矢量误差校准的方法来得到非常精确的增益(S_{21})测量结果。很多情况下噪声系数测量是综合多种方法的,以安捷伦公司 PNA - X 网络分析仪测试噪声系数为例,就是将矢量误差校准技术和 PNA - X 独特的源校准方法相结合,这样可以得到较高的噪声系数测量精度。冷噪声源方法还具有一个优点:只需与 DUT 进行一次连接便可同时测量 S 参数和噪声系数。冷噪声源方法虽然在测试的时候不需要噪声源,但是在系统的校准过程中,需要使用噪声源。

7.7 Ceyear 3986 噪声系数分析仪整机工作原理

Ceyear 3986 系列噪声系数分析仪是一台由微处理器控制,三次变频的超外差扫频式高灵敏度接收机。它由高灵敏度噪声接收机前端、低相位噪声本振合成、微波驱动、中频处理、数据采集与处理、嵌入式计算机平台、控制接口、I/O 接口、电源、显示和系统软件等功能单元组成,其整机原理框图如图 7 - 7 所示。

1) 接收前端单元

被测件在噪声源输出噪声信号的激励下,输出端产生的噪声响应信号先经宽带同轴机械开关,将信号分为射频(10 MHz～4 GHz)、微波(4 GHz～18/26.5/40/50 GHz)和毫米波

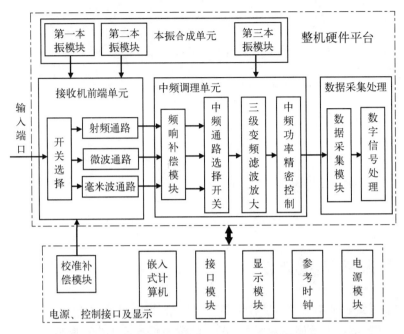

图 7-7 3986 系列噪声系数分析仪原理框图

(50～67 GHz)3 个频段,其中射频段 10 MHz～4 GHz 信号首先经抑频镜频信号及多重响应的低通滤波器滤波,然后经程控步进衰减器进行功率电平调整后进入低波段变频模块,与第一本振(YIG 振荡器)的信号进行混频得 5.225 GHz 中频,再经过 5.225 GHz 带通滤波器滤波后输入低波段变频器组件中的第二变频器,与第二本振的 4.8 GHz 差频得425 MHz第二中频。

微波段共提供 4 GHz～18/26.5/40/50 GHz 4 个频段的规格,微波段的信号首先经低噪声前置放大器放大后进入 YTF 预选器进行滤波,然后输入本振混频模块,在本振混频模块中与第一本振信号进行基波混频,直接输出 425 MHz 第二中频。

50～67 GHz 毫米波段信号首先经低噪声前置放大器放大后进入毫米波带通滤波器进行滤除镜频响应和多重响应信号,然后输入毫米波本振混频模块,在本振混频模块中与45.6 GHz固定本振信号进行基波混频后输出 4.4～21.4 GHz 扫描中频信号,该中频信号通过开关切换至微波段 YTF 进一步进行处理,45.6 GHz 毫米波本振信号由整机内部4.8 GHz的第二本振信号经分频/倍频/混频等处理产生。

2) 中频调理单元

中频调理单元对低波段和高波段中频输出信号进行开关选择后,合成一路信号进行大增益范围的电平调整、增益平坦度补偿、中频滤波等一系列的处理后,与本振模块输出的500 MHz的第三本振混频,输出 75 MHz 的中频噪声信号。75 MHz 的中频信号经放大、可变带宽的滤波处理后输出至数据采集与处理模块。数据采集与处理模块以 50 MHz 的速率量化带宽为 4 MHz/2 MHz/1 MHz/400 kHz/200 kHz/100 kHz(可选择)的 75 MHz 中频噪声信号,并且得到噪声功率信号传送到主机。

中频调理单元主要包括增益补偿模块、变频滤波放大模块及功率控制模块,如图 7-8

所示。增益补偿模块完成射频和微波两个接收通路的功率平坦度修正和补偿,解决两个通路频响不同带来的问题,提高通道的一致性;变频滤波及功率控制模块主要有三个功能:一是下变频,将中频频率降低,满足 ADC 的频率指标要求,使得 ADC 能够对其进行采集;二是滤波放大,滤除不需要的分量,降低谐波和杂波对测量精度的影响;三是对信号功率进行精密控制,使采样信号的幅度位于 ADC 最佳线性区间。

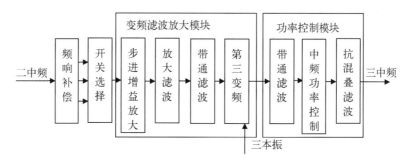

图 7 - 8　中频调理单元方案框图

3) 本振合成单元

合成本振模块主要由参考环、取样环、YTO 环和小数环 4 个环路构成。在单环模式下,3～10 GHz 的本振信号先经过二分频后,进入小数分频模块,产生固定的 50 MHz 中频,与来自参考环的 50 MHz 参考信号鉴相,误差信号送至 YTO 的驱动线圈,调整 YTO 频率,直到取样中频输出等于 50 MHz 为止。在四环模式下,4～10 GHz 的本振信号进入取样器,由取样环提供 618～905 MHz 的信号作为取样本振。30～64 MHz 的取样中频输出和小数环的 20 分频输出进行鉴相,误差信号送至 YTO 的驱动线圈,调整 YTO 频率,直到取样中频输出等于小数环输出为止。锁相合成大大提高了本振频率的稳定度,小数环输出的微步距(mHz)实现了本振以 1 mHz 步进,从而实现频率分辨率达到 1 Hz。

4) 数据采集处理单元

数据采集处理单元硬件组成包括:ADC、FPAG、DSP、接口转换电路等,主要完成中频信号的数据采集、带宽控制、数据处理、增益补偿和功率控制,高速数据采集处理单元方案框图如图 7 - 9 所示。中频信号进入 ADC 进行模数转换,转换后的数字信号送入 FPGA,FPGA 接收到信号后,首先进行功率预判,根据预判结果控制中频增益。中频增益确定后,完成数字下变频、抽取和滤波等处理,之后将数据送入数字信号处理器。数字信号处理器根据主机发送来的带宽信息和平均次数对数据进行处理,以此求得噪声源开、关两种状态的功率,处理完成后通知主机取结果。

嵌入式计算机平台控制噪声系数分析仪的内部操作,通过 I/O 口从前面板键盘或外部计算机接收各种请求,由存储在闪存卡中的控制程序决定主控制器执行的功能。主控制器通过微波驱动板向 YTO、YTF、程控步进衰减器、射频开关等微波部件提供有关控制信号。

5) 关键技术

Ceyear 3986 是一体化的高性能噪声系数分析仪,主要包括集成化射频微波毫米波部件,先进的中频处理技术和系统测控软件。整机采用了智能微波同轴噪声源及其定标技术、

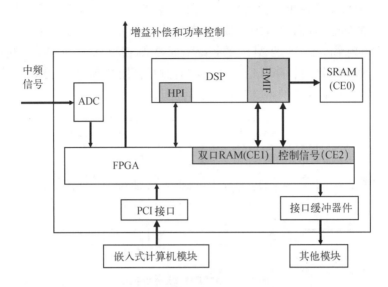

图 7 - 9　高速数据采集处理单元原理框图

程控步进衰减器设计制造技术、SYTX 设计制造技术,采用多个软件功能模块,各模块又由若干个类和线程来完成,软件平台采用 Windows 操作系统,具有强大的功能和丰富的外设接口,具有全中文界面、实时在线和声像帮助、局域网和 USB 接口等,大大提高了整机的性能,使测试不确定度小、测试速度快、智能化程度高、人机界面友好,其综合指标达到世界先进水平,填补了国产高性能微波噪声系数分析仪的空白,也是唯一可以替代 Keysight N8975 国外高性能微波噪声系数分析仪的国产仪器,可满足绝大多数用户的测试需求,且可成为当今的工业标准。

7.8　典型产品介绍

Ceyear 3986 系列噪声系数分析仪包括 3986A(10 MHz～4 GHz)、3986D(10 MHz～18 GHz)、3986E(10 MHz～26.5 GHz)、3986F(10 MHz～40 GHz)、3986H(10 MHz～50 GHz)和 3986L(10 MHz～67 GHz)共 6 款产品,具有频率覆盖范围宽、频段选择灵活、接收灵敏度高、用户界面友好、大屏幕双通道高清显示、外设接口丰富、双噪声源驱动等特点。能够测量放大器、上变频器和下变频器的噪声系数与增益,支持多级变频接收链路噪声系数的自动测量。具有直观的测量模式设置引导界面,提供多种输入交互方式,简化模式设置;具备完善的损耗补偿功能,能以固定或表格的形式补偿被测件前、后测量通道引入的损耗;内置噪声系数测量不确定度计算器,实现噪声系数测量不确定度的量化分析;提供测试通过/失败通知的限制线功能,简化了合格/不合格测试判定。便于使用的特征使工程技术人员容易正确设置测量、以不同的格

图 7 - 10　3986 系列噪声系数分析仪

式观察和保存测量结果。仪表可广泛应用于雷达、通信、导航等电子设备的科研、生产、试验和技术保障测试。

1）主要特点

（1）宽频率覆盖范围

3986 系列噪声系数分析仪同轴一体化频率范围覆盖 10 MHz～67 GHz，具有 6 种可选择的频段配置，满足用户不同频段的测试需求；具有频率上限达 110 GHz 的扩频测量能力（外配噪声系数测试模块）。

（2）高灵敏度接收和高精度测试性能

接收灵敏度达－170 dBm/Hz，全频段接收灵敏度优于－158 dBm/Hz，采用接收通道增益大动态自动调整和校准技术，噪声功率测量范围内线性度优于±0.10 dB。

（3）中英文操作界面，大屏幕双通道高清显示

中英文操作界面，10.1 英寸大屏幕液晶显示器。具备图形、表格、测试仪和图形＋表格四种显示格式，能同时组合显示噪声系数、增益、Y 因子、等效温度、热功率和冷功率等任意两个测量参数随频率变化的测量结果。

（4）放大器、上变频器和下变频器测量模式

基本放大器测量模式，用于频率范围位于噪声系数分析仪频率范围内的放大器的噪声系数和增益测量；系统下变频模式，用于频率范围超出噪声系数分析仪频率范围的放大器类被测件的噪声系数和增益测量。仪表具备上、下变频器的噪声系数和增益测量功能，支持多级变频链路的噪声系数和增益自动扫描测量。提供直观的测量模式设置界面，在一个设置界面下即能完成测量模式对应的各种测量设置。

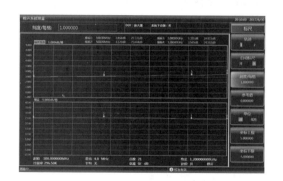

图 7－11 3986 噪声和增益测量界面

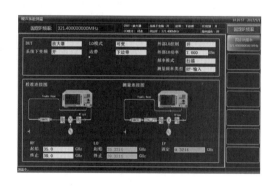

图 7－12 3986 变频器测量界面

（5）完善的损耗补偿功能

能以固定或表格的形式补偿被测件前、后测量通道中的损耗，便于自动化测试系统或微波毫米波管芯的噪声系数精确测试。

（6）合格/不合格测试提示的限制线功能

测试通过/失败通知的限制线功能，简化了合格/不合格测试，方便生产线使用。限制线类型包括上限和下限，每个显示通道可单独设置一对上、下限制线，当测量结果超出设定的限制线范围时，仪器即发出"限制线失败"红字提示。

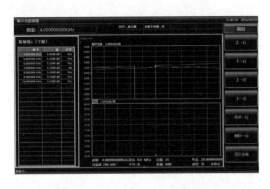

图 7 - 13   3986 限制线功能界面

图 7 - 14   3986 的外设接口

（7）丰富的外设接口

3986 系列噪声系数分析仪外设接口丰富，复用性强。具有 GP - IB、LAN、USB 和 VGA 等智能接口，方便用户功能扩展和系统的再次组建。

（8）灵活的文件和表格处理功能

3986 系列噪声系数分析仪能够处理的文件和表格类型主要包括超噪比表、仪器状态、限制线、频率列表、损耗补偿表、轨迹线和屏幕图像等；可以对文件和表格进行编辑、保存、调用、删除等操作，方便用户使用。

（9）双噪声源驱动能力

具备标准噪声源和智能噪声源驱动接口。标准噪声源驱动接口，提供＋28 V 脉冲驱动电压，兼容性强，支持多家厂商生产的噪声源。智能噪声源驱动接口采用 I^2C 总线技术，噪声系数分析仪能自动识别智能噪声源的连接，自动加载超噪比数据，并实时探测环境温度的变化，用于噪声系数的温度修正，提高了噪声系数测量的速度和准确度。

表 7 - 1   Ceyear 3986 系列噪声系数分析仪主要技术参数

产品型号名称	3986A/D/E/F/H/L 噪声系数分析仪
频率范围	10 MHz～4 GHz/18 GHz/26.5 GHz/40 GHz/50 GHz/67 GHz
频率参考准确度	优于±0.2 ppm（23℃±3℃）
频率调谐准确度	优于±（参考频率误差＋100 kHz）10 MHz～4 GHz 优于±（参考频率误差＋400 kHz）4 GHz～18 GHz/26.5 GHz/40 GHz/50 GHz/67 GHz
测量带宽	4 MHz/2 MHz/1 MHz/400 kHz/200 kHz/100 kHz
噪声系数测量范围	0～30 dB（超噪比：12～17 dB）
噪声系数测量不确定度	优于±0.10 dB
增益测量范围	－20～＋40 dB

续表

产品型号名称	3986A/D/E/F/H/L 噪声系数分析仪	
增益测量不确定度	优于±0.17 dB	
本机噪声系数	3986A/D/E/F/H	
	<8.0 dB	10 MHz≤f≤4 GHz
	<7.5 dB	4 GHz<f≤18 GHz
	<8.0 dB	18 GHz<f≤26.5 GHz
	<10.0 dB	26.5 GHz<f≤40 GHz
	<12.0 dB	40 GHz<f≤50 GHz
	3986L	
	<10.0 dB	10 MHz≤f≤4 GHz
	<15.0 dB	4 GHz<f≤50 GHz
	<16.0 dB	50 GHz<f≤67 GHz
抖动(不平均)	<0.17 dB	
噪声源驱动电压	噪声源(关闭):<1.0 V	
	噪声源(打开):(28.0±0.10) V	
测量点数	2~601(或固定频率测量)	
外形尺寸	宽×高×深＝426 mm×177 mm×460 mm (不含把手、底脚、垫脚和侧提带),允许公差±10 mm	
重量	小于 25 kg	
电源	AC220 V/240 V,50/60 Hz	
功耗	待机:小于 20 W;工作:小于 250 W	
输入接头形式	3986A/D/E:3.5 mm(阳),阻抗 50 Ω 3986F/H:2.4 mm(阳),阻抗 50 Ω 3986L:1.85 mm(阳),阻抗 50 Ω	

2)典型应用

(1)基本放大器测量应用

基本放大器测量是噪声系数分析仪最通用的测量模式,用于无频率转换的被测件(包括放大器、滤波器、隔离器等有源、无源线性器件或系统)的噪声系数和增益测量。

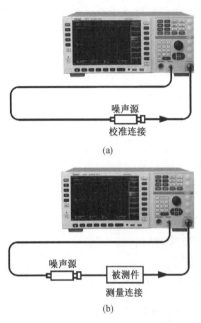

图 7-15　基本放大器测量应用

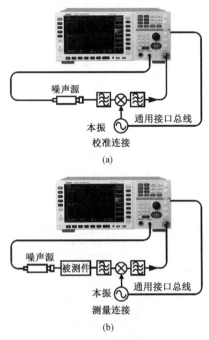

图 7-16　系统下变频模式测量应用

（2）系统下变频模式测量应用

系统下变频模式是针对放大器类被测件的扩频测量。外接混频器作为测试系统的一部分,用于校准和测量过程中。为减小噪声系数不确定度,尽可能选用变频损耗和噪声系数小的混频器,并且要求混频器的中频输出端口对本振信号有良好的隔离。

（3）上、下变频器测量应用

被测件是上、下变频装置,如上变频器和发射机,或下变频器和接收机,其输出中频频率在噪声系数分析仪的频率范围内。在上、下变频器测量中,3986 系列噪声系数分析仪提供固定中频、可变本振和固定本振、可变中频两种模式设置,分别用于测试被测件的射频响应特性和中频响应特性。

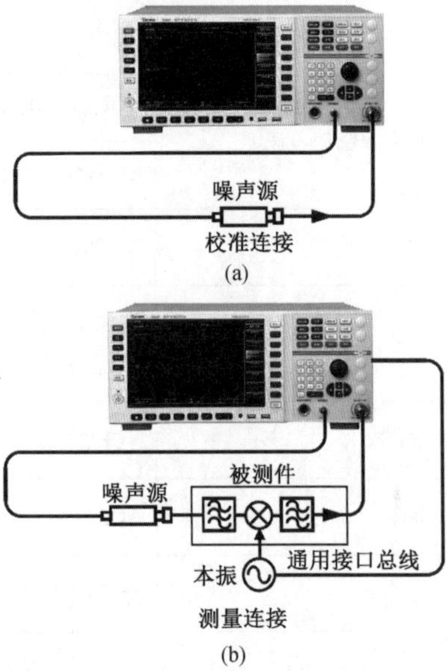

◆本章小结

图 7-17　上、下变频器测量应用

本章首先给出噪声、噪声系数的基本概念,继而讲述噪声系数的测量原理,介绍了微波噪声系数分析仪整机工作原理,之后介绍了噪声系数分析仪的主要技术指标(微波噪声系数分析仪通过外加扩频装置可将测量频率扩至毫米波频段甚至更高),最后给出噪声系数分析仪的应用及注意事项。在实际测量时,用户可根据需要选定一种测量模式,并根据测量要求确定系统配置。本章列举了两个实际的毫米波噪声系数测量系统供读者学习参考。

◆习题作业

1. 判断题

（1）电阻输出的单位带宽资用噪声功率只与热力学温度（K）成反比，与电阻的类型和阻值无关，与电阻的端电压及通过的电流无关。

（2）有源或无源器件产生热噪声，而散弹噪声仅产生于有源器件之中。

（3）噪声源的噪声温度不一定是它的物理温度。

（4）噪声系数的概念只适用于线性电路，包括准线性电路。

（5）网络的噪声系数与网络特性、源阻抗及网络的负载无关。

（6）多响应接收机的噪声系数与信号特性和接收机特性有关。

（7）等效输入噪声温度仅是网络内部噪声在输入端的等效，与输入端的标准噪声温度 T_0 无关，不受响应数目的影响。

2. 问答题

（1）请写出灵敏度与噪声系数的关系式。

（2）请写出超噪比的定义及其物理意义。

（3）请写出单响应线性二端口网络等效输入噪声温度与噪声系数的关系式。

（4）请写出噪声系数、等效输入噪声温度及增益的级联公式。

（5）请写出 r 因子与噪声系数的关系式。

第8章

微波电路参数测试

8.1 射频微波元器件测量技术方案

8.1.1 射频微波元器件发展及测试要求

射频微波元器件是一切无线电子装备、无线电子信息系统和武器装备无线控制系统的基础，直接影响系统的性能和功能。射频微波元器件是装备发展的基础，也是军民两用技术发展的重要支柱。随着无线系统技术的发展，射频微波元器件早已从分离元器件进入了高度集成化的新型元器件时代。新型电子元器件体现了当代和今后电子元器件向高频化、片式化、微型化、薄型化、低功耗、响应速率快、高分辨率、高精度、高功率、多功能、组件化、复合化、模块化和智能化等的发展趋势。

无论射频微波元器件功能与性能如何发展，都需要通过完整的测试来评估其各方面性能与功能，判断其是否满足设计指标的性能要求。通过测试一方面可验证设计的正确性，另一方面也可利用测试的性能参数可以对设计的电路进行修正和优化。微波射频电路典型的性能指标包含线性传输反射特性参数、非线性指标、噪声性能、功耗等方面。通用仪表具备很高的测试精度和完整的测试能力；能全面衡量低噪声放大器、功率放大器、混频器、频率综合源、滤波器等典型射频微波元器件各项性能指标。图8-1为射频微波器件测量参数，射频微波元器件的测试指标繁多。图8-1中简明扼要地列举了常见元器件类型以及测试指标。

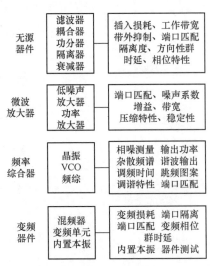

图8-1 射频微波器件测量参数

8.1.2 射频微波元器件测试技术方案

针对上述射频微波元器件测试的需求，图8-2列举了通用设备种类以及其对应常见测量项目。

接收机测试，在片测量，实时基带频谱分析仪、水平示波器测试件测量，振荡器测试、器件测量、元件测试方案，太赫兹器件在片测试，现场测试微波元器件，滤波器及移相器，TR组件以及测试，方案包含了双通波形捕获率，采用智能测试领域的各种全面测试与变频器件，振荡器及差分测量。

针对射频微波元器件领域的各种测试需求,相应的测试与测量解决方案,覆盖放大器、滤波器、变频器件、无源多端口器件、电缆、衰减器及移相器,振荡器及频率综合器,ADC,接收机和 TR 组件以及差分测量,毫米波测试,脉冲测试,在片测试,LOADPULL 测试等方面。完善的测试与测量解决方案包含了众多先进的测试与测量产品,例如,高达 500 GHz 的高精度矢量网络分析仪、集成实时基带发生器的双通道矢量信号源、高性能实时频谱分析仪、波形捕获率高达每秒一百万次的业界最高水平示波器、采用智能传感器技术的功率计等。

矢量网络分析仪	损耗增益工作带宽 带外抑制隔离度 群时延稳定性 压缩特性端口匹配 噪声系数方向性 相位特性功放效率
频谱与信号分析仪	频谱分布 谐波抑制 杂散测量 交调测试 邻道抑制比占用带宽 噪声系数 模拟和数字解调分析
信号源分析仪	相噪测量 杂散测量 调谐特性 调幅噪声 基带噪声 残余相噪 调频时间 频谱测量
宽带示波器	波形测量 开关时间 脉冲上下沿测试
功率计	测量参数: 精确 功率测量
微波信号源	功能: 激励被测设备, 如变频本振

图 8-2 微波仪器测量参数

8.2 无源互调失真测量

滤波器的无源互调指标近年来越来越被重视,当然是在满足多载频和足够大的功率的前提下,最突出的问题体现在蜂窝通信系统和室内分布系统的大功率通路上。众所周知,滤波器的作用就是让需要的信号通过,抑制不需要的信号。在图 8-3 中,两个带有大互调的载频信号输入到带通滤波器,可以发现大部分的三阶互调产物被滤波器抑制了。

图 8-3 滤波器在抑制互调产物的同时自身也会产生互调产物

一个有趣的现象是,在图 8-3 输出端的互调产物中,除了来自输入端的剩余互调产物以外,还包含了滤波器自身在两个大功率载频作用下所产生的无源互调产物。实际上,在滤波器的输入端就已经产生了一部分无源互调,这些无源互调会被滤波器滤除掉,但是在滤波器的输出端所产生的无源互调,滤波器就无能为力了。图 8-4 从另一个角度证明了这一点,即使输入信号非常纯净,不包含任何互调产物,经过滤波器后也会产生无源互调。

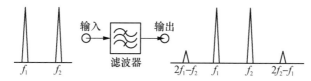

图 8-4 滤波器产生互调产物的过程

在现代蜂窝通信系统中,对于大功率场合应用的滤波器的无源互调提出了很高的要求。要做到良好的无源互调指标并非易事,除了材料以外,加工和调试工艺也相当重要。

所谓的无源互调是由发射系统中各种无源器件的非线性特性引起的。在大功率、多信道系统中,这些无源器件的非线性会产生相对于工作频率更高次的谐波,这些谐波与工作频率混合会产生一组新的频率,其最终结果就是在空中产生一组无用的频谱,从而影响正常的通信。

在通信系统中,常见的无源器件有天线、射频电缆、滤波器和波导元器件等。当多个频率的载波信号通过这些无源器件时,都会产生互调失真,其原因有机械连接的不可靠、使用具有磁带特性材料、虚焊和表面氧化等。

无源互调有绝对值和相对值两种表达方式。绝对值表达式以 dBm 为单位;相对值表达方式是无源互调值与其中一个基波的比值(这是因为无源器件的互调失真与载波功率的大小有关),用对数表示,其单位为 dBc。

无源互调失真非常小,互调测量比较困难,因此通常需要用高灵敏度的频谱分析仪来测量它。如图 8-5 所示为任意两端口无源器件互调失真测量的原理图。其测量方法类似于有源器件互调失真测量,在此不一一重述。

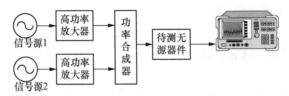

图 8-5　任意两端口无源器件互调失真测量的原理图

8.3　双工器和多工器

双工器和多工器是由不同频率的滤波器组合而成,其基本工作原理如图 8-6 所示,其中 Δf_1 和 Δf_2 分别是两个滤波器的频段,这两个频段必须完全不重叠。从端口 1 输入的信号通过滤波器从端口 3 输出,其幅度损失就是滤波器的插入损耗;另有一小部分信号没有被 Δf_2 滤波器完全滤除,而从端口 2 泄漏出来。1 端的输入功率和 2 端的泄漏功率的比值称为隔离度,这是双工器和多工器的重要指标。

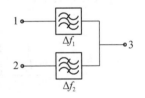

图 8-6　双工器和多工器的基本工作原理

比较 Wilkinson(威尔金森)耦合器(即常说的功率分配/合成器)、3 dB 电桥和多工器,这三种器件都可以作为功率合成器使用。其中 Wilkinson 耦合器和 3 dB 电桥可以同频功率合成,除了通路损耗以外不会产生额外的损耗,但是作为异频功率合成,这两种电路都会产生 3 dB 的额外损耗;而由滤波器组成的多工器则只能作为异频合成,但是它除了通路损耗以外,没有额外的损耗。双工器常用于天线的收发共用,如在频分双工(FDD)系统中,双工器可以将发射机和接收机的频率分离开来(见图 8-7)。而多工器则作为合路器常用于多部发射机的发射天线共用(见图 8-8)。

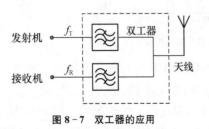

图 8-7　双工器的应用

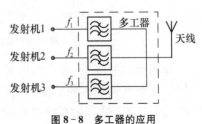

图 8-8　多工器的应用

8.4　低噪声放大器

低噪声放大器常用于无线电接收机前端,其作用是提高接收机的灵敏度。在某些需要测量微弱信号的场合,如电磁环境测量、发射系统的杂散测量等,当被测信号的幅度低于频谱分析仪的底噪声时,也需要用到低噪声放大器。在本节中讨论了低噪声放大器的主要技术指标、测量方法及其在射频测试和测量中的应用。低噪声放大器的基本指标有:

(1) 工作频率范围

工作频率范围是指放大器满足或超过产品手册中所有指标时的频率范围。低噪声放大器的工作频率范围可以做到非常宽,如 0.1~26.5 GHz,超过了 8 倍频程。

(2) 噪声系数

噪声系数(F)描述信号通过低噪声放大器时信噪比的变化,定义为输入信噪比(S_i/N_i)和输出信噪比(S_0/N_0)之比。

$$F=\frac{S_i/N_i}{S_0/N_0} \tag{8-1}$$

由于所有器件都会附带热噪声,所以信号经过放大器后,其信噪比必然是恶化的。因此,噪声系数必然是大于 1 的,如果用分贝表示则为正数。对于二级串联的放大器,其总的噪声系数 NF_t。

$$NF_t=NF_1+\frac{NF_2-1}{G_1} \tag{8-2}$$

式中,NF_1 为第一级放大器的噪声系数,G_1 为第一级放大器的增益,NF_2 为第二级放大器的噪声系数。如第一级放大器的噪声系数为 1 dB,增益为 25 dB;第二级放大器的噪声系数为 4 dB,则二级放大器串联后的噪声系数可由式(8-2)计算为 1.12 dB。可见串联放大器的噪声系数主要取决于第一级放大器,在系统设计或者测试和测量应用中,应尽可能考虑在第一级采用低噪声系数和高增益的放大器。

超宽带(如 0.1~26.5 GHz)低噪声放大器的噪声系数可做到 2~3 dB,一些窄带放大器更可低至 1 dB 以下。

线性无源器件的噪声系数等于其损耗值,即 NF 等于 $-S_{21}$(dB)。在一个有低噪声放大器的测量系统中,放大器输入端的电缆应尽可能采用低损耗电缆;如果系统中需要加入可调衰减器来控制总增益,则衰减器应置于放大器的输出端。

(3) 线性输出功率(P_{1dB})

图 8-9 描述了放大器的基本输入-输出特性。在线性放大区,放大器的输出和输入呈线性关系。当输入功率增加时,输出功率逐渐接近非线性区,1 dB 压缩点被定义为放大器的增益比线性区增益低 1 dB 时的输出功率,或者说被压缩 1 dB 时的输出功率(P_{1dB})。1 dB 压缩点输出可表示为:

$$P_{\text{out},1\,dB}=P_{1\,dB}+G-1\text{(dB)} \tag{8-3}$$

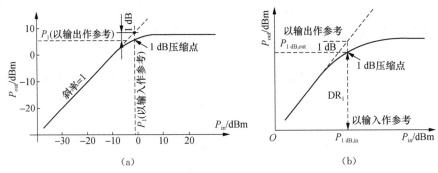

（a）　　　　　　　　　　（b）

图 8 - 9　放大器 1 dB 压缩点的定义

（4）增益（G）

低噪声放大器的增益定义为输出功率和输入功率之比，放大器的带内增益平坦度（ΔG）定义为在整个工作频率范围内增益的变化。f_L 和 f_H 分别为放大器工作频率范围的下限和上限，G_{min} 和 G_{max} 分别为放大器在工作频率范围内的最小和最大增益。增益平坦度为：

$$\Delta G(dB) = \pm \frac{G_{max} - G_{min}}{2} \qquad (8-4)$$

增益平坦度可以用网络分析仪在常温下测量。如无特别说明，增益平坦度仅指常温下的指标，不包括由于温度变化所导致的增益变化。

（5）反向隔离

放大器的反向隔离定义为反向加到输出端的功率与从输入端所测到的功率之比。对于低噪声放大器，反向隔离的典型值为增益的 2 倍。

（6）输入和输出驻波比（VSWR）

和绝大多数射频和微波器件一样，低噪声放大器被设计为 50 Ω 阻抗，但低噪声放大器较难做到这一点，尤其是需要兼顾良好的噪声系数指标时。

放大器的驻波比 VSWR 可通过反射系数 Γ 计算：

$$VSWR = \frac{1 + \Gamma}{1 - \Gamma} \qquad (8-5)$$

而反射系数则与系统阻抗有关：

$$\Gamma = \frac{Z - Z_0}{Z + Z_0} \qquad (8-6)$$

其中 Z 为放大器的输入或输出阻抗，Z_0 为特性阻抗，通常为 50 Ω。

（7）互调和谐波

低噪声放大器通常采用双极晶体管或场效应管，这些器件存在非线性因素，表现出互调和谐波。这些无用信号出现在放大器的输出端（见图 8 - 10）。

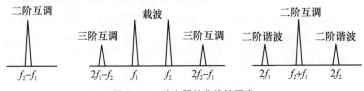

图 8 - 10　放大器的非线性因素

当输入到放大器的信号为单载频时,放大器的输出中会出现谐波;当输入到放大器的信号为二载频(f_1 和 f_2)时,放大器的输出中还会出现互调,通常关心二阶和三阶互调。

二阶互调产物(f_{IMD2})是两个载频之和或差值:

$$f_{IMD2} = f_1 \pm f_2 \tag{8-7}$$

二阶互调产物仅对大于一个倍频程的放大器产生影响,如果放大器的带宽小于一个倍频程,其二阶互调产物落入带宽外而被衰减了。

三阶互调产物(f_{IMD3})是载频与二次谐波的混合产物:

$$f_{IMD3} = 2f_1 \pm f_2 \text{ 或 } 2f_2 \pm f_1 \tag{8-8}$$

三阶互调产物靠近载频,所以是测试者较为关心的。

在放大器的 1 dB 压缩点以下,当载频增加 1 dB 时,二阶互调增加 2 dB,而三阶互调则增加 3 dB。

(8) 动态范围

低噪声放大器的动态范围可用线性动态范围和无杂散动态范围两种方式来表达。

线性动态范围定义为放大器输入端可检测到的最小信号与放大器输出保持线性时的最大输入信号之间的差值。最大输入信号是指放大器输出为 1 dB 压缩点时的输入信号,而最小检测信号则与系统中的噪声系数、带宽和信噪比有关。

无杂散动态范围定义为最小检测信号与无杂散时的最大输入信号之间的差值。无杂散最大输入信号是指输出三阶互调产物等于最小检测信号时放大器的输入信号。

放大器包含低噪声放大器、功率放大器、可变增益放大器等多种类型。测试系统需要全面测试放大器的传输反射参数、交调参数、功率压缩点参数、噪声参数等。

放大器主要包括功放、低噪放、中放等,对于放大器必须进行严格而全面的测量以保证系统的性能。测量参数包括:小信号 S 参数、噪声系数、压缩特性、谐波、互调、HotS 参数、效率、稳定性、失真测量以及数字预失真补偿等。矢量网络分析仪、信号源和频谱分析仪可以对放大器的特性进行全面测量。

矢量网络分析仪可以直接对放大器进行小信号 S 参数测试,获得增益、相移、群延时、端口匹配特性,还可对给放大器供电的直流功率进行测试,从而获得放大器的效率。利用任意变频测量功能,矢量网络分析仪可以对放大器进行谐波、互调以及 HotS 参数测量,利用噪声系数测量功能,可以直接对放大器的噪声系数进行测试。

在很多情况下,还需要采用信号源和信号分析仪来进行放大器测试。信号源产生一定带宽的信号输入放大器,信号分析仪完成对放大器输出信号的测量分析,得到如邻道功率抑制比、峰均比、CCDF、EVM 等指标。矢量网络分析仪可实现各类元器件和模块测量,包括标准 S 参数、时域测量、变频测量、真差分测量(混合 S 参数)、脉冲 S 参数测量、噪声系数测量等。图 8-11 为放大器的增益、驻波、1 dB 压缩点、三阶交调、噪声系数的测试曲线。

PNA-X 网络仪采用专利的冷态噪声源测试技术来进行噪声系统测试,这种技术与传统 Y 因子测试方法相比,具有更高的测试精度,测试中被测输入端不需连接噪声源。这种技术非常适合相控阵天线和高温环境下器件的噪声系数测试。

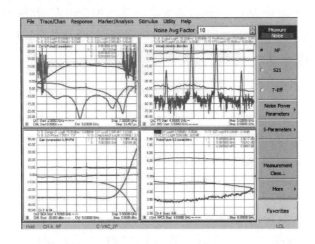

图 8-11　放大器的增益、驻波、1 dB 压缩点、三阶交调、噪声系数的测试曲线

8.4.1　低噪声放大器的增益测量

利用频谱分析仪测量待测件增益一般采用微波信号源,通过测量放大器输入端口和输出端口的功率,计算出放大器的增益。这里以高功率放大器和低噪声放大器增益测量为例,来说明利用频谱分析仪测量增益的方法。

低噪声放大器的增益测量原理类似于高功率放大器的增益测量原理,但是由于低噪声放大器是用来接收放大微弱信号的,因此其输入信号电平很低,实际测量时应考虑这一因素。如图 8-12 所示为低噪声放大器增益测量的原理图。

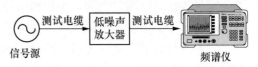

图 8-12　低噪声放大器增益测量的原理图

如果信号源最小输出功率比较大(如 -20 dBm),则此时需要考虑使用可变衰减器;如果信号源的射频输出功率很小(如 -60 dBm 以下),则可以考虑不用可变衰减器。

低噪声放大器增益测量的原理和方法是:首先在不接待测低噪声放大器的情况下,将信号源的射频输出经衰减器直接同频谱分析仪连接,此时用频谱分析仪测量的信号功率电平为 P_1[dBm],衰减器的读数为 A_1[dB];然后,关闭信号源的射频输出开关,按照如图 8-12 所示接入低噪声放大器,合理设置衰减器的衰减,确保低噪声放大器的输入信号较小,打开信号源的射频开关,保持信号源的射频输出功率不变,同理用频谱分析仪测量的信号功率电平为 P_2[dBm],衰减器的读数为 A_2[dB],则低噪声放大器的增益 G_{LNA} 为

$$G_{\mathrm{LNA}}[\mathrm{dB}]=P_2[\mathrm{dBm}]-P_1[\mathrm{dBm}]+A_2[\mathrm{dB}]-A_1[\mathrm{dB}] \qquad (8-9)$$

测量低噪声放大器增益的步骤如下:

(1) 按照如图 8-12 所示建立低噪声放大器增益测试系统,加电预热,使系统的仪器设备工作正常。

(2) 在不接待测低噪声放大器的情况下,信号源输出的单载波射频信号经测试电缆、衰减器后接入频谱分析仪,频谱分析仪测量的信号电平为 P_1[dBm],衰减器的读数为

$A_1[\mathrm{dB}]$；保持信号源的射频输出功率不变，改变测试频率，同理测量不同频率点信号功率电平，记为 $P_1(f)[\mathrm{dBm}]$。

（3）关闭信号源的射频输出开关，按照如图 8-12 所示接入待测低噪声放大器，打开信号源的射频输出开关，保持信号源的输出功率不变，设置合适的衰减量，衰减的大小为 $A_2[\mathrm{dB}]$，同理在不同频率情况下，频谱分析仪测量的信号功率电平为 $P_2(f)[\mathrm{dBm}]$。

（4）利用式(8-9)计算低噪声放大器的增益为：

$$G_{\mathrm{LNA}}[\mathrm{dB}] = P_2(f)[\mathrm{dBm}] - P_1(f)[\mathrm{dBm}] + A_2[\mathrm{dB}] - A_1[\mathrm{dB}]$$

测量低噪声放大器增益时应注意：由于低噪声放大器是非线性器件，其增益测量应在其线性工作区内进行；当低噪声放大器的直流加电同射频输出采用同一射频电缆时，频谱分析仪的射频输入端口应接隔直流器，以免损坏频谱分析仪。

8.4.2 低噪声放大器的 1 dB 压缩点测量

低噪声放大器、高功率放大器、变频器和混频器等均属于非线性器件，用频谱分析仪测量它们 1 dB 压缩点的原理和方法类似，因此这里以低噪声放大器的 1 dB 压缩点测量为例，来说明利用频谱分析仪测量 1 dB 压缩点的原理和方法。如图 8-13 所示为低噪声放大器 1 dB压缩点测量的原理图。

测量低噪声放大器 1 dB 压缩点的步骤如下：

（1）按照如图 8-13 所示建立测试系统，系统加电预热，使系统仪器设备工作正常。

图 8-13 低噪声放大器 1 dB 压缩点测量的原理图

（2）电缆损耗的校准测量。利用信号源和频谱分析仪，在测试频段内，分别测量出测试电缆 1 和测试电缆 2 的插入损耗。测试电缆 1 的插入损耗记为 L_{A1}，测试电缆 2 的插入损耗记为 L_{A2}。

（3）在测试频率范围内，信号源首先发射一单载波小信号，使低噪声放大器工作在线性区内。判断低噪声放大器是否工作在线性区的方法是：增加或减少信号源输出功率的大小，当低噪声放大器输出按同样比例增大或减小时，低噪声放大器工作在线性区；否则工作在非线性区。

（4）逐渐增大信号源的输出功率。当低噪声放大器工作于线性区时，信号源输出功率增加 1 dB，也就是低噪声放大器输入功率增加 1 dB，频谱分析仪测量的低噪声放大器输出功率也增加 1 dB。假设此时低噪声放大器的增益为 $G=10\ \mathrm{dB}$，继续增大信号源的输出功率，直到被测量的放大器增益被压缩 1 dB。此时，放大器输入功率增加 1 dB，放大器输出功率增加会小于 1 dB，且低噪声放大器的增益为 $G=(10-1)\mathrm{dB}=9\ \mathrm{dB}$。此时频谱分析仪测量的绝对功率电平值，扣除测试电缆损耗，就是低噪声放大器的输出 1 dB 压缩点。此时低噪声放大器的输入功率和输出功率分别为

$$P_{1\,\mathrm{dBin}}[\mathrm{dBm}] = P_{\mathrm{sigout}}[\mathrm{dBm}] - L_{\mathrm{A1}}[\mathrm{dB}] \tag{8-10}$$

$$P_{1\,\mathrm{dBout}}[\mathrm{dBm}] = P_{\mathrm{meas}}[\mathrm{dBm}] + L_{\mathrm{A2}}[\mathrm{dB}] \tag{8-11}$$

式中，$P_{1\,dBin}$为输入功率 1 dB 压缩点(dBm)；P_{sigout}为射频信号源的输出功率(dBm)；L_{A1}为测试电缆 1 的插入损耗(dB)；$P_{1\,dBout}$为输出功率 1 dB 压缩点(dBm)；P_{meas}为频谱分析仪测量的信号功率电平(dBm)；L_{A2}为测试电缆 2 的插入损耗(dB)。

高功率放大器、混频器和变频器等非线性设备的 1 dB 压缩点测量原理和方法同低噪声放大器 1 dB 压缩点测量类似。但是要注意：在测试过程中，要选择合适输入、输出电平，防止烧毁测试仪器设备。特别是高功率放大器测试中，接入频谱分析仪的射频信号一定要小于或等于频谱分析仪的最大安全输入电平，实际测试中，考虑使用标准衰减器或用定向耦合器，以免损坏测试仪器设备。

8.5   功率放大器的测量

8.5.1   功率放大器的基本指标

功率放大器的基本指标有：① 增益和功率与频率的关系；② 增益和功率与输入功率的关系；③ 1 dB 压缩点；④ 相位与输入功率的关系；⑤ 谐波功率；⑥ 数字调制信号的 ACP；⑦ AM‐PM 转换；⑧ 为满足 ACP 的要求需要回退的程度；⑨ 数字调制信号的 EVM；⑩ 为满足 EVM 的要求需要回退的程度。

其中，①～④项测试利用 VNA 进行测试，⑤谐波功率利用频谱仪进行测试，其余测量取决于信号调制类型。利用频谱仪测量 ACP，利用 VSA 测量 EVM。

（1）线性输出功率（1 dB 压缩点）

低噪声放大器、高功率放大器和微波混频器等均属于非线性微波器件。当这些器件工作于线性区时，可以认为增益是一个常数，即输出功率随输入功率的增加而增加。例如当输入功率增加 3 dB 时，输出功率亦增加 3 dB，则说明此放大器工作在线性区。但是当输入功率增加到一定程度时，输出功率不再按比例增加，甚至有所下降，这表明当输入功率达到一定程度后，其增益不再是一个常数，这是由于放大器的非线性特性造成的，这种非线性特性用 1 dB 压缩点表征。1 dB 压缩点指标是放大器线性放大能力的标志，也是放大器带负载能力的又一特征。

图 8‐14 描述了放大器的基本输入—输出特性。在小信号区域，放大器的输出和输入呈线性关系。当输入功率增加时，输出功率逐渐接近非线性区，1 dB 压缩点被定义为放大器的增益比小信号增益低 1 dB 时的输出功率，或者说被压缩 1 dB 时的输出功率（$P_{1\,dB}$）。当输入功率进一步增加时，输出功率被继续压缩，3 dB 压缩点以后，放大器的输出基本上饱和了。此时若再增加输入功率，输出功率不变了。通常将 1 dB 压缩点作为一个放大器的线性区和非线性区的分界点。从图中可以看出，1 dB 压缩点的物理意义是：当输入功率逐步增加时，放大器由线性区进入非线性区，这一点定义为转折点；当输入功率继续增加时，放大器的功率增益在转折点后不再线性增加，而呈逐渐下降趋势（在放大器饱和之前，输出功率仍有所增加）。当放大器增益随输入功率电平增加而下降 1 dB 时，此时的输入功率所对应的放大器输出功率称为该放大器的 1 dB 压缩点。输出功率可用 dBm 或 W(mW) 来表示，其转换关系为：

$$P(\text{dBm}) = 10\lg \frac{P(\text{mW})}{1 \text{ mW}} \tag{8-12}$$

功率放大器的很多指标(如增益、谐波和杂散)都是在被压缩 1 dB 的输出条件下测量的。

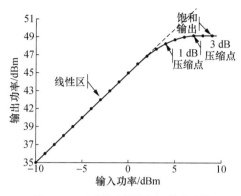

图 8-14　功率放大器的输入-输出特性

(2) 增益(G)

如图 8-15 所示是二端口放大器的等效电路图,其中 V_s 为信号源,Z_s 为信号源的阻抗;Z_L 为负载阻抗。从二端口网络的输入端向源看去的反射系数 Γ_s 与向放大器输入端看去的反射系数 Γ_{in} 是不同的;同样,从二端口网络的输出端向负载看去的反射系数 Γ_L 与向放大器输出端看去的反射系数 Γ_{out} 也是不同的。放大器的增益与源阻抗 Z_s 及负载阻抗 Z_L 有关,增益有以下几种表达方式。

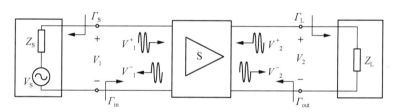

图 8-15　单级放大器网络的功率传输图

① 工作功率增益(G_P):工作功率增益定义为耗散在负载上的功率(P_L)和传送到二端口网络的输入功率(P_{in})之比,这个增益与源阻抗 Z_s 无关,但与负载阻抗 Z_L 有关。

$$G_P(\text{dB}) = 10\lg \frac{P_L}{P_{in}} \tag{8-13}$$

② 资用功率增益:资用功率增益(G_A)也称为可用增益,其定义是二端口网络的输出功率(P_{out})和源输出功率(P_S)之比,这里假设了源及负载均达到了共轭匹配,这个增益与 Z_s 有关,但与 Z_L 无关。

$$G_A(\text{dB}) = 10\lg \frac{P_{out}}{P_S} \tag{8-14}$$

③ 转换功率增益:转换功率增益(G_T)定义为耗散在负载上的功率(P_L)和源输出功率(P_S)之比,这个增益与 Z_s 和 Z_L 都有关。

$$G_{\mathrm{T}}(\mathrm{dB})=10\lg\frac{P_{\mathrm{L}}}{P_{\mathrm{S}}} \qquad (8-15)$$

在实际应用中,最常用的是工作功率增益。在增益测量过程中,分别测量放大器的输入端功率和被负载吸收的功率,然后计算放大器的增益。

在功率放大器的产品手册中,常见到"小信号增益"和"线性增益"的指标。对于 A 类放大器,小信号增益是在低于 1 dB 压缩点的 10 dB 处测量的,而 AB 类和 C 类放大器则是在低于额定功率 10 dB 处测量的。用网络分析仪可以准确测量放大器的小信号增益。线性增益是在 1 dB 压缩点处测量的,它更能反映功率放大器的实际工作情况。

(3) 输入-输出隔离和(有源)方向性

放大器的输入-输出隔离度也称为反向增益,定义为反向加到输出端的功率与从输入端所测到的功率之比。而方向性则被定义为隔离度与正向增益的差值。

隔离度和方向性指标描述源和负载的隔离情况,表示放大器的负载阻抗对输入阻抗的影响,以及源阻抗对输出阻抗的影响。方向性越大,表示隔离越大,即源和负载之间的影响越小。

(4) 谐波和杂散

放大器的谐波定义为等于工作频率整数倍的无用信号,而杂散则是其他的无用信号。放大器是不会产生其他无用信号的,除非放大器的工作不稳定产生了自激。放大器的谐波和杂散用 dBc 来表示,即低于载频的 dB 值。

功率放大器的谐波和杂散是产生发射系统杂散干扰的重要原因。谐波因为远离载频,可以用滤波器滤除;而对付杂散则需要仔细寻找其来源,因为杂散信号有时会靠近载频。除了两个以上的载频同时进入到放大器的输入端会产生互调以外,当干扰信号从放大器的输出端反向进入放大器时,放大器也会产生互调。这有点类似各向异性器件的反向互调,通常,很多放大器制造商并不关心这项反向互调指标。

(5) 互调失真(IMD)

当输入信号中含有两个以上频率分量时,非线性电路所产生的失真称为互调失真(IMD)。放大器互调失真通常指的是两个载频条件下的三阶互调失真(见图 8-10),其计算公式如下:

$$f_{\mathrm{IMD3}}=2f_1-f_2 \text{ 和 } f_{\mathrm{IMD3}}=2f_2-f_1 \qquad (8-16)$$

(6) 三次截获点(IP3)

当两个载频信号 f_1 和 f_2 同时进入放大器的输入端时,放大器会在输出端产生互调,其互调频率分量为:

$$f_{\mathrm{IMD}}=mf_1\pm nf_2 \qquad (8-17)$$

式中,m 和 n 为 1 到无穷大的整数。

互调的阶数定义为 $m+n$,如 $2f_1-f_2$、$2f_2-f_1$、$3f_1$ 和 $3f_2$ 为三阶产物。前二者称为由两个载频所产生的三阶互调产物,而后二者则是由单载频所产生的三次谐波产物。举例说明,如两个载频分别为 950 MHz 和 952 MHz,则三阶互调产物为 948 MHz 和 954 MHz,而单载频谐波为 1 900 MHz 和 1 904 MHz。在放大器的线性区域内,当输入载频增加 1 dB

时,输出互调增加 3 dB,而输出功率则增加 1 dB。

我们将输出功率和互调的变化用坐标来表示(图 8-16),其中 X 轴表示输入功率,Y 轴表示输出功率。从图中可以发现输出电平按照 1:1 的斜率随输入信号电平变化,而三阶互调失真则按照 3:1 的斜率变化。虽然输出和三阶互调都会在某个功率电平上饱和,但将两条曲线的线性区分别延长并获得相交点,这个交点对应的 X 轴和 Y 轴的读数分别被称为输入和输出三次截获点(IP3);而二者之差即为放大器的小信号增益,如输入 IP3 为 5 dBm,输出 IP3 为 50 dBm,则放大器增益为 45 dB。

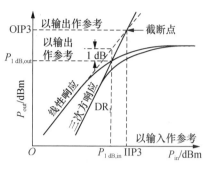

图 8-16　放大器的三阶截获点

$$OIP3 = P_{OUT} + IMD/2 \tag{8-18}$$

式中,每载波的输出(dBm)IMD 为互调产物,即每载波功率和互调功率之差。知道了放大器的 IP3,也可以计算出 IMD。

$$IMD = 2(IP3 - P_{OUT}) \tag{8-19}$$

(7) 电压驻波比(VSWR)

放大器的电压驻波比 VSWR 和其他射频和微波器件一样,定义为入射和反射电压之比。功率放大器的 VSWR 测量和分析要比无源器件复杂。比较容易测量的是放大器的小信号输入 VSWR,用网络分析仪就可以准确测量。而放大器的输出 VSWR 测量就比较困难了,尤其是在大信号条件下。对于功率放大器而言,输出 VSWR 无疑是一项非常重要的指标,它关系到放大器工作的稳定性和效率。

在窄带功率放大器中,经常可以见到在输出端接有一个铁氧体环流器。环流器是一种各向异性的无源器件,所以对于一个装有环流器的放大器,从其输出端向放大器看去,无论是大信号还是小信号,其 VSWR 都是较为理想的。这种方法实际上"掩盖"了放大器真正的输出 VSWR,如果先将放大器的输出 VSWR 调至理想的状态,然后再加装环流器,那么对提高放大器的工作效率和稳定性是大有裨益的。

(8) 效率(η)

放大器的设计,首先要考虑的是稳定工作。其次重要的指标就是效率,效率越高,意味着放大器的稳定性越好,可靠性也就越高。效率用 0%~100% 的百分比表示,包括两种含义:直流(DC-RF)效率和功率增加效率。

直流效率(η_{DC})是放大器的射频输出功率与放大器所消耗的直流功率之比:

$$\eta_{DC}(\%) = \frac{P_{OUT}}{P_{DC}} \tag{8-20}$$

式中,P_{OUT} 为放大器的 1 dB 压缩点输出功率(W),P_{DC} 为消耗的直流功率(W)。

功率增加效率指标($\eta_{\Delta P}$)则更加有意义,它是放大器产生的净功率,即射频输出功率和输入功率之差与放大器所消耗的直流功率之比:

$$\eta_{\Delta P}(\%) = \frac{P_{\text{OUT}} - P_{\text{IN}}}{P_{\text{DC}}} \tag{8-21}$$

式中，P_{OUT} 为放大器的 1 dB 压缩点输出功率(W)，P_{IN} 为放大器的输入射频功率(W)，P_{DC} 为消耗的直流功率(W)。功率增加效率与放大器的增益有关。功率放大器测试应用中技术特点如表 8-1 所示。

表 8-1　功率放大器测试应用中技术特点

功率放大器测试应用要求	PNA-X 技术特点
功率放大器测试参数包含端口驻波、增益、输出信号频谱、交调失真、调制质量恶化、波形恶化、效率等	(1) PNA-X 提供扫频激励，功率扫描激励和双音激励完成被测件的线性参数和非线性参数测试。 (2) PNA-X 可方便连接调制信号源、频谱分析仪。通过 PNA-X 内置的控制开关将不同测试仪表连接至被测功放。完成单次连接多参数测试
大功率激励	(1) PNA-X 输出的激励功率可达到 18 dBm@12 GHz，15 dBm@25 GHz，满足被测件测试要求。 (2) PNA-X 开放的测试座结构，可外置连接 83020A 或其他推动放大器，激励功率可扩展至 30 dBm@20 GHz。 (3) PNA-X 支持功率校准来保证被测件端口激励功率精度
输出功率高	(1) PNA-X 接收机的功率压缩点指标为 16 dBm@20 GHz。大动态范围接收机保证接收机对被测件高功率输出信号的准确测量，确保测试结果的准确性。 (2) 接收机端口内置 35 dB 步进衰减器，扩展接收机动态范围。 (3) 开放的测试座结构，支持外置的定向耦合器，接收机端口衰减器，扩展测试功率范围
热状态 S_{22} 参数测试	(1) PNA-X 双激励源，源 1 提供被测放大器激励信号，源 2 提供输出端口反射参数测试激励信号。 (2) 利用频偏模式使两个激励信号工作在不同频率。 (3) 大动态范围接收机保证对被测放大器输出方向信号的线性测试，接收机选择性完成对反射信号的提取。完成热状态 S_{22} 参数测试
交调测试	PNA-X 网络仪能提供双音激励信号，双音信号能工作于点频和扫频状态。而接收机工作于频偏模式下完成对交调产物的测试。PNA-X 能提供点频和扫频状态下放大器的交调参数测试

8.5.2　高功率放大器的增益测量

如图 8-17 所示为高功率放大器增益测量的原理图。

高功率放大器(HPA)的增益测量是按高功率放大器增益的定义来进行的，即增益等于高功率放大器的输出功率与输入功率之比，用分贝公式表示为：

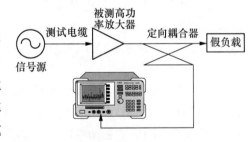

图 8-17　高功率放大器增益测量原理图

$$G_{\text{HPA}}[\text{dB}] = P_{\text{out}}[\text{dBm}] - P_{\text{in}}[\text{dBm}] \tag{8-22}$$

式中，G_{HPA} 为高功率放大器的增益(dB)；P_{out} 为高功率放大器的输出功率(dBm)；P_{in} 为高功率放大器的输入功率(dBm)。

用频谱分析仪测量高功率放大器增益的原理和方法是：按照图 8-17 所示，首先在不接高功率放大器的情况下，将测试电缆 1 直接接定向耦合器的输入口，测试电缆 2 从定向耦合器的耦合端口接频谱分析仪,频谱分析仪测量的信号功率电平为 $P_1[\text{dBm}]$;然后,接上待测高功率放大器,保持信号源输出功率不变,同理测量出定向耦合器耦合输出功率的大小,记为 $P_2[\text{dBm}]$,计算二者的差值即得高功率放大器的增益。测量步骤如下:

（1）按照图 8-17 所示建立测试系统,系统加电预热,使系统的仪器设备工作正常,并在定向耦合器的输出口接假负载。

（2）定标测量。在不接待测高功率放大器的情况下,信号源的输出经测试电缆 1 与定向耦合器的输入端口连接,设置信号源的输出频率和功率(信号源输出功率合适,此功率不使功率放大器饱和),信号源工作模式为单载波输出,打开信号源的射频输出开关,频谱分析仪在定向耦合器的耦合端口测量信号电平的大小;改换测试频率,测量不同频率的信号电平大小,并记录不同频率的测量结果。

（3）关闭信号源的射频输出开关,按照图 8-17 所示连接高功率放大器,接入高功率放大器以后,打开信号源的射频输出开关,并保持信号源的输出功率不变,同理用频谱分析仪测量出不同频率点的信号电平大小,并记录测试结果。

（4）计算步骤（3）和步骤（2）测量的信号电平的差值,获得高功率放大器不同频率点增益的大小。

用频谱分析仪测量高功率放大器增益时需要注意:不能将高功率放大器的输出直接接入频谱分析仪的射频输入端口,避免当输出功率大于 1 W 时,烧毁频谱分析仪的射频输入电路;测量高功率放大器增益时,一定要在高功率放大器的线性工作区进行(高功率放大器是否工作在线性区的检查方法是增大或减小信号源的射频输出功率,频谱分析仪测量的信号功率按相同量级增大或减小,说明高功率放大器工作在线性区)。

8.5.3　功率放大器的谐波测量

当放大器过激励或者工作于非线性区时,放大器的输出中会出现谐波失真。

如果放大器的输入信号是纯净的,即只有 f_1,希望放大器的输出也只有 f_1。但这只是理想状态,在实际情况中,放大器会产生 $2f_1$、$3f_1$、$4f_1$ 等谐波。谐波是直接干扰其他通信系统和产生互调的主要原因。图 8-18 是两种典型的功率放大器谐波测量方法。

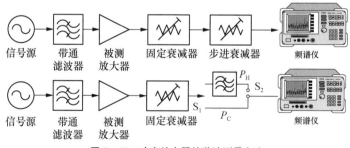

图 8-18　功率放大器的谐波测量方法

为放大器提供激励的信号源输出频谱必须十分纯净,通常信号源的输出频谱纯度不能满足放大器的测试要求,所以应在信号源的输出端接一个带通滤波器或低通滤波器,前者具有更好的带外抑制,而后者具有更宽的通带范围,可以根据实际要求来选择。放大器输出端的衰减器是为了降低放大器的输出功率,使之适合频谱分析仪的输入电平要求。集总参数衰减器自身存在二次谐波，所以在选择衰减器时需要审视。通常，在功率放大器的测试场合，集总参数衰减器基本上可以满足要求。

因为频谱分析仪本身存在非线性因素，有时很难判别所测到的谐波是被测放大器产生的还是频谱分析仪自身所产生的。这时可以在频谱分析仪前接一个步进衰减器，如果改变衰减器的衰减量，载频和谐波不是呈 1:1 的规律变化，则说明谐波是由频谱分析仪产生的。当频谱分析仪进入非线性工作区时，载频和谐波成 1:2 的规律变化。

在测试方法中，载频和谐波被同时衰减，所以谐波测量受到频谱分析仪动态范围的限制。为了进一步提高测试动态，在频谱分析仪的前端设置两个通路，其中当开关 S_1 和 S_2 置于直通通路时，频谱分析仪测量到载频的幅度 P_C；当开关置于高通滤波器通路时，滤波器会滤除载频，保留被测的谐波 P_H。如果 P_C 和 P_H 都以 dBm 为单位，那么谐波可用下式计算：

$$THD(\text{dBc}) = P_H - P_C \tag{8-23}$$

当工作在非线性区时，功率放大器将产生信号失真，它将产生 2,3,4…次谐波（表8-2），相关标准对带外辐射的规定是非常严格的，通常规定谐波功率必须比载波低 −60 dB。

表 8-2 谐波功率电平

谐波频率(GHz)	频率(GHz)	功率(dBm)	比基波低(dB)
基波	2.5	19	
二次	5	−13	−32
三次	7.5	−7	−26
四次	10	−24	−43
五次	12.5	−26	−45
六次	15	−34	−53

图 8-19 给出了功率放大器在 2.5 GHz 基波功率，5 GHz 的二次谐波功率，二次谐波对基波的功率比值。二次谐波与基波功率比值为 −60 dB 时，输入功率为 −4 dBm，输出功率为 9 dBm，比饱和点低 10 dB，比较好的方法是在天线和放大器之间加低通或带通滤波器。

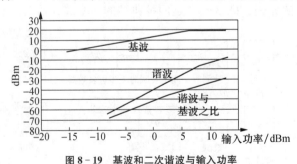

图 8-19 基波和二次谐波与输入功率

8.5.4 放大器的正向互调失真测量

当两个或多个载频信号输入到放大器时，放大器的输出除了载频信号以外，还会产生一些互调产物。描述这些互调产物的实用方法就是测量放大器的二阶截获点（IP2）和三阶截获点（IP3）。图 8-20 是典型的放大器正向互调测量系统。

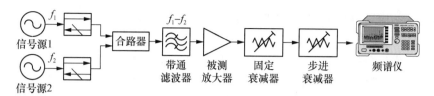

图 8 - 20　典型的放大器正向互调测量系统

信号源 1 和信号源 2 分别产生两个载频信号,并在线性合路器中合成,合路器前的隔离器的作用是提高隔离度,以防止两个信号源之间产生互调。合路器以后的带通滤波器可以滤除两个载频合成后所产生的互调,以保证最终输入到放大器的测试信号的纯度。放大器后面的衰减器的作用与谐波测试完全一样。为了保证互调测量的精度,两个载频之间的幅度差应小于 0.5 dB。

放大器的输出频谱在频谱分析仪上显示,如图 8 - 21 所示,其中图 8 - 21(a)是二阶互调的情况,图 8 - 21(b)是三阶互调的情况。在这两种情况下,载频的幅度是相等的。在测试要求中,频率间隔是根据放大器的频率范围和类型由制造商指定的,如 0.1 MHz、0.5 MHz、1 MHz 和 2 MHz 等。

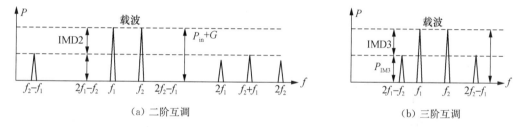

(a) 二阶互调　　　　　　　　　　　　　　　　(b) 三阶互调

图 8 - 21　放大器的互调频谱

测试二阶截获点时要关注的是二阶互调产物 f_1+f_2 和 f_1-f_2。设放大器的输入为 P_{in}(dBm),增益为 G(dB),从频谱分析仪可以测量到每载频的幅度为 $P_{in}+G$(dBm),二阶互调的幅度为 P_{IM2}(dBm),二阶互调的相对值为 IMD2(dBc),则可以计算出 IP2(dBm)为:

$$IP2 = P_{in} + IMD2 \qquad\qquad (8-24)$$

三阶截获点的测试方法与上述相同,但是关注的是三阶互调产物 $2f_1-f_2$ 和 $2f_2-f_1$。输入三阶截获点为:

$$IP3 = P_{in} + \frac{IMD3}{2} \qquad\qquad (8-25)$$

对于窄带放大器,通常只需测量三阶截获点,因为更高阶和二阶的互调产物落到放大器的带宽以外,而宽带放大器则需要考虑二阶截获点。

8.5.5　矢量信号分析仪在射频功放中的测量

非线性特性测试是功率放大器非常重要的测试参数,除了采用常规的功率压缩点和交调测量外,需要进行邻道功率抑制比和 EVM 测量,用来更加精确地衡量放大器的宽带非线性特性及对通信系统的影响。

此时,需要信号源产生符合具体应用标准的宽带信号作为激励,利用信号和频谱分析仪对放大器输出频谱进行测量,获取宽带增益特性,ACPR 和 CCDF,并可以进一步进行调制分析获取 EVM 指标。实时频谱分析仪等可以很好地完成测试。

放大器的失真分析及数字预失真补偿也是研发中很重要的一环。采用信号源和信号分析仪,以及失真分析软件,即可对放大器的线性和非线性特性进行测量与建模,计算放大器模型的系数,并通过数字预失真补偿的办法来进一步提高邻信道功率比和 EVM 的性能。

图 8-22~图 8-27 给出了功率放大器 VSA 测量结果与功率回退的关系。图 8-22 是测试信号,RMS EVM 小于 1%,星座点在交叉点。图 8-23 给出了功放回退 9 dB 的线性区的测试结果,测试结果与测试信号相同。图 8-24 给出了功放回退 2 dB 的线性区的测试结果,RMS EVM 为 4%,星座点发生弥散。图 8-25 给出了功放回退 1 dB 的线性区的测试结果,RMS EVM 为 10%,星座点和眼图更加弥散。图 8-26 给出了没有功放回退的非线性区的测试结果,RMS EVM 为 14%,由于 AM-PM 变换,星座点越发弥散。

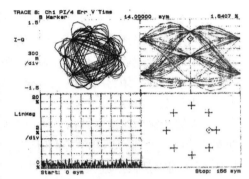

图 8-22 矢量信号分析仪对 π/4DQPSK 信号的测试

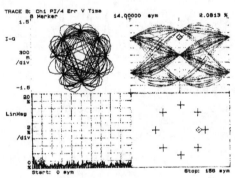

图 8-23 矢量信号分析仪对 π/4DQPSK 通过功放回退 9 dB 的线性区的测试结果

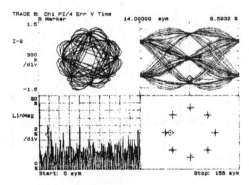

图 8-24 矢量信号分析仪对 π/4DQPSK 通过功放回退 2 dB 的线性区的测试结果

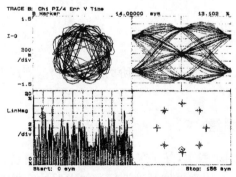

图 8-25 矢量信号分析仪对 π/4DQPSK 通过功放回退 1 dB 的线性区的测试结果

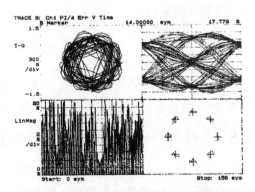

图 8-26 矢量信号分析仪对 π/4DQPSK 通过没有功放回退的非线性区的测试结果

图 8 - 27 概括了图 8 - 22～图 8～26 的测量结果,图中显示了 EVM 随功率回退的关系,功率必须回退 3 dB 才能保持 EVM 小于 6%。

图 8 - 28～8 - 31 给出了中频滤波器群时延信号速率分别为 48.6 kbps、60 kbps 和 75 kbps,滤波器用于 48.6 kbps IS - 136 系统。

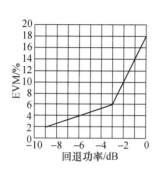

图 8 - 27　π/4DQPSK 信号 EVM
与功率回退的关系

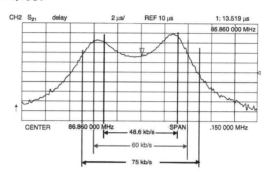

图 8 - 28　中频滤波器群时延

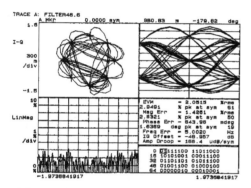

图 8 - 29　EVM of 48.6 kbps π/4DQPSK 信号通
过中频滤波器

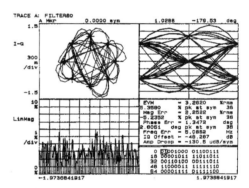

图 8 - 30　EVM of 60 kbps π/4DQPSK 信号通过
中频滤波器

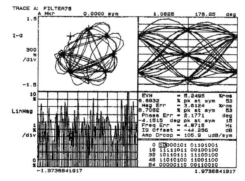

图 8 - 31　EVM of 75 kbps π/4DQPSK 信号通过中频滤波器

8.5.6　邻道功率测量

TOI、SOI、1 dB 增益压缩和 DANL 都是频谱分析仪性能的典型测量指标。但随着数字通信系统的大量增加,其他衡量动态范围的测量指标也变得非常重要。例如邻道功率(ACP)测量经常用于测量 CDMA 通信系统中有多少信号能量泄露或者溢出到载频频率以上或以下的邻道或者交替信道中。图 8‐32 给出了一个邻道功率测量实例。注意载波功率和邻道、交替信道功率的相对幅度的差别。一次最多可以测量载波两边各六个信道的功率。

通常最关注主信道功率和相邻或交替信道信号功率的差值。这取决于特定的通信标准,这些测量常被称作"邻道功率比"(ACPR)或"邻道泄漏比"(ACLR)测试。由于数字调制信号和它产生的失真本质上非常像噪声,故工业标准通常定义一个信道积分功率带宽。

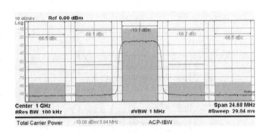

图 8‐32 使用 PXA 频谱分析仪进行邻道功率测量

为了精确地测量被测器件的 ACP 性能,例如一个功率放大器,频谱分析仪必须有比被测器件更好的 ACP 性能。因此,对于数字通信系统的测试,频谱分析仪的 ACPR 动态范围就成了一个关键的性能指标。图 8‐32 为使用频谱分析仪进行邻道功率测量。

8.6　射频功率的测量

8.6.1　终端式测量法

终端式功率计是常用的小信号射频和微波功率测量手段,其基本工作原理如图 8‐33 所示。被测的射频信号功率首先进入功率传感器,功率传感器电路可采用热敏电阻、热偶电阻

图 8‐33 终端式功率计的基本工作原理

或二极管检波器等不同的方法组成。功率传感器将射频和微波信号转换成直流信号,经过一定的处理后,再通过显示器显示。近几年来,很多功率计的显示部分已经通过采用软件的方法来实现。

终端式功率计具有以下特点:

(1) 在常见的射频和微波功率测量仪器中,终端式功率计的幅度测量精度是最高的,其典型测量精度可达到 1.6%。

(2) 可以测量极小幅度的功率,通常可测量到 −60 dBm,高端功率计可测量低至 −70 dBm(100 pW)的功率。

(3) 不能测量大功率,通常终端式功率计的测量上限为 +20 dBm(100 mW)。如果需要扩展测量范围,则需要外接衰减器或者定向耦合器。

(4) 可以测量各种调制信号的平均功率、峰值功率、突发功率(Burst)、脉冲宽度、峰均功率比、上升时间和下降时间。

(5) 可以进行 CCDF 统计分析。

(6) 无法测量信号的频率分量。

(7) 不能测量 VSWR。

8.6.2 数字调制信号功率的测量

数字通信系统的调制方式多种多样,其信号包络呈无规律的变化。当然,用频谱分析仪和矢量信号分析仪来分析数字调制信号的特征是轻而易举的事,但是其幅度测量的精度不足以作为绝对功率测量的依据。量热式功率计对调制方式不敏感,它是将射频和微波能量全部转化为热量,但是这种测量方法只能测量"真"平均功率,对于数字调制信号的分析尚不够全面。

那么通过式功率计的表现如何呢? 本节将从射频功率测量的角度出发来讨论如何找出数字调制信号的共性并准确描述其特征。

1) 无源二极管检波器的局限

当一个连续波(CW)、调频(FM)或调相(PM)信号被具有如图 8-34 所示检波特性的电路取样时,被送至表头的信号是一个与峰值功率成正比的直流电压。这个直流电压使表头指针偏转至某一位置,它指示了相应的功率。从技术上讲,表针所指示的读数可以表示峰值、平均值、有效值或其他任何类型的功率测量结果。用这种方式所构成的表头刻度还可产生以下类型的功率读数:

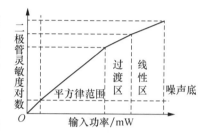

图 8-34 检波二极管的特性

(1) 射频波形与用来校正刻度的波形完全一致,并具有同样的峰值/平均值比的射频功率。

(2) 峰值/平均值比保持恒定的射频功率。

(3) 被取样信号激励的检波二极管工作于"平方律"范围内的射频功率。这使得检波电路产生的输出电压与被测功率呈对数关系。超出此范围后,电路的灵敏度逐渐下降。如要扩大检波二极管的动态范围,需要将过渡区和线性区利用起来。

上述条件对于连续波(CW)、调频(FM)和调相(PM)信号是准确的,由此可见,连续波型功率计适用于单一载频、模拟无线电系统中的功率测试。然而在多载频或数字调制射频的场合,信号波形的对称性、频率、幅度和峰值/平均值比都会随机发生变化。这样的波形与常规调制的信号相比更像是噪声,并可破坏连续波型功率计得以准确校正和使用的条件。另外,数字调制波形的动态范围可以对连续波功率计的二极管检波电路产生过激励,使其超出平方律范围。

2) 数字调制信号功率的定义

对于数字调制信号而言,仅采用传统的平均功率和峰值功率已经不能完全表达其特性了。从射频功率测量角度,可以用以下 4 项指标来完整表达一个数字调制信号的特征。

(1) 平均功率(AVG)

平均功率即载频功率的平均值,也就是射频能量的总和。想象一下如图 8-35 所示的脉冲宽度(τ)等

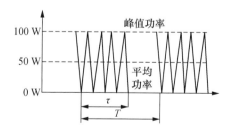

图 8-35 平均功率的定义

于 1/2 占空比(T)的脉冲信号,将 50 W 以上的阴影部分填入 50 W 以下的空白部分,所有阴影部分的总和就是平均功率。这也就是热偶功率计所测量的"真"平均功率,它不依赖于调

制类型和载频数量。

　　绝大多数的发射系统验收标准都规定了平均功率及其误差范围,如 FM 广播发射机在正常运行时的输出功率允许偏差应在额定功率的 10% 范围内,因此对平均功率的测量是不可或缺的。同时也为工程师判断系统性能及是否要做系统维护或校准等提供了依据。

　　需要说明的是,在功率计的产品手册中,会标明可以测量哪类信号类型的"真"平均功率,在产品目录中说明了可以测量峰均功率比(其定义稍后叙述)不超过 10 dB 的射频信号的"真"平均功率,意味着这台通过式功率计可以测量数字集群通信系统、GSM 和 CDMA 蜂窝基站、模拟和数字电视发射机等的平均功率。通常,未标注测量信号类型的功率计,只能测量连续波(CW)、调频(FM)或调相信号的功率。

　　(2) 突发功率(BRSTAV)

　　突发功率定义为周期性突发载频的平均功率(见图 8 - 36),其计算公式如下:

$$突发功率 = 平均功率 \times \frac{T}{\tau} \qquad (8-26)$$

　　在突发功率测量中,当功率计检测到峰值功率后,就将门限值设为峰值的 1/2。通过检测在一段时间内每个脉冲的上升沿及下降沿通过该门限的次数,计算出占空比,就可以得出突发功率。

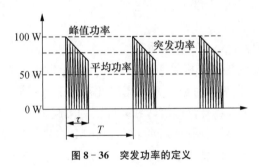

图 8 - 36　突发功率的定义

　　(3) 峰值功率(PEP)

　　峰值功率即载频功率的峰值。当信号调制到载频上时,峰值功率可以检测到振幅的变化。如果 τ/T 已知,则峰值功率可定义为:

$$峰值功率 = \frac{平均功率}{\tau/T} \qquad (8-27)$$

　　通过测量峰值功率能够检测发射机是否过载。如果在已调信号上升沿出现过冲,或者在波形中夹杂有瞬时脉冲,都可能对系统元器件造成损害,并将导致系统丢包,增加系统的误码率。在 TDMA 的测量中,在关闭所有其他时隙时,峰值功率和突发功率可以用来检测单个时隙中的过冲。

　　(4) 峰值/平均值功率比(PEP/AVG)

　　峰值/平均值功率比(简称为峰均功率比)也被称为峰值因子,其定义是峰值功率和平均值功率的比值,单位为 dB。在测量时,功率计会根据峰值功率和平均功率来计算峰均功率比。

通信已步入数字时代,峰均功率比成为衡量数字射频系统性能最重要的指标之一。对于功率测量而言,峰均功率比可用于评估一个数字调制的射频信号的共性,测试工程师只需了解被测信号的峰均功率比,即可准确测量其功率的大小。例如,对 CDMA、8 - VSB/COFDM 或类似的调制方式来说,峰均功率比可以达到 10 dB,而 PAL 制模拟电视图像调制信号的平均峰均功率比则为 2.2 dB。如果峰均功率比太大,发射机发射出的信号就可能会出现失真的情况,对放大器的线性要求也越高。峰均功率比指标可以检测出过载问题。了解峰均功率比的意义,可以让最终用户更准确地设置基站功率,并能降低运行成本。

3) 电压驻波比和回波损耗

电压驻波比(VSWR)和回波损耗都是与入射功率和反射功率相关的比率,反射系数也是一个和入射、反射功率有关的比率,用于计算 VSWR。这几个参数的换算关系如下:

$$\Gamma = \sqrt{\frac{P_r}{P_i}} \tag{8-28}$$

$$VSWR = \frac{1+\Gamma}{1-\Gamma} \tag{8-29}$$

例如,当反射功率为 0.8 W,入射功率为 20 W 时,

$$\Gamma = \sqrt{\frac{0.8}{20}} = 0.2, VSWR = \frac{1+0.2}{1-0.2} = 1.5, L_r = 10\lg\frac{0.8}{20} = -14 \text{ dB}$$

在电压驻波比(或回波损耗)和正向功率已知的情况下就能计算出反射功率:

$$P_r = P_i\left(\frac{VSWR-1}{VSWR+1}\right)^2$$

例如,当 $VSWR = 1.5$(回波损耗为 -14 dB),$P_i = 20$ W

$$P_r = 20\left(\frac{1.5-1}{1.5+1}\right)^2 = 0.8 \text{ W}$$

8.7　变频器和混频器测试技术方案

变频器件主要测量项目包括变频损耗（增益）、端口匹配、插入相移、群延时、互调等。而最具有挑战性的是关于变频器件相位特性及群延时特性的测量。矢量网络分析仪可实现变频器件的全面的测量。

标量混频器测量功能可对变频损耗（增益）直接进行测量;矢量变频测量功能采用矢量校准的方法,使得矢量网络分析仪具备了进行混频器全部传输与反射特性测量的能力,包括了相移与群延时;对于嵌入了本振的射频前端,有时不具备接入外部本振的功能,因此,双音法针对此类射频前端,提供了变频模块群延时特性的测量功能。此外,针对变频器件输入与输出端口距离较远的情况,距离拉远法很好地解决了此类器件的群延时测量问题。

矢量网络分析仪可实现变频器件的全面测量,包括标准 S 参数、隔离度、真差分测量(混合 S 参数)、噪声系数以及相位和群延时。矢量网络分析仪配以外部变频器可将频率范围扩

展至 500 GHz。矢量网络分析仪动态范围大、测量速度快、测量精度高、触摸屏设计,可以实现变频器件的标量测试,有多达 8 个测试端口。矢量信号源可以提供变频器件所需的本振信号,频率高达 43.5 GHz。

(1)混频器测量的特点

变频损耗/增益、压缩、交调、隔离、匹配、频率和功率的测量。

外输入本振混频器的变频损耗的相对相位和群延时测量,经过矢量误差修正后,对外输入本振混频器测量的幅度,绝对相位和群延时测量,内置本振变频器件的绝对群延时和相对相位测量,提供第二内部信号源作为变频增益测量的 LO 使用,可控制外部信号发生器。任何基于变频的接收系统都要求内置混频可控的幅度、相位和群延时响应,能够测量外部本振输入的混频器全部四个 S 参数,包括绝对相位和群延时,以及变频损耗。采用全两端口校准,保证了高测量精度。

(2)混频器的标量变频测量

利用变频选件可以完成混频器的变频损耗/增益、隔离、匹配的测量,这些测量均是相对于频率和功率。特殊的校准技术将功率校准和系统误差校正相结合,精确指出混频器变频损耗的大小。网络分析仪内置的测试向导可以指导用户一步一步建立希望的测试设置,并完成校准。

8.7.1 外接本振变频器件的矢量变频测量

针对外接本振或参考信号的变频器件的相位和群延时测量,可以将待测变频器件的中频输出经过低通滤波之后,再经过两个互易的混频器重新上变频到原来的射频频率,接入参考和测量接收机,然后进行相位和群延时的测量。该方法无需特性已知的校准混频器,降低了测试要求,而且直接测量幅度和相位,能够非常准确地得到绝对相位和群延时信息。

针对内置本振或参考信号的变频器件群延时测量,可采用一种全新的测量技术,需要 4 端口 ZVA 内置双源提供双音信号给变频器件。根据输入和输出载波的相位差计算群延时。对于内置本振的频率漂移甚至调频,只要频偏小于测量带宽,就不会对测量结果产生影响。

内嵌本振变频器件的矢量变频测量(图 8-37):

混频器/变频器一致性测量是在 AV3672 系列多功能矢量网络分析仪的频偏功能基础上产生的一种变频器件测试方案。频偏测量模式具有将矢量网络分析仪源输出频率调节到不同于接收频率的功能。AV3672 系列矢量网络分析仪在硬件和软件基础上为用户提供了频率偏移测量功能。利用频偏功能进行混频器/变频器一致性测量主要特点包括:快速且有效的校准过程;复杂混频组件的相位一致性测量;多通道下多组数据一次性显示。

随着通信技术的不断发展,许多无线电和射频系统都要求使用幅度和相位完全可控的混频器/变频器。而且混频器/变频器通常为组件的形式,包含放大、内部倍频等硬件。混频器/变频器标量测试方法在幅度响应测量中已经可以满足用户需求,但在相位、群延时方面尚未给出具体的测量方案。混频器/变频器矢量测试方法虽然能同时测量幅度、相位、群延时,但是校准过程对校准混频器提出了一定要求(校准混频器需要互易性)。由于日益发展的混频器/变频器组件带有放大等器件,不能满足互易性,因而不能通过矢量测试来完成。

基于频偏功能的混频器/变频器一致性测量,以快速且有效的校准,对被测件无附加要

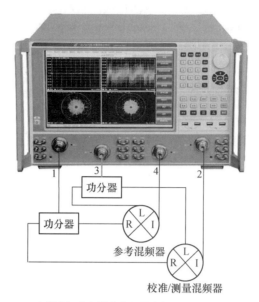

图 8 - 37　内嵌本振变频器件的矢量变频测量混频器测试配置图

求,广泛地应用在各类混频器/变频器的测试领域中。

通过一次测量,即可得到测量混频器相对于校准混频器的一致性参数。每条轨迹都支持幅度、相位、群时延、史密斯圆图、极坐标等多种格式的显示。若需要获得更多的参数,可以选择增加轨迹,来获得更多信息。

8.7.2　变频器和混频器的测试原理

首先从这三个方面对频偏法测试混频器一致性原理进行一个全面的说明。

1) 频偏功能

变频器件具有不同频率的输入信号、输出信号及本振频率信号,因此,基于网络分析仪的频偏功能是保证变频器件准确测量的先决条件。

测量过程中,频偏功能将网络分析仪内部的两个源输出不同频率、功率的信号。如图 8 - 37所示,端口 1 输出射频信号,通过功分器作用在参考混频器和校准/测量混频器的射频输入端口上。端口 3 输出本振信号,同样通过功分器作用在参考混频器和校准/测量混频器的本振端口上,这样就驱动了测试中的混频器。

2) 接收机模式

通过矢量网络分析仪的接收机模式,可以直接获取任意端口的接收信号。利用这个功能,使端口 2、端口 4 分别接收参考混频器和校准/测量混频器的中频输出信号,然后做比值,就可得到校准/测量混频器对参考混频器的一致性。

3) 校准过程

因为使用上述方法,在网络仪端口引入了电缆、功分器等,增大了测量中的误差,所以在测试被测混频器之前,需要通过利用参考混频器和校准混频器(标定过的)进行校准处理。

将参考混频器和校准混频器连接到矢量网络分析仪上,然后再测量轨迹上使用网络分析仪的归一化功能,进一步将网络中的误差和参考混频器的影响消除,即在测试被测混频器中,将被测混频器的指标归一化到校准混频器上。

8.8 频综及振荡器测试

在系统中,频综的一个很重要的应用是作为本振在射频电路部分驱动混频器。在变频过程中,为了获得最小的变频损耗,以及非线性产物的最优抑制,本振的输出电平需要恰当的设计。本振的相位噪声会搬移到变换之后的频段,保证良好的相位噪声特性也是对本振的重要要求之一。

频率综合器的测试参数主要包括:相位噪声、非谐波杂散、频率准确度、输出功率、频率稳定度以及频率切换时间等。信号源分析仪提供频谱法、锁相环法和互相关法三种相位噪声测量的方法,可以以非常高的灵敏度进行相位噪声的测量。还可以进行瞬态测量、VCO特性测量。内置频谱分析仪,可进行频谱测量。实现对频综、VCO等器件和模块的全方位测试(图8-38)。

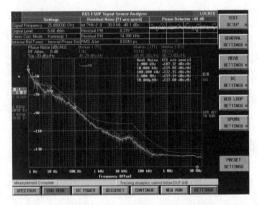 

图 8-38 利用互相关法提高相位噪声测量灵敏度　　图 8-39 鉴相法相位噪声测量

信号源分析仪是相位噪声测试仪、高端频谱和信号分析仪、瞬态记录仪三合一的高端仪表,提供为研发和生产应用领域中振荡器和频率合成器测量和生产的独特的、使用方便的单机解决方案,配置低噪声直流源输出和调谐电压直流输出,能够方便精确地测量除相位噪声外的调谐斜率、瞬态响应、功率、谐波、杂散发射等参数指标,频率范围1 MHz~50 GHz,使用外部混频器频率可达110 GHz,满足从射频到毫米波的广泛测试需求。

鉴相法相位噪声测量(图8-39):可显示信号电平、载频和剩余FM,示波器同时还提供频谱分析功能。示波器内置了数字下变频电路,对于采集到的RF信号,不但可以在屏幕中显示信号的时域波形,还可以将信号下变频后,进行精确地频谱分析。由于示波器采用了单独的硬件执行FFT运算,并引入了重叠FFT算法,其频谱分析速度和频率分辨率都达到了普通频谱分析仪的水平。选通的FFT功能可以观测某一段时刻的频谱情况。将示波器探头分别接在VCO的输入和输出端,就可以从时域和频域的角度对VCO的特性进行分析(图8-40)。

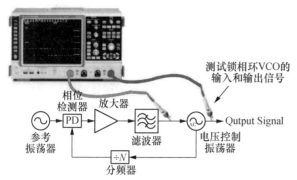

图 8-40　利用示波器进行 VCO 测试

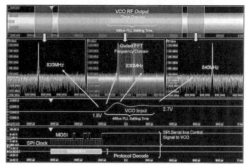

图 8-41　VCO 电路调试结果

图 8-41 为对锁相环锁定过程的测试,同时显示出了调谐电压的波形和输出信号的频谱。对各种频率源完整参数的测试能力,可完成测试的器件种类包含:晶体振荡器、VCO、锁相环频率合成器、DDS 频率合成器、捷变频频率合成器、信号源仪表等。

8.9　电子系统半实物仿真技术方案

本节介绍了基于矢量源及信号分析仪的军用电子系统半实物仿真技术。将测试仪表尽早地引入到整个设计环节中,在不同的设计阶段对不同的模块进行仿真及测试,以此保证整个设计、研发、测试、生产流程的准确性,从而为军用电子系统的参数选取提供了参考,优化系统设计。最后给出军用电子系统的仿真实例。

8.9.1　电子系统半实物仿真概述

在军用领域,随着军用电子通信系统的发展,新器件、新工艺、新产品层出不穷,也使得新的通信系统越来越复杂。为了保证设计的准确性,同时缩短相应的设计周期,需要在设计初期就开始对系统进行相应的仿真和验证,同时对于各个阶段完成的不同模块也要进行分别的仿真和测试。虽然各类大型的 EDA 软件相继成熟,针对不同的领域都有不同的专业软件,为完成设计提供了强大的支持。但是由于缺少实际的被测系统,在系统仿真和模块仿真阶段如何进行相应的验证一直是困扰设计人员的主要问题。因此从设计初期开始就有必要引入相应的测试功能,这也是整个军用电子系统设计的重点和难点。

基于矢量源和信号分析仪可以充分利用仿真设计软件的优势,构建军用电子系统的通用仿真平台,完成从天线设计、射频电路与系统仿真、频率合成仿真、基带信号处理等全系统仿真任务。同时利用仪表测试的准确性,在设计的不同阶段,对从天线到射频到基带、从模拟到射频的系统和模块进行测试,以此优化系统设计,满足研发和测试人员的多方面需求。

8.9.2　电子系统设计流程

在整个军用电子通信系统的研发中,可采用自上而下的方式。第一步是系统级设计。对系统进行论证和分析,对系统要完成什么样的功能,达到什么样的性能指标,哪些功能用硬件电路来实现,哪些功能用软件实现做好规划。第二步是电路级设计,也可称为子系统设计。在此，会把整个系统分为几个有机的模块，针对每一个模块进行精心设计，如果有的模块仍然比较复杂，还可对该模块进行细分。模块设计完成以后，第三步是产品的硬件系统设计：对模块和子系统进行相应设计，并尽早引入测试仪表以保证设计的准确性。第四步是产品的集成和验证。在保证模块和子系统准确性的前提下，完成系统集成和总体测试，观察是否完成预期的目标；如果仿真出现问题，就需要修改设计，然后重新仿真，再修改，直至通过。最后，在形成产品之前，进行必要的设备批准和生产，以此完成产品的开发过程。自上而下的设计流程如图 8-42 所示。设计与验证平台技术框架见表 8-3。

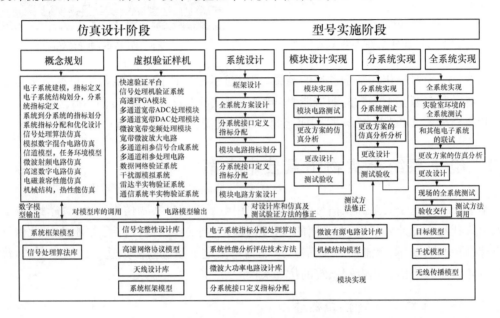

图 8-42　基于新技术平台的产品开发流程图

表 8-3　设计与验证平台技术框架

软件仿真设计	完成系统方案设计，分系统指标规划，单元电路设计等功能
基于仪表的半实物仿真验证	通过仿真软件和通用仪表连接，完成电子系统半实物仿真验证，完善电子系统设计方案
单元电路的研制和测试	单元电路的实现和测试，测试仪表提供完整测试和分析能力
整机的研制调试和测试	完成系统方案设计，分系统指标规划，单元电路设计等功能

图 8-42 为基于新技术平台的产品开发流程图，将仿真设计、技术验证、具体实现、测试验证、设计库建立等方面组合为专门技术的设计开发验证平台（表 8-4）。

表 8-4　设计与验证平台

实现技术	说明技术	核心
综合各种仿真设计 EDA 软件，完成全电子系统仿真	1. 射频，信号处理，无线传播的协同仿真 2. 电路设计和系统设计的协同仿真 3. 系统性能的输出（误码、抗扰度等） 4. 分系统或电路指标的规划	1. 系统的全系统仿真能力 2. 全系统仿真的速度提高

续表

实现技术	说明技术	核心
综合数字仿真软件和实物构建的半实物仿真验证系统	1. 仿真软件和矢量信号源,专用开发板连接,完成发射机处理功能 2. 仿真软件和矢量分析仪,专用开发板连接,完成接收机处理功能 3. 系统叠加失真	仪表和仿真软件的数据互联和高速传输关键子系统和全系统验证测试系统
关键子系统和全系统验证测试系统	规范系统测试	
输出	1. 系统仿真库 2. 系统指标评估	

8.9.3　仿真系统简介

对于雷达和通信等军用电子系统,按其功能通常可分为几个部分,天馈部分、射频收发部分、频率源部分、基带信号处理部分,其中基带处理部分又包括信源编解码、信道编解码、交织解交织、扩频解扩、调制解调、信道均衡和加密解密等。软件无线电的概念提出来以后,ADC 数字化以后所有的数字中频和基带处理都可以在通用的 DSP 和大规模可编程逻辑器件上实现。但是,在系统设计之初,必须确定系统的各类参数和工作模式,软件算法实现的可行性,因此有必要进行系统各模块的仿真和全系统仿真。现在市面上的 EDA 设计软件中,AWR 的 MWO(Microwave Office®)和 VSS(Visual System Simulator TM)作为功能强大的仿真设计软件,可以用于当今多种复杂军用电子通信系统的设计和仿真,而且由于其易用性受到了较多的青睐。

MWO 设计套件提供业界最强大、最灵活的射频/微波设计环境。MWO 采用独一无二的 AWR® 高频设计平台,结合开放式设计环境和先进的统一数据模型,实现了前所未有的开放性和交互性,不仅便于使用,还能顺应设计过程中每个阶段的需要来整合业界最佳工具。面向对象的统一资料库与电路图、模拟资料和布局资料实现自动同步,提供设计人员所需的一切资料。一个方案,从构思经仿真直接进入实际操作,全部都在一个平台即可完成。该产品的最新版本将继续协助微波设计人员提高工作效率、缩短设计周期,并加快射频/微波产品上市。AWR 的 VSS 是一套功能完备、用于设计完整的端对端通信系统的套件。VSS 不仅可以用于系统级的各种通信系统的结构设计,可以对系统中采用MWO、Matlab、C++完成的各个模块进行分析和调用。利用 VSS 的独特功能,设计人员能够针对当今复杂通信设计的每一个基础元件,设计出正确的系统架构并确定适当的规格。

8.9.4　测试系统简介

对于整个电子系统而言,在完成最初的仿真后,为了保证设计的准确性,需要对各个设计阶段进行验证。无论从基带和射频的角度,还是从模拟到数字的角度来看,现有的测试系统需要相应的接口以完成不同模块、不同阶段的测试。除此之外,由于现有的被测系统具有的多样性特点,测试系统提供的接口需要尽可能地灵活以满足不同的被测设备。矢量源和信号分析仪可以提供从基带到射频、从模拟到数字、从单端到差分以及从输入到输出的多种接口以满足设计和测试的多方面需求。

矢量源可以通过实时或者 ARB 的方式产生所需的测试数据,同时双通道设计理念和内置衰落模拟器功能可以方便地进行不同的配置以满足不同的测试需求。另外所有矢量源提供的基带、射频接口可以对电子系统中的不同链路模块进行测试;而基带部分提供的基带模拟和数字 IQ 输入、输出接口又可以满足不同被测器件的需求。信号分析仪可以直接分析从基带到射频的输入信号,通过解调选件、矢量分析选件或内置的移动通信选件完成对不同设计阶段的数据分析。FSx 系列提供的模拟和数字 IQ 输入、输出接口,不但可以对不同的模块进行分别测试,也可以完成相应的数据采集功能,以方便在后续进行数据处理。

除此之外,对于基带仿真及测试所需的数字接口,由于标准和使用器件的差异性,需要满足不同速率、不同接口形式、不同电平形式的数字接口。可以将不同的逻辑电平形式、不同的速率、不同的接口形式转换为统一的接口,并且支持矢量源和信号分析仪的数字 IQ 输入和输出,可以方便地和被测设备进行连接。

8.9.5　仿真及设计方案简介

如前所述,为了节省整个设计周期并且尽可能地保证设计的准确性,需要将仿真、设计和测试系统联系起来,达到最佳的设计效果。对应仿真系统而言,它主要通过软件进行分析,而被测系统往往都是硬件设备,因此需要将软件和硬件有机地结合起来,完成相应的工作。测试系统恰恰可以作为整个软件系统和硬件系统连接的桥梁,达到优化设计的目的。测试系统及仿真系统的连接,可以通过 GPIB 或 LAN 口实现。

TestWave™软件将测试测量设备与通信系统和射频/微波电路仿真软件相整合。结合 MWO 和 VSS 仿真软件,为电子系统和射频/微波电路设计人员提供了一个全面整合的设计流程,它将电路图仿真、测试信号生成与测试测量验证合而为一。这些功能让设计人员能利用半实物仿真进行研究。其功能特色主要在于:连接 VSS 和 MWO 与外部测试测量设备、全面整合设计流程,最终达到节省时间的目的。

8.9.6　仿真及测试系统应用

从设计的角度来看,最初可以完成从仿真系统到硬件系统的模拟,也可以完成从硬件系统到仿真系统的模拟。从仿真系统到硬件意味着:首先可以通过仿真软件建立需要的波形文件,然后通过 ARB 的方式传送至矢量源,通过其不同的接口完成相应模块测试。从硬件系统到仿真软件意味着:将被测的硬件设备直接和信号分析设备相连,通过不同的接口在仪表内做相应的数据采集,然后发送至仿真软件进行测试,这也是在整个仿真及测试系统里的基本应用。

当然,在仿真和设计系统中,也可以把硬件系统作为仿真环节的一部分进行相应的环路模拟仿真。首先可以通过仿真软件得到测试波形,发送至矢量源作为被测设备的激励源,信号分析仪采集被测设备的输出信号后传送至仿真软件进行分析。基于这样的应用可以把被测硬件设备作为整个仿真系统的一部分。

除此之外,也可以把仿真系统作为硬件链路的一部分,进行相应的硬件系统测试。仿真软件将信号分析仪的数据采集完以后,在软件内完成相应的运算,实时修改相应的预失真算法并发送至矢量源作为被测设备的激励源,以此不断完成相应的测试任务,并进行相应的算法开发。

8.9.7 集成信号产生方案的仿真及设计系统

在整个电子系统的仿真和设计中,为研发和测试人员提供了从最底层到系统级的设计方案,可以发挥设计人员最大的自主性。譬如基带设计工程师可以利用此结构一直深入到信号的各个层面,甚至自己定制或修改信号。除此之外,为了加快相应的设计,VSS 集成了信号产生软件,可以方便地产生完全符合通信标准的各种复杂的数字调制信号,如 GSM、WCDMA、WiMAX、LTE 等。射频工程师则不需要深入信号的细节,就能设置各种参数如信号功率、调制及进行相应的物理层参数设置。这样,从系统设计到模块设计,从基带设计工程师到射频设计工程师都可以根据自己的需要选择适合自己的设计方法,完成自己从仿真到设计再到测试的各个阶段工作。

在目前的电子通信系统设计中,需要从开始阶段引入测试以保证设计的准确性。从设计流程的角度讨论了仿真系统及测试系统在整个研发生产中的作用。测试仪表以及仿真软件可以很好地将仿真、设计及测试融为一体,方便在设计、研发、生产、测试各个阶段满足客户的不同需求。从设计实例可以看出,矢量源及信号分析仪在仿真系统的帮助下,可以广泛应用于各种军用、民用的电子通信系统设计中,为研发设计提供指导性帮助。

8.10 微波测量发展方向

随着雷达、卫星通信、移动通信、卫星导航、电子战、精确制导等电子设备的快速发展,微波毫米波测试仪器迎来了千载难逢的发展机遇,助推国防电子装备和电子信息产业快速发展,为产品开发、批量生产、运营管理、维修检测提供了强有力的支撑。但微波毫米波测试仪器发展也面临着巨大的挑战,一是随着毫米波、亚毫米波和太赫兹频谱资源综合利用的需要,急需提高测试频率,填补测试空白,解决基本测试手段问题;二是新体制电子装备和移动通信的跨代发展,急需拓展测试新领域,增加测试新功能,解决测试新难题;三是随着电子设备的精细化发展,对测试仪器的性能指标提出了越来越高的要求,不断挑战极限参数,需进一步提高测试保障能力;四是随着大规模集成电路和微波多层电路工艺的应用,使测试的可达性和可接入性变得越来越差,传统测试手段难以满足要求,急需新的测试解决方案。采用新原理、新技术、新工艺的新产品不断涌现,打破了信号发生器、信号分析仪、网络分析仪、噪声系数测试仪、功率计和频率计等传统六大类仪器各自独立发展的局面,一方面各类仪器之间呈交叉与融合态势,仪器之间界限开始模糊,相互渗透,不但性能指标不断攀升,应用范围与领域也在不断拓展;另一方面标准化、系列化、多样化发展趋势十分明显,相位噪声测试仪和测试接收机发展很快,数字存储示波器、调制域分析仪和多功能综合测试仪工作频率不断提高,也加入微波毫米波测试仪器行列。

1) 从微波测试到太赫兹测试

随着军用电子装备和民用移动通信的快速发展,微波频谱资源越来越紧张,开发利用毫米波、亚毫米波和太赫兹频谱资源的呼声越来越高,毫米波、亚毫米波和太赫兹测试仪器已成为新的竞争热点。一是宽频带同轴测试仪器初步实现常用频段的频率覆盖,采用小型化的 3.5 mm、2.4 mm 和 2.92 mm 连接器的同轴测试仪器,测试频率全面覆盖到 40 GHz,常用的矢量网络分析仪、信号发生器、频谱分析仪和功率计等产品采用 1.85 mm 连接器,已把测试频率上限扩展到 67 GHz,未来几年其他仪器产品也将全面覆盖到 67 GHz,同时国外还推出了基于 1 mm 连接器的矢量网络分析仪,测试频率上限进一步拓展到 110 GHz。二是波导测试仪器向太赫兹频段持续推进,波导测试仪器跨越了毫米波与亚毫米波频段,已开始深入太赫兹频段,国外波导测试仪器工作频率已发展到 750 GHz,部分仪器超过 1 THz,国内波导测试仪器工作频率达到 325 GHz,能够提供矢量网络分析仪、信号发生器、频谱分析仪和功率计四种仪器产品,以及电磁材料、天线和 RCS 自动测试系统,初步解决了相应频段基本测试手段问题。

对于同轴测试仪器,继续开发基于 1 mm 连接器的测试仪器,实现了从几十兆赫兹到 110 GHz 一次拉通,好处非常明显,但必须面对设计仿真、机械加工、表面处理等问题。目前采用的 50 GHz 或 67 GHz 同轴测试仪器外加毫米波波导扩频模块的拼接方案,实现难度却大大降低,似乎也能够满足毫米波频段测试要求。对于太赫兹波导测试仪器,同样面临着设计仿真、工艺、材料、器件、计量和标准问题,随着工作频率的不断提高,波导尺寸越来越小,传统的机械加工方法、加工精度难以满足要求,似乎走到传统机械加工的极限。太赫兹测试仪器发展急需解决矩形波导成型问题,或者开发新的太赫兹传输线,也许未来 3D 打印能够解决太赫兹波导成型问题,共同期待。

2) 从信号发生到电磁环境模拟仿真

现代电磁环境是由各种电子设备辐射的电磁波共同组成,具有频率密集、波形复杂、状态变化的特点。构建真实的电磁环境,是考核电子装备抗干扰能力的重要手段。但是要模拟各种设备辐射的电磁信号,构建复杂电磁环境,实现难度非常大。目前大多数电磁环境试验设备是由雷达发射机和电子干扰机等设备改造而成,多种多台设备共同产生所需的电磁波环境,应该说这是最直接的方法,但并不是最经济的方法。现代信号发生器的发展,不仅追求高输出功率、高频率分辨率、低相位噪声、高频谱纯度等高性能指标,更追求产生信号的多样性。主要有以下几个方面的进展:一是电磁信号发生器向可编程和平台化发展,以任意波形合成、宽带矢量调制、频率捷变和功率捷变等硬件为基础,配上电磁环境构造及模拟仿真软件,能够产生工作频率达到 40 GHz、支持多种雷达和通信信号样式、频率捷变时间达100 ns 量级的电磁信号,通过软件编辑实现多参数实时编辑及播放,可以逼真地再现"真实"电磁环境,为构建复杂电磁环境奠定了技术基础;二是电磁信号发生器向多通道和多载波方向发展,采用模块化体系结构,每个模块就是一个独立的信号发生器,具有独立的模拟调制和数字调制能力,可单独工作,模拟一种雷达或通信信号,也可以多路联合工作实现多通道相位相干输出,也可以通过合路器将多路电磁信号合并成一路输出,模拟不同工作频率、不同调制方式的多种电磁信号同时存在的电磁环境。复杂电磁环境模拟仿真是个非常复杂的科学问题,利用现代信号发生器构建电磁环境,一代硬件平台可以搭载多种电磁信号模拟仿真软件,也可以搭载多代模拟仿真软件,升级换代比较容易,通用性好,配置灵活,成本低。

3) 从稳态信号测试到瞬态时变信号捕获

现代微波毫米波信号分析仪器不再局限于对稳态信号或周期信号的频率、功率、频谱、相位噪声、调制特性等常规参数的测试,而是重点发展对稍纵即逝的非稳态、非周期、低概率电磁信号捕获与测试分析技术,并且已取得重要进展。一是频域测试仪器瞬态信号的捕获能力大大增强,以实时频谱分析仪为代表的电磁信号分析仪器,把数字存储示波器的采集存储功能引入了频域测试仪器,除具有传统的频谱分析仪的测试功能外,还具有实时触发、无缝采集、时间相关的多域联动分析能力,采用软硬结合的 FFT 算法,使运算速度远大于信号采样速度,实现了边采样、边处理、边存储、边显示,确保有用瞬态信号不丢失。实时频谱分析仪通过颜色、灰度等级等表征信号出现的概率,记录时间演变的过程,目前实时分析带宽可达 40 MHz、80 MHz、110 MHz 和 200 MHz,100% 截获信号的最短持续时间达到微秒量级。二是数字存储示波器取得了突破性进展,数字存储示波器已不甘心于低频时域波形的测试分析,进军微波毫米波频段只是时间问题。到目前为止,有效位数为 8 位的数字采样速率已突破 160 GSa/s,信号测试带宽已超过 60 GHz,微波毫米波信号时域波形可视化已成为可能,但波形分辨率还显得太低,预计不远的将来,有效采样位数超过 12 位的高分辨率数字存储示波器将应用于工程实际,使微波毫米波信号看起来更加细腻。数字存储示波器虽然发展很快,但难以取代频域测试仪器,因为现代被测设备技术指标体系大多数集中于频域,长期以频域测试仪器为基础构建技术指标体系,用频域测试仪器对这些指标测试似乎更直接一些。三是多域联动分析能力大大增强,频谱分析仪和数字存储示波器分别属于频域与时域测试仪器,调制域分析仪在频域与时域之间建立了关联关系。现代信号分析仪的一个很重要的进展,就是从时域、频域和调制域对被测电磁信号进行关联分析,构建电磁信号的幅度、时间、频率三维模型,从不同的侧面对电磁信号进行快速分析和有效解读。四是从信号测试到信息测试的转变,信号分析仪进一步发展不仅可以获得电磁信号在不同域当中的波形,而且还可以提取电磁信号中承载的信息,可以从复杂电磁环境中分辨出人们感兴趣的语音、照片、视频图像、数据等信息,使测试从信号空间进入到信息空间。

4) 从线性网络测试到非线性网络建模

几十年来,S 参数已成为微波毫米波网络建模与电路设计的工业标准、技术交流的共同语言。以 S 参数为理论基础的矢量网络分析仪助推相控阵技术快速发展,做出了重要贡献。现代矢量网络分析仪一方面不断提升自身的性能指标,使测试能力大大增强,另一方面不断地拓展应用领域。一是多端口网络测试问题基本解决,基于 S 参数的线性矢量网络分析仪采用更先进的专用集成电路,系统动态范围进一步增大,使高性能滤波器阻滞衰减浮出噪声电平之上,同时多端口网络测试获得突破,一次连接即可获得以 T/R 组件为代表的多端口网络的全部 S 参数,不仅提高了测试速度,而且还提高了测试精度,4 端口矢量网络分析仪已属于基本配置,8 端口和 16 端口矢量网络分析仪已有成功的解决方案。二是非线性网络测试取得重要进展,随着宽禁带半导体功率器件的快速发展,器件建模和电路设计都需要一个比较准确的数学模型,来统领功率放大器、混频器、倍频器、分频器、振荡器等有源部件建模,以及连接器、电缆、天线、滤波器、功分器、耦合器等无源部件互调失真测试,非线性网络模型已成为矢量网络分析仪发展的关键。现有的非线性网络模型对功率放大器和倍频器这样单频工作、输入与输出具有谐波关系的非线性网络比较有效,能够比较准确地表征器件的非线性特性。但对于混频器变频损耗和无源部件互调失真等参数测试,需要两个及两个以上频率信号同时工作,并且输出与输入之间并非谐波关系,现有非线性网络模型都无能为力。

5) 从单参数测试到多功能多参数综合测试

现代微波毫米波测试仪器的技术发展的一个显著特征是测试选件越来越丰富,有效地拓展了仪器应用领域。比如矢量网络分析仪增加一个选件就可以测试噪声系数,频谱分析仪可以测试电磁信号的大小及工作频率,取代了部分功率计和频率计的功能,但这些只是工程上的近似,不能作为精确的测试方法,更不能作为计量标准。微波综合测试仪具有多种仪器功能以及多种参数测试能力,实现了一体化设计,达到了一机多用的目的,一般具有信号发生器、频谱分析仪、矢量网络分析仪、功率计和频率计的测试能力,工作频率已达到18 GHz,国内还推出了工作频率达到40 GHz 的微波综合测试仪。微波综合测试仪器发展的一个重要支撑技术是微波多层电路工艺,微波多层电路工艺助推手持式和便携式仪器发展,在体积、重量和低成本设计方面具有明显优势。

◀本章小结

本章介绍了射频微波元器件测量技术方案,低噪声放大器测量,功率放大器的测量,射频功率的测量,变频器和混频器测试技术方案,频综及振荡器测试,电子系统半实物仿真技术,微波仿真及测试系统应用,微波测量发展方向。

◀习题作业

1. 射频微波元器件发展及测试要求有哪些?
2. 如何对低噪声放大器的增益进行测量?
3. 功率放大器有哪些基本指标? 如何进行测量?
4. 如何对变频器和混频器进行测试?
5. 如何对频率综合器及振荡器测试?
6. 解释电子系统半实物仿真技术。

第9章

微波综合测量实验

9.1 射频接收链路实验

9.1.1 实验目的

(1) 学习射频接收链路的基本概念;

(2) 了解射频接收链路的基本原理及应用;

(3) 掌握射频接收链路的测试方法。

9.1.2 实验内容

(1) 射频接收链路功率准确度测试实验;

(2) 射频接收链路频率准确度测试实验;

(3) 射频接收链路调幅信号测试实验。

9.1.3 基本原理

1) 射频接收链路原理

射频接收链路是一种由混频器、低噪声放大器和带通滤波器及检波与信号处理电路组合而成的射频系统,原理框图如图9-1所示。其核心是混频器、低噪声放大器和带通滤波器,为调节本振功率或通道增益、改善匹配,在各输入、输出端口以及各功能电路之间通常还插入功率1 dB、3 dB或6 dB功率衰减器。射频输入信号 f_{RF} 经下变频及中频放大滤波组件变为第一中频 f_{IF1},再与满足混频器功率及频谱纯度要求的本振信号 f_{LO} 经第二混频器变频至第二中频 f_{IF},再经低噪声放大、带通滤波及第三混频、放大、滤波后至中频端口输出。低噪声放大器用于补偿混频器的变频损耗和滤波器的插入损耗,并为射频接收链路提供必要的小信号增益。带通滤波器的带宽决定了信号接收链路的带宽,并滤除变频过程产生的非线性多重响应及本振泄漏。

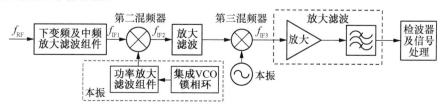

图9-1 射频接收链路原理框图

经过处理的中频信号通过检波转变为直流信号,检波电压的值代表了射频信号的幅度。检波电压信号经过特定的信号处理就可以转化为我们所需要的信号形式,如声音、图像、波形等。

2) 射频接收链路用途

射频接收链路用于各种频谱分析仪、接收机等射频微波仪器中,用于外差式射频接收链路中的下变频、中频放大和滤波。通过下变频将高中频信号变换为低中频信号,从而实现频谱搬移;同时通过滤波器对下变频器输出的中频信号进行滤波,并对由于混频产生的非线性谐波和多重响应信号加以抑制,从而保证输出中频信号的频谱纯度;组件中低噪放的作用是对中频信号放大,用于补偿下变频的变频损耗和滤波器的插入损耗,并为射频接收链路提供必要的小信号增益。

3) 实验配置

射频微波实验箱配置的射频接收链路电路是一种超外差式接收通道,其原理框图如图 9-2 所示。它由程控步进衰减器、1 GHz 低通滤波器、放大器、上变频器、第一中频放大器、1 810.7 MHz 带通滤波器、第二混频器及第二中频放大滤波组件、第三混频器及第三中频放大滤波组件、检波及信号处理电路组成。由于各级中频放大器都有特定的饱和输出功率,如果输入射频信号功率过大会导致中频信号功率过大,进而导致中频放大器因饱和而压缩。使用程控步进衰减器对大信号进行衰减,可以提高接收通道检测大信号的能力。第三中频经过检波器转变为直流信号,检波电压通过各种处理电路变为可以被上位机识别的数字信号并最终通过显示屏显示出来。该超外差式接收通道可以实现从 10 MHz～1 GHz 的射频信号测试,其输入信号电平范围可达 -35～20 dBm。实验记录表见表 9-1、9-2。

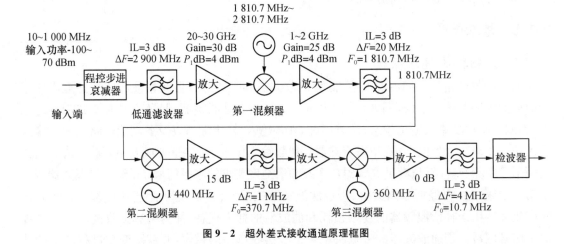

图 9-2 超外差式接收通道原理框图

表 9-1 1 810.7 MHz→370.7 MHz 下变频器及中频放大滤波组件实验记录表

技术指标	参考值	实验值
传输系数(增益)	>15 dB	
滤波器中心频率	370.7 MHz±2 MHz	
带宽(截止频率)	30 MHz±5 MHz	

表 9 - 2　370.7 MHz→10.7 MHz 下变频器及中频放大滤波组件实验记录表

技术指标	参考值	实验值
传输系数(增益)	>0 dB	
滤波器中心频率	10.7 MHz±1 MHz	
带宽(截止频率)	4 MHz±1 MHz	

9.2　下变频器及中频放大滤波组件实验

9.2.1　实验目的

(1) 学习下变频器及中频放大滤波组件的基本概念;

(2) 了解下变频器及中频放大滤波组件的基本原理及应用;

(3) 掌握下变频器及中频放大滤波组件的测试方法。

9.2.2　实验内容

(1) 下变频器及中频放大滤波组件传输系数测试实验;

(2) 下变频器及中频放大滤波组件中频频率及带宽测试实验;

(3) 下变频器及中频放大滤波组件端口驻波比测试实验。

9.2.3　基本原理

1) 下变频器及中频放大滤波组件原理

下变频器及中频放大滤波组件是一种由混频器、低噪声放大器和带通滤波器串接而成的微波组合部件,原理框图如图 9 - 3 所示。其核心是混频器、低噪声放大器和带通滤波器,为调节本振功率或通道增益、改善匹配,在各输入、输出端口以及各功能电路之间通常还插入功率 1 dB、3 dB 或 6 dB 功率衰减器。高中频信号 f_{HIF} 经低噪声放大与满足混频器功率及频谱纯度要求的本振信号 f_{LO} 经混频器下变频至低中频 f_{LIF},低中频信号再经低噪声放大、带通滤波后至中频端口输出。低噪放补偿下变频的变频损耗和滤波器的插入损耗,并为下变频器及中频放大滤波组件提供必要的小信号增益。带通滤波器的带宽决定了下变频及中频放大滤波组件的带宽,并滤除变频过程产生的非线性多重响应及本振泄露。

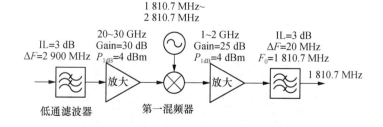

图 9 - 3　下变频器及中频放大滤波组件原理框图

2）下变频器及中频放大滤波组件技术指标

下变频器及中频放大滤波组件的主要技术指标有传输系数（增益或插入损耗，本实验配置的放大滤波组件为增益）、带宽和端口驻波比等。

（1）增益

下变频器及中频放大滤波组件的增益定义为下变频器及中频放大滤波组件中频输出信号与射频输入信号的功率之比。

（2）带宽

下变频器及中频放大滤波组件的带宽定义为：以下变频器及中频放大滤波组件的输出中心频率为中心，沿着上下两个边带功率各下降 3 dB 的信号带宽。由于下变频器和放大器频带都较宽，因此，下变频器及中频放大滤波组件的带宽其本质为组件的中频滤波器带宽。

（3）端口驻波比

驻波比有电压驻波比和电流驻波比，这里的驻波比是指下变频器及中频放大滤波组件各输入、输出端口的电压驻波比。

3）下变频器及中频放大滤波组件用途

下变频器及中频放大滤波组件用于外差式信号接收链路中的下变频、中频放大和滤波。通过下变频将高中频信号变换为低中频信号，从而实现频谱搬移；同时通过滤波器对下变频器输出的中频信号进行滤波，并对由于混频产生的非线性谐波和多重响应信号加以抑制，从而保证输出中频信号的频谱纯度；组件中低噪放的作用是对中频信号放大，用于补偿下变频的变频损耗和滤波器的插入损耗，并为下变频器及中频放大滤波组件提供必要的小信号增益。

4）实验配置

射频微波实验箱配置了"1 810.7 MHz→370.7 MHz"和"370.7 MHz→10.7 MHz"两种下变频器及中频放大滤波组件电路。"1 810.7 MHz→370.7 MHz"的下变频器及中频放大滤波组件由混频器、低噪声放大器和 370.7 MHz 带通滤波器以及放大器串接而成，如图 9-4 所示，实现 1 810.7 MHz→370.7 MHz 的下变频、370.7 MHz 中频放大和带通滤波等功能。图 9-5 为第二本振放大器和低通滤波器电路图。

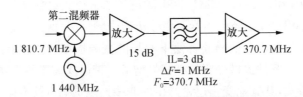

图 9-4 1 810.7 MHz→370.7 MHz 下变频器及中频放大滤波组件原理框图

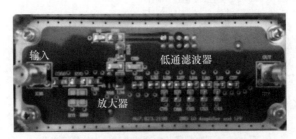

图 9-5 第二本振放大器和低通滤波器电路图

"370.7 MHz→10.7 MHz"下变频器及中频放大滤波组件由 π 型匹配衰减器、放大器、370.7 MHz 带通滤波器、混频器和低噪声放大器以及 10.7 MHz 带通滤波器串接而成,如图 9-6 所示,实现 370.7 MHz→10.7 MHz 的下变频、10.7 MHz 放大和带通滤波等功能。图 9-7 为第三混频器及中频放大滤波组件电路图。

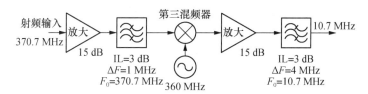

图 9-6　370.7 MHz→10.7 MHz 的下变频框图

图 9-7　第三混频器及中频放大滤波组件电路图

9.3　混频器实验

9.3.1　实验目的

(1) 学习混频器的基本概念;

(2) 了解混频器的基本原理及应用;

(3) 掌握混频器的测试方法。

9.3.2　实验内容

(1) 混频器变频损耗测试实验;

(2) 混频器 LO-RF 端口隔离度测试实验。

9.3.3　基本原理

1) 混频器基本原理

混频器(变频器)是一种利用器件的非线性特性实现频谱线性搬移的电路,它将载频为 f_{RF} 的信号不失真地变换为载频为 f_{IF} 的信号,而保持原信号的相对频谱分布不变。构成混频器的常用非线性器件有二极管、晶体管(双极型 BJT 或单极型 FET)和相乘器等,混频器的测试连接图如图9-8所示。由于混频是一个非线性变换过程,

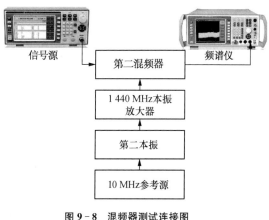

图 9-8　混频器测试连接图

299

其输出包含丰富的频谱分量,通常在混频器后通过滤波器选出所需要的频率分量而抑制不需要的频率分量信号。

根据混频前后信号频率的大小不同,混频通常分为上变频和下变频。混频前信号频率 f_{RF} 小于混频后信号频率 f_{IF} 的混频称为上变频,反之称为下变频。混频器又可以分为有源混频器和无源混频器两种,它们的区别在于是否有功率增益。无源混频器常用二极管和工作在可变电阻区的场效应管构成,其增益小于1,称之为变频损耗;有源混频器由场效应管和双极型晶体管构成,其增益大于1。无源混频器的线性范围大,速度快,而有源混频器增益大于1,因此,其可以降低混频以及后级噪声对接收机总噪声的影响。

2)混频器的主要技术指标

混频器的主要技术指标有变频损耗、噪声系数、隔离度等参数,其中隔离度又分为 LO-RF端口隔离度、LO-IF端口隔离度和RF-IF端口隔离度等。

(1)变频损耗

变频损耗定义为混频器射频输入端口的RF信号功率与输出端口的IF信号功率之比。

(2)噪声系数

混频器噪声系数定义为射频输入端的信噪比与中频输出端的信噪比的比值。在信号接收系统中,混频器处于接收机前端,其噪声系数对整机灵敏度影响较大,因此,在设计接收系统时,需充分考虑混频器噪声系数的影响。

(3)隔离度

LO-IF端口隔离度定义为本振端口到中频输出端口的本振信号衰减。LO-RF端口隔离度定义为本振端口到射频输入端口的本振信号衰减。RF-IF端口隔离度定义为射频输入端口到中频输出端口的射频信号衰减。本振泄漏定义为泄漏到中频输出端口和射频输入端口的本振信号,泄漏到中频输出端口并对应于中频频率的本振信号称为本振馈通,又称为零频响应。这会造成假信号的出现,因此要避免本振信号与中频频率相同。

3)混频器的用途

混频器广泛应用于无线电通信系统中,它是通信设备的重要组成部分。在发射机中一般用上变频,它将已调制的中频信号搬移到射频段;在接收机中一般用下变频或多级变频,它将接收到的射频信号搬移到中频上。此外,它还广泛应用于其他需要频率变换的电子系统和电子测量仪器中。

4)实验配置

射频微波实验箱配置的是一个无源混频器,其核心元器件是混频器芯片HMC213,辅以外围匹配电路设计而成,可实现上、下变频功能。开展射频微波组件实验、信号链路实验和接收通道实验时,本混频器作为射频微波实验箱超外差式接收通道的上变频器使用。

9.4 功率放大滤波组件实验

9.4.1 实验目的

(1)学习放大滤波组件的基本概念;

（2）了解放大滤波组件的基本原理及应用；

（3）掌握放大滤波组件的测试方法。

9.4.2　实验内容

（1）放大滤波组件传输系数测试实验；

（2）放大滤波组件带宽测试实验；

（3）放大滤波组件端口驻波比测试实验。

9.4.3　基本原理

1）放大滤波组件原理

放大滤波组件是一种由功率放大器和滤波器串接而成的微波组合部件,原理框图如图 9-21 所示,其核心是功率放大器和滤波器。根据混频电路对本振信号的功率要求及杂散抑制要求,通过功率放大器对来自本地振荡器的本振信号进行功率放大,并利用滤波器对功率放大器输出的本振信号的谐波和杂散响应加以抑制,从而保证本振信号达到混频器对其高功率、低杂散的要求。

2）放大滤波组件技术指标

放大滤波组件的主要指标有:传输系数（增益或插入损耗,本实验配置的放大滤波组件为增益）、带宽、端口驻波比等。

（1）增益

放大滤波组件的增益定义为放大滤波组件的输出端信号功率与输入端信号功率之比。

（2）带宽

放大滤波组件的带宽定义为:在输入信号功率一定时,输出信号功率下降 3 dB 的信号带宽。由于放大器频带较宽,因此,放大滤波组件的带宽其本质为组件的滤波器带宽。

（3）端口驻波比

放大滤波组件的端口驻波比定义为输入、输出端口的电压驻波比。

3）放大滤波组件用途

放大滤波组件常用于外差式信号接收链路中,也用于本振信号的功率放大和滤波,以保证本振信号功率达到混频器对本振信号的电平要求,同时通过滤波器对功率放大器输出的本振信号的谐波和杂散信号加以抑制,从而减少混频器的谐波和杂散混频响应。

4）实验配置

射频微波实验箱配置了用于 1 440 MHz 第二本振功率放大、滤波和用于 360 MHz 第三本振功率放大、滤波的两种本振放大滤波组件。1 440 MHz 本振放大滤波组件由 π 形衰减器、功率放大器和 1.5 GHz 低通滤波器串接而成,如图 9-9 所示。为实验箱中超外差式接收通道 1 810.7 MHz→370.7 MHz 下变频器及中频放大滤波组件提供满足混频功率要求和谐波抑制要求的 1 440 MHz 本振信号。

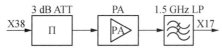

图 9-9　1 440 MHz 本振放大滤波组件原理框图

360 MHz 本振放大滤波组件的构成与 1 440 MHz 本振放大滤波组件类似,由 π 形衰减器、功率放大器和 370 MHz 低通滤波器串接而成,为实验箱中超外差式接收通道 370.7 MHz→10.7 MHz 下变频器及中频滤波组件提供满足混频要求的 360 MHz 本振信号。

9.4.4 技术指标

1 440 MHz 本振放大滤波组件和 360 MHz 本振放大滤波组件实验测试指标参考值分别见表 9-3 和表 9-4。

表 9-3 1 440 MHz 本振放大滤波组件实验记录表

序号	实验测试指标	参考值	实验值
1	传输系数(增益)	>10 dB	
2	带宽(截止频率)	>1 440 MHz	
3	带外抑制(@2 880 MHz)	>60 dB	

表 9-4 360 MHz 本振放大滤波组件实验指标参考值

序号	实验测试指标	参考值	实验值
1	传输系数(增益)	>10 dB	
2	带宽(截止频率)	>370 MHz	
3	带外抑制(@720 MHz)	>45 dB	

9.5 集成锁相环实验

9.5.1 实验目的

(1) 学习集成 VCO 锁相环的基本概念;
(2) 了解集成 VCO 锁相环的基本原理及应用;
(3) 掌握集成 VCO 锁相环的测试方法。

9.5.2 实验内容

(1) 集成 VCO 锁相环输出频率及功率测试实验;
(2) 集成 VCO 锁相环相位噪声测试实验;
(3) 集成 VCO 锁相环端口谐波抑制测试实验。

9.5.3 基本原理

1) 集成 VCO 锁相环基本原理

集成 VCO 锁相环是一种将鉴相器、环路滤波器和压控振荡器(VCO)集成在一起的常用的高集成度有源微波集成电路。其原理框图如图 9-10 所示,VCO 在控制电压的驱动下产生微波信号,并

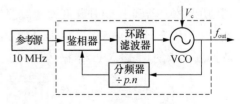

图 9-10 集成 VCO 锁相环原理框图

分为两路,其中一路作为输出信号,另一路经小数分频后与来自参考振荡器的参考信号进行鉴相,差拍信号经低通滤波器后产生的鉴相电压反馈至 VCO,从而形成一个负反馈自动控制电路,最终实现 VCO 输出频率的锁定。

2) 集成 VCO 锁相环技术指标

(1) 输出频率范围

输出频率范围是指集成 VCO 锁相环输出频率最小值至输出频率最大值之间的范围。

(2) 输出功率

输出功率是指在集成 VCO 锁相环输出频率范围内输出信号的功率。

(3) 相位噪声

相位噪声是衡量集成锁相 VCO 短期频率稳定度的参量。短期频率稳定度的表征方法是用单边带(SSB)相位噪声,指偏离载频一定频偏 Δ 处,单位频带内噪声功率 P_{SSB} 相对于平均载波功率 P_c 的相对值(分贝数),即:

$$L(\Delta f) = 10\lg \frac{P_{SSB}}{P_c} \qquad (9-1)$$

相位噪声单位为 dBc/Hz,可以用频谱分析仪或信号分析仪来进行测试。

(4) 谐波抑制

谐波抑制是指集成锁相 VCO 输出谐波信号的功率与输出基波信号功率的比值,单位为 dBc。

3) 集成 VCO 锁相环用途

由于具有结构紧凑、占用物理空间小的特点,集成 VCO 锁相环特别适合于小型化仪器设备和信号系统,通常用于产生其中的时钟信号、频率参考信号以及本振信号。根据应用目的的不同,集成 VCO 锁相环可以做成频率可调和频率固定两种形式。频率可调集成 VCO 锁相环可以实现频率在一定范围内可调,而频率固定集成 VCO 锁相环只输出一个固定的频率。

4) 锁相环基本原理

为了让大家了解基本原理,射频微波实验箱配置了外置独立 VCO 的锁相环(PLL),输出频率范围为 200 MHz～500 MHz,其原理框图如图 9 - 11 所示。通过频率预置电压的调节预置 VCO 频率,VCO 产生的信号分为两路,一路作为 VCO 的输出信号,另一路送至分频器,经分频比为 20～50 的分频器分频后得到 10 MHz 鉴相信号,并送至鉴相器,与来自频率参考模块的 10 MHz 参考信号进行鉴相,鉴相后的鉴相电压送至 VCO 形成了一个闭环负反馈自动控制系统,最终将 VCO 输出频率锁定在设定频率上。图 9 - 12 为 200 MHz～500 MHz VCO 及锁相环实物电路图。200～500 MHz VCO 及锁相环实验记录见表 9 - 5。

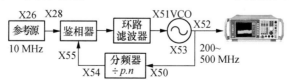

图 9 - 11　集成 VCO 锁相环原理框图

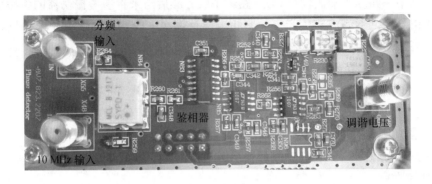

图 9‑12　200 MHz～500 MHz VCO 及锁相环电路实物图

表 9‑5　200 MHz～500 MHz VCO 及锁相环实验记录表

输出频率		200 MHz	300 MHz	400 MHz	460 MHz
分频比		20	30	40	46
功率/dBm	参考值	≥10	≥10	≥10	≥10
	实验值				

5）实验配置

射频微波实验箱配置了两个集成 VCO 锁相环,一个是输出频率范围为 1 790 MHz～2 830 MHz 的频率可调集成 VCO 锁相环,另一个是输出频率为 1 440 MHz/360 MHz 两种固定频率的集成 VCO 锁相环。

1 790 MHz～2 830 MHz 的频率可调集成 VCO 锁相环原理框图如图 9‑13 所示,1 790 MHz～2 830 MHz VCO 施加一个控制电压 V_c,通过内部调节预置 VCO 的振荡频率。经 $\div p.n$ 小数分频后的 VCO 输出信号与来自 X25 的 10 MHz 参考信号都进鉴相器,经鉴相、低通滤波后产生误差电压,送至 VCO 后形成一个负反馈自动控制环路,从而使 VCO 输出信号频率锁定。频率可调集成 VCO 锁相环输出频率围为 1 790 MHz～2 830 MHz,可设置最小频率步进为 100 kHz,作为射频微波实验中信号接收链路的第一本振,经由 X21 输出。图 9‑14 为第一本振电路图。表 9‑6 为可调频率集成本振锁相环实验记录。

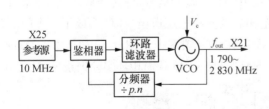

图 9‑13　1 790 MHz～2 830 MHz 的频率可调集成 VCO 锁相环

图 9‑14　第一本振电路图

表 9 - 6　可调频率集成本振锁相环实验记录表

设置频率		100 MHz	300 MHz	500 MHz	700 MHz	1000 MHz
输出频率		1 910.7	2 110.7	2 310.7	2 510.7	2 810.7
功率/dBm	参考值	$\geqslant 0$	$\geqslant 0$	$\geqslant 0$	$\geqslant 0$	$\geqslant 0$
	实验值					
谐波抑制/dBc	参考值	$\leqslant -30$ dBc	$\leqslant -20$ dBc			
	实验值					
相位噪声/(dBc/Hz@10 kHz)	参考值	$\leqslant -75$	$\leqslant -75$	$\leqslant -75$	$\leqslant -75$	$\leqslant -75$
	实验值					

1 440 MHz/360 MHz 的固定频率集成 VCO 锁相环原理框图如图 9 - 15 所示,在控制电压 V_c 作用下,VCO 产生频率为 1 440 MHz 左右的信号,经 ÷144 分频后的 VCO 输出信号与来自 X25 的 10 MHz 参考信号进入鉴相器,经鉴相、低通滤波后产生误差电压,并送至 1 440 MHz VCO 后形成一个负反馈自动控制环路,最终使 VCO 输出频率稳定在 1 440 MHz。1 440 MHz 信号再经功分器分成两路,一路作为射频微波实验箱中信号接收链路的第二本振,经由 X24 输出;另一路经 ÷4 分频器分频后得到 360 MHz 固定频率的信号,作为射频微波实验箱中信号接收链路的第三本振,经由 X31 输出。图 9 - 16 为第二、三本振 PCB 板图。固定频率集成 VCO 锁相环实验记录见表 9-7。

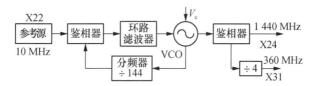

图 9 - 15　1 440 MHz/360 MHz 的固定频率集成 VCO 锁相环原理框图

图 9 - 16　第二、三本振 PCB 板图

表 9 - 7　鉴相器及锁相环实验记录表

输出频率		1 440 MHz	360 MHz
功率/dBm	参考值	$\geqslant -5$ dBm	$\geqslant 3$ dBm
	实验值		
谐波抑制/dBc	参考值	$\leqslant -30$ dBc	$\leqslant -20$ dBc
	实验值		
相位噪声/(dBc/Hz@10 kHz)	参考值	$\leqslant -85$	$\leqslant -85$
	实验值		

9.6　脉冲调制器实验

9.6.1　实验目的

（1）学习脉冲调制器的基本概念；
（2）了解脉冲调制器的原理及应用；
（3）掌握脉冲调制器的测试方法。

9.6.2　实验内容

脉冲调制器调制解调实验。

9.6.3　基本原理

1）脉冲调制原理

脉冲调制是通过模拟信号控制发送脉冲的某些参数（如脉冲幅度、宽度、形状和位置等）获得调制或通过脉冲信号参数控制微波毫米波高频振荡信号幅度获得脉冲射频信号的方法。因此，脉冲调制的定义及原理有以下两种：第一种是指用调制信号控制脉冲本身的参数（幅度、宽度、相位等），使这些参数随调制信号变化，此时，调制信号是连续波，载波是重复的脉冲序列。第二种是指用脉冲信号控制高频振荡的参数，此时，调制信号是脉冲序列，载波是高频振荡的连续波。图9-17为脉冲调制原理及脉冲调制信号时域波形。

通常所说的脉冲调制都是指上述第一种情况，即用调制信号控制脉冲本身的参数。而在微波技术及工程应用领域，脉冲调制通常是指第二种情况，即用脉冲信号去调制高频振荡的连续波，从而产生脉冲射频信号。本实验讨论的是第二种定义方式的脉冲调制，其原理及

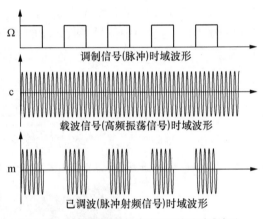

图 9-17　脉冲调制原理及脉冲调制信号时域波形

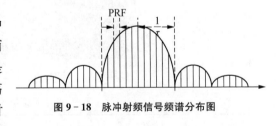

图 9-18　脉冲射频信号频谱分布图

时域波形如图9-17所示。在微波技术应用领域，为了解脉冲射频信号的频谱分布情况，需要在频域对脉冲调制信号进行测试与分析。脉冲调制信号的频谱分布图如图9-18所示。

从脉冲射频信号的频谱上，可以直接读取或通过换算求出脉冲调制信号的参数信息。脉冲射频信号的峰值频率即为高频载波信号的频率 f_c，脉冲射频信号频谱包络主瓣宽度的一半或旁瓣宽度的频率差值等于脉宽 τ 的倒数，相邻频谱谱线的频率间隔即为脉冲重复频率 PRF，其值等于脉冲周期 T 的倒数。

2）脉冲调制器技术指标

（1）载波频率

载波频率是指用脉冲信号去调制的高频振荡信号的频率。

（2）脉冲宽度

脉冲宽度是指脉冲信号的持续时间,用 τ 表示。

（3）脉冲周期

周期性重复的脉冲序列中,两个相邻的脉冲之间的时间间隔称为脉冲周期,用 T 表示。

（4）脉冲重复频率

脉冲重复频率是单位时间内脉冲重复的次数,它等于脉冲周期 T 的倒数。

3）脉冲调制器的用途

在高频应用领域,脉冲调制器广泛应用于信号发生器中射频输出环节,用于产生脉冲射频信号。

4）实验配置

射频微波实验箱配置的脉冲调制器是一种用脉冲宽度去调制高频振荡信号幅度的脉冲调制器,其实物图如图 9-19 所示,其调制频谱图如图 9-20 所示,连接图如图9-21 所示,其实验记录表如表 9-8 所示。

表 9-8　脉冲调制器调制解调实验记录表

	载波频率	200 MHz	500 MHz
预设脉冲信号	脉冲宽度	2 μs	10 μs
	脉冲周期	20 μs	50 μs
脉冲射频频谱	主瓣宽度的一半（参考值）	500 kHz	100 kHz
	实验值		
	相邻频谱间隔（参考值）	50 kHz	20 kH
	实验值		

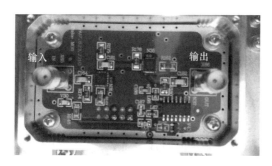

图 9-19　脉冲调制器调制电路图

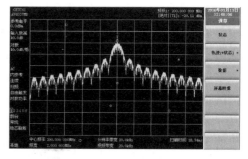

图 9-20　脉冲调制器调制频谱图

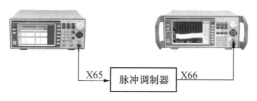

图 9-21　脉冲调制器调制解调实验连接图

第10章

微波天线特性测试

10.1　概述

天线系统的特性可以从多方面来叙述,比如:电路特性(输入阻抗、匹配程度、效率、噪声温等),辐射特性(方向图、增益、极化、相位等),机械特性(天线结构、体积、重量、抗风能力等);还有一些综合特性参数,如 G/T 值、频带宽度、总效率等。天线测量的任务就是用实验方法测定和检验天线的特性参数,其目的除了验证理论设计是否正确,检查新安装的天线是否符合要求,检查使用日久的天线性能是否下降等之外,天线测量本身也是研制天线的重要手段。虽然目前可利用计算机做辅助设计,但由于分析设计过程中往往是从理想条件出发,加上用众多的近似公式来解算,都会出现理论和实际不完全一致的现象,有时候通过对一系列天线的测试,可以获得对天线设计有帮助的数据和曲线,从中根据可循的规律进行设计,这也是一种可行的研制天线的方法。

对于卫星、导弹、雷达、通信、导航等各种信息化装备来说,微波毫米波天线是其发射和接收信息的核心,是进行能量转换及能量定向辐射的核心与关键,是装备必不可少的重要组成部分。设计各种不同用途的高性能天线已成为提高现代军事电子装备性能的一个重要课题。随着无线电技术的飞速发展和无线电设备应用场合的日益扩展,目前已存在适应不同用途、种类繁多的天线,在工程应用中选择哪种类型的天线也在很大程度上取决于应用场合对系统电气和机械方面的要求。对于各种类型的天线来说,由于它们的频段、实现功能、用途等各不相同,因此天线的形式也各不相同,从不同的角度去看,天线的分类方法也各不相同。

本章要介绍的天线测量内容主要是测试天线辐射特性方面的参数,根据互易原理,天线(含非线性元件的有源天线除外)用作发射时的参数和它用作接收时的参数是相同的,因此对某一天线的测试可以在发射或接收状态下进行测量,视天线本身和测试设备以及场地条件等情况而定,但如果天线和非线性元件结合成一体,则互易原理就不能应用,这时必须在与其工作状态一致的情况下进行测试。

天线测量结果的可靠性不仅与仪表精度、测试者的技术水平有关,而且和场地条件以及测量方法的正确性有关。天线测量应在无外界干扰的条件下实施,测量场地可分为室内和室外两种,在室内测量时要避免地面及墙壁的反射引起的干扰,在室内的四壁及天花板、地面上均铺设微波吸收材料,做成一个"微波暗室"。由于室内场地尺寸有限,可用缩尺模型技术和近场测量技术。

　　缩尺模型技术是指在满足一定条件下,将真实天线按一定的缩尺比例缩小成便于测试的模型天线,通过对模型天线的测试便可得到真实天线各参数特性。近场测试技术是利用天线近区辐射与远区辐射场的内在联系,在天线的近场测量,将天线的近场数据经处理后获得远场数据,近场测试技术包括缩距技术、聚焦技术、解析技术、外推技术等,当然这些测试技术在室外测试场上也是适用的,特别是随着射电天文、空间技术的迅速发展,天线口径尺寸越来越大,要满足远区场条件($R>2D^2/\lambda$),就要在很大的场地范围中把不需要的地面和周围物体的杂乱反射保持在要求的电平之下,这是十分困难的,能在近场区测出远场区的天线参数特性,无疑是很有价值的。要建造一间微波暗室耗费的财力是相当巨大的,因此,这里只介绍室外天线场的测试方法。

　　天线方向图测量的目的是测定或检验天线的辐射特性。天线的波束宽度、旁瓣特性、天线增益等多项技术指标由天线方向图确定,国际电工委员会将它定为天线入网测试的主要指标之一。表征天线的辐射特性与空间角度关系的方向图是一个三维的空间图形,它是以天线相位中心为球心,在半径足够的球面上,逐点测定其辐射特性绘制而成。测量场强振幅,就可得到场强方向图;测量功率就可得到功率方向图;测量相位,就可得到相位方向图。方向图是一个空间图形,实践中为了简便常取两个正交面的方向图,例如取垂直面和水平面方向图进行讨论,而且除了特殊的需要,一般只测量功率方向图或场强方向图即可。垂直面方向图是包含线极化波电场矢量与天线轴线平面上的方向图,即 E 面方向图;水平面方向图是包含磁场矢量与天线轴线平面上的方向图,即 H 面方向图。垂直面和水平面是相互垂直的两个平面。方向图有主瓣和若干个副瓣。最靠近主瓣的副瓣称为第一副瓣,通常它的电平是副瓣当中最高的一个,因此要加以限制,如 6 m 天线的接收站要求它低于主瓣 14 dB(国际标准)。

　　天线方向图可以用极坐标绘制,也可以用直角坐标绘制。极坐标方向图的特点是直观、简单,从方向图可以直接看出天线辐射场强的空间分布特性。但当天线方向图的主瓣窄而电平低时,直角坐标绘制法显示出更大的优点。因为表示角度的横坐标和表示辐射强度的纵坐标均可任意选取,即使不到 1° 的主瓣宽度也能清晰地表示出来,而极坐标却无法绘制。这种情况在测试卫星天线时尤为突出,所以在绘制卫星天线的方向图时,一般画其直角坐标下的方向图。

　　通常绘制的方向图都是经过归一化的,即径向长度(极坐标)或纵坐标值(直角坐标)是以相对场强的最大辐射方向的场强值作参考。其归一化最大值是 1。对于极低副瓣电平天线的方向图,大多采用分贝值表示,归一化最大值取为零分贝。

10.1.1　天线的类型及发展

　　① 天线尺寸的小型化,在保证天线性能基本不变的条件下,不断减小天线的体积,小型化是一个基础性技术,是天线永恒的发展方向;② 天线形式的集成化、片上型方向发展,随着芯片技术的发展,目前已经做到将天线和收发前端等集成在一个芯片上,这样使得系统的集成度更高;③ 天线的共形化发展,例如飞机等装备,很多天线同飞机外壳的形式做得一致,天线就嵌在机体上,例如手机,金属边框就是他的天线,进一步提高了小型化和集成度;④ 天线工作频段向宽带、超宽带方向发展;⑤ 频率上限向毫米波、亚毫米波频段发展;⑥ 天

线向阵面化、阵列化方向发展;⑦ 由机械扫描向电子扫描的方向发展。

10.1.2 天线测试方法分类

随着天线测试技术的不断发展,针对用户不同天线的测试需求,出现了多种测试方法。从测试距离上来分类,可以分为近场测试和远场测试,在天线辐射近场区进行测试称为近场测试,在辐射远场区进行测试则称为远场测试。工程上对远场距离判定的依据是孔径中心与边缘到测试点的行程差小于十六分之一波长(等效相位差 22.5°),业内通常用 $2D^2/\lambda$ 公式进行计算,其中 D 为天线孔径,λ 为波长。从测试场地来分类,又分为室内场和室外场。图 10-1 为天线测试方法分类,下面分别进行介绍。

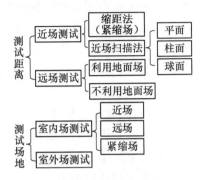

图 10-1　天线测试方法分类

近场探头在某一面内接收被测天线辐射近场的幅度、相位数据,利用 FFT 变换实现近场幅相数据到远场数据的变换。图 10-2 为平面近场测试方向性天线增益,图 10-3 为柱面近场测试扇形波束天线宽旁瓣/后波瓣。图 10-4 为球面近场测试低增益天线各种天线。

图 10-2　平面近场测试方向性
天线增益>15 dBi

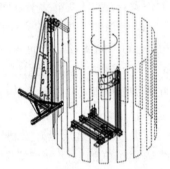

图 10-3　柱面近场测试扇形波束
天线宽旁瓣/后波瓣

图 10-4　球面近场测试低增益
天线各种天线

无论是远场测试还是近场测试,每种测试方法都有自己的优缺点,由表 10-1 中信息对比可见,远场测试在测试速度方面优于近场测试,但对于低副瓣天线、大口径天线、相控阵天线来讲,近场测试更具优势。总体来讲,目前应用最多的还是室内外远场测试法与平面近场法。

表 10-1　天线测试方法对比

	平面近场	柱面近场	球面近场	室外远场	室内远场	紧缩场
高增益天线	极适用	适用	适用	可测	可测	极适用
低增益天线	不适用	适用	适用	可测	适用	极适用
高频天线	极适用	极适用	极适用	适用	不适用	极适用
低频天线	不适用	不适用	适用	适用	可行	不适用
低副瓣	极适用	极适用	极适用	条件	不适用	适用

续表

	平面近场	柱面近场	球面近场	室外远场	室内远场	紧缩场
轴比	极适用	极适用	极适用	适用	不适用	适用
建设成本	低	中	中	高	中	极高
测试速度	中	中	慢	快	快	快
天线阵测试	容易	一般	难	一般	一般	难
限制因素	天线大小	天线大小	天线大小	天气状况	场地大小	天线大小
	测试频率	测试频率	测试频率	场地条件		测试频率

10.1.3　表征天线性能指标的参数及测量方法

天线性能常用参数有能量转换参数,如天线反射系数、电压驻波比等;方向特性参数,如天线方向图、天线增益、天线副瓣电平等;极化特性参数,如轴比和极化隔离度等。

（1）电压驻波比

反射波与入射波叠加会形成驻波,将电压振幅最大值的点称为驻波的波腹点,振幅最小值的点称为驻波的波谷点。相邻的波腹点与波谷点的电压振幅之比称为电压驻波比（VSWR）,简称为驻波比,可直接利用矢量网络分析仪测量。

$$VSWR = \frac{|V|_{\max}}{|V|_{\min}} = \frac{1+\Gamma}{1-\Gamma}$$

（2）回波损耗

回波损耗定义为传输线上某点的入射功率与反射功率之比,通常以分贝表示,与反射系数有如下关系:

$$R_L = -20\lg|\Gamma|$$

取值范围为 0 至正无穷,无反射时为正无穷,全反射时为 0。值越大天线性能越好。

（3）方向图

在距离待测天线足够远处(满足远场条件),以待测天线为圆心在同一距离上利用测试天线接收信号(或向待测天线发射信号),即可测得待测天线的发射(或接收)方向图,但这种测试方式需要较大的场地,精度不好保证,在工程上很少用到,利用待测天线绕其自身相位中心旋转的方式可等效测试天线沿远场同一距离的圆周旋转,通常远场测试都是以这种方式实现。

方向图是表征天线的辐射特性与空间角度关系的图形,有场强方向图和功率方向图之分,分别用远场区某一距离处电场(或磁场)的强度和功率随角度变化的函数来表示,通常描述为以天线为中心的同一个大球面上各点场强值或功率值随角度的变化图形。

图 10-5 为三维方向图,完整的天线方向图是一个三维的空间图形,它由多个波瓣组成,含有最大辐射

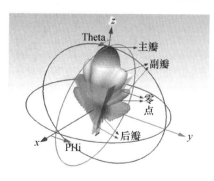

图 10-5　三维方向图

方向的波瓣叫做主瓣,其余波瓣为副瓣(也称旁瓣),如喇叭天线这种定向天线的与主瓣相反方向的副瓣也称后瓣,波瓣之间的凹陷称为零点。

E 面方向图为经过最大辐射方向与电场平行的那个平面方向图。H 面方向图为经过最大辐射方向与磁场平行的那个平面方向图。图 10-6 为喇叭天线 E/H 面,极坐标方向图的特点是直观和简单,从方向图可以直接看出天线辐射场强的空间分布特性,但是当天线方向图的主瓣窄而副瓣电平低时,直角坐标绘制就会显示更大的优点,如图 10-7 所示。

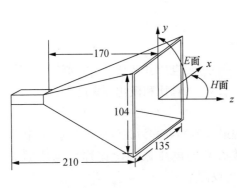

图 10-6　喇叭天线 E/H 面

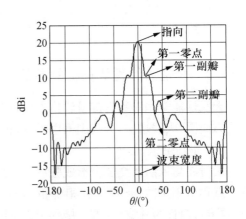

图 10-7　天线二维平面方向图

(4) 波瓣参数(波束指向、波束宽度、副瓣/零点电平与位置)

波束指向一般是指方向图最大值对应角度,即主瓣的指向;波束宽度一般是指方向图的主瓣宽度;副瓣及零点电平一般是指在归一化方向图上的电平,或者对数幅度方向图上电平值与主瓣电平值之差,位置则是各副瓣或零点对应的角度位置。各个波瓣参数在方向图测量之后均可通过计算得到。二维直角坐标和极坐标方向图如图 10-8、10-9 所示。

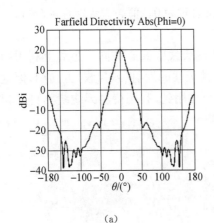

(a)

Farfield Directivity Abs(Phi=90)

(b)

图 10-8　二维直角坐标方向图

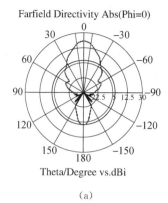 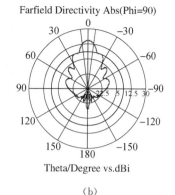

（a）　　　　　　　　　　　　　　（b）

图 10 - 9　二维极坐标方向图

（5）方向性系数与增益

在相同的辐射功率下某天线产生的最大辐射强度与点源天线在同一点产生的辐射强度的比值称为该天线的方向性系数；或者是在产生相等电场强度的前提下，点源天线的总辐射功率 P_0 与待测天线的总辐射功率 P 比值。

增益则是在产生相等电场强度的条件下，点源天线需要的输入功率与待测天线需要的输入功率的比值。

$$D = \frac{\int_0^{2\pi}\int_0^{\pi}\sin\theta\, \mathrm{d}\theta\, \mathrm{d}\varphi}{\int_0^{2\pi}\int_0^{\pi}F^2(\theta,\varphi)\sin\theta\, \mathrm{d}\theta\, \mathrm{d}\varphi} = \frac{4\pi}{\int_0^{2\pi}\int_0^{\pi}F^2(\theta,\varphi)\sin\theta\, \mathrm{d}\theta\, \mathrm{d}\varphi}$$

（6）极化参数（交叉极化隔离度、轴比）

天线极化是描述天线辐射电磁波场矢量空间指向的参数，是指在与传播方向垂直的平面内，场矢量变化一周期矢量端点在空间描绘出的轨迹。它有线极化、圆极化、椭圆极化。

极化效率：当接收天线的极化方向与入射方向不一致时，由于极化失配，从而引起极化损失。其定义为：天线实际接收的功率与在同方向、同强度且极化匹配条件下的接收功率之比。

圆极化天线接收任一线极化波或线极化天线接收圆极化波有 3 dB 损失，天线接收交叉极化波功率与主极化功率之比称为交叉极化隔离度。轴比为极化平面波椭圆的长轴与短轴之比。

交叉极化隔离度：分别测试天线在反极化时的接收功率与同极化情况下接收功率之比。

将待测天线与测试用天线对准后，在一定角度内寻找功率最大值，然后将测试用线极化天线沿极化轴旋转，测量仪器连续测量功率值，形成以极化角度为坐标的轴比曲线，其最大值与最小值之比（对数幅度之差）即为天线轴比。

交叉极化隔离度：分别测试天线在反极化时的接收功率与同极化情况下接收功率之比。

10.2　天线测试场

任何研制和生产的天线通常都需要经过实际测量后方可使用。天线主要有两方面特性：电路特性（输入阻抗、效率、频带宽度和匹配程度等）和辐射特性（方向图、增益、极化和相位等）。测量天线电路特性时，只要天线辐射基本不受阻碍，周围物体反射影响不严重即可；而测试天线辐射特性时应当考虑测试场地的影响,也就是测试场地的大小和地面及周围物体的影响。

理想的天线测试场应为均匀平面波照射待测天线,实际的测试场可能存在着以下测量误差因素:① 收发天线间的感应耦合;② 收发天线间的多次辐射耦合;③ 照射波的相位曲率;④ 照射波的幅度锥削度;⑤ 由地面反射波引起的干扰;⑥ 由寄生辐射源引起的干扰。

(1) 收、发天线中一副为弱方向性天线,一副为强方向性天线时,$r_{\min}$ 的确定

电尺寸较小的弱方向性辅助源天线 S 所辐射的电磁波可视为球而波,经距离 r 到达口径最大尺寸为 D 的待测接收天线时,其中心 O 点与边缘 A 点的射线之间的行程差为 Δr,由图中几何关系,得:

$$(r+\Delta r)^2 = r^2 + \left(\frac{D}{2}\right)^2$$

当 $r \gg \Delta r$、$D \geqslant \Delta r$ 时,可忽略,故得:

$$r = D^2/8\Delta r \tag{10-1}$$

由式(10-1)可知,$\Delta r \to 0$,$r \to \infty$,这意味着要达到均匀平面波照射待测天线口径所要求的测试距离为无穷大,这当然是不现实的,因此人们往往根据测试精度的要求,规定一个允许的行程差 Δr,例如 $\Delta r = \lambda/16$,这表明待测接收天线口径中心 O 点与边缘 A 点之间的允许相差为 $\Delta\phi = k\Delta r = \pi/8$,这里 k 是相位常数。于是由式(10-1)所得到的最小测试距离:

$$r_{\min} \geqslant \frac{2D^2}{\lambda}$$

若允许行程差 $\Delta r = \dfrac{\lambda}{32}\left(\Delta\phi = \dfrac{\pi}{16}\right)$,则由式(10-1)得 $r_{\min} \geqslant \dfrac{4D^2}{\lambda}$。

实践表明,一般选取 $\Delta r = \lambda/16$ 时,所测得的天线方向图已有足够精度,这是因为一方面它满足了远场条件,另一方面照射接收天线口径的场强已比较均匀。

(2) 收、发天线均为强方向性时,$r_{\min}$ 的确定

设辅助源天线口径为 D,待测天线口径为 D,它们均为强方向性天线。其中 $2\theta_0$ 为辅助源天线的波瓣宽度,ψ 为其相位中心对待测天线口径所张的角,通常近似为 $\psi \leqslant 2\theta_{0.5}$ 不同 N 值时,最小距离和待测天线口径接收功率的最大变化关系。

(3) 收、发天线均为弱方向性时,$r_{\min}$ 的确定

这种情况只要天线在远区辐射场中进行测试就已满足均匀平面波前照射待测天线口径的要求了。感应场正比于 $(\lambda/2\pi r)^2$,因此当 $r = \lambda$ 时,感应场已比辐射场低 16 分贝,其影响可忽略。故最小测试距离可视天线口径最大尺寸 D 的大小由下式选定。

$$D < \frac{\lambda}{2}, r_{\min} \geqslant \lambda, \text{若 } D > \lambda \text{ 时}, r_{\min} \geqslant \frac{2D^2}{\lambda}。$$

总的来说,收、发天线距离 $r_{\min}$ 的选择主要根据待测天线口径功率分布要均匀,相位分布要接近平面波的要求等条件而定。

通常把 $r_{\min} \leqslant 2D^2/\lambda$ 称为辐射近场区域,把 $r \geqslant 2D^2/\lambda$ 称为辐射远场区域,把 $r \leqslant \lambda/2\pi$ 称为感应场区域。另外天线之间存在多次耦合也会引起测量误差,故在实际测试中距离常选取 $r > r_{\min}$。

10.2.1　自由空间测试场

电磁波通常是由多路径传到接收点的。接收天线除接收到直射波外还接收到场地周围物体和地面的反射波、散射波与绕射波,这些波在接收点互相干涉从而导致信号,隔度的变化、平面波前弯曲以及极化畸变等,因此天线测试场地应尽量减少会引起反射的物体。然而场地的地面反射总是存在的,这就需要采取必要措施减少或消除地面反射的影响,具体措施有如下几种:

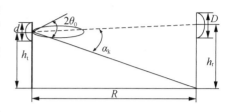

图 10-10　自由空间测试场

1) 架高天线法

架高天线法是使发射天线的零值方向指向地面反射点同时架高接收天线,如图 10-10 所示。此时

$$h_1 = h_2 = \frac{r_{\min}}{2} \tan \frac{\theta_0}{2}$$

$$h_1 = \frac{r_{\min}}{2} \cdot \frac{\lambda}{D_2}$$

若仅架高接收天线,此时高架天线测试场为了避免地面反射波,把收发天线架设在水泥塔上或相邻高大建筑物的顶部,并采用如下措施:

(1) 采用锐方向性辅助源天线,使其垂直平面方向图的第一个零值方向指向待测天线高架塔的底部。

(2) 在收发天线之间的地面反射区,横向设置防护栏,一个金属反射屏,其作用是使未放栏时测试场地面向待测天线反射的那部分能量改变方向避开待测天线。

2) 倾斜天线测试场

顾名思义,倾斜天线测试场就是收发天线架设高度非常悬殊的天线测试场。天线测试场的一端建有固定的高度近百米的天线测试塔,在不同的高度上可架设尺寸不大的微波天线。测试场的另一端地面上可架设尺寸较大的天线(通常是待测天线),如图 10-12 所示。选择收发天线之间的距离以及辅助源天线的架设高度,使待测天线第一个零辐射方向对准地面反射点或使地面反射波不能经待测天线主波瓣进入天馈系统。其实倾斜天线测试场就是高度不等的高架天线场,但倾斜天线测试场所需场地比高架测试场小。图10-11 为地面反射测试场,图 10-12 为倾斜天线测试场。

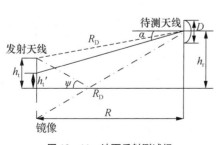

图 10-11　地面反射测试场

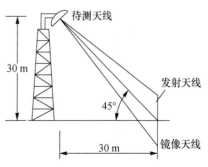

图 10-12　倾斜天线测试场

10.2.2　微波屏蔽室

屏蔽室的作用一方面是对外来电磁干扰加以屏蔽,从而保证室内电磁环境电平满足要求;另一方面是对内部发射源(如天线等)进行屏蔽,不对外界形成干扰。电磁兼容性标准规定,许多试验项目必须在屏蔽室内进行。屏蔽室为一个由金属材料制成的六面体,其中:工作频率范围一般定为 14 kHz～18 GHz,个别实验室要求频率上限为 40 GHz。预留 EUT 空间依具体情况而定,如 2.0 m×1.5 m×1.5 m。屏蔽效能要求归一化场地衰减指标在规定频段内,在 2.0～1.5 m 的垂直范围内(离地 0.8～4 m)场地衰减偏差不超过 4 dB。

在规定频段内,在 2.0 m×1.5 m×1.5 m 空间,场地均匀性偏差在 0～6 dB 之间。按材料分:铜网式、钢板或镀锌钢板式、电解铜箔式、铜板式、钢丝网架夹心板式。按结构分可分为单层、双层铜网式,单、双层钢板式,多层复合金属板式,单双层钢丝网架夹心板式。按安装形式分:固定焊接式、拼装式。

影响屏蔽室性能的主要因素有:屏蔽门,屏蔽材料,电源滤波器,通风波导,拼装及焊接接缝、接地等。从屏蔽效能来看,固定焊接钢板式最好,拼装钢板式次之,焊接铜板式、拼装钢丝网架夹心板式再次之,拼装铜网式最差。其中固定焊接钢板式,拼装钢板式均可满足国军标的要求,在 10 kHz～20 GHz 频率范围内前者可达到 110～120 dB,后者可达 70～110 dB。在使用屏蔽室进行电磁兼容性测量时,要注意屏蔽室的谐振及反射。表 10-2 为微波屏蔽室主要参数。

表 10-2　微波屏蔽室主要参数

屏蔽类别	频段范围	屏蔽效能
磁场	14～100 kHz	优于 80 dB
	0.1～1 MHz	优于 100 dB
电场	30～1 000 MHz	优于 110 dB
	1～10 GHz	优于 100 dB
	10～18 GHz	优于 85 dB
	18～20 GHz	优于 85 dB

电波暗室是针对一般屏蔽室各内壁面反射影响测试结果而在 6 个壁面上加装吸波材料(对于模拟开阔场地测试,地板上不加吸波材料)而形成的。吸波材料一般采用介质损耗型(如聚氨酯类的泡沫塑料),为了确保其阻燃特性需在碳胶溶液中渗透。吸波材料通常做成棱锥状、圆锥状及楔形状,以保证阻抗的连续渐变。为了保证室内场的均匀,吸收体的长度相对于暗室工作频率下限所对应的波长要足够长(1/4 波长效果较好),因而吸收体的体积制约了吸波材料的有效工作频率(一般在 200 MHz 以上),减小了屏蔽室的有效空间,电波暗室的屏蔽效能要求与屏蔽室相同。

实现上述目的的最好办法是采用如图 10-13 所示的方法,将试验室分成测试间、控制间和监测间几部

图 10-13　微波屏蔽室

分,测试间放被测设备、接收传感器及输出电缆等必要物品,测量仪器、测试人员在控制间,监测间放置被测设备的监视测量仪器,供被测方监视操作,为防止不希望的发射通过屏蔽室墙壁的转接器进入测试间,必须采取一定的措施进行隔离,如电源采用滤波器接入测试间,信号通过同轴转接器或光纤馈通器穿过屏蔽室。

10.3　天线方向图测量

10.3.1　振幅方向图测量

测量振幅方向图常用旋转天线法和固定天线法两种。

天线方向图测量是三度空间的,因此需要在整个空间角进行场强测量。在测量方向图时,还必须标明对待测天线而言的各种空间角。图 10-14 给出在一般情况下来用的球坐标系。通常是选取两个有代表性的面,用两个二维空间方向图来描述天线三维空间的辐射特性。这两个面可取:① E 平面和 H 平面;② 水平面和垂直平面;③ 圆锥截面和垂直截面,即图中,θ 为常数 φ 为常数的两个面。

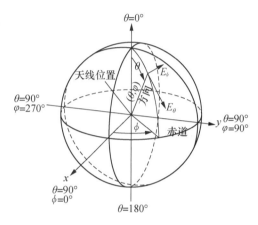

图 10-14　方向图测量系统

天线远区辐射场的一般形式为:

$$\vec{E} = A\,\vec{e}(\theta,\varphi)F(\theta,\varphi)\mathrm{e}^{-\mathrm{j}\phi(\theta,\varphi)} \qquad (10-2)$$

式中,A 为同距离有关的辐射场振幅;$\vec{e}(\theta,\varphi)$ 为极化方向函数;$F(\theta,\varphi)$ 为振幅方向函数;$\phi(\theta,\varphi)$ 为相位方向函数。

所以,完整的远区场辐射方向图的测量包括极化方向图、幅度方向图和相位方向图。

1) 旋转天线法

微波波段的真实天线或其他波段的缩尺模型天线一般都在测试场上进行天线方向图测量,此时辅助天线固定不动,待测天线绕自身的通过相位中心的轴旋转,故称旋转天线法。通常,辅助天线作发射,待测天线作接收,待测天线架设在特制有角坐标指示的转台上(如果天线本身具有这种功能,则不必架在上述设备上),测量水平面方向图时,可让待测天线在水平面内旋转。记录不同方位角时相应的接收信号电平,而后根据记录的数据绘出方向图曲线。测试垂直面方向图时,如果可能,可将待测天线绕水平轴转动 90°后,仍按上述方法可测得垂直平面方向图(相当于天线在自由空间垂直平面方向图);也可以直接在垂直面内转动待测天线测取不同仰角时接收信号电平,再绘成方向图。图 10-15 为旋转天线法测量天线方向图。

对主瓣很宽、旁瓣不很重要的天线,可采用直接检波,以微安表指示,但要校准检波器的特性。如果对旁瓣有严格要求,接收信号动态范围较大,可用精密可变衰减器使检波器输出

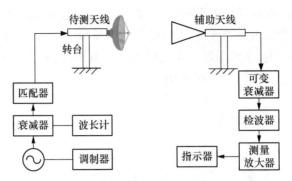

图 10-15　旋转天线法测量天线方向图

指示读数保持不变,由精密可变衰减器的衰减值来读取相对接收信号电平,以消除检波器和放大器所引起的误差。这种测试方法的原理方框图如图 10-15 所示,如果测量系统配有自动测绘设备,可自动绘出方向图。

在测量之前,应对收发功率进行估算。接收机的接收功率 P_r,由下式给出:

$$P_r(dB) = 10lgP_0 + 10lgG_T + 10lgG_r - 20lg(4\pi R/\lambda) - N \qquad (10-3)$$

式中,P_0 为发射天线的输入功率;G_T 为发射天线的增益;G_r 为待测天线的增益;R 为收发天线间的距离;λ 为工作波长;N 为待测天线的副瓣电平。

为了确保精度,一般应使最大接收功率电平大于接收机最高灵敏度 20 dB。

2) 固定天线法

固定天线法是对某些大型、笨重天线而本身又没有转动机构的天线在天线使用现场进行测量的方法。因此让待测天线固定不动,而让激励天线绕待测天线在感兴趣的平面上以待测天线为圆心做圆周运动,以测得该平面的方向图。

(1) 地面测试法

地面测试法通常只限于测试天线水平平面的主瓣。待测天线作发射,且固定不动。在待测天线远区,以待测天线为中心、r 为半径的圆弧(主瓣宽度所对应的范围)上,进行相对场强测量,从而得到地平面上待测天线主瓣的方向图。

(2) 空中测试法

这种方法是待测天线固定不动,一般作接收。辅助源天线由普通飞机等运载工具携带,盘绕待测天线在所需测试平面内做圆周运动,测量待测天线接收到的相对场强大小,求得该平面内的方向图。

10.3.2　八木天线方向图的测试

天线方向图是描述天线辐射特性的重要参数,不同用途的无线电设备往往要求天线具有不同的方向特性,也就是说天线方向图的形状往往决定了无线电设备的技术性能,因此准确地测量天线方向图是研制和生产天线过程中不可缺少的工作。

振子天线是一种结构简单、使用方便的线状天线,它几乎在全部无线电波段中,特别是在长、中、短波及超短波波段有广泛的应用。振子天线既可用作单独的天线,也可和金属反射器等配合组成复合天线(如作为抛物面天线的馈源),还可用来组成天线阵,例如米波和分米波雷达天线,以及近代发展的相控阵天线,因此掌握天线方向图的测试及了解影响振子天线方向性的因素是极其重要的。实验目的为研究对称子天线的电长度与方向图的关系。

实验内容:

① 分别测量对称振子天线电长度为 $2l/\lambda=0.5$(半波振子)、$2l/\lambda=1$(全波振子)、$2l/\lambda=2$ 时的 E 面方向图。

② 利用所测半波振子的方向图数据描绘晶体校准曲线(即对实验使用的检波晶体进行定标)。

1) 实验原理和方法

任一线极化天线在远区空间所辐射的电场一般可表示为:

$$E=\frac{A}{r}f(\theta,\varphi)\mathrm{e}^{-\mathrm{j}kr}\mathrm{e}^{-\mathrm{j}\phi} \tag{10-4}$$

ϕ 是与辐射功率和工作波长等有关的比例因子;

$f(\theta,\varphi)$ 称为天线场强方向性函数,$f^2(\theta,\varphi)$ 为天线的功率方向性函数,它表示远区同一距离上辐射场强(或功率密度)与空间角度的关系;

ϕ 称为天线相位方向性函数,它表示远区同一距离上辐射场的相位与空间角度的关系。

为了形象地表示天线的这种方向特性,通常将天线的方向性函数绘制成图形称为天线的辐射方向图(简称方向图),它表征天线辐射特性(场强、相位等)与空间角度的关系。完整的天线方向图是一个三维空间的立体图形,是以天线相位中心为球坐标原点,在半径 R 足够大(远区)的球面上,逐点测定场强、相位等辐射特性绘制而成,显然这是十分困难的。通常都是分别测量出场强(功率)方向图和相位方向图等,在工程上使用最广泛的是场强(功率)方向图,它们也是一个空间立体图。测绘三维空间方向图是十分麻烦的,在实际工作中一般只需测量 E 面(和电场平行的平面)和 H 面(和电场平行的平面)两个正交面的方向图就足以描述天线的辐射场强特性。

平面方向图既可以绘制在极坐标上也可以绘制在直角坐标上,前者比较直观、简单,可以直接形象地看出天线的辐射场或功率密度的空间分布状况;但当主瓣窄而副瓣电平又低时,后者比前者更方便而且精确。在绘制方向图时,往往把最大辐射方向的场强或功率密度取为1,这样的方向图称为归一化方向图。对于极低副瓣电平天线的方向图又大多采用分贝值表示,归一化最大值取为零分贝。

方向图的测量,通常有现场测量和测试场(包括微波暗室)测量两种方法。对于某些结构庞大、笨重而又不便搬动和运转的天线(如广播、电视天线,干线通讯天线,地面站天线等)或者某些天线方向图受放置天线场地的影响很大而实际工作又必须包含这些影响因素在内的天线(如机载、车载和舰载天线等)通常测试工作需在天线使用场地进行,其方法一般是待测天线固定不动,而让辅助天线绕待测天线在需要的平面内做圆周(或圆弧)运动以测取该平面的方向图。这种测量方法代价高、精度差而且十分麻烦,除特殊情况外一般采用测试场测量法。

测试场测量法不仅适用于超短波及微波波段的实际天线,也可对其他波段的缩尺模型天线进行测试,只要测试场地满足天线的测试条件,这种方法不仅简单方便,而且能保证测试精度。有关测试场地(包括微波暗室)的构成和性能有较详细的介绍。测试场测量天线方向图时辅助天线通常是固定不动的,待测天线绕自身通过相位中心的轴旋转;一般辅助天线作发射,待测天线作接收(当然也可以作发射,要视情况而定),待测天线装在一特制的有角度指示的转台上。测试水平面方向图时可让待测天线在水平面内旋转,记下不同方位角和相应的场强响应,然后在适当坐标纸上绘出方向图;若测垂直面方向图,可将待测天线绕水平轴转 90°后(收、发天线的极化方向要一致),仍可按水平面方向图测试方法测得垂直面方向图。

2)最小测试距离的确定

要找一个能保证有足够精度的最小测试距离 $r_{\max}$,它由待测天线照射幅度条件和相位条件确定。由相位条件确定的,由于收发天线之间距离有限,入射到待测天线口面的相位并不相同。

$$r=\pi\frac{(d+D)}{4\lambda\,\Delta\varphi_{\max}} \qquad r=\frac{2D^2}{\lambda}$$

入射场相位不均匀使天线方向图零点消失,副瓣电平增高,增益降低,由振幅条件确定的最小测试距离 $r_{\max}$,$r=2D^2/\lambda$ 当辅助天线和待测天线都是强方向性天线时要考虑。

3)振幅方向图的测量实验设备和步骤

(1)天线互易测量

互易原理对天线参数测量是很重要的,它说明待测天线在发射和接收状态下测得的参数是一样的,可以根据仪表场地条件来选择待测天线方便的工作状态。

注意以下几点:

① 若把待测天线和辅助天线工作状态互换,并保持接收信号不变,要求信号源检波器必须与馈线保持匹配。

② 天线中包含晶体管匹配网络、电子管、铁氧体等有源或非线性元件时,只能在指定工作状态测量。

③ 天线上的电流或电场分布并不互易。

(2)旋转天线法

如图 10-16 所示待测天线作发射天线时测量装置方框图,待测天线和辅助天线互换可得待测天线用作接收时的测量方框图。接收天线为带有检波器的八木天线,收发天线均安装在可以在 360°内旋转的带有角度指示的圆盘上,圆盘安装在高低可调的三脚支架上,具体实验步骤如下:

图 10-16　旋转天线法测量天线方框图

① 按照图 10-17 连接实验线路,将微波信号源工作频率调到 900 MHz 上,发射天线的电缆接到最大输出,开机前高频控制旋钮放到合适功率。

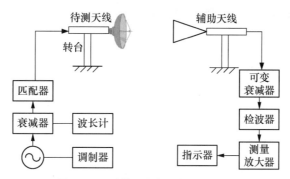

图 10-17　旋转天线法测量天线原理图

② 让接收天线旋转一周,接收可用频谱分析仪来观察在最大接收方向的指示值。

③ 对准收发天线的电轴,即找出接收的最大方向。测量天线的方向图时,将收发天线的最大辐射方向对准,同时缓慢地改变收发天线的方位角,使指示值最大,则电轴已对好。由于对称振子方向图比较宽,可以根据天线的方向图的对称性。采用交叉读数法来确定最大辐射方向,即在最大辐射方向两侧取相同指示值。以 θ_0 为 0°,然后每隔 5°或 10°记录相应的指示值,依次将天线旋转 360°即可测出方向图数据,并按表 10-3 列出:

表 10-3　测量数据

天线旋转角度/(°)	0	5	10	15	20	25	30	…	355	360
指示器读数										

方向图的表示法:空间方向图是三维方向图,为了得到二维方向图,用经过最大辐射方向的两个互相垂直的平面去切割三维方向图,一般取 E 面 H 面相对功率方向图,确定 BW、旁瓣电平。

10.3.3　抛物面天线方向性的测量

旋转抛物面天线是一种典型的反射面天线,它是由金属制作成的旋转抛物面反射镜(其几何尺寸大到几十米,小到零点几米)和位于抛物面焦点上的辐射器(又称馈电振子天线、喇叭天线和缝隙天线等)所构成,具有主瓣窄、副瓣电平低和高增益等辐射特性,目前已广泛地应用于雷达、中继通信、电视、射电天文和卫星地面站等方面。

抛物面天线辐射特性的分析方法目前在理论上已经成熟,借助数字计算机可以获得精确的计算,但是由于制造工艺和安装方面的原因往往存在抛物面的制造公差和辐射器的安装公差等,从而影响了天线的辐射特性,所以通过实际测试调整天线的性能是非常重要的。实验内容如下:

(1) 测量旋转抛物面天线的主要几何尺寸,计算抛物面的焦距 f,将辐射器置于焦点上(正焦时),测量抛物面天线的 H 面方向图。

(2) 将辐射器置于偏离抛物面轴线某一角度 θ_1 的等焦距位置上,测量天线的 H 面方向图。

1) 实验原理和方法

旋转抛物面天线是一种具有针状波束的强方向性天线,它的这一特性是由旋转抛物面天线的聚焦作用决定的。在直角坐标中的方程为：

$$x^2 + y^2 = 4fz \qquad (10-5)$$

在极坐标系中的方程为：

$$\rho = \frac{2f}{1+\cos\psi} = f\sec^2\frac{\psi}{2} \qquad (10-6)$$

其方框图如图 10-18 所示。

图 10-18　旋转天线法测量天线方框图

2）测量步骤

（1）根据要求确定球坐标取向和控制台。

（2）确定最小测试距离和架设高度。

（3）进行信道电平估算选择测量仪器。

（4）收发天线应架设在同一高度上，并将转台调到水平。

（5）检查周围的反射电平及必须具备的测量条件。

（6）转台转轴尽可能通过待测天线相位中心。

（7）转动待测天线，使准备测试的方向图平面为水平面，并使辅助天线极化与待测场极化一致。

（8）将收发天线最大方向对准，调整检波器与测量放大器使接收指示最大。

（9）旋转待测天线，记录接收信号，特别留心主瓣宽度和副瓣电平，垂直平面的方向图测量同上，只要将天线变成俯仰转动或将待测天线极化旋转 90° 在水平面测量。

（10）如果待测天线为椭圆极化，且方向图形状较复杂时，必须在同一平面内测量两个正交分量方向图。

10.4　天线增益测量

10.4.1　天线增益测量概述

天线增益是表征天线特性的重要参数，是天线设计的主要指标之一。天线增益等于天线效率与方向系数之积。各种天线都有一定的方向性，方向函数或方向图仅描述天线的辐射场强在空间的相对分布，为了定量描述天线在某一特定方向上的辐射能量的集中程度需引入天线方向系数这一参数。绝大多数天线都需要通过实际测试来确定其增益，测量天线的增益有比较法和绝对法，当输入功率相同时，天线在指定方向的辐射功率密度与理想点源辐射功率密度之比定义为天线的功率增益。增益的定义不含阻抗和极化失配产生的系统损耗，天线的增益常用 GdB 或 GdBi 表示，对应于线极化或圆极化（左旋或右旋）的部分增益常用 GdB 或 GdBi 来表示。

用何种方法测量天线的增益在很大程度上取决于天线的工作频率。例如,对工作频率高于 0.1 GHz 以上频段的天线,常用自由空间测试场地;对于工作频率在 0.1 GHz 以下的天线,常用地面反射测试场确定天线的增益。由于地面对天线的电性能有明显的影响,当天线尺寸很大时,在原地测量它的增益;对于工作频率低于 1 MHz 的天线,一般不测量天线的增益,只测量天线辐射地波的场强。比较法是测量天线最常用的方法。此方法要求必须具备一已知增益的标准天线。标准增益天线应具有以下特性:

(1) 天线的增益应当精确已知;

(2) 天线的结构简单牢固;

(3) 天线最好为线极化,但也可以是圆极化,此时必须具备旋向相反的两个圆极化天线。无论使用哪种极化,天线的极化纯度都应尽可能高。

1) UHF 以下频段的标准增益天线

在 UHF 以下频段,常用半波振子或半波折合振子作标准增益天线,它的增益为 2.15 dB;半波折合振子作为标准增益天线。在 UHF 频段,常用定向天线作为标准增益天线,二元半波振子增益相对半波振子为 7.7 dB。

2) 微波频段的标准增益天线

微波频段的标准增益天线常用最佳角锥喇叭天线(图 10-19)。

图 10-19　标准增益喇叭天线

10.4.2　天线增益测量方法

增益的测量方法包括:① 方向图积分法;② 两相同天线法;③ 三天线法;④ 标准增益天线对比法;⑤ 近场标准增益天线对比法;⑥ 其他增益测量方法:如波束宽度法、射电源法等。

如果可以得到天线效率,直接与方向性系数相乘即可以得到增益,这种方法称为方向图积分法,通过方向图积分得到方向性系数再求增益。但多数情况下天线效率不容易得到,而且计算方向性系数需要进行三维方向图测量(对于圆周对称天线可只测量一个切面方向图),所以这种方法在工程中并不常用。

两相同天线法是利用两个相同的待测天线作为收发天线对准放置,在其距离满足远场条件的情况下,在一定角度范围内旋转扫描,取其中信号最大值为功率传输值(由矢量网络分析仪等仪器测得),波长、测试距离已知,从而可求出待测天线的增益。其缺点是只能认为

2个天线的特性是完全一致的,在无法得到两个相同待测天线的情况下可利用三个位置天线分别相对一定距离测试,则可以根据弗利斯传播公式两两对应建立三个方程,就可以求出三个天线增益。其特点为:3个天线的增益可以各不相同。

近场测量时不满足远场条件,需要将标准天线及待测天线的数据变换至远场后进行对比,值得注意的是,近场增益对比测量时不必要求标准天线和待测天线的测量距离、位置、扫描步长相同,但是不能仅仅测试小部分扫描面内的近场数据,需要尽量覆盖待测以及标准天线的主要能量区域(边缘电平小于最大值的30 dB以上),这样变换后的主瓣最大值才有对比意义。

波束宽度法,测得两主平面波束宽度,然后根据经验公式计算增益,一般用于抛物面天线;射电源法,利用太阳等恒星作为信号源,通过对准射电源及对准冷空两次测量,利用传播公式计算天线增益,通常用来测量大型天线。

1)增益测量比较法

天线增益的测量分为相对增益和绝对增益的测量,它们都以式(10-6)基础:

$$P_r = [\lambda/(4\pi R)]^2 P_0 G_t G_r \tag{10-7}$$

式中,P_r为接收功率;P_0为输入功率;G_t为发射天线的增益;G_r为接射天线的增益;R为收发天线之间的最小测试距离。

比较法是将待测天线与已知天线增益进行比较来确定待测天线的增益(图10-20)。

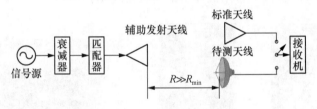

图10-20 比较法测量天线的增益

如上所述,在定义天线增益时是以点源天线作为比较的标准的,实际测量时通常用有一定方向性的天线作为标准天线来进行比较。

图10-21所示出了用比较法测量天线增益的测试系统方框图,其中图中的待测天线和标准天线作为发射天线。

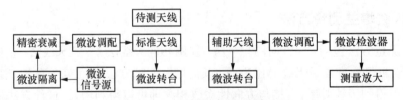

图10-21 比较法测量天线增益方框图

如果与传输线匹配的待测天线和标准天线作为发射天线,比较法测量增益的实质是通过比较被测天线相对于标准天线的增益来测量待测天线的增益。

(1)把待测天线接入信号源,最大方向对准,调可变衰减器,使接收指示器有一个较大的指示值,记下精密可变衰减器分贝值A_x;

(2)确定最小测试距离和架设高度;

（3）进行信道电平估算选择测量仪器；

（4）收发天线应架设在同一高度上，并将转台调到水平；

（5）检查周围的反射电平及必须具备的测量条件；

（6）转台转轴尽可能通过待测天线相位中心；

（7）接上标准增益天线，最大方向对准，调整精密可变衰减器的值，使接收指示同刚才一样，记下衰减器的分贝值。

（8）接待测天线，调衰减器使指示为某一个值，记下待测天线输入功率，假定阻抗匹配、极化匹配、最大方向对准、距离相同。

在满足远区条件下，只测量待测天线的接收功率 P_{xr}，然后接入标准天线测量接收功率 P_{sr}，标准天线增益为 G_s，则待测天线的增益 G_x 为：

$$G_x = P_{sr}G_s/P_{xr}$$

如果用精密可变衰减器测量功率，则

$$G_x = G_s 10^{(A_x - A_s)/10}$$

$$G_x(dB) = G_s(dB) + A_x(dB) - A_s(dB) \tag{10-8}$$

2）双天线法（两天线相同）

假设两天线极化和阻抗均匹配，只要测出输入功率 P_A 和接收功率 P_R，以及最小测试距离和波长 λ，就能求得待测天线的增益。图 10-22 为两天线法测增益方框图。

图 10-22　两天线法测增益方框图

$$P_R = P_A G^2 \left(\frac{\lambda}{4\pi r}\right)^2$$

$$G = \frac{1}{2}\left[20\lg\left(\frac{4\pi r}{r}\right) - 10\lg\left(\frac{P_A}{P_R}\right)\right] dB \tag{10-9}$$

由此可见，用两个相同增益的天线，只要测得收发天线之间的距离、工作波长及接收天线的接收功率与天线的输入功率之比即可确定天线的增益。

3）三天线法（图 10-23）

三个天线的增益分别为 G_A、G_B、G_C：

图 10-23　三天线法测增益方框图

$$P_R = P_A G^2 \left(\frac{\lambda}{4\pi r}\right)^2$$

$$G = \frac{1}{2}\left[20\lg\left(\frac{4\pi r}{r}\right) - 10\lg\left(\frac{P_A}{P_R}\right)\right] \text{dB} \qquad (10-10)$$

$$G_A(\text{dB}) + G_B(\text{dB}) = 20\lg\left(\frac{4\pi r_{AB}}{\lambda}\right) - 10\lg\left(\frac{P_A}{P_R}\right)_{AB}$$

$$G_C(\text{dB}) + G_B(\text{dB}) = 20\lg\left(\frac{4\pi r_{CB}}{\lambda}\right) - 10\lg\left(\frac{P_A}{P_R}\right)_{CB}$$

$$G_A(\text{dB}) + G_C(\text{dB}) = 20\lg\left(\frac{4\pi r_{AC}}{\lambda}\right) - 10\lg\left(\frac{P_A}{P_R}\right)_{AC} \qquad (10-11)$$

$$G_A(\text{dB}) = 10\lg\left(\frac{4\pi r}{\lambda}\right) + 5\lg\left[\left(\frac{P_r}{P_A}\right)_{AB}\left(\frac{P_A}{P_r}\right)_{CB}\left(\frac{P_r}{P_A}\right)_{AC}\right]$$

$$G_B(\text{dB}) = 10\lg\left(\frac{4\pi r}{\lambda}\right) + 5\lg\left[\left(\frac{P_r}{P_A}\right)_{AB}\left(\frac{P_A}{P_r}\right)_{CA}\left(\frac{P_r}{P_A}\right)_{BC}\right]$$

$$G_C(\text{dB}) = 10\lg\left(\frac{4\pi r}{\lambda}\right) + 5\lg\left[\left(\frac{P_r}{P_A}\right)_{CB}\left(\frac{P_A}{P_r}\right)_{AB}\left(\frac{P_r}{P_A}\right)_{AC}\right] \qquad (10-12)$$

求出距离即可求出增益 G。

4）椭圆极化天线增益的测量

椭圆极化天线的增益 G，可用下式表示：

$$G_m = G_{ma}(1 + 1/\gamma^2) = G_{mb}(1 + \gamma^2) \qquad (10-13)$$

式中，G_{ma}、G_{mb} 分别是长轴、短轴对应线极化的部分增益；$\gamma = E_{m1}/E_{m2}$ 为轴比；圆极化部分增益 G_{dBic} 的表示式为：

$$G_{dBic} = 3 + 20\lg\left[\frac{1}{2}(1 + 10^{-\gamma/20})\right] + G_{ma} \qquad (10-14)$$

常把 $K = 3 + 20\lg\left[\frac{1}{2}(1 + 10^{-\gamma/20})\right]$ 称为修正因子。

在实际测量时，一般采用线极化天线测量椭圆极化长轴或短轴上的增益和轴比，由此可得出椭圆极化天线的增益；若要测量椭圆极化天线某旋向圆极化的部分增益 G_{dBic}，可只测量长轴的增益和椭圆极化的轴比，再利用式（10-14）计算。

5）有源天线的增益测量

当天线系统中含有功率放大器和灵敏接收机时，天线增益测量更加困难。因为这些非互易器件，只能在特定的发射或接收状态下测量，在分配网络中包含功放的发射天线阵列。

6）增益测量的误差

增益测量的误差主要来源于阻抗失配误差、极化失配误差、近距离效应误差、仪器测量误差以及其他误差。

（1）阻抗失配误差

在采用比较法测量天线增益时，由于被测天线与接收机之间、标准增益天线与接收机之间的阻抗失配会使接收功率电平减小，将引起测量误差。测出被测天线与标准天线及接收机的反射系数 Γ_x，Γ_s，Γ_r，则可对实测增益引入修正项，用绝对增益测量方法，根据插入损耗

法,计及阻抗失配因子后收发天线增益乘积的表达式:

$$G_x(dB) = G_x(dB) + 10\lg(P_{xr}/P_{sr}) + 10\lg(M_{xr}/M_{sr}) \tag{10-15}$$

M_{xr}、M_{sr} 失配因子为:

$$M_{sr} = (1 - |\Gamma_s|^2)(1 - |\Gamma_r|^2)|1 - \Gamma_g\Gamma_r|^2$$

$$M_{xr} = (1 - |\Gamma_x|^2)(1 - |\Gamma_r|^2)|1 - \Gamma_g\Gamma_r|^2 \tag{10-16}$$

式中,Γ_g 为信号源的反射系数;P_{xr} 为信号源接发射天线,在最小测试距离处,待测天线接收到的功率。

若能使收发天线均与馈线匹配,即 $\Gamma_s = \Gamma_x = 0$,则 $M = 1/|1 - \Gamma_g\Gamma_r|^2$,可见绝对增益测量与信号源及接收机的失配有关。

(2) 极化失配误差

如果收发天线的极化不匹配,就必须用极化效率 Γ 对传输公式进行修正。

10.5　天线极化测量

天线的极化通常是指最大辐射方向上电场矢量的空间取向,若电场矢量沿直线取向或者说极化平面(电场矢量与电磁波传播方向组成的平面)对传播方向保持不变时我们称为线极化(其中又分为任意线极化、垂直线极化和水平极化等),若极化平面围绕传播方向以激励频率旋转时称为圆极化,在垂直与传播方向的平面内电场矢量随时间变化的轨迹投影为椭圆称为椭圆极化,而电场矢量的投影为圆则称为圆极化。不同的天线可以辐射不同的极化波,天线按其辐射电磁波的极化形式可分为线极化波、圆极化波等。

工程上常见的各波段中的天线一般都是线极化天线,但是目前变极化天线或圆极化天线也已广泛地应用于雷达抗干扰及电子对抗技术等方面。因为目标的反射特性、电磁波的传播和信号的接收性能均与极化形式有关。

在一般情况下,天线辐射的电磁波在每周期内电场矢量的大小和方向都在变化,故在观察点处垂直于传播方向的平面内通常描绘出一椭圆极化波,线极化和圆极化只是它的两种特殊情况。实际的天线由于结构、制造工艺及安装等因素并不能完全获得所需要的理想极化,所以测量线极化天线方向图时通常要测定其交叉极化方向图;而对圆极化天线,不仅要测定其垂直极化和水平极化的方向图和极化旋向,还要测定其椭圆度(椭圆长短轴之比,简称轴比)、倾角(长轴相对水平极化分量的夹角)、极化图等。同时测量圆极化天线的增益时也需要分别测量水平极化和垂直极化增益,然后根据轴比进行修正,可见圆极化天线的测量要比线极化的测量要复杂得多。本实验主要讨论圆极化天线的极化参数的测量。实验内容如下:

(1) 测量螺旋天线的垂直极化分量和水平极化分量方向图;

(2) 测量极化图并由极化图确定轴比和倾角;

(3) 用比较法测量螺旋天线的垂直和水平极化分量增益,并根据轴比确定该天线的增益。

1) 实验原理和方法

实际上任何一种具体的圆极化天线都是辐射椭圆极化波,称为圆极化退化,因此圆极化天线的特性通常退化为椭圆极化的程度来描述,即用极化图、轴比和倾角等参数来表征圆极化天线的性能,极化测量主要是指描述椭圆极化波的各种参数的测量。

在垂直于传播方向的极化平面内,电场矢量末端轨迹所绘出的曲线定义为波的极化。表征椭圆极化的基本参数有三个,即轴比、倾角和极化旋转的方向。椭圆的长轴与短轴之比,定义为轴比,即

$$\gamma = E_M / E_N \qquad (10-17)$$

沿传播方向看去,电场矢量顺时针旋转称为右旋极化波;反之称为左旋极化波,如图 10-24 所示。

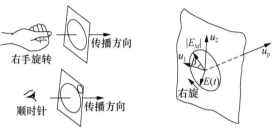

图 10-24　电场矢量旋转图

极化图法可确定待测天线的极化倾角和轴比,但不能直接确定旋向。偶极子天线或其他线极化探测天线在垂直于入射波方向的平面内旋转时,接收电压与转角的关系曲线称为极化图。由于"哑铃形"极化图的长轴和短轴顶端与入射波的极化椭圆相切,因此可确定入射波的轴比和倾角。图 10-25 是极化图法的测量,图 10-26 是线、椭圆、圆极化的极化图曲线(虚线)。

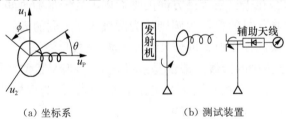

（a）坐标系　　　　　　　（b）测试装置

图 10-25　极化图法的测量

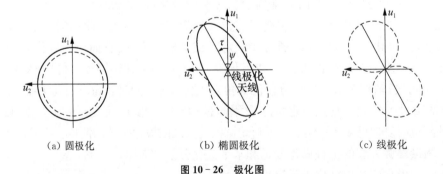

（a）圆极化　　　　　（b）椭圆极化　　　　　（c）线极化

图 10-26　极化图

用两副结构相同、旋向相反的圆极化天线作辅助天线,由接收电平较高的那一副圆极化天线的旋向确定为被测天线的旋向。当需要测量天线某个截面轴比的变化时,可采用这种方法。其方法为使辅助线极化天线以收发天线中心连线为轴快速转动,而待测天线在自己的方位面内旋转(旋转的速度远小于线极化天线的转速);则可测出极化方向图,它包含了方

位面内各个方向上待测天线的轴比,但从这个图上得不到极化的旋向和倾角。

　　2)　椭圆极化波的合成

　　两个频率相同但幅度和相位均不等的线极化波可以合成为椭圆极化波。若两个沿 z 轴方向传播的线极化波,其中水平极化波在参考面 z 处的瞬时电场为:

$$E_x = E_{xm} \sin(\omega t - \beta z)$$

而垂直极化波在该处的电场为:

$$E_y = E_{ym} \sin(\omega t - \beta z + \phi)$$

式中,E_{xm}、E_{ym} 分别是水平极化波和垂直极化波的电场幅度,ϕ 是 E_y 超前 E_x 的相角。

　　显然在 $z = 0$ 参考面上的电场为:

$$E_x = E_{xm} \sin\omega t$$
$$E_y = E_{ym} \sin(\omega t + \phi)$$

由上式可知:

$$\frac{E_x}{E_{xm}} = \sin\omega t$$

$$\cos\omega t = \sqrt{1 - \sin^2\omega t} = \sqrt{1 - \left(\frac{E_x}{E_{xm}}\right)^2}$$

经整理简化后得可得椭圆方程的一般形式:

$$aE_x^2 - bE_x E_y + cE_y^2 = 1 \tag{10-18}$$

　　式(10-18)表明,在垂直于传播方向的任一参考面上,由 E_x 和 E_y 合成的电场矢量终端所描绘出的轨迹是一个椭圆。而且两正交场的幅度 E_{xm}、E_{ym} 和相位差的不同可以得到各种不同的极化形式,其中三种特殊的极化形式为(图 10-27):

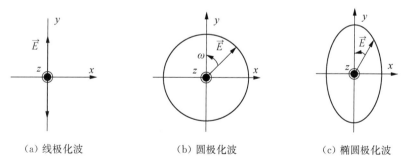

(a) 线极化波　　　　(b) 圆极化波　　　　(c) 椭圆极化波

图 10-27　三种极化波

　　(1) E_x 与 E_y 同相或反相即 $\phi = n\pi (n = 1,2,3,\cdots)$ 时:

$$\left(\frac{E_x}{E_{xm}} \pm \frac{E_y}{E_{ym}}\right)^2 = 0$$

$$E_y = mE_x \tag{10-19}$$

　　当 E_x 与 E_y 同相时 m 为正,反相时 m 为负,它表示 $z = 0$ 参考面上合成场为线极化。

如果 $E_{xm}=0$ 就是垂直极化（y 方向取向）；$E_{ym}=0$ 就是水平极化（x 方向取向）；而 E_{xm}、E_{ym} 不相等时则根据 ϕ 和 m 的不同可组成任意极化，其极化取向与 x 轴的夹角为 $\tau=\arctan m$。

（2）E_x 与 E_y 相位差为 $\pm\dfrac{\pi}{2}$ 即 $\phi=\dfrac{2n+1}{2}\pi(n=0,1,2,3\cdots)$ 时：

$$\frac{E_x^2}{E_{xm}^2}+\frac{E_y^2}{E_{ym}^2}=1 \tag{10-20}$$

显然此时椭圆的长轴与 x 轴重合，短轴与 y 轴重合。图 10-28 所示。

（3）E_x 与 E_y 相位差为 $\pm\dfrac{\pi}{2}$ 而 $E_{xm}=E_{ym}=E_m$ 时可简化为圆方程：

$$\frac{E_x^2}{E_{xm}^2}+\frac{E_y^2}{E_{ym}^2}=1 \tag{10-21}$$

也就是说当两个正交线极化波的幅度相等、相位差为 $\pm\dfrac{\pi}{2}$ 时合成波是圆极化波。

可见，要获得圆极化波（或线极化波）其一对正交极化分量的幅度和相位必须满足其确定值，否则会产生椭圆极化成分。

椭圆极化波可以看成有两个旋向相反又不等幅的圆极化波合成的，或者说一个椭圆极化波可以分解为两个旋向相反幅度不等的圆极化波，其中场强分量大的圆极化波的旋向与椭圆极化波的旋向相同，旋向相反的圆极化波成为交叉极化分量，所以圆极化天线的极化特性也可用描述椭圆极化波的一些参数来表示这种天线的特性。如图 10-29 所示。

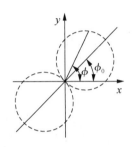

图 10-28　椭圆极化波的合成

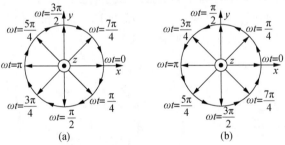

图 10-29　（a）为沿-z 方向传输，顺时针方向旋转，右旋圆极化；
（b）为沿 z 方向传输，逆时针方向旋转，左旋圆极化

3）圆极化天线的特性参数及其测量方法

圆极化天线的特性参数主要有极化图、倾角、轴比、极化分量方向图、增益及旋向等。

（1）极化图

E_1 与 φ 的关系为波的极化图，E_1 就是在垂直于传播方向上的平面上旋转的线极化波天线对来波的场强响应，如在 xOy 平面内电场矢量在任意方向的瞬时分量为：

$$E_1(t)=E_x\cos\varphi+E_y\sin\varphi \tag{10-22}$$

$$E_1(t)=E_{xm}\cos\varphi\sin\omega t+E_{ym}\sin\varphi\sin(\omega t+\phi)$$

再将式(10 - 22)整理后得：

$$E_1(t)=E_1\sin(\omega t+\gamma)E_1(t)=E_{xm}\cos\varphi\sin\omega t+E_{ym}\sin\varphi\sin(\omega t+\phi)$$

$$E_1=\sqrt{(E_{xm}\cos\varphi+E_{ym}\sin\varphi\cos\phi)^2+(E_{ym}\sin\varphi\sin\phi)^2} \tag{10 - 23}$$

$$\gamma=\arctan\frac{E_{ym}\sin\varphi\sin\phi}{E_{xm}\cos\varphi+E_{ym}\sin\varphi\cos\phi}$$

它给出了电场矢量 E_1 在 φ 方向的最大投影。

（2）倾角 τ

椭圆极化波的倾角是指极化椭圆中的长轴 OA 与 x 轴的夹角。图 10 - 30、10 - 31。

$$\tan2\tau=\frac{2E_{xm}E_{ym}\cos\phi}{E_{ym}^2-E_{xm}^2}$$

$$\tau=\frac{1}{2}\arctan\frac{2E_{xm}E_{ym}\cos\phi}{E_{ym}^2-E_{xm}^2} \tag{10 - 24}$$

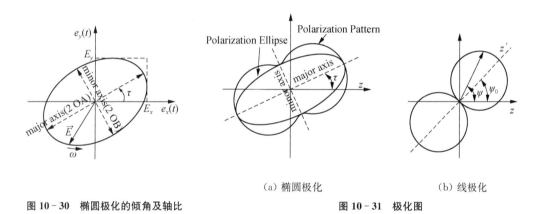

（a）椭圆极化　　　　　　　（b）线极化

图 10 - 30　椭圆极化的倾角及轴比　　　　　　**图 10 - 31　极化图**

（3）轴比

轴比 AR 是指极化椭圆的长轴 OA 和短轴 OB 之比，即

$$AR=\frac{OA（长轴）}{OB（短轴）}$$

（4）旋向

旋向是指椭圆极化波的电场矢量相对于波的传播方向而言的旋转方向。椭圆极化波有两种旋向，沿传播方向电场矢量 $\vec{E}$ 向顺时针方向旋转称为右旋椭圆极化波，而向逆时针方向旋转称为左旋椭圆极化波。

（5）水平和垂直极化分量方向图

对于圆极化天线方向图的测量，由于很难有圆极化发射天线，故一般都是分别测量其水平和垂直极化分量的方向图。

（6）增益

和线极化天线一样，圆极化天线的增益定义为：在输入功率相同时，圆极化天线在主辐射方向的主圆极化辐射功率密度与理想的圆极化点源在相同方向上辐射功率密度之比。显然理想圆极化点源天线是无法实现的,因此,采用与标准增益的线极化天线比较分别测出圆极化天线两正交极化分量的增益来确定圆极化天线的增益。天线增益 G 和方向系数 D 之间的关系为 $G=\eta D$,η 是天线的效率,当天线的损耗很小时,则:

$$G=D=\frac{4\pi E_r^2(\theta_0,\varphi_0)}{\int_0^{2\pi}\int_0^{\pi}E^2(\theta,\varphi)\sin\theta\mathrm{d}\theta\mathrm{d}\varphi} \tag{10-25}$$

$E_r(\theta_0,\varphi_0)$ 为最大辐射方向上主圆极化场的场强幅度。因为任意椭圆极化波均可分解为两个互相正交的线极化波——水平分量和垂直分量。

圆极化天线特性参数的测量方法有综合极化图法和复极化比法等。其中综合极化图法比较简单而且方便,只要有一副极化方向可旋转的线极化天线即可测量极化图、倾角、轴比等极化参数。通常是将线极化天线作为极化方向可旋转的发射天线,待测天线作接收天线,收发天线口径的法线对准时记录下待测天线的接收对发射天线每一旋转角的响应即可测出极化图。极化图的最大值和最小值分别就是极化椭圆的长轴和短轴,从而由极化图即可确定倾角和轴比。若所测出的极化图在极坐标系上为 8 字形,则极化椭圆是一直线,这表明待测天线是一个线极化天线;当极化图是一个圆,则极化图与极化椭圆重合,这表明待测天线是一个理想的圆极化天线。测量时只要测出发射天线在 $\varphi=0,\varphi=90°$ 位置时的相对场强响应值 E_{xm} 和 E_{ym} 值与最大场强和最小场强相应值 E_{max} 和 E_{min} 以及在最大场强响应时测出线极化天线相对于 $\varphi=0$ 方向的夹角 ψ 就可由这些测量数据计算出轴比 $AR=E_{max}/E_{min}$ 和倾角 $\tau=\psi$,若要判别旋向可用两副旋向相反、结构相同的圆极化天线(如左旋和右旋螺旋天线)分别作发射天线,设待测天线接收到左旋圆极化天线的来波相对场强,然后接收右旋圆极化天线的来波相对场强,当 $AR>0$ 时待测天线为左旋;$AR<0$ 时待测天线为右旋。测量增益时应先将发射天线的极化方向转到与长轴平行的位置再用另一线极化标准天线测出圆极化天线对应于长轴的线极化增益,然后根据轴比计算出该天线的圆极化增益。测量圆极化天线的水平和垂直方向图时,应根据要求可以测量长短轴极化分量方向图或 $\varphi=0°,\varphi=90°$ 的水平和垂直分量方向图。

4)实验设备和步骤

为了避免测试环境对极化测量的影响,实验最好在微波暗室内进行。

(1)测量极化图

① 测量极化图前先要校正收发天线口径面的垂直度及对准口径面的法线轴。垂直度可用铅垂线校正,而法线轴不易采用对电轴的方法,而需要用经纬仪校正,旋转接收天线方位从经纬仪中观察。

② 然后使发射天线处于水平极化位置并将发射天线支架的极化旋转同步插头与记录仪上的插座相连接,按下发射支架控制台上的极化启动按钮,发射天线的极化就自动旋转到 $0°$ 位置(水平)时自动停下,记录仪就描出 $0°\sim360°$ 的极化图,由极化图就可确定倾角、轴比。

(2)增益测量

将发射天线的极化旋转到与圆极化天线的长轴平行,用比较法测出长轴线极化的增益,再根据轴比计算出待测天线的圆极化增益。

(3)水平和垂直极化分量方向图测量

将发射天线分别置于水平极化和垂直极化位置,记录仪同步插座与转台方位同步电机插头连接,合上转台控制器的方位控制开关使转台自动旋转,待记录仪描绘出所需方向图后断开方位控制开关,转台即停止转动。断开记录仪方位高压开关,转动走纸滚筒在记录仪上画出已调短线,校正后再绘出方向图的半功率宽度、零功率电平和副瓣电平等。

10.6　采用频谱分析仪的测量系统

采用频谱分析仪测量系统如图 10‐32 所示,它是一个低成本、简易的测量系统,主要由信号源、源天线、极化转台、测试转台及伺服控制器、频谱分析仪、馈线(同轴电缆和波导)、计算机(含接口)、打印机等组成。

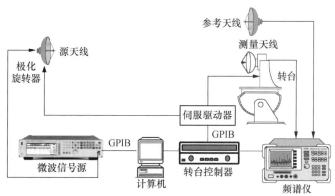

图 10‐32　采用频谱分析仪测量系统配置

系统工作原理:信号源输出指定的频率和功率电平,通过馈线将信号馈送到源天线并由源天线向空间辐射,最终到达处于远场的待测天线口面处,并对其均匀照射,待测天线处于接收状态,极化按规定放置。待测天线架设在转台上,天线相位中心尽量和转台旋转中心相重合。在计算机指令下,待测天线围绕转台中心连续运动就会绘制出天线的方位或俯仰方向图。

通过实测天线方向图即可计算出天线增益、半功率波束宽度、前后比、交叉极化鉴别率等天线辐射参量。图 10‐32 所示系统未接入功率放大器和低噪声放大器,这需要根据实际情况进行配置。

10.7　采用网络分析仪的天线幅‐相测量系统

1) 不同的系统配置

采用矢量网络分析仪的天线幅‐相测量系统如图 10‐33 所示,系统不但具有速度快、精度高等特点,还具备丰富的编程指令,其所有的人工操作功能都可由计算机程序来完成,计算机与它的通信联络由 GPIB 接口电路来实现。在天线测试中,工作于连续波或扫频模式,并通过外触发,以最快的速度实现测量,测试数据被暂存在矢网内存里,然后由计算机通过GPIB 快速读入,这些数据经过处理变成所需的幅度相位或实虚部数据格式。

图 10‐34 是采用网络分析仪内置源直接测量系统,目前已广泛用于移动通信基站天线的测量中。网络分析仪的内置激励源输出的微波信号经放大器功率放大后分两路:一路送

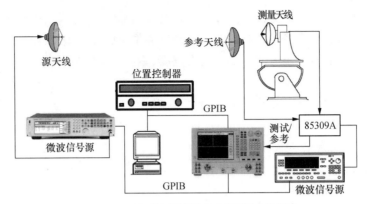

图 10-33　采用外置混频器的天线测量系统配置

到发射天线向空间辐射测试信号,待测天线接收后进入分析仪 B 端口;另一路经定向耦合器副臂端口取样出信号,馈送给分析仪 R 端口作参考信号。

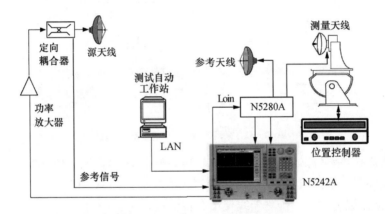

图 10-34　采用两端口的远场测试系统配置

为了提高系统的灵敏度和测量动态范围,可采用图 10-35 的外置混频器的测量系统,其中测量系统可以测量多端口天线。

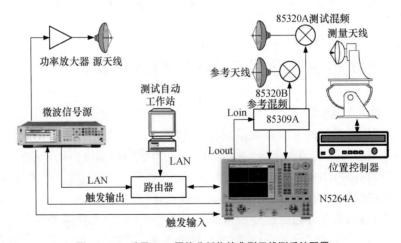

图 10-35　采用 PNA 网络分析仪的典型天线测系统配置

2）基本工作原理

信号源输出的微波信号经放大器送到发射天线向空间辐射,被测天线将接收信号馈送到混频器,混频器将测试信号频率与本振源信号频率进行混频,输出中频信号(如 20 MHz),中频信号进入矢量网络分析仪中进行处理,为了能够同时测量被测天线的幅度信息和相位信息,必须有一个基准信号。通常提供基准信号有两种方法:一种采用基准天线,调节基准天线的位置和转向,可实现参考通道和测试通道的幅度和相位平衡,这种方法通常应用于室外天线测试;另一种是从信号源利用功分器或定向耦合器实现幅度平衡,并用改变电缆长度来实现相位平衡。考虑到电缆损耗,这种方法主要应用于信号源与接收天线距离不太远的情况。计算机是实现天线方向图自动测试的关键,通过计算机控制天线转台带动被测天线转动,并通过 GP－IB 总线与矢量网络分析仪及信号源相连,实时取样待测天线的幅度和相位值,并将测量结果取回进行处理,测绘出天线方向图。

3）系统主要配置介绍

测试系统中主要配置除分析仪主机和信号源外,关键器件是混频器和本振/中频分配单元。下面列举安捷伦公司的产品并进行简单介绍:

Agilent85320A 测试混频器,Agilent85320B 参考混频器。

测试混频器是一个两端口器件,中频信号输出和本振信号输入共用一个端口,两个信号通过内置双工器分离。

参考混频器共用 4 个端口,RF 输入、LO 输入、IP 输出及检波输出。参考混频器提供一个相位基准信号供比值测量,系统来的测试信号与参考信号相比值,测出增益。

外部混频可分基波混频和谐波混频,两种混频方式各有优缺点:采用基波混频极大地提高了测量灵敏度和对干扰信号的抑制能力,其缺点是提高了本振源、隔离放大器等器件的工作频率;采用谐波混频主要优点是降低了对本振源输出频率的要求,所降低的频率倍数等于谐波混频所采用的谐波次数,同时提高了射频端口对本振端口的隔离性能,其主要缺点是增加了变频损耗,数值大约等于 $20\lg N$,其中 N 为谐波混频次数,从而降低了测量灵敏度。另外,由于谐波混频器的前端仍可在每一个谐波频率上对信号进行下变频,因此谐波混频对杂散的射频信号很敏感。

10.8　天线远场自动测试系统

天线是无线通信、雷达系统中辐射和接收信号的装置,天线性能测量的主要目的在于获取或通过推算获取天线的远场定向波瓣图、增益或相位波瓣图。根据天线的尺寸、辐射特点,测量方法通常分为远场测量和近场测量。

远场测量时,源天线和待测天线(AUT)之间的距离 R 大于 $2D^2/\lambda$,此时,从源天线按球面波前到达 AUT 的边缘与 AUT 中心的相位差小于 π(相当于 $\lambda/2$ 的波程差)。

源天线发射信号,通过空间辐射,由 AUT 接收信号。AUT 通常放置于精密转台上。通过比较发射和接收信号的电平,通过一定的校准就得到 AUT 的增益和辐射波瓣图。

用信号源发射信号,频谱分析仪或专用接收机接收信号。在需要相位信息的场合,可通过矢量网络分析仪或天线测量接收机测量并比较源天线辐射的信号与 AUT 接收信号的幅度相位。

源天线发射信号,通过空间辐射,由 AUT 接收信号。AUT 通常放置于精密转台上。通过比较发射和接收信号的电平,通过一定的校准就得到 AUT 的增益和辐射波瓣图。

用信号源发射信号,频谱分析仪或专用接收机接收信号。在需要相位信息的场合,可通过矢量网络分析仪或天线测量接收机测量并比较源天线辐射的信号与 AUT 接收信号的幅度相位。源天线和 AUT 可以根据需要放置于微波暗室或外场。远场测量的优点在于:

(1) 测量方法简单,结果直观。通过简单的校准、运算即可得到所需测量结果。

(2) 任何距离测量的场波瓣都是有效的,仅需要对场强按 $1/R$ 进行简单的变换。

(3) 测量结果对于天线的相位中心的位置变化不太敏感,旋转待测天线并不会导致明显的测量误差。

(4) 待测天线与源天线之间的耦合和多次反射对测量结果的影响可以忽略。

远场测量的主要缺点在于:天线之间所必需的距离要求很大的场地,尤其对于大天线而言。测量距离可能使得微波暗室无法容纳,而室外测量将会面临大气衰减和不良天气的影响,同时对测量设备的发射功率、灵敏度和动态范围也有很高的要求。

IEEE 标准 IEEE-Std-149-1979 规定了天线远场测量的场地和测量设置。除远场测量外,通过缩距技术、聚焦技术、解析技术和外推技术,以近区场测量结果为基础推算获取远场性能参数的方法一般统称为近场测量。其中,近场扫描技术是目前使用广泛的近场测量方法,采用一个特性已知的探头测出指定面上的幅相分布,通过严格数学变换,确定空间场的全部特性。

天线远场测量的基本项目与功能如下:

(1) 天线方向图;

(2) 增益;

(3) 半功率波瓣宽度;

(4) 零点位置、零值深度。

远场天线测量系统由微波暗室、转台、仪器控制器、测量仪器子系统组成。

测量仪器子系统包含发射单元和接收单元两个部分。发射单元由微波源、功放(可选,视实际情况而定)、发射天线、射频电缆以及和接收单元互连的数据通信线缆组成。接收单元由被测天线(DUT)、接收机(矢网或频谱仪)、参考天线(可选)、下变频器(可选)、射频电缆以及与信号源和控制电脑之间互连的数据通信线缆组成。

微波信号源和接收机(矢网或信号源＋频谱仪)是关键的测量仪器,微波信号源的最大输出功率和接收机的灵敏度共同决定了整个测试系统的动态范围。

仪器控制器通过接口输出若干控制信号到相应伺服驱动器,分别控制被测天线(接收天线)的方位轴、俯仰轴、极化轴以及发射天线极化轴的运动,同时通过 GPIB/LAN 接口实现对信号源、矢量网络分析仪的控制,完成对被测天线的幅度信号的采集,并分析天线远场辐射场的特性参数,得出天线方向系数(或增益)、半功率波瓣宽度、零点位置及各个副瓣位置及相应电平值、零值深度等一系列参数,输出各种测量曲线及参数。对于完整的天线测试系统,其组成主要包括系统测试设备、系统软件、机械运动及定位设备、场地及附属设备等四大部分;系统测试设备包括各类信号源、矢网、专用测试仪、扩频模块、放大器、发射天线、标准天线等,用于组成微波毫米波信号激励与接收的硬件系统;系统测控及数据分析处理软件包括系统控制软件、各类驱动、数据变化算法与分析处理软件,其功能是实现整套系统的自动控制与数据采集处理;机械运动及定位设备包括转台系统、扫描架系统、定位设备等,用于为天线测试提供机械运动及辅助定位等;场地及附属设施包括微波暗室、天线支架、吸波材料等,为测试提供必需的场地环境。

10.8.1　系统组成

对于完整的天线测试系统,其组成主要包括测试仪器设备、机械运动及定位设备、场地环境及附属设施、系统集成与软件等四大部分。机械运动及定位设备包括转台系统、扫描架系统、定位设备等,用于为天线测试提供机械运动与辅助定位。场地环境及附属设施包括测试外场或微波暗室、天线支架、吸波材料等,为测试提供必需的场地环境。系统集成与软件包括控制软件、各类驱动、数据变化算法与分析处理软件,其功能是实现整套系统的自动控制与数据采集处理。而测试仪器设备包括各类信号源、矢网、专用测试仪、扩频模块、放大器、发射天线、标准天线等,用于组成微波毫米波信号激励与接收的硬件系统,是整套系统的核心。

可根据用户需求提供平面/柱面/球面近场、远场、紧缩场等测试方案规划,开展暗室/室外场等场地条件设计、扫描架/转台等运动机构选型,提供系列测试主机以及毫米波扩频设备,进行高度自动化系统控制软件及数据分析软件设计,完成全系统集成。

在系统集成方面,针对近场测试,考虑到目前国外的扫描架非常昂贵,而国内厂家的扫描架在程控能力、精度、同步脉冲能力等方面存在着这样或那样的问题,开发了高精度扫描架控制器。该控制器集显示、控制、电机驱动等于一体:具有 4 轴控制能力,可以对扫描架的 X、Y、Z、P 轴进行高精度运动控制;具有位置/角度信息实时显示功能;可程控/手动操作,可通过网口进行程控;具有完善的限位保护功能;具有异常情况急停保护功

图 10 - 36　扫描架控制器

能;具有同步脉冲输出功能,能够同仪器系统实现高精度同步。测试仪器设备 4 轴控制能力、位置/角度信息实时显示、可程控/手动操作、完善的补偿能力、完善的限位保护、异常情况急停保护、具有同步脉冲输出,图 10 - 36 为扫描架控制器。

以仪器平台为基础,开展系统控制软件与数据分析软件研究,这是系统测试软件,包括设置区域、显示区域两个部分:设置区域主要实现测试参数设置、仪器设置、转台设置等部分,显示区域中包含了测量结果的显示与控制设置。通过设计界面友好的系统控制软件,用户仅需极少操作,即可实现高度自动化的天线测试,满足用户对于自动测试系统的需要。

10.8.2　经济型微波远场测试系统

采用矢网内部的信号源,然后用射频电缆拉向远处发射天线端(可以在矢网的源输出端加一个功放,以适当地补偿射频电缆带来的损耗),然后再利用矢网内部的测量接收机来记录被测天线收到的信号。当然,我们还可以在被测天线的近端加一个低噪放(LNA),以补偿

由射频电缆造成的接收通道噪声系数的恶化。其原理框图如图 10 - 37 所示。

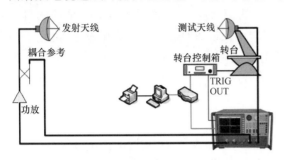

图 10 - 37　经济型微波远场测试系统

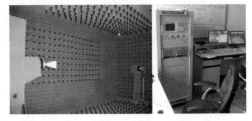

图 10 - 38　1～18 GHz 室内远场天线测试系统

下面介绍几种典型的天线测试系统。首先是根据现有场地情况，对于测试距离较短的室内远场，可选用如图 10 - 37 的经济型方案，利用 AV3655 测试仪或矢网同时实现信号的收发，可完成 1～40 GHz 频段内天线测试。系统组成简单，但测试距离有限。这种方案适合于室内短距离远场的测试，可以增加放大器的方式提高测量灵敏度或扩展动态范围。我们在接收天线（测量天线）的近端根据需要增加一个预放，以补偿接收通道电缆引入的噪声系数的恶化。也可在发射天线前增加一台功率放大器，相对于前一个方案而言，该方案省去了参考通道，节约了一台独立的信号源，简化了控制程序，测量速度快。图 10 - 38 为 1～18 GHz 室内远场天线测试系统。

小型暗室内远场测试系统，该系统频率范围覆盖 1～18 GHz，它的特点是可以进行天线的 3D 方向图测试。系统中发射天线架设在极化转台上，接收天线处有一个包含方位轴和极化轴的 2 轴转台。

10.8.3　常规微波远场测试系统

常规微波远场天线测试系统方案，由发射、接收、转台、主控软件等部分组成，工作频率为 1～40 GHz，采用独立的远端微波信号源、本地近端的外置测试（参考）混频器、矢网等设备组成具有配置灵活、扩频方便、技术成熟、通用性强等优点。其典型特点是新一代接收模块的引入，与上一代外稳幅式参考/测试混频组件相比，具有以下优点：(1) 模块内设计稳幅电路，本振功率调节不再依赖于外部信号源；(2) 接收模块（测试/参考）通用；(3) 接收模块本振电缆不要求等长；(4) 单电缆实现本振、中频、直流 3 种信号传输，系统连线更方便。本系统方案可满足 1～40 GHz 中小型天线的测试需求。

信号源发射信号，AUT 接收信号，与参考天线接收的信号分别进行变频处理。该方案适合于大距离远场的测试，可以有效地扩展动态范围。由于引入了参考通道，信号源与测量天线的接收信号之间具备了相干性，可同时测量天线的幅度相位方向图。在必要的情况下，还可以在信号源与发射天线之间增加一个功放（图 10 - 39 未示出），能提高整个系统的测试动态范围。它采用了外置的信号源，需要控制的仪表设备较多，对测试响应速度会有一定的影响。变频器的本振信号，由带有任意变频功能的矢量网络分析仪提供，也可由独立的模拟信号源提供。图 10 - 40 为 1～40 GHz 平面近场天线测试系统。图 10 - 41 为半开阔场微波毫米波天线测试系统。

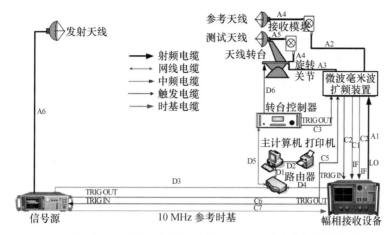

图 10 - 39　常规微波远场测试系统满足 1～40 GHz 室内外中小型天线图

图 10 - 40　1～40 GHz 平面近场天线测试系统

图 10 - 41　半开阔场微波毫米波天线测试系统

10.8.4　常规毫米波远场测试系统

通过增加各波段倍频源模块,更换相应的接收模块,即可在常规微波远场天线测试系统上实现毫米波扩频无缝升级,配置灵活方便,技术成熟,可实现 40～325 GHz 频段天线测试,满足对于毫米波天线测试的需求。其图如图 10 - 42 所示。

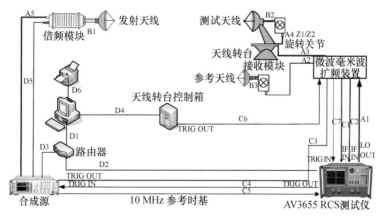

图 10 - 42　常规毫米波远场测试系统

10.8.5 系统的硬件组成

天线远场测试系统主要由四个子系统组成：天线发射子系统，接收转台子系统，控制、伺服驱动，数显子系统。

1）天线发射子系统

远场天线测试系统中的发射子系统主要由发射源组成。在频率的低端，即采用直接测量方式的配置下，发射子系统加入了信号分离器件——功率分配器，为参考通路提供测试参考信号。发射子系统的主要技术性能考虑为覆盖频率范围、发射功率、频率的稳定性、频率切换的速度、程控方式及接口等。使用高性能信号源作为发射子系统，具有输出功率高、性能指标好、变频速度快的特点。在毫米波频段，测试链路中的信号损耗增加，主要是发射/接收端电缆及自由空间的损耗增加。在系统动态范围不满足测试条件时，需要用户在发射端自行添加毫米波功率放大器。

2）接收转台子系统

转台子系统系统由发射极化转台及控制系统、接收测试转台及控制系统、发射端、旋转关节、连接电缆等组成。转台控制器主要包括伺服控制器、调速器和伺服电源。台体主要由电器控制设备、机械传动设备和保护设备组成。在测量时，待测天线固定在转台上，通过改变其转角从而改变天线在空间的机械指向，使其相位中心与测试转台的旋转轴尽量重合。

(1) 该测试转台系统属机电一体化、计算机控制的自动化测试设备。

(2) 接收测试转台为两轴电动测试转台，各轴独立控制。

(3) 发射测试转台架设在发射塔架上，发射塔架安装在导轨上。

(4) 控制系统与天线测试设备严格配套，具有同步触发脉冲功能。

(5) 接收测试转台的俯仰轴设有软件限位、电气限位及机械限位。

3）控制、伺服驱动

(1) 控制系统工作原理及性能

控制部分是远场测量系统的指挥中心。控制系统控制转台各转动轴按照预定轨迹进行运动的同时，控制矢量网络分析仪进行数据采集。控制系统是数字、模拟混合的机电伺服系统，基于工控机的数字控制器作为系统的控制核心，接收测试转台和发射极化转台的控制集成在一个机柜，控制界面统一考虑。转台的伺服驱动控制方式是闭环反馈，采用交流伺服电机，同时具有速度和位置反馈。可以在测试中随时检测转台的转动速度和具体位置，并及时反馈给控制卡中的比较器，它与进行插补运算得到的指令信号进行比较，其差值作为伺服驱动的控制信号，然后再控制转台转动来消除位置误差。

(2) 伺服系统

伺服驱动是系统的执行机构，可以准确地执行运动命令。伺服系统连接数控与各转台，由驱动控制系统、伺服电机和反馈装置组成。驱动控制系统为伺服电机提供动力，伺服电机是执行机构，反馈装置为数控系统提供速度与位置反馈信号，位置检测反馈信号与数控系统发出的指令信号进行比较后发出位移指令，经过驱动控制系统功率放大后，驱动电机工作，并通过传动装置带动各轴的运动。

10.8.6　测试系统软件功能

远场天线测试系统的软件主要由实时测量软件和数据分析软件两部分组成。整个软件平台提供了系统硬件控制、测试参数设置、实时测量、数据分析等功能模块,系统扩展性强,具有友好的用户界面,操作简单。

　1)　实时测量软件功能

(1) 测试软件可设定测量起始角度、终止角度以及步进角度值。软件可对系统发射和接收子系统进行配置:可以设置信号源的频率、功率等测试相关参数;可设置接收机的测量参数、测量的频率值、平均的次数等测试相关参数。

(2) 测试软件在参考通道断开的情况下也可正常进行幅度测量工作;软件可在不控制发射信号发射源的情况下正常工作。

(3) 测试软件可以选择显示的坐标系,有直角坐标、极坐标;还应能显示 3D 图;可以设置坐标系的参考位置、参考值。分析并显示功率方向图、相位方向图、主极化方向图、交叉极化方向图、轴比方向图并保存为文件。

(4) 测量软件采用比较法进行增益测试,测量软件可控制发射端极化转台转到指定角度以调换极化,或连续按某给定速度转动,以测量极化-幅度方向图。

(5) 数据采集有手动和自动(软件)两种模式,手动功能主要用于远场天线对准寻找最大值;数据采集系统可完成单频、多频、单通道、多通道的幅度、相位的数据采集。

　2)　数据处理软件功能

(1) 数据分析软件能够分析线极化和圆极化远场天线的方向性,增益,-3 dB 波束宽度,第一、二、三副瓣电平,最大副瓣电平,交叉极化,极化隔离度,轴比,同时可以分析方向图的第一零点位置、零点电平,第一副瓣位置、副瓣电平,最大副瓣位置、副瓣电平,波束指向(显示最大值方向和指定电平平均值方向两种)。可对幅度及相位方向图进行归一化处理能计算出方向图的方向性系数。

(2) 数据分析软件能够比较多次测量的结果,考察系统的一致性;或比较不同环境下的远场天线方向图多方向图显示,即在一张图上同时给出各条颜色不同的曲线,不同面或不同频率的各种方向图,显示时纵坐标可建立两种刻度指示,有自动和指定选项。

(3) 数据分析软件可完成远场天线垂直、水平两个极化的功率合成方向图、主极化、交叉极化、轴比方向图等。图 10-43 为天线方向图测试界面。

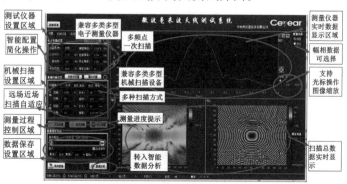

图 10-43　天线方向图测试界面

数据分析软件支持立体方向图、幅度/相位方向图、相位强度图、等值线图、和/差方向图等多种显示方式,结果更直观,可满足不同关注细节的显示需求,在参数分析方面,软件除可进行方向图、波束、副瓣、轴比、极化等常规参数分析外,还可以完成近远场变换、天线口面场分布、多文件对比等分析功能。图 10-44 为天线方向图输出界面。

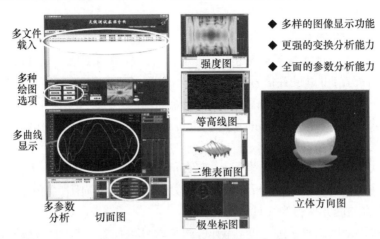

图 10-44　天线方向图输出界面

10.9　天线近场测试系统

根据取样面的形式可分为平面扫描、极平面扫描、柱面扫描和球面扫描技术,平面近场测量使用最为普遍。在解决方案中,近场测量特指利用近场扫描的天线测量技术与方法。

平面近场扫描测试天线(探头)在直角坐标或极坐标平面做位移,测量近场幅相分布,以此为基础进行外推计算远场天线方向图、增益、极化等参数。直角坐标 xy 平面扫描时最大位移步进 $\Delta x = \Delta y = \lambda/2$。探头天线位于 AUT 的辐射近场,扫描平面距离 AUT 面大约几个波长。

近场扫描技术的优点如下:

(1) 理论严格:包含探头特性的全部数据都被表示为麦克斯韦方程精确解的线性组合,而未引入小角度、标量绕射等近似解。

(2) 精度高:消除了远场测量的近距效应,各种误差源可以检测并补偿,信噪比高,重复性好。

(3) 信息量大:一次扫描可获得整个空间全部信息,如幅度、相位、极化、三维方向图等。

(4) 诊断功能:通过重建口径场,可以发现常规远场测量难以发现的故障。对相控阵天线,通过诊断测试对 AUT 口径面存在的失效、超差、误码等进行识别、标定,为更换器件修正通道误差提供依据。

一般地,近场扫描的测试在室内就可完成,具有全天候、保密的特点。它目前是大型天线,尤其面阵天线测量的主流技术之一。

近场测量中,不准确的探头定位、反射、电缆移动、接收机非线性、探头校准误差、有限的扫描域等因素影响测量的精度。因此,从技术的角度,近场测量技术的复杂程度高,扫描架精度,仪器的稳定性有较高的要求。测量的原始数据需要包含幅度相位信息,仪器设备主要是矢量网络分析仪,或由它改装的天线测量幅相接收机、信号源组成。

根据测量频段和实际需求的不同,分为非变频的直接测量和变频测量两种仪器设备方案和方法。非变频测量时,矢网发射和接收直接在射频微波的高频上进行,主要适用于频率相对比较低,传输线损耗比较小的应用,如 C 波段、S 波段。而在高频段,尤其在 18 GHz 以上测量传输线的损耗大,在扫描过程中线缆的相位波动明显。此时天线接收的信号一般需要先变换到中频,再传输到矢量网络分析仪进行测量处理,避免了高频段长距离传输带来的损耗,以及在扫描过程中的相位波动。变频测量系统组成简单,测试技术成熟,系统频率覆盖40 GHz,场地条件要求不高,但是测试扫描速度较慢,在测试天线类型上有局限。

图 10-45 为紧缩场天线测试系统,利用反射面实现球面波到平面波的转换,系统配置复杂、造价高,可以测试大口径天线。图 10-46 为紧缩场天线测试系统场地。

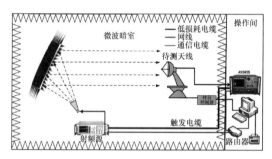

图 10-45　紧缩场天线测试系统

图 10-46　紧缩场天线测试系统场地

对于大型天线可选择紧缩场测试解决方案,图 10-45 中所示为典型紧缩场天线测试系统,系统中包括了仪器设备系统、紧缩场系统、屏蔽暗室、转台系统、系统软件等部分。系统在工作原理上同远场类似,只是多了一个微波反射屏,该反射屏实现馈源发射的球面波到待测天线处的平面波的转换,从而实现在较近距离上测试大型口面天线的目的,对于紧缩场测试,为了达到高精度,对反射屏及暗室都有很高要求,因此造价很高。图 10-47 为平面近场天线测试系统。

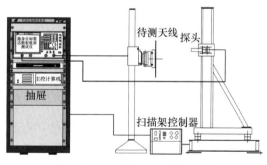

图 10-47　平面近场天线测试系统

为解决近距离条件下大口径天线测试、相控阵天线测试等问题,提出了近场天线测试方案,系统由测试部分与控制部分组成,其中测试系统部分放在微波暗室中,主要由扫描架系统、被测天线支架、测试探头、放大器等组成,控制部分放置在单独的控制室,主要由测试仪器、扫描架控制器、主控机、系统软件等组成。由于近场测试中相位准确度直接影响测试结果准确性，而频率越高对应的波长就越短，相应扫描架精度、电缆的幅相变化对测试结果的影响就越大。因此在测试频率上限目前是 40 GHz，对于更高频率的测试，需要对扫描架、测试电缆采取特殊的处理措施。

注意事项：

（1）根据被测天线的性能选用适合的测试系统：平面近场、柱面近场、球面近场、室内远场、紧缩场、半开阔场、等高场、斜距场、地面反射场等。

（2）根据被测天线的工作频率及测量参数选用测试仪器和近场测量探头/喇叭天线的型号。

（3）根据被测天线大小、重量和固定方式确定天线支架或转台及扫描架的技术要求。

（4）根据以上条件确定暗室的技术要求：暗室房间的位置、大小、地面承重，是否有振动源，是否通风、除湿，是否屏蔽，吸波材料的尺寸，大型设备进场安装等；室外场的场地大小，地形分布（建筑物或高低等干扰分布情况），地面平整度等。

图 10-48 是我们利用平面近场测试系统进行口径场诊断的测试图片和诊断效果。对于目前大量应用的各种阵列天线、相控阵天线来说，由于其收发单元、辐射单元数量非常多，为了检测各个单元工作是否正常，就需要进行口面场诊断。它是利用扫描架对阵面进行近场扫描，再通过近场到口径场反演计算，得到天线口径场的幅相分布，可以诊断出故障单元。图 10-48 中所示为我们针对阵列天线人为制造了 2 个故障（堵住其中 2 个辐射口），通过诊断后可以明显分辨出故障位置。

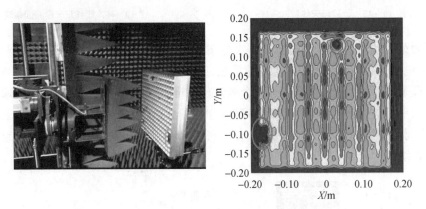

图 10-48　利用平面近场测试系统进行口径场诊断

10.9.1　近场测量技术

传统的天线远场测量方法的主要缺点是开放的测试场地和电磁环境对测量精度影响较大，对具有低副瓣或超低副瓣天线及其他一些具有特殊性能的天线进行测试时，误差很大，甚至无能为力。为了克服天线远场测量的一些缺点，自 20 世纪 50 年代起，国外开始了天线近场测量方法的研究。通过几十年的努力，天线近场测量技术得到了很大的发展。

天线近场测量方法就是对天线的近区（离开天线几个波长远）电磁场分布进行测量，然后利用有关的电磁场定律，通过严格的数学变换，可以得到天线在任意远处的电磁场分布。天线近场测量常常在微波暗室内进行，克服了测量场地和外界电磁干扰对测量精度的影响。

　　天线近场测量技术主要分为三大类：聚焦技术、压缩场技术和
近场扫描技术。目前所说的近场测量技术主要是指近场扫描技术，
即用一个特征已知的探头，在离开待测天线几个波长的某一表面上
进行扫描，测量天线在该表面部分离散点上的幅度和相位分布，然
后经过严格的数学变换计算出被测天线的远区电特性。这种测量
方法是建立在电磁场惠更斯原理、等效原理和平面波谱理论的理论
基础上的，其基本思想是把待测天线在空间建立的场展开成空间波
函数之和，展开式中的加权函数包含着远场图的完整信息，根据近
场测量数据算出加权函数，进而确定天线的远场电特性。图 10 - 49
为平面扫描近场测量的示意图和计算流程图，其中 AUT 为待测天线。

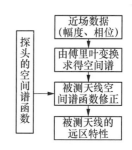

图 10 - 49　辐射近场测量的
原理示意图

　　按照电磁理论的惠更斯-基尔霍夫原理和等效原理，测量可以在任意封闭曲面上进行。
但是，考虑到扫描机构的可实现性、数据处理的方便性，以及探头校准的算法等因素，近场测
量一般有三种测量方式，分别是平面扫描、柱面扫描和曲面扫描。

　　在天线近场测量中，一般以待测天线作为发射天线。平面扫描是探头在待测天线前适
当距离上，沿 x 和 y 方向扫描一个足够大的平面，并测量该平面上场的幅度和相位；柱面测
量是扫描一个包围待测天线的柱面，并测量该柱面上场的幅度和相位；而球面测量是扫描一
个包围待测天线的适当半径的整个球面并测量该球面上场的幅度和相位。

　　由于平面扫描的数学和计算比较简单，故得到广泛的研究和应用。但是，显而易见，平
面测量并没有测量一个封闭曲面（只有平面无限大时才可看成封闭面），因此，平面测量有一
个隐含的条件，就是要求测量平面区域以外的场对积分的影响不大（例如，辐射强度低于最
大辐射方向 30～40 dB，这一点对于绝大多数有一定方向性的天线都是成立的），否则测量的
误差就比较大。因此，对笔形波束天线，其口径面以外的场很小，并可以忽略的情况，用平面
测量是比较合适的，产生的误差比较小。这时其主要缺点是若不反复测量，则只能计算出在
小于 180°的锥角内的远场方向图。而柱面测量可以在某些方面克服平面测量的这些缺点，
从一次测量中就能计算出除球极角以外的全部仰角内完整的 180°方位的方向图。球面测量
则具有更大的优势，其原因是通过一次测量就可以计算出完整的 4π 立体角内的方向图。

　　在计算方法上，由于平面测量和柱面测量的计算中，全部数值计算使用了快速傅里叶变
换（FFT），因此两者都显示出了计算的高效率，但在球面测量中则没有类似的结论。

　　由于近场测量只需测量天线口面上的场，避免了远场测量的诸多缺点，而成为独立的一
门测量技术。但近场测量结果不是直接的远场数据，需通过严格的数学变换来确定天线的
远场特性，即研究近远场变换算法。常用的是平面波展开法，根据电磁场理论，无源区任何
单频电磁波可以表示为沿不同方向传播的一系列平面电磁波之和，只要已知参与叠加的各
个平面波的复振幅对传播方向的关系，场的特性就完全确定了。

　　在线性、均匀、各向同性的无源媒质中，如图 10 - 50 所示的空间坐标系下，电磁场的一
般解为：

$$\vec{E}(\vec{r}) = \int_{-\infty}^{\infty}\int_{-\infty}^{\infty} \vec{A}(\vec{k})\exp(-j\vec{k}\cdot\vec{r})dk_x dk_y \qquad (10-26)$$

$$\vec{H}(\vec{r}) = \frac{1}{\omega\mu} \int_{-\infty}^{\infty} \int_{-\infty}^{\infty} \vec{k} \times \vec{A}(\vec{k}) \exp(-j\vec{k} \cdot \vec{r}) dk_x dk_y \qquad (10-27)$$

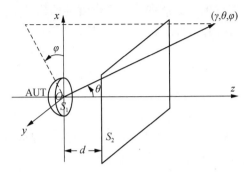

图 10-50　平面近场测量示意图

这两个公式就是场的平面波展开式。式中 r 为观察点的位置矢量，$A(k)$ 称为波数谱或平面波谱，它表示沿 k 方向传播的平面波的复振幅。设 $z=d$（常数）的平面上场的横向分量为：

$$\vec{E}_t = \vec{e}_x E_x(x,y,d) + \vec{e}_y E_y(x,y,d) \qquad (10-28)$$

其值是已知的，或者能够测量得到的，则由式（10-26）有：

$$E_t(x,y,d) = \int_{-\infty}^{\infty} \int_{-\infty}^{\infty} A_t(k) \exp(-j\vec{k} \cdot \vec{r}) dk_x dk_y \qquad (10-29)$$

显然 $A_t(k)$ 是 $z=d$ 平面上横向场 $E_t(x,y,d)$ 的二维傅里叶（Fourier）变换，因此：

$$A_t(k_x,k_y) = \frac{1}{4\pi^2} \exp(jk_z d) \int_{-\infty}^{\infty} \int_{-\infty}^{\infty} E_t(k) \exp[j(k_x x + k_y y)] dx dy \qquad (10-30)$$

求得 $A_t(k)$ 后，由

$$A_z = -\frac{1}{k_z}(A_x k_x + A_y k_y) \qquad (10-31)$$

可求得 $A(k)$，从而根据式（10-30）可求得 $z>0$ 区域内任一点的场。此即为近远变换的基本原理，其关键是确定谱函数 $A(k)$。当然，在实际近场测量中，某平面上场的横向分量 E 的值只能是离散的，是确定取样点的取样值，故求解 $A_t(k)$ 的公式中的积分需要变为求和的形式。实际工作中，求解公式（10-30）的二重积分一般是困难的。一般是通过采用快速傅里叶算法计算。

近场测量方法自 20 世纪 70 年代以来主要用于天线测量（辐射问题测量），它在待测天线（简写为 AUT）的近区内做数据采样。该方法与常规的天线远场测量相比，具有以下优点：

（1）近场测量法成本低，且算得的远场方向图的精度比直接的远场测量精度要高得多。

（2）其信息量大，做一次测量就可以得到一个较大立体角域的三维方向图。

（3）用这种方法测量大天线时，消除了远场尺寸的限制，克服了建造大型测试场的困难。

（4）近场测量可以在室内进行，排除了天气的因素，可以全天候工作。

（5）整个测量过程都是在计算机控制下自动完成的，具有较高的保密性。

该方法的缺点是：

（1）测量系统复杂，制造成本昂贵。

（2）在近场测量中，对探头的校准比在远场测量中对辅助天线的校准要更精确、更全面，以便对探头的影响进行补偿。

（3）由近场测量数据确定天线远场方向图，需要借助计算机完成大量运算，因而计算机软件起着重要作用。

（4）待测天线的方向图不能实时地获得。

10.9.2　天线近场测试系统组成

一般而言，天线近场测量系统是一套在中心计算机控制下进行天线近场扫描、数据采集、测试数据处理及测试结果显示与输出的自动化测量系统。整个天线近场测试系统由硬件分系统和软件分系统两大部分构成，其系统组成如图 10-51 所示。硬件分系统又可进一步分为测试暗室子系统——包括无反射测试室及附属机构，采样架子系统——包括多轴采样架及多轴步进电机、多轴运动控制器、伺服驱动器、近场测试探头、工业控制计算机及外设等，信号链路子系统——包括矢量网络分析仪系统（或者时域信号源及时域接收机）、数据处理计算机及外设等。其核心是采样架子系统。软件分系统又包括测试控制与数据；采集子系统、数据处理子系统和结果显示与输出子系统三个组成部分，核心是数据处理子系统。

由于每个近场测试系统根据测试功能需求都有各自的特点，统一地介绍近场测试系统而又能够适应于各个不同个体是比较困难的，脱离开某一具体系统要想描述清楚近场测试系统的一般情况也是困难的，因此以近场测试系统为背景和样本介绍近场测试系统，特别注意了对一般规律和一般要求的归纳，回避了极具个性特色的地方，力求使能够对近场测试系统的全貌有所了解。近场测试系统是以时域测试为基本框架组建的，当然由于时域近场测试是由频域近场测试发展而来的，其系统是可以向下兼容到频域近场测试系统

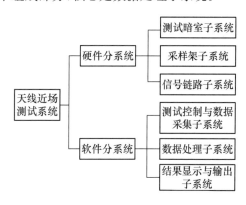

图 10-51　天线近场测试系统组成

的，实际上也的确如此，在这套系统上是时域测试功能和频域测试功能兼有的，仅是在进行具体测试时根据需求更换测试仪表和测试探头，调整采样控制方式而已，因此这里的介绍是时频域兼具的。

10.9.3　硬件分系统

系统由测量扫描支架、近场测试探头、待测天线支架、微波暗室、测量控制箱、控制器和矢量网络分析仪组成（图 10-52）。将待测天线 AUT 作为发射端，测试探头作为发射端（可根据实际情况变换）。一个端口发射信号，另一端口作为接收端口。在各扫描点测量接收信

号 b 和发射信号 a 的比值（幅度、相位）。在必要的情况下，可以用功率放大器将发射信号放大，在接收天线后采用低噪声放大器提高系统灵敏度。测量控制器控制扫描过程、测试转台、探头极化方式、仪器状态和测量结果采集、计算和结果输出等。系统可以利用近场扫描测试采集到的数据，通过反演变换技术，得到天线口径场的幅相分布，实现对天线的"诊断"。特别是对于阵列天线、相控阵天线来说，口径场诊断功能可快速找出天线阵列中失效单元和失效组件的位置，并可实现对有源相控阵的相位校准，为缩短天线的研制周期，提高效率，提供了快速有效的手段。

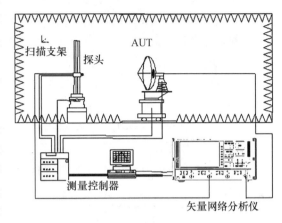

图 10 – 52　近区场测量的非变频方案

　　硬件分系统又可进一步分为测试暗室子系统——包括无反射测试室及附属机构，采样架子系统——包括多轴采样架及多轴步进电机、多轴运动控制器、伺服驱动器、工业控制计算机及外设等，信号链路子系统——包括矢量网络分析仪系统（或者时域信号源及时域接收机）、数据处理计算机及外设等。其核心是采样架子系统。

　　根据执行的是频域测试还是时域测试，硬件分系统存在明显的区别。时域近场测量系统是在频域近场测量系统的基础上发展起来的。时域近场测量系统同频域近场测量系统的不同之处在于信号源、接收设备、探头方面。频域测试系统的信号链路一般以矢量网络分析仪系统为中心组织，测试探头一般选用各个波段标准波导开口天线，而时域系统一般采用窄脉冲发生器作为测试信号源，以采样接收机作为近场测试信号接收设备，在信号源与接收机之间采用外触发同步方式，测试探头则需采用超宽带天线。

　　测试暗室子系统主要承担着测试系统电磁环境保障的任务；采样架子系统是硬件系统的核心，它的任务是根据用户的设置或指令，带动探头按预设的方式运动，并实时反馈位置和速度信息，在中心计算机的控制下，与信号链路子系统相配合，完成采样任务；信号链路子系统完成信号的产生、传输、辐射、接收和采集。

　　1) 测试暗室子系统

　　近场测量通常在暗室内进行。暗室又称为电波暗室，有的暗室又被称为微波暗室、无反射室等。暗室的作用首先是防止外来电磁波的干扰，使测量活动不受外界电磁环境的影响，防止测试信号向外辐射形成干扰源，污染电磁环境，对其他电子设备造成干扰。其次，在暗室中进行测试可以做到保密和避免外来电磁干扰，工作稳定可靠。最后，在暗室这一室内测试环境下执行测试可以做到全天候工作，不受环境因素干扰。

　　一般电波暗室可分为两类：电磁兼容测试的电波暗室和天线测试电波暗室。

　　就天线测试电波暗室来说，其主要功能是模拟自由空间环境，因此电波暗室的六个面全部粘贴吸波材料，在主反射区粘贴比其他区域性能更优质的吸波材料。在理想状态下暗室各个方向都应无电磁波反射，这是建造天线测试电波暗室的原则。

　　一般来说，进行天线测试的暗室对电磁屏蔽没有严格的要求，有的甚至不需要单独设计屏蔽体进行屏蔽,直接在墙壁上粘贴吸波材料即可,利用建筑墙壁和吸波材料对电磁波的屏蔽和吸收效果即可满足要求。不过,这当然还要看建造暗室地点的电磁环境如何,电磁环境不同其要求也不一样。如果建造暗室的地点周边电磁环境较差,可能影响到测试结果时,或者在天线测试时辐射功率较大,可能影响到周围的电磁环境时,则需考虑建造合适的屏蔽体进行屏蔽。

一般来说频率范围应满足测试需要,例如,对于一个测量雷达天线所用的大型微波暗室来说,还需主要考虑吸波材料的功率容量等问题。就暗室规模来说,用于进行远场测试的电波暗室,当然应该考虑暗室空间需符合远场测试条件。

2) 采样架子系统

采样架子系统是近场测量硬件系统的核心,其主要包含采样架本体和伺服系统两部分。采样架的功能是带动近场测试探头在待测天线近场范围内进行扫描取样,典型的多轴采样架有水平、垂直、伸缩、极化四个自由度,每个自由度可由程序独立控制。

目前绝大多数平面近场测量都采用垂直面采样模式,因为这种模式最易使采样架实现高精度和大的采样范围。垂直面采样模式要求被测天线的口径也是垂直放置的,但在一些特殊情况下,被测天线的口径无法垂直放置(如星载大口径编织型反射面天线在地面测量时其口径只能水平张开,又如一些车载或舰载相控阵天线的口经只能是倾斜的),此时就要求采样架迁就被测天线。目前已开发出了水平面采样架和任意倾斜面采样架,对于任意倾斜面采样架来说(当然它也可以进行垂直面和水平面采样),一种高效的设计就是高精度的摇臂和大承载固定面采样架的组合。在这种设计中,原来装载探头的位置用来装载摇臂,摇臂可以在正交的两轴自由旋转,而探头装在摇臂上。

3) 信号链路分系统

对于频域近场测试而言,构成信号链路的核心是矢量网络分析仪系统。在待测天线和探头之间,形成了一个由开放空间联系起来的一个广义二端口系统,对应于每一个采样点,通过矢量网络分析仪测试得到一个 S_2 参数,遍历到所有采样点后,即可获知待测天线近场扫描面上的近场幅度分布和相位分布。这一矢量网络分析仪系统的设计与远场测试系统非常类似,这里不再赘述。

而对时域近场测试来说,它是用一个时域脉冲去激励被测天线,与时域接收设备相连的探头在采样架的带动下在一个采样面上(一般来说是平面)采集被测天线的时域近场,进而利用所采得的时域近场通过近远场变换算出被测天线的远场,以及再通过口面反演算出被测天线的口径场。其中信号链路分系统担负着信号由产生、传输、辐射、接收直至采集的任务。信号链路分系统的框图如图 10-53 所示。

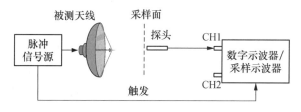

图 10-53 信号链路分系统框图

在图 10-53 中,信号链路的源即为一窄脉冲信号源,信号源的脉冲频谱应能覆盖被测天线的全通带,为了提高信号源输出能量的利用效率,最好脉冲信号源能有波形设计的能力,即是一个任意波形发生器。但目前市场上宽频带的(达到 5 GHz 以上带宽)任意波形发生器的价格十分昂贵,所以在一般情况下,采用一种突波发生器作为激励源。突波发生器可以看成是一种粗糙的脉冲信号源,其信号的波形形状不像一般的脉冲信号源一样有明确而又严格的指标,一般只能对其信号幅度和脉冲宽度进行界定,并且其输出波形是单一固定的,只能对其幅度和重复周期进行控制。

仪器系统由四端口矢量网络分析仪、各频段测量波导探头、混频器、定向耦合器、功率放大器、功率分配器、仪器控制器(工作站)以及相应的测控软件、数据处理软件组成。随着深空探测、星间通信、天文观测等领域的不断发展,天线工作频段也向着亚毫米波、太赫兹的频段不断发展,对更高频段的天线测试技术提出了需求。随着毫米波部件技术的不断发展和成熟,随着测试及系统集成技术的不断进步,天线测试系统将具有更高频段的测试能力。

将待测天线作为发射端,而探头作为接收端(可以根据具体情况进行收发转换),在发射端,由网络分析仪产生信号(如需要可增加功率放大器,将测试频段的输出功率放大到所需的电平)通过定向耦合器耦合部分功率作为参考信号,输入至网络分析仪,在高频段(如 X 波段以上)为了减少路径损耗和路径相位的变化,参考信号通过混频变化为较低的频率(中频)输入至网络分析仪。网络分析仪的接收通道可以自由设定接收机的频率至中频。

本振信号由网络分析仪第二个独立的源产生,经过功率分配器等分两路,放大到足够的电平,供参考支路和接收支路混频器作为本振信号,多路开关矩阵用来进行多路切换,可以进行多极化、多通路天线的测试,如单脉冲天线的测试。

接收端通常由波导探头作为接收天线,通过混频器将接收信号变换为中频信号送至网络分析仪的接收通道。网络分析仪比较参考信号和接收信号的幅度和相位,通过对系统的校准从而得到天线近区场的幅度和相位。网络分析仪的工作可以设定为扫频、点频、步进扫频、列表模式,可以快速测试多频点的多通道的数据。与机械扫描方式相配合,可以完成近区场的完整的扫描测试。

4) 转台与扫描架

天线转台是远场测量系统的关键部件之一。在远场测试中,转台的作用是安装待测天线,可精确改变天线在空间的机械指向,并调整天线与转轴的相对位置,使其相位中心尽可能接近测试转台的旋转轴。根据不同的测试需求,转台可以有很多种自由度。

(1) 控制、伺服驱动子系统

控制部分是远场测量系统的控制中心。转台各轴在控制系统的统一指挥下,按照预定轨迹进行运动。同时控制矢量网络分析仪进行采样。一般情况下,转台的伺服驱动是按闭环反馈控制方式工作的,其驱动电机采用交流伺服电机,并同时配有速度反馈和位置反馈。在测量中随时检测转台的实际位置,并及时反馈给控制卡中的比较器,它与插补运算所得的指令信号进行比较,其差值又作为伺服驱动的控制信号,进而驱动转台以消除位置误差。

（2）机械扫描架

扫描架一般分两种形式,框架式和塔式。框架式扫描架:结构轻,驱动容易,造价低,尺寸通常小于 5 m,框架的电磁散射影响较大。塔式扫描架:精度高,适于大扫描架,精度高且容易控制。

5）测控处理软件

控制转台、扫描架及待测天线状态（极化方向）、测量天线的极化切换,控制矢量网络分析仪进行远场信息的采集、数据处理、获得的方向图等远场测量结果,显示、打印、绘图输出。近场测量中,测控软件控制扫描架运动,并采集幅相信息,推演远场参数,并支持测试过程中的校准、诊断等功能。

自动控制转台的方位、俯仰轴的起止角度和转动速度;自动选择测试模式（点频或扫频模式下的测试频率、信号源功率等）;自动读取方向图的电参数特性（如 3 dB 波束宽度、副瓣电平、前后比）;输出各种格式的方向图文件等。这是我们系统测试软件的操作界面,主要包括了设置区域、显示区域两个部分:设置区域主要实现测试参数设置、仪器设置、转台设置等部分,显示区域中包含了测量结果的显示和控制等。

10.9.4　软件分系统

软件分系统包括采样控制子系统、数据处理子系统和结果显示子系统三部分,均由中心计算机掌握。采样控制软件子系统包括 GPIB 卡控制程序和运动卡控制程序。GPIB 卡控制天线转台、测试仪表的工作;运动卡控制采样架的运行。数据处理软件子系统在频域功能下包括测试数据编组、数据预处理、近场到远场变换、近场到口径场反演、探头修正与其他误差修正等功能,在时域功能下包括时域信号预处理程序、纯时域近远场变换程序、时域到频域傅里叶变换程序、时基（即相位）修正程序、频域近场重建程序、频域近远场变换程序、频域口径场反演程序、频域到时域傅里叶变换程序。结果显示软件子系统包括三维功能和二维功能两部分。其中三维功能包括三维球坐标显示功能、三维极坐标显示功能和三维直角坐标显示功能,以及三种坐标系下的动画显示功能。二维功能包括二维直角坐标显示功能,二维极坐标显示功能和二维平面显示功能。下面就采样控制软件、数据处理软件和结果显示软件三个子系统分别加以介绍。

1）采样控制软件子系统

自动化的采样系统要求实现用工控机对采样架和发射、接收设备的控制。具体来说,就是通过工控机对插在工控机底板扩展槽上的 GPIB 卡发送指令,进而控制与 GPIB 卡相连的测试仪表的工作状态;还有就是通过工控机对插在工控机底板扩展槽上的 PAMC 卡（多轴运动控制卡）发送运动指令,PMAC 卡根据所接收的指令计算出驱动步进电机的脉冲数,进而向控制电机运动的电机控制器（亦称变频器）发送脉冲输出指令,由电机控制器产生出驱动步进电机转动的高功率脉冲,电机转动带动相应的传动设备,由此实现对采样架运动的控制。

采样控制程序储存在工控机内,该程序通过某种语言（如 VC++等）一方面对 GPIB 卡编程,控制测试仪表的工作状态;另一方面要生成用户所需要的采样模式的运动指令组并控制 PMAC 卡。将运动指令转化为脉冲数的工作由 PMAC 卡内部的程序完成,无需采样控制程序考虑。

2) 数据处理软件子系统

数据处理软件子系统是近场测量系统的核心和灵魂。

频域测试状态下,数据处理功能相对比较单纯,就是完成近场测试数据的排列和编组,进行近远场变换和口径反演,进行各种误差修正,然后输出处理结果。

时域测试的数据处理相对比较复杂,总的来说数据处理软件包含数据预处理、纯时域方法数据处理和时域频域结合法数据处理三部分。由于纯时域数据处理方法对系统噪声和时基精度要求过于苛刻,同时其计算量又过于庞大,所以只用来计算单点的远场时域波形。数据处理的主要任务由时域频域结合法完成。时域数据处理软件总框图如图10-54所示。

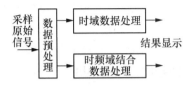

图 10-54 时域数据处理软件总框图

在图 10-54 中采样系统采集的原始信号首先经过数据预处理,将数字示波器(或数字采样示波器)输出的原始数据转化成适合程序处理的格式。这一部分工作到底包含哪些内容要视具体的时域采样设备而定,一般来说应包含有效数据提取、加配时间轴等。此外采样数据排序也要在这一部分完成,因为原始的采样数据是按照探头的运动轨迹排列的,排序就是要为每一个采样点的数据配上空间坐标,并按空间坐标顺序重新排列。

3) 结果显示软件子系统

在结果显示层面,频域测试与时域测试基本相同。只是时域测试需要额外考虑时域测试结果的显示与输出,因而时域测试的数据显示是完全兼容包含频域测试的,这里仅以时域测试为例加以简要说明。

时域近场测量技术既能得到被测天线的频域方向图又能得到被测天线的时域辐射场,因此其结果显示软件应包含静态显示和动态显示两种功能。结果显示软件包括三维功能和二维功能两部分。其中三维功能包括三维球坐标显示功能、三维极坐标显示功能和三维直角坐标显示功能;二维功能包括二维直角坐标显示功能、二维极坐标显示功能和二维平面图显示功能。在三维功能中还包括三种坐标系下的动画显示功能。

◈本章小结

本章介绍了微波天线特性的测试,天线测试场,天线方向图测量,天线增益测量,天线方极化测量,天线远场自动测试系统,采用网络分析仪的天线幅-相测量系统,常规毫米波远场测试系统,天线近场测试系统工作原理系统组成。

◈习题作业

1. 以被测天线工作于接收状态为例,说明最小测试距离的确定。

2. 欲测试 3 cm 波段矩形角锥喇叭天线的方向图,被测和辅助喇叭天线类型和尺寸相同,口径尺寸 19.4 cm×14.4 cm,中心波长 λ_0=3.2 cm,试确定最小测试距离。

3. 对天线测试场的要求是什么?超短波和微波天线可选择什么样的测试场,并采取哪些措施消除地面反射对天线测试的影响?

4. 阐述旋转天线法测方向图的原理。根据实验测得的实验数据画出方向图,当频率改变时,方向图是否有变化?

5. 天线增益和方向性系数的意义分别是什么? 它们的区别是什么?

6. 简述三天线法测量天线增益的原理。

7. 简述用极化图法测量天线极化的基本原理。

8. 画出比较法测量天线的增益的方框图,写出其主要测量步骤和计算公式。

第 11 章

测试常用电缆和连接器

11.1 常用传输线的构造、类型和特性

11.1.1 同轴电缆的特性

1) 传播模式

同轴电缆的主要特点是其特性阻抗的带宽非常宽,同轴电缆中的基模为 TEM 模,即电场和磁场方向均与传播方向垂直。当同轴线的横向尺寸过大时,同轴线中除了传输 TEM 模外,还出现高次模,即存在 TE、TM 模,为了保证同轴线 TEM 模的单模传输,必须确定高次模中截止波长最长的模。

阻抗和截止频率:

对于 TEM 传播模,在截止频率以下,同轴线的特性阻抗 Z_0 与频率无关。Z_0 由外导体内径 D 和外导体外径 d 的比值以及介质材料的相对介电常数 ε_r 决定,其关系式表示为:

$$Z_0 = \frac{60}{\sqrt{\varepsilon_r}} \ln \frac{D}{d} \qquad (11-1)$$

同轴电缆的截止频率,也就是第一个非 TEM 模开始传播时的频率,同轴线中截止波长最长的高次模是 TE_{11} 模,其截止波长 $\lambda_c(TE_{11}) = \pi(a+b)$,为了保证同轴线 TEM 单模工作,必须使 TE_{11} 模截止,即工作波长满足条件:

$$\lambda_0 > \pi(a+b) \qquad (11-2)$$

当同轴线中的最大电场强度达到击穿场强时,功率 P 达到极限值,得极限功率为:

$$P_{br} = \frac{\pi a^2 E_{br}^2}{\sqrt{\mu_0/\varepsilon}} \ln \frac{b}{a} \qquad (11-3)$$

E_{br} 为击穿场强,功率容量最大和导体衰减最小的条件不同,如果同时要求功率容量最大和导体衰减最小,通常选择 $b/a = 2.303$。

2) 电缆的衰减

同轴电缆的损耗由两个因素引起:一个是导体阻抗和内外导体上的电流;第二个是介质的传导电流。导体损耗为欧姆损耗,由导体的趋肤效应引起,随频率的平方根成正比比例增加。

可用以计算导体损耗,它包含着同轴电缆中的损耗。在电缆截止频率和趋肤效应损耗之间进行折中表明,对于选定的工作频率,电缆的直径越大越好,介质损耗是由介质材料对传导电流的电阻引起的,与频率成线性关系,中心导体、外导体和介质损耗三者之和为电缆的总损耗。同轴电缆另有第三种损耗,由辐射引起,但这种损耗通常极小,因为外导体有屏蔽作用。所以几个主要损耗相加近似给出同轴电缆的总损耗:

$$L_c(\text{dB}) = \frac{0.435 \times \sqrt{f_{\text{MHz}}}}{Z_0 \times d} \quad (L_c \text{ 为内导体损耗})$$

$$L_0(\text{dB}) = \frac{0.435 \times \sqrt{f_{\text{MHz}}}}{Z_0 \times d} \quad (L_0 \text{ 为外导体损耗})$$

$$L_D(\text{dB}) = 2.78\rho \sqrt{\varepsilon_r} \times f_{\text{MHz}} \quad (L_D \text{ 为介质损耗})$$

$$\text{总损耗} = L_c + L_0 + L_D$$

11.1.2 射频电缆类型

1）半刚性电缆

电缆的外导体和内导体都可用各种材料制成。先讨论外导体。有一种电缆称为半刚性电缆,它的导体是由铜等挤压制成的金属管(图 11-1)。这种电缆最难形成复杂形状,弯曲时必须小心,电缆必须先截到合适的尺寸,然后再弯成所需的形状。电缆弯好以后要加热,以使介质膨胀和消除介质中的应力,最后再装配适用的接头。

2）半柔性电缆

此种电缆是半刚性电缆的一种变型,它的外导体由柔性材料如极软的铝或未退火铜制成。这种电缆较容易成形,通常不需要专门的工具就可弯曲(图 11-2)。

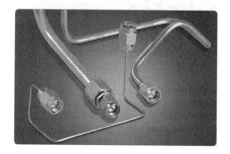

图 11-1 半刚性电缆组件

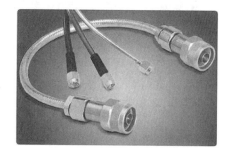

图 11-2 半柔性电缆组件

3）软电缆

另一种同轴电缆为软电缆,它采用编织外导体,与半刚性电缆相比这种电缆的相位稳定性较差,因为介质材料周围的尺寸刚性较差,但使用起来方便得多。这种电缆通常使用机械工具安装接头,如用压接法安装或拧接安装。编织外导体电缆的一种变型是外编织层用焊料涂覆,这使这种电缆看起来与半刚性电缆有点相像。使用软的焊料外皮,使电缆很容易弯曲成形。其缺点是只能弯曲有限次数,不然电缆就会损坏。

同轴电缆的内导体可以有多种不同的形式。最常见的形式是实心的和多股绞合的导

现代微波与天线测量技术

体。实心导体最为普遍，通常由铜、铍青铜和铝制成。绝大多数内导体上面镀银或镀锡。多股绞合内导体不是很普遍，因为它减小衰减的性能优点局限于 1 GHz 以下低频，而在1 GHz以上，其性能与实心内导体相同。

（1）配接 SFcF46‑50‑4‑51 型电缆的同轴连接器

这些连接器配接 SFcF46‑50‑4‑51 型低损耗、双屏蔽同轴电缆，构成的电缆组件具有宽频带、低损耗、高屏蔽、低驻波比、耐高温等特点，可广泛应用于雷达、导弹和其他传输系统中（图 11‑3）。连接器内接触件镀金，外接触件根据需要有铜镀镍的，也有镀金的，也可采用不锈钢，工作频率可达 18 GHz。表 11‑1 为配接 SFcF46‑50‑4‑51 型电缆的连接器。

表 11‑1　配接 SFcF46‑50‑4‑51 型电缆的连接器

型号	名称	配接电缆
SMA‑J8132	直式电缆插头	SFcF46‑50‑4‑51
SMA‑JW8132	直角电缆插头	SFcF46‑50‑4‑51
TNC‑J8132	直式电缆插头	SFcF46‑50‑4‑51
TNC‑JW8132	直角电缆插头	SFcF46‑50‑4‑51
N‑J8132	直式电缆插头	SFcF46‑50‑4‑51
N‑JW8132	直角电缆插头	SFcF46‑50‑4‑51

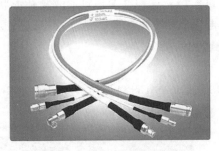

图 11‑3　低损耗稳性电缆组件

图 11‑4　SFF 型聚四氟乙烯绝缘射频电缆

（2）SFF 型微小型聚四氟乙烯绝缘射频电缆（图 11‑4）

此类电缆可供固定式或移动式无线电设备用。其特点为：微小型、重量轻、柔软性好、耐高温、耐潮湿、耐腐蚀、不燃烧。其工作的环境温度为−60 ℃～+200 ℃。具体技术指标见表 11‑2。

表 11‑2　SFF 型聚四氟乙烯绝缘射频电缆技术指标

型号		SFF‑50‑0.4		SFF‑50‑1	
内导体结构		1×0.15	7×0.08	7×0.10	7×0.18
绝缘外径/mm		0.41	0.61	0.87	1.5
护套外径/mm		0.95	1.50	1.80	2.40
电缆重量/(kg/km)		2.5	5.5	10	18
特性阻抗/Ω		50	50	50	50
电容/(pF/m)		120	105	105	105
衰减/(dB/m)	400 MHz	2.5	1.70	1.17	0.71
	1 GHz	3.95	2.65	1.83	1.12

（3）SFT 型半硬同轴电缆

SFT 型半硬同轴电缆（如图 11-5 所示）适用于通信、导航、电子对抗、机内连线等。其特点为：使用频率高、衰减低、驻波系数小、屏蔽性能好、可靠性高。它的工作环境温度在 -55 ℃～+155 ℃。其他技术指标见表 11-3。

半硬电缆已成系列，有 50 Ω、75 Ω 等不同特性阻抗的产品，外径从 1.20 mm 到 6.0 mm，还可采用不锈钢外导体、镀锡铜管外导体等。

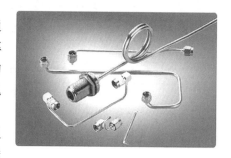

图 11-5　SFT 型半硬同轴电缆

表 11-3　SFT 型半硬同轴电缆技术指标

型号		SFT-50-2	SFT-50-3	SFT-50-5.2
内导体直径/mm		0.51	0.92	1.60
绝缘外径/mm		1.67	3.00	5.20
外导体直径/mm		2.18	3.60	6.00
阻抗/Ω		50±2	50±1	50±0.5
最高使用频率/GHz		18	18	18
延迟时间/(ns/m)		4.756	4.756	4.756
耐压强度/kV		3	5	5
衰减/(dB/m)	1 GHz	0.72	0.45	—
	10 GHz	2.71	1.64	1
	18 GHz	3.48	2.36	1.5

（4）SYFV 型泡沫聚乙烯铜线编织同轴电缆

该系列电缆（图 11-6）主要用作广播通信雷达等军用无线电设备、电子设备柔软传输馈线，具有低损耗等特性（图 11-7）。其技术指标见表 11-4。

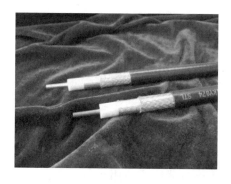

图 11-6　SYFV 型泡沫聚乙烯铜线编织同轴电缆

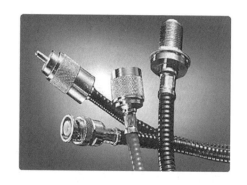

图 11-7　大功率波纹铜管电缆组件

表 11－4　SYFV 型泡沫聚乙烯铜线编织同轴电缆技术指标

型号	SYFV－50－3(3D－FB)	SYFV－50－5(5D－HFB)	SYFV－50－7(7D－HFB)
内导体	铜线	铜线	铜包铝线
绝缘	PE 发泡	PE 发泡	PE 发泡
外导体	铝箔＋镀锡铜线编织	铝箔＋镀锡铜线编织	铝箔＋镀锡铜线编织
编织外直径/mm	3.5	5.5	7.8
护套外直径/mm	5.2	7.3	10.0
特性阻抗/Ω	50±2.5	50±2.5	50±2.5
衰减/(dB/100m)	30(MHz)	5.94	3.41	2.42

(衰减/(dB/100m) 列数据如下)

衰减/(dB/100m) 频率	SYFV－50－3	SYFV－50－5	SYFV－50－7
30(MHz)	5.94	3.41	2.42
400(MHz)	22	12.8	8.89
900(MHz)	32.3	20.7	13.7
1 600(MHz)	44.2	26.6	18.7
2 300(MHz)	53.7	32.4	22.9

11.2　射频同轴连接器的构造、类型和特性

连接器的用途是将信号从一种媒介传递至另外一种媒介。虽然一般情况下连接器并不作为元器件或者测量系统的一部分，但是它对测量结果的影响也是不可忽视的，尤其是对于低损耗的器件来说。连接器可通过质量或者应用来区分。值得注意的是，对于连接器的测量却很难有确定的精度指标，原因是大部分连接器都作为不同媒介之间的转换手段，例如从同轴电缆转接为某种连接器接口，或者从 PCB 转换为某种连接器接口。连接器接口比较好定义，但是另一端的定义就不那么清楚了。

同类型连接器将(一个器件的)阴性接头连接至(另一个器件同类型的)阳性接头。这种连接器比较容易进行表征，因为接口都定义好了，并且通常都有现成的校准套件和校准方法；而非同类型连接器虽然也比较好定义，但是由于缺乏合适的标准件，因此很难对这种连接器进行表征。近些年来由于校准算法的改进，基本上解决了非同类型连接器不好测量的问题。图 11－8 给出了一些同类型连接器和非同类型连接器的例子。

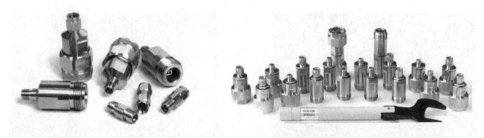

图 11－8　同类型和非同类型连接器

在微波领域里面有一些常用的连接器类型，这些连接器广泛地用于各种元器件和设备中。表 11－5 列出了这些常用的连接器及其相应的工作频率。可以把这些连接器分为三个大类：精密性无极性连接器，精密性阳性接头-阴性接头连接器和通用性连接器。通常这些

连接器的特征阻抗为 50 Ω,有些也有 75 Ω 的版本。

表 11－5 射频微波元件中使用的测试连接器

名称	外导体直径/mm	额定工作频率/GHz	主模频率/GHz	最小使用频率/GHz
N 型(50 Ω)精密型	7	18	18.6	26.5
N 型(50 Ω)商用型	7	12	12.5	15
N 型(75 Ω)精密型	7	18	18.6	18
N 型(75 Ω)商用型	7	12	12.5	15
7 mm	7	18	18.6	18
SMA	3.5	18	19	22
3.5 mm	3.5	26.5	28	33
2.92 mm("K")	2.4	40	44	44
2.4 mm	2.4	50	52	55
1.85 mm("V")	1.85	67	68.5	70
1 mm	1	110	120	120

有些仪表厂商将这种连接器用于 26.5 GHz 的仪表,原因是这种连接器构造坚固,并且具有与 N 型和 7 mm 连接器同样的主模频率。

从表 11－5 中可以看出对于每种连接器都有三个与之对应的频率:通常理解的工作频率(有时也被称为校准套件的认证频率)、主模频率(或称为第一模式频率)和波导外导体传播模式决定的最高频率。工作频率总是低于主模频率几个百分点。大多数连接器的主模频率由内导体的支撑结构所决定,支撑结构一般为介电常数比较高的塑性材料。为支持某种模式,其截止频率也比较低。"模式"这个词在连接器和电缆中通常指的是由外导体内径决定的圆形波导模式产生的非横向电磁场波传播。给支撑中心导体的绝缘介质增加介电会降低模式频率。但是如果绝缘介质比较短,模式就比较容易耗散(非传播性的),也就不会影响测量质量。在较高频率点上,对于内导体的直径来说空气中也会有一种传播模式,如果连接器连接的电缆足够短,这种模式也不会传播。传播模式的存在会导致传输响应上有明显的跌落,重要的是,由于不是局部现象,这种跌落并不能通过校准来消除。连接器远端的传输模式会反射并与这些连接器模式相互影响,这样就导致在连接不同器件时,模式效应的频率响应会发生变化(如果连接不同器件时模式效应的频率响应不变,那么就可以通过校准来消除其影响)。表 11－6 为射频微波元件中使用的连接器频率范围。

表 11－6 射频微波元件中使用的连接器频率范围

同轴系统		波导系统		
同轴连接器	频率范围	波导	法兰	频率范围
N 型	DC—18 GHz	WR—42	UG—597/U	18—26.5 GHz
7mm	DC—18 GHz	WR—28	UG—599/U	26.5—40 GHz
3.5mm	DC—26.5 GHz	WR—22	UG—383/U	33—50 GHz
K(2.92mm)	DC—40 GHz	WR—19	UG—383/U	40—60 GHz

同轴系统		波导系统		
2.4 mm	DC—50 GHz	WR—15	UG—385/U	50—75 GHz
V(1.85 mm)	DC—60 GHz	WR—10	UG—387/U	75—110 GHz
1.0 mm	DC—110 GHz	WR—6	UG—387/U	110—170 GHz

目前来说,精密的无极性连接器只用在一些计量实验室中。其主要优点是重复性比较好。这些连接器可以用来做系统或者其任意部分的校准,因为这种连接器可以任意连接在两个电缆之间而不需要考虑方向。这点很重要,以前在做校准时很难处理那种不可插入式的器件(不可插入式器件指的是两端具有相同极性的连接器,例如阴性接头-阴性接头连接器)。在一些精密型的衰减器和空气线中 7 mm 连接器通常用做传输标准。7 mm 连接器也称为 GPC - 7 连接器,或者 APC - 7。由于这些连接器没有极性,因此不需要在器件和器件之间,以及器件和电缆之间使用适配器。

11.2.1 连接器的选择

连接器的选择既要考虑性能要求又要考虑经济因素,性能必须满足系统电气设备的要求,经济上须符合价值工程要求,在选择连接器原则上应考虑以下四方面:

连接器接口(SMA、SMB、BNC 等)电气性能、电缆及电缆装接端接形式 PCB 板、电缆、面板等机械构造。

1) 连接器接口

连接器接口通常由它的应用所决定,但同时要满足电气和机械性能要求,SMA 型连接器用于频率达 18 GHz 的低功率微波系统的盲插连接。

BNC 型连接器采用卡口式连接,多用于频率低于 4 GHz 的射频连接,广泛应用于网络系统、仪器仪表及电脑互联领域,TNC 除了螺口外,其界面与 BNC 相仿。SMA/3.5mm 螺口连接器广泛应用于航空、雷达、微波通信、数字通信等军用和民用领域。其阻抗有 50 Ω,配用软电缆时使用频率低于 18 GHz,配用半刚性电缆时最高使用频率达 26.5 GHz;75 Ω 在数字通信上应用前景广阔。

SMB 体积小于 SMA,为插入自锁结构,便于快速连接,最典型的应用是数字通信,是 L9 的换代产品,商业 50 Ω 满足 4 GHz,75 Ω 适用于 2 GHz 频段。

SMC 与 SMB 相仿,因有螺口保证了更强的机械性能及更宽的频率范围,主要用于军事或高振动环境,N 型螺口连接器用空气做绝缘材料,造价低,阻抗为 50 Ω 及 75 Ω,频率可达 11 GHz,通常用于区域网络、媒体传播和测试仪器上。

CNT 提供的 MCX、MMCX 系列连接器体积小、接触可靠,是满足密集型、小型化的首选产品。

2) 电气性能、电缆及电缆连接

(1) 阻抗

连接器应与系统及电缆的阻抗相匹配,应注意到不是所有连接器接口都符合 50 Ω 或 75 Ω 的阻抗,阻抗不匹配会导致系统性能下降。

(2) 电压

确保使用中不能超过连接器的最高耐压值。

（3）最高工作频率

每一种连接器都有一个最高工作频率限制,除电气性能外,每种接口形式都有其独特之处,例如:BNC 为卡口连接,安装方便且价格低廉,在低性能电气连接中得到广泛使用;SMA、TNC 系列为螺母连接,满足高振动环境对连接器的要求,SMB 具有快速连接断开功能。

（4）电缆

电视电缆因其屏蔽性能低,通常用于只考虑阻抗的系统,一个典型的应用是电视天线,电视软电缆为电视电缆的变型,它有相对较为连续的阻抗及较好的屏蔽效果,能弯曲、价格低,广泛应用于电脑业,但不能用于要求有较高屏蔽性能的系统。

软性同轴电缆由于其特殊的性能而成为最普遍的密闭传输电缆,同轴意味着信号和接地导体在同一轴上,外导体由细致的编织线构成,所以又称编织同轴电缆。此电缆对中心导体有良好的屏蔽效果,其屏蔽效果取决于编织线类型和编织层厚度,除有耐高压特性外,此电缆亦适应在高频及高温条件下使用。

半刚性同轴电缆用管状外壳取代了编织层,有效地弥补了编织电缆在高频时屏蔽效果不佳的缺点,频率很高时通常都使用半刚性电缆。

（5）电缆装接

连接器安装方法主要有两种:① 焊接中心导体,旋接屏蔽层;② 压接中心导体,压接屏蔽层。其他方法都由以上两种方法派生出来的,例如:焊接中心导体,压接屏蔽层。此方法用于没有特殊安装工具的场合:由于压接式装接方法工作效率高,端接性能可靠,且专用压接工具的设计可确保装接出来的每一个电缆组件都是相同的,所以随着低造价装接工具的发展,焊接中心导体,压接屏蔽层将日益受到欢迎。

3）端接形式

连接器可用于射频同轴电缆、印刷线路板及其他连接界面。一定形式的连接器和一定型号的电缆相匹配,一般外径细小的电缆与 SMA、SMB 和 SMC 等小型同轴连接器相连。

4）机械构造及镀层

每一种连接器的设计都包括军标和商业标准。军标制造,采用全铜零件、聚四氟乙烯绝缘、内外镀金,性能最为可靠。商业标准的设计使用廉价材料,如黄铜铸体、聚丙烯绝缘、镀银层等,连接器使用材料有黄铜、铂铜和不锈钢,中心导体一般用金镀覆,因其低电阻、耐腐蚀且有优良的密闭性。军标要求在 SMA、SMB 上镀金,在 N、TNC 及 BNC 上采用银镀层,但因银易氧化,许多产品更喜欢镀镍。表 11-7 为射频同轴电缆连接器的结构形式分类及代号。

表 11-7 射频同轴电缆连接器的结构形式分类及代号

序号	分类特征	代号	插头	插座、面板、电缆
1	特性阻抗	50 Ω 或 75 Ω		50 Ω 或 75 Ω
2	接触形式	插针:J,插孔:K	J(K)	J(K)
3	外壳形状	直式:不标,弯式:W	W	W
4	安装形式	法兰盘:F,螺母:Y,焊接:H	F 或 Y 或 H	F 或 Y 或 H
5	接线种类	电缆代号,微带:D,半钢:B	电缆代号	D

例 11.1 SMA - JW5 表示 SMA 型弯式射频插头,插头内导体为插针接触件,配用 SYV - 50 - 3、RG58/U、LMR195 等射频电缆。

例 11.2 SMA - 75JHD 表示 SMB 型直式焊接在线路板上的 75 Ω 的射频插座。

转接器和阻抗连接器的型号以插头或插座的型号为基础而成,转接器型号的主称代号部分以连接器主称代号或分数形式标示。

例 11.3 SMA - JK 表示 SMA 型 50 Ω 系列内转接器,一端为阳接触件,一端为阴接触件。

例 11.4 N/SMA - JK 表示一端为 N 型阳接触件,另一端为 SMA 阴接触件,50 Ω 系列。

例 11.5 SMB - 50J/75K 表示一端为 50 Ω 接触件,另一端为 75 Ω 阴接触件的 SMB 型阻抗转接器。

11.2.2 射频连接器

1) N 型 50 Ω 连接器

N 型系列产品是按 MIL - C - 39012、IEC 169 - 16 和 CECC 22210 详细规范研制生产的一种具有螺纹连接结构的中大功率连接器,具有抗震性强、可靠性高、机械和电气性能优良等特点,广泛应用于振动和环境恶劣条件下的无线电设备和仪器中连接射频同轴电缆用。

N 型射频同轴连接器是一种具有螺纹锁紧机构的连接机构,最高工作频率可达 18 GHz,可供中功率场合使用的连接器,它的界面尺寸符合国军标 GJB681 的规定,连接螺纹为 5/8 - 24UNEF。因此可与国内外同类产品互配连接。它被广泛应用于宇航、导弹、微波通信及各种精密电子仪器设备中。图 11 - 9 为 N 式接头。

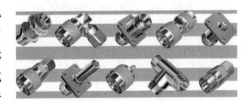

图 11 - 9 N 式接头

N 型连接器在一些低频和大功率的射频微波中比较常见,它与 7 mm 连接器的外导体直径相等(均为 7 mm),但 N 型连接器有极性之分。这种连接器有一点比较独特:它的阴性接头的外导体接合面(通常来讲为电子参考面)是内缩的,而其内导体相对于参考面是突出的。阳性接头的内导体相对于接合面也是内缩的。因此,具有 N 型接口的校准件其阳性接头和阴性接头的电子模型是不对称的。

N 型连接器有精密型和经济型之分。精密型包括无槽的 N 型连接器,带有精密六瓣卡槽和外导体套的 N 型连接器(多用于工业用的测试仪器);经济型指的是外导体有槽而阴性卡槽为四瓣或两瓣的类型。无槽的阴性连接器有一个结实的空心管和一个内部的四瓣或六瓣弹簧接点来与阳性接头的内导体进行接触。因此阴性接头的内导体直径并不取决于阳性接头内导体的半径。典型的阴性接头撑开或收缩使得与阳性接头充分结合,因此其尺寸(因而其阻抗)随着阳性接头的直径余量变化而变化。

经济型 N 型连接器多用于各种元器件和互连电缆。这种商用型的阳性接头部分有两个常见的问题:连接器的底座通常有 O 形橡胶圈;阳性接头的外围有凸边,但是没有平面,所以无法使用力矩扳手。因为阴性接头的外表面会碰到 O 形橡胶圈导致无法与阳性接头外导体的结合面完好地结合,前一个问题使后面那个问题更加凸显。如果能用力矩扳手完全拧紧,O 形橡胶圈会被压变形,这样可能会把阳性接头外导体接触上。但是由于连接器阴性接头外围没有平面,因此不能使用力矩扳手,这样的话,每次都要把接头完全拧紧来获得一致的连接状态比较难。有时候遇到回波损耗不达标,测试人员需要花几百个小时重新测试就是因为这个原因。解决方案很简单:每次测试前都去掉阳性接头基座的 O 形橡胶圈。要拿掉这个恼人的 O 形橡胶圈需要使用镊子和尖嘴钳。请注意精密性的接头都没有这种 O 形橡胶圈。图 11－10 为几种 N 型连接器。由于连接器内部的模变效应,经济型的 N 型连接器工作频率只到 12 GHz,精密性的 N 型连接器工作频率可以到 18 GHz 以上。

图 11－10　几种 N 型连接器

2) 7 mm 连接器(APC－7,GPC－7)

7 mm 连接器有几个有趣的特点:内导体没有插槽,但是在微微高于啮合面处有一个弹簧顶,当两个 7 mm 连接器连接时,两个连接器的弹簧顶压合使得内导体之间可以良好接触,内导体的无槽外管的那一端存在一个较小的间隙。与大多数的射频连接器一样,外导体构成连接器的物理连接面。连接器外导体有一个带内螺纹的螺母。在连接时要注意,应该只去拧带内螺纹的螺母,直至拧紧并且固定,而不能拧另一边带外螺纹的接头。因为同时拧两边有可能会导致内导体被扯坏致使连接器接触不良。偶尔会发现只带有固定螺母外导体,而没有连接螺母的连接器,这种情况在一些老一点的夹具上比较常见。

3) 3.5mm 和 SMA 接头

3.5 mm 接头的尺寸基本上是 N 型接头的一半,但是频率覆盖范围更高。其内导体由一个塑料环而不是介电材料来支撑,这就意味着与 SMA 相比,它可以在更高的频率上进行无模式操作。一般来讲,3.5 mm 接头的指标都规定到 26.5 GHz,但是其主模频率可以到 30 GHz,并且实际工作频率可以到 38 GHz。关于模式比较有趣的一点是:3.5 mm 接头的主模由塑料环(及其相应增加的有效介电常数)导致,但是这个模式是不可传播的,因此可以将这种接头应用到更高的频率上去,3.5 mm 阴性接头的内导体有几种不同类型,有的为四瓣插槽,有的为无槽的精密型。大部分的校准件都是这几种类型。即使是无瓣的连接器也会因为阳性接头的针过大而受到损坏(在显微镜下可以看到梳状内导体的几个瓣可能会被压到阴性接头的凹槽内部去),由于外导体十分坚固,其射频性能几乎不受影响。实际上,通常只能从视觉上去判断一个无槽连接器是不是已经损坏了,因为只要有一个瓣还在,它就可以接通并且射频性能几乎不受影响。

单从外形上来讲,SMA 接头是可以与 3.5 mm 接头连接的,但是由于 SMA 接头里面包含 PTFE 介电材料,它的工作频率更低(模变反应)。习惯说,SMA 是 18 GHz 的连接器,但是根据连接到 SMA 接头的不同类型的电缆,它的主模频率通常要高于20 GHz。SMA 接头的主要优点是价格较低,尤其是装在半刚性的同轴电缆上时。这种情况下的连接为:同轴电缆的中心导线可以作为一个 SMA 接头的连接器引脚,只需要把 SMA 的外导体套筒与同轴电缆外导体相连来形成一个阳性接头。但是,众所周知这种电缆不容易让其中心引脚保持合适的尺寸,中心引脚经常被剐蹭或者倾斜,

图 11 - 11　3.5 mm 阴性与 3.5 mm 连接器 SMA (阴性)和 SMA(阳性)连接器3.5 mm 和 SMA 适配器

导致与阴性接头连接不当。尤其是与 3.5 mm 阴性接头连接时更是如此,无槽的情况就更严重。图 11 - 11 为 3.5 mm,SMA 连接器的例子。

4) 2.92 mm 连接器

2.92 mm 连接器是 3.5 mm 连接器的缩小版,它可以与 3.5 mm 和 SMA 接头连接。外导体直径更小意味着其无模式操作的频率更高,可达 40 GHz。并且其实际工作频率可以到大约 46 GHz,其阴性连接器具有一个双插槽卡头,这样使得它具有较好的兼容性,可以与较大的 3.5 mm 和 SMA 连接器的内导体针接合,但由于接触点和内导体半径(取决于插入针的半径)的不确定性增大,使得这种连接不适用于精密测量。另外,2.92 mm 连接器阴性接头的金属比较薄,如果接入的阳性接头内导体尺寸不合适或者过大容易造成损坏。经常能发现 2.92 mm 阴性接头

图 11 - 12　2.92 mm 连接器阳性和阴性两种

少一个瓣的情况。图 11 - 12 为 2.92 mm 连接器的例子。它与其他连接器的关键区别在于外导体的内径。

5) 2.4 mm 连接器

2.4 mm 连接器本质上是一个 3.5 mm 连接器的缩小版,相应地,其最大频率也升高了。2.4 mm 连接器被广泛地用于 50 GHz 的应用中,尽管它的实际工作频率可以到 60 GHz。这种连接器不能与其他低频的连接器,例如 SMA、3.5 mm 或2.92 mm 相连接,实际上它的设计就是要防止与这些连接器连接时造成损坏。与 3.5 mm 连接器类似,它有有槽型和无槽型的阴性接头。

6) 1.85 mm 连接器

1.85 mm 连接器有两个变种,分别为安立公司和安捷伦公司的设计版本。安立的那一种称为 V 连接器,安捷伦的那一种称为 1.85 mm连接器。它们之间可以机械兼容。最初的设计用于 67 GHz频率,实际工作频率可以达到 70 GHz。1.85 mm 连接器可以与 2.4 mm 连接器机械兼容,但插损会比同型号连接器连接略大。

图 11 - 13　1.85 mm 连接器阳性和阴性两种

7) 1 mm 连接器

1 mm 连接器本质上是 1.85 mm 连接器的缩小版,但它又不

能与 1.85 mm 连接器相连接。它的工作频率通常标定为110 GHz,但是其实际工作频率可以达到 120 GHz,有些版本可以达到 140 GHz。

8) SMB 接头

SMB 系列产品是按 MIL - C - 39012、IEC169 - 10 和 CECC 22130 详细规范研制生产的一种小型推入锁紧式射频同轴连接器,具有体积小、重量轻、使用方便、电性能优良等特点,适用于无线电设备和电子仪器的高频回路中连接射频同轴电缆用。

SMB 型射频同轴连接器是一种具有推入锁紧机构的连接器,可与国内外同类产品互配连接,SMB 型连接器可连接 SFF - 50 - 1.5 型柔软电缆,也可与印刷线路板相连接。工作频率可达 4 GHz,被广泛应用于宇航、导弹、微波通信及各种精密电子仪器设备中。

SMB 接头主要技术特性见表 11 - 8,其结构种类见图 11 - 14。

表 11 - 8　SMB 接头主要技术特性

温度范围	−55 ℃～+155 ℃
特征阻抗	50 Ω　75 Ω
工作电压	250 V
频率范围	0～4 GHz(50 Ω),0～2 GHz(75 Ω)
介质耐压	750 V
接触电阻	内导体:<6 mΩ,外导体:<1 mΩ
绝缘电阻	> 1 000 mΩ
电压驻波比	< 1.34
连接器耐久性	500 次
壳体	黄铜镀硬金
插针	黄铜镀硬金
插孔	铍青铜镀硬金
绝缘体	聚四氟乙烯
压接套	铜合金镀镍或镀金

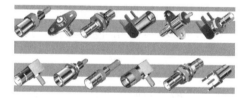

图 11 - 14　SMB 接头结构种类

图 11 - 15　SMAA 连接器

9) SMAA

SMAA 型射频同轴连接器是一种具有螺纹锁紧机构的连接器,连接螺纹为10 - 36UNS。连接器的头部配合尺寸符合 MIL - C - 39012 和IEC169 - 18的规定,可与国内外同类产品互配连接。

SMAA 型连接器可连接 SFT - 50 - 2 型半硬性电缆和 SFF - 50 - 1 柔软电缆,也可与波导、微带或带状线相连接。其工作频率可达 26 GHz,最高可达 40 GHz。该连接器具有体积小、工作频带宽、电压驻波比低、性能稳定、可靠性高等特点,已被广泛应用于宇航、导弹、微波通信及各种精密电子仪器设备中。如图 11 - 15 所示。

10) PCB 连接器和电缆连接器和表面贴装连接器

印制板表面贴装连接器(图 11 - 16)专为利用表面贴装技术进行大规模设备组装生产而设计制造,满足了电子仪器和设备制造商提高组装生产自动化程度和产品质量的要求,该种连接器可按照要求以标准塑料带盘式包装进行供货。

图 11 - 16　印制板表面贴装连接器

在很多实际的设计和测量应用中,待测的电路通常嵌在 PCB 里。PCB 连接器有很多种类,通常在其一边都有一个 SMA 连接器(有时也用更小的连接器,如 QMA 等),另外一边连接 PCB。这些连接器可以在边上或者角上,其性能很大部分取决于 PCB 的布线安装。要测量这些连接器的性能比较困难,因为只有一边为标准连接器。图 11 - 17 为一个较常见的 PCB 连接器的例子。

图 11 - 17　PCB 的 SMA 连接器

在测量同轴电缆的连接器时也有类似的问题,因为连接的电缆会影响连接质量,而通常在电缆的每一端都会连接一个连接器,这样也导致在测量一端的连接器时,很难把另外一端产生的影响移除。可以采用时域技术来除去这些影响。

11) BNC 系列连接器

BNC 型射频同轴连接器是一种具有卡口锁紧机构的连接器,供中小功率场合使用,它的界面尺寸符合 GJB681 的规定,因此可与国内外同类产品互配连接。

BNC 型连接器可连接低损耗射频同轴电缆,工作频率可达 4 GHz。该连接器具有体积小、连接方便等特点,已被广泛应用于无线电电子设备尤其是测试仪器设备中。

12) TNC 系列连接器

TNC 型射频同轴连接器是一种具有螺纹锁紧机构的连接器,连接螺纹为 7/16 - 28UNEF。连接器的头部配合尺寸符合 GJB 681 的规定,因此可与国内外同类产品互配连接。

TNC 型连接器可连接低损耗射频同轴电缆,工作频率可达 18 GHz,该连接器具有电压驻波比低、性能稳定、可靠性高等特点,已被广泛应用于宇航、导弹、微波通信及各种精密电子仪器设备中。

13) 同轴终端负载

同轴终端负载(图 11 - 18)用于同轴传输系统的末端连接,一般用于射频信号传输的系统测试中,具有与传输线适配的特征阻抗,是系统中的能量吸收元件,各种类型连接器的标准终端负载,特征阻抗为 50 Ω 或 75 Ω,具有频率范围宽、低损耗和尺寸小等优良特性。

图 11 - 18　同轴终端负载

11.2.3　非同轴传输线

通常在微电路或 PCB 中用传输线来连接各个元器件。从测量的角度来看要把这些传输线与元器件区分开来,因为它们通常很短,又往往没有屏蔽,连接的接口不易制造,有时又没有很好地定义。在这里对一些常见的传输线结构和属性做一个回顾,重点介绍一些测量的参数。传输线有相同的三个参数:阻抗、有效介电常数和损耗。

1) 微带线

毫无疑问,微带线是最常用的平面传输线。这是一种平面结构传输线,多见于印制电路板和微电路。微带线由介质基片之上的金属带状导线组成(介质基片将导线与接地面隔开),通常用来连接不同元器件以及制作传输线器件,例如耦合器和滤波器等。

关于微带线传输参数的计算,市场上已经有很多书都做过介绍了,虽然从设计上来讲这些微带线阻抗(或等效系统阻抗)可以是任何值,但从测量的角度看它们通常都是 50 Ω。有效相对介电常数决定了传输线的速度因子,但对于微带线来说,有些场在介质基片中传输,有些在空气中传输。因此,其传输的就不再是单纯的 TEM 波,这使得某些结构设计变得更复杂。耦合线就是一个例子,其偶数和奇数模式速度因子不相等。由于微带线传输的不是单纯的 TEM 波,在高频时散射效应将会比较明显,可以发现微带线的有效延迟随着频率的变化不是平坦的。

由于微带线的损耗取决于很多因素,例如导线和"地"的电导率、介质基片的介电损耗、外壳或屏蔽层的辐射损耗,以及表面和边缘处粗糙导致的损耗(在 PCB 和一些低温共烧陶瓷的应用中可能非常大,并且取决于使用的特殊工艺)等,因此要精确地计算微带线的损耗比较困难。市场上不乏一些高质量的 PCB 材料。FR4 是最常见的板材料,其介电常数和 PCB 材料的损耗可能是不确定的。基板的成品可能是多个基板材料层用胶水黏合在一起的,最终的厚度取决于实际的处理步骤,所以在评估微带线传输线特性时最好做一些样品结构来帮助确定材料特性。

一种常用的高性能材料是蓝宝石单晶体,它的独特之处在于它的介电常数是有方向性的,在三个维度中的一面具有较高的常数 10.4,而其他两面的介电常数相对较低为 9.8。另外一种常见的高性能介电材料是陶瓷,多用于薄膜、厚膜和低温共烧陶瓷(LTCC)的应用中。它的介电常数比较一致,根据纯度和晶粒陶瓷结构的不同其值通常在 9.6~9.8 之间。

2) 其他准微带结构

对于有些应用来说,要连接到比较大的器件时,50 Ω 微带线的尺寸就不合适了。悬置微带线是比较常见的一个变种。悬置微带线的接地面与介质之间有一定的距离。可以降低有效介电常数,提高微带线的阻抗。带有屏蔽壳的微带线是一种完全封闭的结构(微带线的理论结构模型假设是没有封顶的),其顶部的金属可以降低线路阻抗。对于悬置微带线来说尤其如此。

3) 共面波导

微带传输线面临的一个问题是,"地"和信号在不同的层。共面波导(CPW),顾名思义,是一种"接地—信号—接地"的共面结构。还有一种是接地共面,其背面也是导体,在实际应用时,所有的共面线都有其相应的"地"。但如果介质背板与"地"之间的空气间隙太大,"地"的作用可能就失效了。微波测量中,在进行晶圆测量时经常用共面波导作为连接方式,用来测量微波晶体管和集成电路,这样可以保证接地电感足够低。有时为正面接地,有时为背面接地。值得注意的是,由于阻抗只取决于信号线宽与空气隙宽的比值,因此可以将连接从比较宽的信号线过渡到很小的器件(如 IC)上去。

由于"地"位于表面或片上,共面波导本身也存在一些问题。很多时候,CPW 传输线安装在金属封装的基片上,而接地面位于一侧的壁上。如果在某频率上侧边的壁距离接地板边缘接近四分之一波长或其倍数,那么就形成某种传输线模式,导致 CPW 的"地"相对于封装的接地面来说相当于一个开路。能经常发现这种"热地"现象,为了避免这种情况的发生,有时会在 CPW 的背面用一个较小的过孔或者交叉线将一边与另外一边的"地"连接起采。另一种方法是通过吸波材料或者薄膜材料连接到侧边来抑制不需要的模式能量。还有一种方法是把共面波导用做接地板和导体之间空隙的悬浮衬底,然后用一些导线将 CPW 的"地""缝合"到侧面的接地板。由于增加了接地面,这种结构的特征阻抗降低了,为了对多出来的接地路径进行调整,通常要调节中心导线的宽度。

4）带状线

在 PCB 内层中更常见的传输线是带状线,带状线由一个薄带或矩形金属夹在两个接地面之间,接地面之间为一种介电常数均匀的材料。带状线的阻抗比同样宽度的微带线低得多。但它的优点是全 TEM 波,因此,要设计类似耦合线这样的器件就简单得多,因为奇数模式速率因子与偶数模式速率因子相等。

11.2.4 射频转接头

中电思仪系列转接头见表 11-9。

表 11-9 中电思仪系列转接头

序号	型号	名称	序号	型号	名称
1	Ceyear 81107	2.4 mm(f)-N(f)	11	Ceyear 71117ME	N(m)-3.5 mm(f)
2	Ceyear 81107A	2.4 mm(f)-N(m)	12	Ceyear 71118ME	N(f)-3.5 mm(f)
3	Ceyear 81107B	2.4 mm(m)-N(f)	13	Ceyear 81193ME	N(m)-SMA(m)
4	Ceyear 81107C	2.4 mm(m)-N(m)	14	Ceyear 81194ME	N(f)-SMA(f)
5	Ceyear 81108	2.92 mm(f)-N(f)	15	Ceyear 81195ME	N(m)-SMA(f)
6	Ceyear 81108A	2.92 mm(f)-N(m)	16	Ceyear 81196ME	N(f)-SMA(m)
7	Ceyear 81108B	2.92 mm(m)-N(f)	17	Ceyear 71101ME	N(f)-N(f)
8	Ceyear 81108C	2.92 mm(m)-N(m)	18	Ceyear 71102ME	N(m)-N(m)
9	Ceyear 71115ME	N(f)-3.5 mm(m)	19	Ceyear 87830M	3.5 mm 力矩扳手
10	Ceyear 71116ME	N(m)-3.5 mm(m)	20	Ceyear 87831M	N 型力矩扳手

1）系列转接头

射频同轴连接器的主称代号,具体产品的不同结构形式的命名由详细规范作出具体规定(表 11-10、11-11)。

表 11-10 各类转接器

名称	结构图
N 转接 SMA	

续表

名称	结构图
N/SMA‐JJ	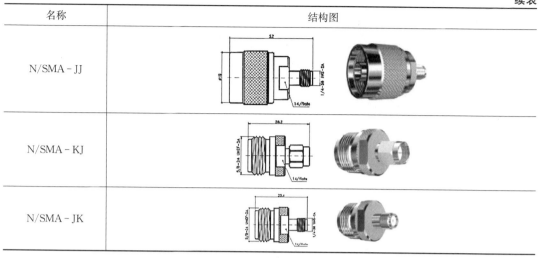
N/SMA‐KJ	
N/SMA‐JK	

表 11‐11 系列转接头

N 转 SMA	N/SMA‐JJ	N 转接 SMB 75 Ω	N/SMB‐50 J/75K
	N/SMA‐JK		N/SMB‐50 J/75
MCX 转 SMA	MCX 转 SMA‐JJ	BNC 转接 SMB 75 Ω	BNC/SMB‐50J/75K
	MCX 转 SMA‐JK		BNC/SMB‐50J/75J
	MCX 转 SMA‐KJ		BNC/SMB‐75KYJ
	MCX 转 SMA‐KK		

2) SMA 接头

SMA 型射频同轴连接器是一种具有螺纹锁紧机构的连接器,连接螺纹为 1/4‐36UNS。连接器的头部配合尺寸符合 MIL‐C‐39012 和 IEC169‐15 的规定,因此可与国内外同类产品互配连接。

SMA 型连接器可连接半硬性电缆和柔软电缆,也可与波导、微带或带状线板相连接。工作频率可达 18 GHz,最高可达 26 GHz。该连接器具有体积小、工作频带宽、电压驻波比低、性能稳定、可靠性高等特点,已被广泛应用于宇航、导弹、微波通信及各种精密电子仪器设备中。

◆本章小结

本章首先介绍了射频同轴电缆的传播模式、衰减特性、构造、类型和特性,接着介绍了射频电缆的类型和用途,包括半刚性电缆、柔性半钢电缆、软电缆等,然后介绍了射频同轴连接器的构造、类型和特性,包括 N 式接头、SMB 接头、SMC 接头、同轴终端负载、SMAA、印制板表面贴装连接器等,最后介绍了射频转接头。

◆习题作业

1. 射频电缆有哪些类型?
2. 射频连接头有哪些类型?
3. 射频转接头有哪些类型?

参 考 文 献

[1] 中国电子科技集团公司第四十一研究所.数字通信测量仪器[M]. 北京:人民邮电出版社,2007.

[2] 张睿,周峰,郭隆庆.无线通信仪表与测试应用[M]. 北京:人民邮电出版社,2010.

[3] 董树义.微波测量技术[M]. 北京:北京理工大学出版社,2000.

[4] 戴晴,黄纪军,莫锦军.现代微波测量与天线测量技术[M]. 北京:电子工业出版社,2008.

[5] 林昌禄.天线测量技术[M]. 成都:成都电讯工程学院出版社,1987.

[6] 毛乃宏,俱新德.天线测量手册[M]. 北京:国防工业出版社,1987.

[7] 许建华,张超.微波毫米波信号分析仪新技术与发展趋势[C].青岛:2011 年全国微波毫米波会议,2011.

[8] 周钦山,王峰.频谱分析仪毫米波扩频测量原理与实现[C].青岛:2011 年全国微波毫米波会议,2011.

[9] 许建华,周兆运.瞬变电磁信号的测试与分析技术[C].青岛:2011 年全国微波毫米波会议,2011.

[10] 吕洪国.现代网络频谱测量技术[M]. 北京:清华大学出版社,2000.

[11] 田波,甄蜀春,张永顺.现代微波测量的发展动态[J]. 宇航计测技术,2002,22(1):61-64.

[12] 罗德与施瓦茨公司. 矢量网络分析仪原理(Z).

[13] 罗德与施瓦茨公司. 矢量网络分析仪基础和测量(Z).

[14] 罗德与施瓦茨公司. 频谱分析仪原理(Z).

[15] 罗德与施瓦茨公司. 系列高性能频谱分析仪培训教材(Z).

[16] 中电科思仪科技股份有限公司. AV4036 系列频谱分析仪用户手册(Z).

[17] 中电科思仪科技股份有限公司. AV36580 系列矢量网络分析仪用户手册(Z).

[18] 中电科思仪科技股份有限公司. AV3987 毫米波噪声系数测试扩频装置(Z).

[19] 中电科思仪科技股份有限公司. AV3984 微波噪声系数分析仪技术说明书(Z).

[20] 中电科思仪科技股份有限公司. AV2441 宽带峰值微波功率分析仪技术说明书(Z).

［21］ 王玖珍,薛正辉. 天线测量实用手册［M］. 北京:人民邮电出版社,2012.

［22］ 沙占友,薛树琦,安国臣. 射频功率测量技术及其应用［J］. 电测与仪表,2005,42(8): 9 - 11.

［23］ 罗德与施瓦茨公司. 频谱分析原理(Z).

［24］ 刘祖深.微波毫米波测试仪器技术的新进展［J］.电子测量与仪器学报,2009,23 (3):1 - 8.

［25］ 年夫顺.关于微波毫米波测试仪器技术的几点认识［J］.微波学报,2013,29(21): 168 -171.

［26］ 中电科思仪科技股份有限公司. 4082 系列信号频谱分析仪 2023 版用户手册(Z).

［27］ 中电科思仪科技股份有限公司. 4052 系列信号频谱分析仪 2023 版用户手册(Z).

［28］ 中电科思仪科技股份有限公司. 1466 系列信号发生器 2023 版用户手册(Z).

［29］ 中电科思仪科技股份有限公司. 3674 系列矢量网络分析仪 2022 版用户手册(Z).

［30］ 中电科思仪科技股份有限公司. 3986 系列噪声系数分析仪 2023 版用户手册(Z).